分数阶及模糊系统的稳定性分析与控制

宋晓娜　付主木　李　泽　著

科学出版社
北京

内 容 简 介

本书根据工程应用的实际需要，全面系统地介绍了分数阶及模糊系统的理论基础、稳定性分析、各种设计方法、主要实现技术、计算机模拟验证技术等问题。主要内容包括：分数阶线性系统的动态输出反馈控制和容错控制；分数阶时滞系统的控制器设计；分数阶非线性系统的 H_∞ 跟踪控制；模糊时滞系统的 H_∞ 控制与滤波、H_∞ 观测器型控制与滤波、无源控制与 L_2-L_∞ 滤波、抗饱和控制；分数阶模糊系统的动态输出反馈控制，分别给出了各系统控制器的设计方法和仿真算例。

本书可供控制科学与工程、工业自动化、电气自动化、机电一体化、机械工程等专业的研究人员、研究生和高年级本科生参考，也可供控制系统设计工程师等相关工程技术人员阅读和参考。

图书在版编目(CIP)数据

分数阶及模糊系统的稳定性分析与控制/宋晓娜，付主木，李泽著. —北京：科学出版社，2014

ISBN 978-7-03-042345-0

Ⅰ.①分… Ⅱ.①宋…②付…③李… Ⅲ.①模糊系统-稳定性-研究②模糊控制-研究 Ⅳ.①N94②TP13

中国版本图书馆 CIP 数据核字(2014)第 253961 号

责任编辑：张海娜 高慧元 / 责任校对：刘亚琦
责任印制：赵 博 / 封面设计：蓝正设计

科学出版社 出版
北京东黄城根北街 16 号
邮政编码：100717
http://www.sciencep.com

北京凌奇印刷有限责任公司 印刷

科学出版社发行 各地新华书店经销

*

2015 年 3 月第 一 版 开本：720×1000 1/16
2015 年 3 月第一次印刷 印张：18 3/4
字数：365 000

POD定价： 98.00元
(如有印装质量问题，我社负责调换)

前　　言

在科学发展的过程中，很多新事物的产生都来源于所谓“in between”的思想。例如，模糊数学中“隶属函数”的概念，它突破了古典集合论中属于或不属于的绝对关系。同样，分数阶微积分学也基于这种“in between”思想，该领域的研究对使用传统整数阶微积分来描述自然界中的事物起到巨大的补充作用。追根求源，一方面，现实世界本质上是分数阶的，因此分数阶系统是一类特殊而又重要的复杂系统，是目前复杂非线性系统理论研究的一个国际前沿方向；另一方面，模糊系统的出现提高了复杂非线性系统的控制精度，T-S模糊系统可以看做一系列线性系统的加权平均，而加权平均系数正是一些非线性函数，从而可以使用比较成熟的线性系统理论来研究和描述一类非线性系统。近年来，对分数阶和模糊系统的研究已受到国内外众多科学工作者的高度重视，所涉及的领域日益广泛，已在学术界掀起了分数阶和模糊系统理论及应用研究的高潮。目前，对于分数阶和模糊系统，各自现有的研究结果已很丰富。正是基于“in between”的思想，分数阶及模糊系统近年来得到了一定的发展，但有关分数阶及T-S模糊系统的一些基础理论仍有许多深层次的问题亟待解决。

作者近年来一直从事分数阶及模糊系统的研究工作，深感有必要结合该领域的新成果、新进展和新趋势撰写一部学术著作，对分数阶系统、模糊系统、分数阶模糊系统相关控制理论与方法及其应用进行系统的介绍，并希望本书的出版能够对该领域的研究和应用起到一定的推动作用。

本书全面系统地介绍了分数阶及模糊系统的理论基础、稳定性分析、各种设计方法、主要实现技术、计算机模拟验证技术等问题。主要内容包括：分数阶线性系统的动态输出反馈控制；执行器或传感器故障下的容错控制；分数阶时滞系统的分析与控制；分数阶非线性系统的H_∞跟踪控制；模糊时滞系统的H_∞控制与滤波、H_∞观测器型控制与滤波、无源控制与L_2-L_∞滤波、连续/离散时间系统的抗饱和控制，前件变量可测/不可测情况下的分数阶模糊系统的动态输出反馈控制，分别给出了各系统控制器的设计方法和仿真算例。

全书共11章。其中，第1～4、11章由付主木撰写，第5章由李泽撰写，第6～10章由宋晓娜撰写，宋晓娜和付主木对全书进行统稿。

本书编写过程中主要参考第一作者在南京理工大学攻读博士期间的研究成果和博士论文，同时参考了安徽工业大学沈浩博士的研究成果，在此对他表示诚挚的谢意！

本书得到了国家自然科学基金(61203047,61473115,61203048)、中国博士后科学基金(2013T60670)、河南省科技创新人才杰出青年计划(144100510004)、河南省高校科技创新人才支持计划(13HASTIT038)以及河南科技大学学术著作出版基金、河南科技大学青年学术带头人培养计划和河南科技大学博士科研启动基金的资助。本书在撰写过程中参考了国内外许多同行的论著、应用成果和先进技术,作者对此深表谢意。

由于作者水平有限,书中难免会有疏漏之处,恳请广大读者批评指正。

作　者

2014 年 10 月

目　录

第 1 章　绪　　论

1.1 引　　言

现实世界本质上是分数阶的,分数阶微积分对于我们所能看到的、接触到的、所能控制的自然界中的事物具有很大的影响。过去人们常用整数阶微积分描述自然界中的事物,但自然界中许多现象依靠传统整数阶微分方程是不能精确描述的。如图 1.1 所示为一个半无限有损耗传输线模型,图中,$i(t)$为电流,$u(t)$为电压,R 为电阻,C 为电容。

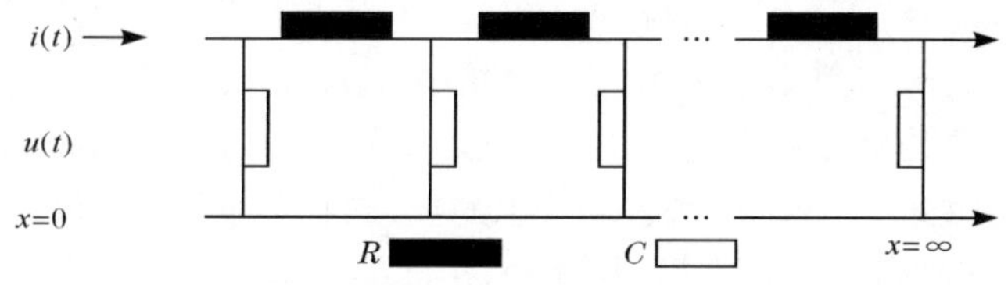

图 1.1　半无限有损传输线

上述系统可以用如下方程来描述:

$$\begin{aligned} \frac{\partial u(x,t)}{\partial x} &= i(x,t)R \\ \frac{\partial i(x,t)}{\partial x} &= C\frac{\partial u(x,t)}{\partial x} \end{aligned} \tag{1.1}$$

在零初始条件下,电压 $u(t)$和电流 $i(t)$存在如下关系:

$$\begin{aligned} i(t) &= \frac{1}{R\sqrt{\alpha}}\frac{\mathrm{d}^{1/2}u(t)}{\mathrm{d}t^{1/2}} \\ u(t) &= R\sqrt{\alpha}\frac{\mathrm{d}^{-1/2}i(t)}{\mathrm{d}t^{-1/2}} \end{aligned} \tag{1.2}$$

式中,$\alpha=\frac{1}{RC}$。从式(1.2)中可以看出,半无限有损传输线的电压和电流之间表现出了半微分和半积分的关系。

分数阶微积分最主要的优点是其既包括所有整数阶的理论,又具有整数阶理论所不能替代的功能。因此,分数阶微积分有潜力达到整数阶微积分无法达到的高度,我们相信将来许多领域的重要进展都将会来源于分数阶微积分的应用。由于很多实际系统用分数阶微分方程可以更好地得到表征[1,2]，所以分数阶系统在许多领域，如地震分析、黏性阻尼、信号处理、分形与混沌等都有广泛的应用[3]。随着对分数阶微积分理论研究的不断深入，其在物理学、生物工程、力学等方面也有很多应用。特别是在控制领域中，分数阶微积分可更加准确地描述实际系统，能产生比整数阶微积分更好的结果。另外分数阶微积分为将来扩展控制理论经典研究方法提供了强大的支持，因此分数阶系统的相关稳定性分析及综合问题研究已经引起越来越多学者的关注[4-10]。

另外，自 20 世纪 60 年代现代控制理论诞生以来，控制理论得到了飞速发展，并在当时工业生产过程、航天领域及军事领域都得到了成功的应用。例如，1978 年，Richaler 等提出了模型预测启发控制[11]，使得预测控制理论成为当时工业控制的有效手段之一。随着现代科学技术与生产的迅猛发展，现代控制理论开始跟不上科技发展的脚步，在工业应用中遇到了很多困难。这是因为在传统的控制领域，控制系统动态模型的精确与否是影响控制优劣的关键，系统动态信息越详细，则越能达到精确控制的目的。然而，实际中的被控系统很多都具有动态突变性、非线性、时变性、大随机干扰、多不确定性或者多参数耦合等特点，很难用精确的数学模型来描述[12,13]。而且现代工业过程对自动控制系统的控制精度、响应速度、稳定性及适应性的要求越来越高，使得控制越发困难、系统性能指标较难满足。而模糊系统的功能在于为模型的描述提供一个可替换的控制方法，利用专家的知识和经验对模型进行补充，进行各类问题的研究，例如，在发酵、窑炉煅烧等过程中，都需依赖于人的经验和专家的知识作为对模型的替代或补充。这就使得复杂非线性系统控制精度的提高成为可能。由此可见，模糊控制的诞生是非常具有实际意义的，因此有必要对其进行深入的研究。

传统整数阶模糊系统已经得到了非常广泛的研究和关注。而作为对于模糊系统逼近非线性系统起到巨大补充与完善作用的分数阶模糊系统，目前还极少有文献对其进行讨论，主要瓶颈在于传统整数阶模糊系统分析方法无法直接套用至分数阶模糊系统的分析中。因此，对于分数阶模糊系统的分析与综合并不是传统分数阶系统或模糊系统分析方法的简单推广，它将对上述传统分析方法提出新的挑战。虽然经典的模糊系统的分析方法难以应用于分数阶模糊系统的分析中，但其所采用的李雅普诺夫(Lyapunov)稳定性理论正是处理分数阶模糊系统稳定性分析的精髓。难点在于如何克服该方法在处理分数阶系统分析中能量函数求分数阶导数时存在的问题。这个困难若得以解决或规避，则传统分析分数阶系统和模糊系统的方法就可以得到有效及实质性的推广。

1.2 分数阶系统的研究现状

1.2.1 分数阶微积分理论

分数阶系统是通过分数阶微积分方程来描述的,而分数阶微积分是将普通微积分中的微分和积分一般化至非整数。其主要的构想源于1695年前后Leibniz和L'Hôpital通信探讨有关一个函数分数阶导数的问题,即对于一个函数求1/2阶导数的运算方法是什么。1832年,Liouville给出了分数阶导数的第一个合理的定义,而Riemann在1847年对分数阶微积分的定义作了进一步的补充。后来人们又提出许多不同定义,例如,Grünwald分数阶微积分、局部分数阶微积分、Caputo分数阶微积分等,并针对这些定义,类似经典微积分的研究,研究了有关它们的一些性质。然而,由于分数阶微积分缺少明确的物理意义且应用前景不明朗而发展缓慢。

尽管分数阶微积分学的理论可以追溯到300多年前,但分数阶微积分学在其他领域的应用也是近十年的事。较全面也是广为引用的描述分数阶微分方程的著作出版于1999年[14],2004年出版的文献[15]是国内较早介绍分数阶微积分学及其计算的著作。研究发现,现实世界中的物理系统大多数是分数阶的,尤其是具有记忆及遗传特性的黏弹性材料[16,17]、传导和热扩散[18]、动态过程中的半无线RC传输[19]等,相比传统的整数阶系统,分数阶微积分能够更准确地描述系统行为。现在,分数阶微积分作为一个有效的数学工具,已经广泛应用于各种领域,如地震分析[20]、黏性阻尼[21]、信号处理[22]、分形和混沌[23]、系统辨识和建模[24]、机器人[25]等。随着对分数阶微积分理论研究的不断深入,它在力学[26]、物理学、生物工程、控制理论[27-29]等方面也有很多应用。分数阶微积分的发展为各个学科的发展提供了新的理论基础,在冶金、化工、电力、轻工和机械等工业过程中都有应用[30-32]。而上述领域的应用研究反过来又促进了分数阶微积分理论及分数阶系统相关问题研究的进一步发展,使得分数阶微积分理论及分数阶系统分析与综合问题成为当前国际上的一个热点研究课题,相信随着学科融合和细化的速度不断加快,分数阶微积分及分数阶系统相关问题研究将会有更加广阔的发展前景。

1.2.2 分数阶系统的稳定性分析

分数阶系统在控制领域已经引起越来越多学者的关注[33-43],主要是由于很多实际系统用分数阶微分方程可以更好地得到表征。稳定性是系统的一个基本结构特性,是所有控制系统的基础,也是控制理论中的基本概念[44]。在研究系统特性或者设计控制器时,分析系统的稳定性是一个首要的任务。对于分数阶控制系统,稳定性的研究也同样重要。

在稳定性分析方面,Ishitobi 研究了带有分数阶保持器采样系统的稳定性[45],随后 Barcena 等对上述系统的稳定性条件进行了改进[46]。Skaar 等提出了一种利用空间映射的修正根轨迹法[47],将主导根映射至所需空间进行单独处理来分析黏性系统的稳定性。但是由于这一方法无法准确地将系统中不同的分数阶因子映射到同一空间进行统一分析,因此这种近似方法具有局限性。另一方面,从时域的角度,文献[48]~[50]得到了连续时间分数阶系统的稳定性分析结果,而相应的离散时间分数阶系统的稳定性分析结果在文献[51]、[52]中给出。基于线性矩阵不等式的方法,文献[53]和[37]分别讨论了在系统阶数 $0<\alpha<1$ 和 $1\leqslant\alpha<2$ 两种情况下的连续时间分数阶系统的稳定性。对于区间分数阶系统,文献[54]中研究了其在 $0<\alpha<1$ 情况下的稳定性分析充分必要条件;相应的 $1\leqslant\alpha<2$ 情况下的稳定性分析充分条件及充分必要条件分别在文献[34]、[55]和文献[33]、[56]中给出。而对于带有时滞的线性时不变分数阶动态系统,Chen 等采用 Lambert 函数研究了其稳定性[57]。从频域的角度,采用不同方法,分数阶系统的稳定性分析在文献[48]、[58]~[60]中都有研究。文献[58]根据扩展频域分析法扩展了奈奎斯特(Nyquist)稳定性判据,得到能够直观判断任意阶控制系统稳定性的通用判据。Bonnet 等对带有几种不同时滞的分数阶系统进行了 H_∞ 稳定性分析[60],而比 H_∞ 稳定性概念更强的 BIBO 稳定性,文献[59]和[48]均对分数阶时滞系统给出了 BIBO 稳定性分析的充分条件。对于带有区间不确定参数的分数阶系统,其稳定性首先在文献[61]中解决,之后文献[62]对其进行了进一步的研究。

1.2.3　分数阶系统的控制

在控制方面,以往的方法是将分数阶系统近似为整数阶系统再进行控制器设计,不可避免地存在设计偏差,甚至不能满足原系统的重要性能,如稳定性的要求,因此有必要进行分数阶控制器的单独设计。目前基于分数阶被控系统,众多学者提出了各类分数阶控制器。首先提出利用分数阶控制器对动态系统进行控制的是 Oustaloup 等,他们提出了称为 CRONE(contrôl robuste d′ordre non entier)控制器的分数阶控制器,同时给出了一些应用的例子[63,64]。Podlubny[65] 提出了一个广义的 PID 控制器,称为 $PI^\lambda D^\mu$ 控制器,其中,积分器和微分器的阶次均为实数。由于控制器的阶次可以是非整数阶的,因此其特性和整数阶 PID 控制器是不一样的,有必要对这种分数阶控制器进行全面深入的研究。Bagley 和 Calico 研究了黏滞阻尼结构的分数阶控制问题[66],给出了分数阶状态方程。他们的研究表明,对黏滞阻尼结构,采用分数阶状态方程进行反馈控制,可以提高系统的控制性能。Makroglou 等研究了转动弹性梁的分数阶反馈控制[67]。Ortigueira[68,69] 研究了由分数阶传递函数描述的连续系统和由差分方程描述的离散系统的脉冲、阶跃和频率响应。Machado 等[70-73]研究了分数阶微积分在机器人中的应用，如操纵臂的轨线控制、六脚机器人的分数阶控制等，还利用分数阶微积分对运动控制系统的动力学特性进行分析。研究表明，分数阶模型抓住了被整数阶模型所忽略的现象和属性。还有一些学者在进行分数阶微积分在控制理论与控制工程中的应用研究，如 Chen 等[74,75]、Vinagre 等[76-78]、Petras 等[79,80]。总之，目前关于分数阶微积分在控制理论和工程中的应用处于刚起步阶段，国外一些学者在进行这方面的研究，而国内在此方面的研究较少，许多方面还有待去探索和研究。

1.2.4　分数阶系统的应用

尽管分数阶微积分的研究已经有数百年历史，但其研究一直在纯数学领域内进行，应用研究还很少。随着研究的不断深入，分数阶微积分在不同领域和学科中的应用研究在 20 世纪的中后期发展起来。Mandelbrot 等[81,82]在分形(fractal)中的研究引起了不同领域的学者对分数阶微积分的注意。研究发现，分数阶微积分在描述一些具有记忆和遗传特性的物质时具有重要的作用。现在，分数阶微积分在数值分析以及物理和工程等不同领域中的应用引起了广泛的关注。

1. 分数阶微积分在黏弹性材料中的应用

研究发现用分数阶微积分能够很好地刻画具有黏弹性的物质。Bagley 和 Torvik[83-85]用分数阶微分模型精确地描述了许多阻尼性材料的特性，Koeller[86]用分数阶微积分描述了黏滞性材料的弯曲和松弛特性。关于分数阶微积分在黏弹性材料方面的研究还有大量的文献[87-91]。由于近年来黏弹性理论在高聚物材料、复合材料等新型材料、岩土力学、地震预报和生物力学等领域的广泛应用，可以预见分数阶微积分的研究将在上述领域的实际研究和应用中有较大的发展。

2. 分数阶微积分在电化学中的应用

分数阶微积分广泛应用的另一个领域是电化学，正是由于 Oldham 及其合作者[92-98]的工作使得分数阶微积分在电化学中得以成功的应用。例如，电化学研究的重要课题之一就是确定电极表面附近的电活化物组分的浓度，对此 Oldham 和 Spanier 提出，在一定条件下，扩散方程问题可由边界上(电极表面)的关系式来代替。在电化学中建立起来的被实验所验证的分数阶微积分方法可以应用于其他方面，如扩散、热传导、质量转移等。

3. 分数阶微积分在控制中的应用研究

分数阶微积分理论在不同领域应用研究的显著增加，同样也引起了控制领域专家和学者的广泛关注。研究表明,实际系统大都是分数阶的,但迄今为止,所有控制系统均是整数阶的,这实际上是忽略了系统的真实性。而之所以将其考虑为整数阶,是因为其复杂性和缺乏有效的数学工具。随着分数阶微积分理论的不断发展,研究将分数阶微积分理论应用于控制理论和控制实践是必然的。近十几年来,相关的研究已经开始,并不断取得进展。分数阶微积分理论的发展,实际上也为以整数阶微积分理论为基础的控制理论和控制工程提供了一个新的发展空间。

分数阶系统(fractional-order systems)就是由微分阶次为任意实数(有时为复数)的微分方程所描述的动力学系统。如果被控系统为分数阶系统或控制器为分数阶控制器,则这样的控制系统为分数阶控制系统(fractional-order control systems)。由于利用分数阶微积分理论来研究控制系统处于开始阶段,所以学者根据自己以前的研究方向和内容,在不同的方面进行了分数阶控制系统的研究。目前,对分数阶系统的研究主要分为以下三个方面:①分数阶控制系统的数值计算方法。这在数学上主要是分数阶微分方程的解析和数值解法,有一些文献设计了这方面的内容,如文献[99]、[100]。由于分数阶微积分的特点,研究速度快、精度高的数值计算方法是十分必要的,这将有助于对分数阶控制系统进行分析和综合。②如何利用分数阶微分方程去描述复杂的控制系统,即建立控制系统的分数阶数学模型,这在地震、机械、电化学等方面都有研究。③将基于整数阶微分方程的已经成熟的控制理论引申推广到分数阶系统中,即对分数阶控制系统进行分析和综合等研究。在 1988 年和 1990 年,Oustaloup[101]和 Axtell 等[102]分别发表了关于分数阶微积分在控制系统中的应用的文章后,分数阶控制系统的研究在不断地加快发展,近几年国内外许多学者都开始了这方面的研究。

4. 分数阶微积分在其他领域中的应用

Westerlund 对分数阶微积分在电磁场中的应用进行了研究,提出了分数阶的 Maxwell 方程。他同时将牛顿第二定律进行了推广,如果 F 为一作用力,x 为位移,则弹性体的 Hooke 模型为 $F=kx$,黏性流体的牛顿模型为 $F=kx'$,牛顿第二定律为 $F=kx''$。上述模型均可以看做下列一般表达式的特殊形式:

$$F=kx^{(\alpha)}$$

式中,α 为任意实数。Westerlund 建议当 $1<\alpha<2$ 时,上式可以视为牛顿第二定律的一般形式,并且它更好地描述了真实的情况。

在信号处理领域中,传统 Fourier 变换是一个研究最为成熟、应用最为广泛的数学工具。Namias[103]将其推广为分数阶 Fourier 变换,使它成为一种新的信号时频分析工具。McBride 和 Kerr[104]对分数阶 Fourier 变换作了更加严格的数学定义,使之具备了一些重要的性质。最近几年,分数阶 Fourier 变换已经在微分方程求解、量子力学、衍射理论、光学传输、光学系统和光学信号处理、时变滤波、多路传输、人工神经网络、小波变换和时频分析等诸多领域得到了较为广泛的应用[105-107]。文献[108]研究了分数阶微分在生物学中的应用。分数阶微积分还应用于电子学[109]、电磁场[110,111]、扩散与波传播[112,113]、渗透、建模与辨识[114]、机器人以及控制等领域。

1.3 模糊时滞系统的研究现状

1.3.1 模糊理论的发展

历史上第一个构造出隶属函数的是量子哲学家 Black。Black 利用连续逻辑为集合中的成员赋值，摆脱了以往的二值逻辑非此即彼的束缚，正式提出了多值集合理论，并把“模糊”(fuzzy)一词引入技术文献中。随后在 1965 年，美国的 Zadeh在杂志 *Information and Control* 上发表了题为“Fuzzy sets”的文章[115]，在这篇文章里，他提出了模糊集理论，为描述、处理模糊对象提供了数学工具。在 1973 年，Zadeh 又发表了另一篇标志性的文章“Outline of a new approach to the analysis of complex systems and decision processes”，提出了用模糊逻辑规则 IF-THEN 语句来量化专家的经验知识，建立相关的控制律。对复杂系统给出了更为合乎实际、符合人类思维的处理方式，奠定了模糊控制器的理论基础，从此模糊控制走入人们的视野，逐渐成为非线性系统建模和控制的有效手段。Zadeh 也始终在模糊控制方面不断研究，作出了杰出的贡献[116-125]。

同时模糊控制理论也开始受到世界各地学者的关注，从 20 世纪 70 年代开始，世界各地的学者开展了积极的研究。1972 年 2 月在日本，以东京大学为中心成立了模糊系统研究会，这个研究会的成立为之后在日本兴起的模糊控制技术应用铺垫了道路；随后在 1974 年，加利福尼亚大学的美日研究班举办了一个关于“模糊集合及其应用”的国际交流；1978 年关于模糊理论的第一个杂志 *Fuzzy Sets and Systems* 开始发行；1984 年，国际模糊系统学会(International Fuzzy Systems Association，IFSA)成立并设立两个研究部，该学会在中国、美国、欧洲都设有分部。此外，我国还设有模糊推理和专家系统、模糊控制、模糊运筹等研究组织；首届 IFSA 会议于 1985 年在西班牙召开；随着日本模糊应用产品研制的浪潮，第二届 IFSA 会议于 1987 年在日本东京举行；1992 年 2 月，首届 IEEE 模糊系统国际会议在圣地亚哥召开，模糊理论在这时被世界上最大的工程师协会——IEEE 所接受；1993 年，*IEEE Transaction on Fuzzy Systems* 系列开始出版。

我国的模糊控制理论研究工作是从 1979 年开始的，很多研究所及高校都有成果涌现，例如，大连理工大学[126,127]、东北大学[128,129]、浙江大学[130,131]、吉林大学[132]、华中科技大学[133]、哈尔滨工业大学[134,135]、东南大学[136]、南京理工大学[137,138]等都开展了模糊控制、模糊系统的稳定性分析、模糊系统的控制器与滤波器设计等问题的分析研究。

1.3.2 T-S 模糊系统

传统文献中常见的模糊系统有三类:①纯模糊系统;②T-S 模糊系统;③具有模糊器和解模糊器的模糊系统。本书中涉及的模糊系统均指 T-S 模糊系统。T-S 模糊模型由 Takagi 和 Sugeno[139]在 1985 年提出,由于经过模糊化、模糊推理和去模糊化后,T-S 模糊模型可以看做一系列线性系统的加权平均,而这些加权平均系数为一些非线性函数,称为隶属度函数。由于这个重要的特点,对于光滑的非线性系统,人们可以使用 T-S 模糊系统对其进行建模,从而可以使用已经比较成熟的线性系统理论来研究 T-S 模糊模型描述的非线性系统。另外,模糊逻辑控制作为一种可供替换的控制方法,引起了越来越多研究人员和工程师的重视,而更重要的是在处理一些复杂、不确定、病态但又有该领域控制专家的经验可借鉴的系统时,模糊逻辑控制是非常有效的。在基于模型的模糊逻辑控制方法中,基于 T-S 模糊模型的模糊逻辑控制方法发展尤为迅速。近年来,T-S 模糊模型由于可以非常有效地表示复杂非线性系统[139-141],而且 T-S 模糊模型可以在任意精度上近似此非线性系统,而受到广大学者的重视[142-144]。特别突出的是,T-S 模糊模型还发展起了一整套关于系统稳定性分析的方法,这给控制器的设计带来了很大的便利。文献[145]~[151]对 T-S 模糊系统的稳定性分析和控制器综合问题进行了研究,而在倒立摆系统[152]、混沌系统[153,154]等复杂系统的研究中,基于 T-S 模糊模型的控制器设计方法都得到了很好的应用。

1.3.3 模糊时滞系统的稳定性分析与控制

人们对模糊时滞系统的关注起始于 2000 年前后,具有时滞的 T-S 模糊系统的研究首先可见文献[140],该文献结合 Lyapunov-Krasovskii 泛函方法及 LMI 技术,采用模糊控制方法研究了连续时间和离散时间的非线性时滞系统,给出了系统稳定的时滞无关条件及状态反馈模糊控制器、模糊观测器的存在条件与设计方法。另一方面,当为实际系统建模时,由于系统操作点的变化、设备老化或辨识误差等因素不可避免地会出现参数的不确定性。这种不确定性会对由状态空间模型描述的系统参数有一定的干扰,是系统稳定和性能下降的又一个重要原因。因此,在过去的几十年中,带有不确定参数的线性或非线性系统的稳定性分析及综合等各种问题得到了深入的研究,并获得了丰富的研究成果[155-162]。其中,文献[163]和[153]分别把不确定性引入连续时间 T-S 模糊时滞系统的鲁棒 H_∞ 控制及鲁棒镇定问题的研究中,相应的离散时间情况可见文献[164]~[167]。从此,模糊时滞系统的分析与综合问题受到了人们的广泛关注,人们针对带有不同时滞的不同结构模糊模型,提出了多种有效的分析和控制器设计方法,获得了一系列有价值的研究成果[168,169]。

1.3.4 模糊时滞系统的应用

在应用方面,虽然模糊逻辑、模糊控制研究刚刚开始,实践领域尤其是商品化的模糊应用浪潮的涌现已经开始推动模糊理论的前进,王立新在文献[170]中有详细的论述,英国学者 Mamdani 于 1974 年首先实现了模糊语言在工业控制中的应用[171],在这之后的十年,研究者不断努力,逐渐将模糊理论应用于化工、机械、冶金等工业生产领域[172-180]。

到了 21 世纪初期,生产生活中就已经涌现出大量的模糊产品,在全球刮起了模糊控制的旋风,不仅有模糊洗衣机、模糊空调、模糊微波炉、模糊吸尘器、模糊照相机等家电产品,工业控制领域中也开始出现模糊应用的例子,如模糊水净化处理、模糊发酵过程、模糊化学反应釜、模糊水泥窑炉控制等;在专用系统和其他方面的应用还有模糊汽车驾驶、模糊电梯、自动扶梯控制、模糊蒸汽引擎以及机器人控制等。我国的模糊控制应用也主要集中在工业水泥窑等炉窑、造纸机等方面,并取得了显著的成果。

从理论角度来看,模糊系统与模糊控制中的一些基本问题的研究已经取得了可喜的进步,在实际应用中取得了很好的效果,然而由于缺乏严格的对系统稳定性的理论证明,经典模糊控制还是受到很多学者的批评。虽然人们不断尝试将模糊控制律看做非线性控制律,然后应用经典非线性控制方法来进行稳定性分析,但是还是没有一个系统的、针对经典模糊控制的一般适用的稳定性分析及控制律设计方法,很多分析和处理方法还处于初级阶段,这也是现在人们还在追求的目标。

1.4 分数阶模糊系统的研究现状

近年来,分数阶模糊系统及分数阶模糊控制已经引起国内外学者的广泛关注。结合模糊控制及分数阶滑膜控制,文献[181]研究了整数阶非线性系统的模糊分数阶滑模控制器设计问题;曹军义等在分析分数阶微积分的基础上,提出了一种新型模糊分数阶比例积分微分控制器[182];在处理分数阶混沌系统的 H_∞ 同步问题时,台湾学者 Lin 等将自适应模糊控制的方法引入其中[183],但由于其在能量函数求分数阶导数过程中存在问题,随后一位伊朗学者对该论文中的部分内容进行了评论与修正[184];Zhong 等基于整数阶 T-S 模糊模型和 LMI 方法,研究了分数阶混沌系统的脉冲控制问题[185]。以上文献均是在处理有关分数阶系统问题时,结合模糊系统及模糊控制的概念进行相关的研究。对于分数阶 T-S 模糊系统，国内学者 Zheng 等基于此模型讨论了分数阶混沌系统的控制问题[186]；刘健辰等采用分数阶 T-S 模糊模型对分数阶 Rossler 混沌系统建模，使用并行分布式补偿方法设计了模糊状态反馈控制器[187]。综上所列研究成果来看，分数阶系统和模糊时滞系统各自的理论研究体系虽已初步形成，但对于分数阶 T-S 模糊系统，大部分的研究内容集中在基于此模型的分数阶混沌系统控制，而对于有关分数阶 T-S 模糊系统的一些基础理论，如稳定性分析、控制器设计等仍有许多深层次的问题有待解决。

本书将结合作者的研究工作，分别针对分数阶系统、模糊时滞系统、分数阶模糊系统，以 Lyapunov 稳定性理论为基础，以矩阵不等式和线性矩阵不等式为主要研究工具，较为系统地介绍分数阶线性系统的输出反馈控制、分数阶时滞系统的网络化控制、分数阶非线性系统的跟踪控制、模糊时滞系统的 H_∞ 控制与滤波、模糊时滞系统的无源控制与滤波、模糊时滞系统的抗饱和控制、分数阶模糊系统的输出反馈控制及一些相关的研究结果。

参考文献

[1] West B J, Bologna M, Grigolini P. Physics of Fractal Operators [M]. New York: Springer-Verlag, 2003.

[2] Podlubny I. Fractional Differential Equation [M]. San Diego: Academic Press, 1999.

[3] Li C G, Chen G R. Chaos and hyperchaos in the fractional-order Rossler equations [J]. Physica A, 2004, 34(1): 55—61.

[4] Petráš I. Fractional-order Nonlinear Systems: Modeling, Analysis and Simulation [M]. New York: Springer, 2011.

[5] Ahn H S, Chen Y Q. Necessary and sufficient stability condition of fractional-order interval linear systems [J]. Automatica, 2008, 44(11): 2985—2988.

[6] Hamamci S E. An algorithm for stabilization for fractional-order time delay systems using fractional-order PID controllers [J]. IEEE Transactions on Automatic Control, 2007, 52(10): 1964—1969.

[7] Tavazoei M S, Haeri M. A note on the stability of fractional order systems [J]. Mathematics and Computers in Simulation, 2009, 79(5): 1566—1576.

[8] Shen J, Cao J. Necessary and sufficient conditions for consensus of delayed fractional-order systems [J]. Asian Journal of Control, 2012, 14(6): 1690—1697.

[9] Li Y, Chen Y Q, Podlubny I. Stability of fractional-order nonlinear dynamic systems: Lyapunov direct method and generalized Mittag-Leffler stability [J]. Computers & Mathematics with Applications, 2010, 59(5): 1810—1821.

[10] 朱呈祥，邹云. 分数阶控制研究综述 [J]. 控制与决策，2009，24(2)：161—169.

[11] Richaler J, Rault A, Testud L, et al. Model predictive heuristic control: Application to indus-

trial processes [J]. Automatica,1978,14(5):413—428.

[12] 王伟,李晓理. 多模型自适应控制 [M]. 北京:科学出版社,2001.

[13] 李晓理,康运峰,胡广大. 多模型自适应控制算法的性能分析 [J]. 系统仿真学报,2007,19:814—819.

[14] Podlubny I. Fractional Differential Equation [M]. San Diego:Academic Press,1999.

[15] 薛定宇,陈阳泉. 高等应用数学问题的 MATLAB 求解 [M]. 北京:清华大学出版社,2004.

[16] Bagley R L,Torvik P. On the appearance of the fractional derivative in the behavior of real materials [J]. Journal of Applied Mechanics,1984,51(2):294—298.

[17] Bagley R L, Calico R A. Fractional-order state equations for the control of viscoelastic damped structures [J]. Journal of Guidance,Control,and Dynamics,1991,14(2):304—311.

[18] Jenson V G, Jeffreys G V. Mathematical Methods in Chemical Engineering [M]. New York:Academic Press,1977.

[19] Weber E. Linear Transient Analysis [M]. New York:Wiley,1956.

[20] Koh C G,Kelly J M. Application of fractional derivatives seismic analysis of based-isolated models [J]. Earthquake Engineering and Structural Dynamics,1990,19(2):229—241.

[21] Makris N, Constantinou M C. Fractional-derivative Maxwell model for viscous dampers [J]. Journal of Structural Engineering,1991,117(9):2708—2724.

[22] Haldun M. Digital computation of the fractional Fourier transform [J]. IEEE Transactions on Signal Processing,1996,44(9):2141—2150.

[23] Li C G,Chen G R. Chaos and hyperchaos in the fractional-order Rossler equations [J]. Physica A,2004,34(1):55—61.

[24] Mateieu B. Identification of non-integer order systems in the time domain [C]. IEEE-SMCS Symposium on Control,Optimization and Supervision,New York,1996:952—956.

[25] Duarte F B M,Tenreiro M J A. Pseudoinverse trajectory control of redundant manipulators: A fractional calculus perspective [C]. Proceedings of the 2002 IEEE International Conference on Robotics and Automation,Washington,2002:2406—2411.

[26] Deng R,Davies P,Bajaj A K. Application of fractional derivatives to modeling the quasi-static response of polyurethane foam [C]. Proceedings of the 2003 ASME Design Engineering Technical Conferences,Chicago,2003:79—83.

[27] Magin R L. Fractional calculus in bioengineering [J]. Critical Reviews in Biomedical Engineering,2004,32(1):1—193.

[28] Liang J S,Chen Y Q,Vinagre B M,et al. Boundary stabilization of a fractional wave equation via a fractional order boundary controller [C]. The First IFAC Symposium on Fractional Differentiation and its Applications,Bordeaux,2004.

[29] Reyes-Melo M E,Martinez-Vega J J,Guerrero-Salazar C A,et al. Application of fractional calculus to modelling of relaxation phenomena of organic dielectric materials [J]. Journal of Optoelectronics and Advanced Materials,2004,6(3):1037—1043.

[30] Engheta N. On the role of fractional calculus in electromagnetic theory [J]. IEEE Antennas

and Propagation Magazine,1997,39(4):35—46.

[31] Liang J S,Chen Y Q,Vinagre B M,et al. Fractional order boundary stabilization of a time-fractional wave equation [A]//Fractional Derivatives and Their Applications[M],2005:597—614.

[32] Liang J S,Chen Y Q,Vinagre B M,et al. Identifying diffusion-wave constant,fractional order and boundary profile of a time-fractional diffusion-wave equation from boundary noisy measurements[A]//Fractional Derivatives and Their Applications[M],2005:517—532.

[33] Ahn H S,Chen Y Q. Necessary and sufficient stability condition of fractional-order interval linear systems [J]. Automatica,2008,44(11):2985—2988.

[34] Ahn H S,Chen Y Q,Podlubny I. Robust stability test of a class of linear time-invariant interval fractional-order system using Lyapunov inequality [J]. Applied Mathematics and Computation,2007,187(1):27—34.

[35] Dzielinski A,Sierociuk D. Adaptive feedback control of fractional order discrete state-space systems [C]. Proceedings of the 2005 International Conference on Computational Intelligence for Modelling Control and Automation,Vienna,2005:804—809.

[36] Sun H,Chen W,Chen Y. Variable-order fractional differential operators in anomalous diffusion modeling [J]. Physica A:Statistical Mechanics and its Applications,2009,388(21):4586—4592.

[37] Tavazoei M S,Haeri M. A note on the stability of fractional order systems [J]. Mathematics and Computers in Simulation,2009,79(5):1566—1576.

[38] Arara A,Benchohra M,Hamidi N,et al. Fractional order differential equations on an unbounded domain [J]. Nonlinear Analysis:Theory,Methods & Applications,2010,72(2):580—586.

[39] Zhu H,Zhou S,He Z. Chaos synchronization of the fractional-order Chen's system [J]. Chaos,Solitons & Fractals,2009,41(5):2733—2740.

[40] Li Y,Chen Y Q,Podlubny I. Stability of fractional-order nonlinear dynamic systems:Lyapunov direct method and generalized Mittag-Leffler stability [J]. Computers & Mathematics with Applications,2010,59(5):1810—1821.

[41] Padula F,Visioli A. Tuning rules for optimal PID and fractional-order PID controllers [J]. Journal of Process Control,2010,21(1):69—81.

[42] Gao X. Chaos in a fractional-order modified van der Pol oscillator [J]. Advanced Materials Research,2011,187:603—608.

[43] Guo W,Wen J,Zhou W. Fractional-order PID dynamic matrix control algorithm based on time domain [C]. Proceedings of 8th World Congress on Intelligent Control and Automation,Jinan,2010:208—212.

[44] 黄琳. 稳定性与鲁棒性的理论基础 [M]. 北京:科学出版社,2003.

[45] Ishitobi M. Stability of zeros of sampled system with fractional order hold [J]. IEE Proceedings Control Theory and Applications,2002,143(3):296—300.

[46] Barcena R, de la Sen M, Sagastabeitia I. Improving the stability properties of the zeros of sampled systems with fractional order hold [J]. IEE Proceedings Control Theory and Applications, 2002, 147(4): 456—464.

[47] Skaar S B, Michel A N, Miller R K. Stability of viscoelastic control systems [J]. IEEE Transactions on Automatic Control, 1988, 33(4): 348—357.

[48] Hotzel R. Summary: some stability conditions for fractional delay systems [J]. Journal of Mathematical Systems, Estimation, and Control, 1998, 8(4): 499—502.

[49] Li Y, Chen Y, Podlubny I. Mittag-Leffler stability of fractional order nonlinear dynamic systems [J]. Automatica, 2009, 45(8): 1965—1969.

[50] Moze M, Sabatier J. LMI tools for stability analysis of fractional systems [C]. Proceedings of the ASME 2005 International Design Engineering Technical Conferences and Computer and Information in Engineering Conference, Long Beach, 2005: 1—9.

[51] Dzielinski A, Sierociuk D. Stability of discrete fractional order state-space systems [C]. Proceedings of the 2nd IFAC Workshop on Fractional Differentiation and Its Applications, New York, 2006.

[52] Dzielinski A, Sierociuk D. Stability of discrete fractional order state-space systems [J]. Journal of Vibration and Control, 2008, 14(9/10): 1543—1556.

[53] Sabatier J, Moze M, Farges C. On stability of fractional order systems [C]. Proceedings of the Third IFAC Workshop on Fractional Differentiation and Its Application, Ankara, 2008.

[54] Lu J, Chen Y. Robust stability and stabilization of fractional-order interval systems with the fractional order α: The $0<\alpha<1$ case [J]. IEEE Transactions on Automatic Control, 2010, 55(1): 152—158.

[55] Chen Y, Ahn H S, Podlubny I. Robust stability check of fractional order linear time invariant systems with interval uncertainties [J]. Signal Processing, 2006, 86(10): 2611—2618.

[56] Lu J, Chen G. Robust stability and stabilization of fractional-order interval systems: An LMI approach [J]. IEEE Transactions on Automatic Control, 2009, 54(6): 1294—1299.

[57] Chen Y, Moore K L. Analytical stability bound for a class of delayed fractional-order dynamic systems [J]. Nonlinear Dynamics, 2002, 29(1/2/3/4): 191—200.

[58] 汪纪锋，李元凯. 分数阶控制系统稳定性分析与控制器设计：扩展频率域法 [J]. 控制理论与应用，2006，25(5)：7—12.

[59] Bonnet C, Partington J R. Analysis of fractional delay systems of retarded and neutral type [J]. Automatica, 2002, 38(7): 1133—1138.

[60] Bonnet C, Partington J R. Stabilization of some fractional delay systems of neutral type [J]. Automatica, 2007, 43(12): 2047—2053.

[61] Petras I, Chen Y, Vinagre B M. Robust Stability Test for Interval Fractional Order Linear Systems [M]. Princeton: Princeton University Press, 2004.

[62] Petras I, Chen Y, Vinagre B M, et al. Stability of linear time invariant systems with interval fractional order and interval coefficient [C]. Proceedings of the 2nd IEEE International

Conference on Computational Cybernetics, Viena, 2004: 341—346.

[63] Oustaloup A, Mathieu B, Lanusse P. The CRONE control of resonant plants: Application to a flexible transmission [J]. European Journal of Control, 1995, 1(2): 113—121.

[64] Oustaloup A, Moreau X, Nouillant M. The CRONE suspension [J]. Control Engineering Practice, 1996, 4(8): 1101—1108.

[65] Podlubny I. Fractional-order systems and $PI^{\lambda}D^{\mu}$-controllers [J]. IEEE Transactions on Automatic Control, 1999, 44(1): 208—214.

[66] Bagley R L, Calico R A. Fractional order state equations for the control of viscoelastically damped structures [J]. Journal of Guidance, Control and Dynamics, 1991, 14(2): 304—311.

[67] Makroglou A, Mill R K, Skaar S. Computational results for a feedback control for a rotating viscoelastic beam [J]. Journal of Guidance, Control and Dynamics, 1994, 17(1): 84—90.

[68] Ortigueira M D. Introduction to fractional linear systems 1: Continuous-time case [J]. IEE Proceedings on Vision, Image and Signal Processing, 2000, 147(1): 62—70.

[69] Ortigueira M D. Introduction to fractional linear systems 2: Discrete-time case [J]. IEE Proceedings on Vision, Image and Signal Processing, 2000, 147(1): 71—78.

[70] Machado J A T. Analysis and design of fractional-order digital control systems [J]. Systems Analysis-Modelling-Simulation, 1997, 27(2/3): 107—122.

[71] Machado J A T. System modeling and control through fractional-order algorithms [J]. Journal of Fractional calculus & Application Analysis, 1997, 27: 107—122.

[72] Barbosa R S, Machado J A T. Fractional describing function analysis of systems with blacklash and impact phenomena [C]. Proceedings of the 6th International Conference on Intelligent Engineering Systems, Opatija, 2002: 521—526.

[73] Duart F B M, Machado J A T. Pseudoinverse trajectory control of redundant manipulators: a frational calculus perspective [C]. Proceedings of International Conference on Robotics and Automation, Washington, 2002: 175—180.

[74] Chen Y Q, Vinagre B M. A New IIR-Type digital fractional order differentiator [J]. Signal Processing, 2003, 18(11): 2359—2365.

[75] Chen Y Q, Vinagre B M, Podlubny I. A new discretization method for fractional order differentiators via continued fraction expansion [C]. Proceedings of the 19th Biennial Conference on Mechanical Vibration and Noise, IUinois, 2003.

[76] Vinagre B M, Podlubny I, Hernandez A, et al. Some approximations of fractional order operators used in control theory and applications [J]. Fractional Calculus and Applied Analysis, 2000, 3(3): 231—248.

[77] Vinagre B M, Petras I, Merchan P, et al. Two digital realization of fractional controllers: Application to temperature control of a solid [C]. Proceedings of the European Control Conference, Porto, 2001: 1764—1767.

[78] Vinagre B M, Petras I, Podlubny I, et al. Using fractional order adjustment rules and fractional order reference models in model-reference adaptive control [J]. Nonlinear Dynamics,

2002,29(1/2/3/4):269—279.

[79] Petras I,Podlubny I,O'Leary P,et al. Analogue fractional-order controllers:Realization, tuning and implementation [C]. Proceedings of the ICCC'2001,Krynica,2001:9—14.

[80] Petras I,Grega S,Dorcak L. Digital fractional order controllers realized by PIC microprocessor:Experimental results [C]. Proceedings of the ICCC,High Tatras,2003:873—876.

[81] Mandelbrot B B. The Fractal Geometry of Nature [M]. New York:W. H. Freeman and Company,1982.

[82] Mandelbrot B B,van Ness J W. The fractional brownian motions,fractional noises and applications [J]. SIAM Review,1968,10(4):422—437.

[83] Bagley R L,Torvik P J. A theoretical basis for the application of fractional calculus to viscoelasticity [J]. Journal of Rheology,1983,27(3):201—210.

[84] Bagley R L,Torvik P J. Fractional calculus-a different approach to the analysis of viscoelastically damped structures [J]. AIAA Journal,1983,21(5):741—748.

[85] Bagley R L,Torvik P J. Fractional calculus in the transient analysis of viscoelastically damped structures [J]. AIAA Journal,1985,23(6):918—925.

[86] Koeller R C. Application of fractional calculus to the theory of viscoelasticity [J]. ASME Journal of Applied Mechanics,1984,51:299—307.

[87] Pritz T. Analysis of four-parameter fractional derivative model of real solid materials [J]. Journal of Sound and Vibration,1996,195(1):103—115.

[88] Pritz T. On the behaviour of fractional derivative Maxwell model,computational acoustics [C]. Proceedings on CD-ROM of the 17th International Congress on Acoustics,Rome, 2001:32—33.

[89] Bagley R L,Torvik P J. On the fractional calculus model of viscoelastic behavior [J]. Journal of Rheology,1986,30(1):133—135.

[90] Koh C G,Kelly J M. Application of fractional derivatives to seismic analysis of base-isolated models [J]. Earthquake Engineering and Structural Dynamics,1990,19(2):229—241.

[91] Makris N,Constantinou M C. Fractional derivative Maxwell model for viscous damper [J]. Journal of Structural Engineering,American Society of Civil Engineers,1991,117(9): 2708—2724.

[92] Oldham K B,Spanier J. The replacement of Fick's law by a formulation involving semidifferentiation [J]. J. Electroanal Chem. and Interfacial Electrochem,1970,26(2/3): 331—341.

[93] Oldham K B. A signal-independent electroanalytical method [J]. Anal. Chem.,1972,44(2): 196—198.

[94] Oldham K B. Semiintegration of cyclic voltammograms [J]. J. Electroanal Chem.,1976,72: 371—378.

[95] Oldham K B,Goto M. Semiintegral electroanalysis:Studies on the neopolarographic plateau [J]. Anal. Chem.,1973,46(11):1522—1530.

[96] Oldham K B, Goto M. Semiintegral electroanalysis: Shapes of neopolarograms [J]. Anal. Chem. ,1973,45(12):2043—2050.

[97] Oldham K B, Goto M. Semiintegral electroanalysis: The shapes of irreversible neopolarograms [J]. Anal. Chem. ,1976,48(12):1671—1676.

[98] Oldham K B, Grenness M. Semiintegral electroanalysis: Theory and verification. Anal. Chem. ,1972,44:1121—1129.

[99] Podlubny I. Numerical solution of initial value problems for ordinary fractional-order differential equations [C]. Proceedings of the 14th World Congress on Computation and Applied Mathematics, Atlanta, 1994:107—111.

[100] Kemple S, Beyer H. Global and causal solutions of fractional differential equation [C]. Proceedings of 2nd International Workshop (SCTP), Singapore, 1997:210—216.

[101] Oustaloup A. From factuality to non integer derivation through recursivity, a property common to these two concepts: A fundamental idea from a new process control strategy [C]. Proceedings of 12th IMACS World Congress, Paris, 1988:203—208.

[102] Axtell M, Bise E M. Fractional calculus applications in control systems [C]. Proceedings of the IEEE 1990 National Aerospace and Electronics Conference, New York, 1990: 536—566.

[103] Namias V. The fractional Fourier transform and its application in quantum mechanics [J]. Inst. Math. Its. ,1980,25:241—265.

[104] McBride A C, Kerr F H. On Namias's fractional Fourier transform [J]. IMA J. Appl. Maths. ,1987,39:159—175.

[105] Almeida L B. The fractional Fourier transform and time frequency representation [J]. IEEE Transactions on Signal Process, 1994, 42(11):3084—3091.

[106] Pei S C, Yeh M H, Tseng C C. Discrete fractional Fourier transform based on orthogonal projections [J]. IEEE Transactions on Signal Process, 1999, 47(5):1335—1348.

[107] Haldun M. Digital computation of the fractional Fourier transform [J]. IEEE Transactions on Signal Processing, 1996, 44(9):2141—2150.

[108] Anastasio T J. The fractional-order dynamics of brainstem vestibule oculomotor neurons [J]. Biological Cybernetics, 1994, 72:69—79.

[109] Oustaloup A. Fractional order sinusoidal oscillators: Optimization and their use in highly linear FM modulation [J]. IEEE Transactions on Circuits and Systems, 1981, 28(10): 1007—1009.

[110] Engheta N. On the role of fractional calculus in electromagnetic theory [J]. IEEE Antennas and Propagation Magazine, 1997, 39(4):35—46.

[111] Engheta N. On fractional paradigm and intermediate zones in electromagnetism: I planar observation [J]. Microwave and Optical Technology Letters, 1999, 22(4):236—241.

[112] Mainardi F. Fractional relaxation in anelastic solids [J]. Journal of Alloys and Compounds, 1994, 211(1):534—538.

[113] Mainardi F. Fractional relaxation-oscdillation and fractional diffusion-wave phenomena [J]. Chaos, Solitons & Fractals, 1996, 7(9): 1461—1477.

[114] Mathieu B. Identification of non integer order systems in the time domain [C]. IEEE-SMC/IMACS Symposium on Control, Optimization and Supervision, Lille, 1996: 952—956.

[115] Zadeh L A. Fuzzy sets [J]. Information and Control, 1965, 8: 338—353.

[116] Zadeh L A. From circuit theory to system theory [J]. Proceedings of The Institution of Radio Engineers, 1962, 50(5): 856—865.

[117] Zadeh L A. Fuzzy algorithm [J]. Information and Control, 1968, 12: 94—102.

[118] Zadeh L A. Toward a theory of fuzzy information granulation and its centrality in human reasoning and fuzzy logic[J]. Fuzzy Sets and Systems, 1997, 90(2): 111—127.

[119] Zadeh L A. Similar relations and fuzzy orderings [J]. Information Sciences, 1971, 3: 177—200.

[120] Zadeh L A. Outline of a new approach to the analysis of complex systems and decision processes [J]. IEEE Transactions on Systems, Man, and Cybernetics, 1973: 28—44.

[121] Zadeh L A. The concept of a linguistic variable and its application to approximate reasoning-I [J]. Information Sciences, 1975, 8: 199—249.

[122] Zadeh L A. Fuzzy sets as a basis for a theory of possibility [J]. Fuzzy Sets and Systems, 1999, 100: 9—34.

[123] Zadeh L A. Syllogistic reasoning in fuzzy logic and its application to usuality and reasoning with dispositions [J]. IEEE Transactions on Systems, Man and Cybernetics, 1985: 754—763.

[124] Zadeh L A. Fuzzy logic, neural networks and soft computing [J]. Communications of ACM, 1994, 37: 77—84.

[125] Zadeh L A. Discussion: Probability theory and fuzzy logic are complementary rather than competitive [J]. Technometrics, 1995, 37: 271—276.

[126] 李丽. 非线性模糊时滞系统的鲁棒控制研究 [D]. 大连:大连理工大学, 2008.

[127] 王利魁. 离散 Takagi-Sugeno 模糊控制系统的稳定性研究 [D]. 大连:大连理工大学, 2009.

[128] 魏新江. 非线性时滞系统模糊控制的研究 [D]. 沈阳:东北大学, 2005.

[129] 王永富. 非线性系统的模糊建模与自适应控制及其应用 [D]. 沈阳:东北大学, 2005.

[130] 罗艳斌. 几类 T-S 模糊系统稳定性分析及控制器设计 [D]. 杭州:浙江大学, 2007.

[131] 彭勇刚. 模糊控制工程若干问题研究 [D]. 杭州:浙江大学, 2008.

[132] 高兴泉. 时域约束 T-S 模糊系统的控制方法研究 [D]. 长春:吉林大学, 2009.

[133] 吕泽华. 模糊集理论的新拓展及其应用研究 [D]. 武汉:华中科技大学, 2007.

[134] 巩诚. T-S 模糊时滞系统的鲁棒 H_∞ 控制及滤波 [D]. 哈尔滨:哈尔滨工业大学, 2008.

[135] 郝万君. 模糊建模与控制及其在电厂热工自动控制中的应用 [D]. 哈尔滨:哈尔滨工业大学, 2006.

[136] 金毅. 模糊集合论在生产计划和调度中的应用研究 [D]. 南京:东南大学,1994.

[137] 宋晓娜. 不确定模糊时滞系统的鲁棒输出反馈控制研究 [D]. 南京:南京理工大学,2011.

[138] 李泽. T-S 模糊时滞系统的滤波器研究 [D]. 南京:南京理工大学,2009.

[139] Takagi T, Sugeno M. Fuzzy identification of systems and its applications to modeling and control [J]. IEEE Transactions on Systems, Man and Cybernetics, 1985, 15(1): 116—132.

[140] Cao Y Y, Frank P M. Analysis and synthesis of nonlinear time-delay systems via fuzzy control approach [J]. IEEE Transactions on Fuzzy Systems, 2000, 8(2): 200—211.

[141] Tanaka K, Sano M. A robust stabilization problem of fuzzy control systems and its application to backing up control of a truck-trailer [J]. IEEE Transactions on Fuzzy Systems, 2002, 2(2): 119—134.

[142] Feng G. A survey on analysis and design of model-based fuzzy control systems [J]. IEEE Transactions on Fuzzy Systems, 2006, 14(5): 676—697.

[143] Tanaka K, Wang H. Fuzzy Control Systems Design and Analysis: A Linear Matrix Inequality Approach [M]. New York: Wiley-Interscience, 2001.

[144] Guerra T, Vermeiren L. LMI-based relaxed nonquadratic stabilization conditions for nonlinear systems in the Takagi-Sugeno's form [J]. Automatica, 2004, 40(5): 823—829.

[145] Cao S G, Rees N W, Feng G. Analysis and design for a class of complex control systems part Ⅱ: fuzzy controller design [J]. Automatica, 1997, 33(6): 1029—1039.

[146] Tanaka K, Sugeno M. Stability analysis and design of fuzzy control systems [J]. Fuzzy Sets and Systems, 1992, 45(2): 135—156.

[147] Yoneyama J, Nishikawa M, Katayama H, et al. Output stabilization of Takagi-Sugeno fuzzy systems [J]. Fuzzy Sets and Systems, 2000, 111(2): 253—266.

[148] Ban X, Gao X, Huang X, et al. Stability analysis of the simplest Takagi-Sugeno fuzzy control system using Popov criterion [J]. Soft Computing in Industrial Applications, 2007, 39: 63—71.

[149] Guan X, Chen C. Delay-dependent guaranteed cost control for T-S fuzzy systems with time delays [J]. IEEE Transactions on Fuzzy Systems, 2004, 12(2): 236—249.

[150] Chen B, Liu X, Tong S. New delay-dependent stabilization conditions of T-S fuzzy systems with constant delay [J]. Fuzzy Sets and Systems, 2007, 158(20): 2209—2224.

[151] Lin C, Wang Q G, Lee T H. Delay-dependent LMI conditions for stability and stabilization of T-S fuzzy systems with bounded time-delay [J]. Fuzzy Sets and Systems, 2006, 157(9): 1229—1247.

[152] Liu X, Zhang Q. New approaches to H_∞ controller designs based on fuzzy observers for T-S fuzzy systems via LMI [J]. Automatica, 2003, 39(9): 1571—1582.

[153] Lee H J, Park J B, Chen G. Robust fuzzy control of nonlinear systems with parametric uncertainties [J]. IEEE Transactions on Fuzzy Systems, 2001, 9(2): 369—379.

[154] Zhou S, Yang G, Zhang B, et al. Robust stability and H_∞ performance analysis of discrete singular delay systems with uncertainties [J]. Dynamics of Continuous, Discrete and

Impulsive Systems Series B: Applications and Algorithms, 2005, 12(5/6): 731—743.

[155] Liu Y, Wang Z, Liu X. Robust H(4) control for a class of nonlinear stochastic systems with mixed time-delay [J]. International Journal of Robust and Nonlinear Control, 2007, 17(16): 1525—1551.

[156] Guo L, Wang H. Fault detection and diagnosis for general stochastic systems using B-spline expansions and nonlinear filters [J]. IEEE Transactions on Circuits and Systems-I: Regular Papers, 2005, 52(8): 1644—1652.

[157] Shi P, Mahmoud M, Yi J, et al. Worst case control of uncertain jumping systems with multi-state and input delay information [J]. Information Sciences, 2005, 176 (2): 186—200.

[158] Guo L, Yang F, Fang J. Multiobjective filtering for nonlinear time-delay systems with nonzero initial conditions based on convex optimizations [J]. Circuits, Systems and Signal Processing, 2006, 25(5): 591—607.

[159] Lu X, Xie L, Zhang H, et al. Robust kalman filtering for discrete-time systems with measurement delay [J]. IEEE Transactions on Circuits and Systems-Ⅱ: Express Briefs, 2007, 54(6): 522—526.

[160] Fridman E, Shaked U. A descriptor system approach to H_∞ control of linear time-delay systems [J]. IEEE Transactions on Automatic Control, 2002, 47(2): 253—270.

[161] Tian E, Peng C. Delay-dependent stability and synthesis of uncertain T-S fuzzy systems with time-delay [J]. Fuzzy Sets and Systems, 2005, 157(4): 544—559.

[162] Yue D, Lam J. Non-fragile guaranteed cost control for uncertain descriptor systems with time-varying state and input delays [J]. Optimal Control Applications and Methods, 2005, 26(2): 85—105.

[163] Lee K R, Kim J H, Jeung E T, et al. Output feedback robust H_∞ control of uncertain fuzzy dynamic systems with time-varying delay [J]. IEEE Transactions on Fuzzy Systems, 2000, 8(6): 657—664.

[164] Cao Y Y, Frank P M. Robust H_∞ disturbance attenuation for a class of uncertain discrete-time fuzzy systems [J]. IEEE Transactions on Fuzzy Systems, 2001, 8(4): 406—415.

[165] Xu S, Lam J. Robust H_∞ control for uncertain discrete-time-delay fuzzy systems via output feedback controllers [J]. IEEE Transactions on Fuzzy Systems, 2005, 13(1): 82—93.

[166] Zhou S, Feng G, Lam J, et al. Robust H_∞ control for discrete-time fuzzy systems via basis-dependent Lyapunov functions [J]. Information Sciences, 2005, 174(3/4): 197—217.

[167] Zhou S, Li T. Robust stabilization for delayed discrete-time fuzzy systems via basis-dependent Lyapunov-Krasovskii function [J]. Fuzzy Sets and Systems, 2005, 151 (1): 139—153.

[168] Xu S, Lam J, Chen B. Robust H_∞ control for uncertain fuzzy neutral delay systems [J]. European Journal of Control, 2004, 10(4): 365—389.

[169] Wu H N, Li H X. New approach to delay-dependent stability analysis and stabilization for

continuous-time fuzzy systems with time-varying delay [J]. IEEE Transactions on Fuzzy Systems,2007,15(3):482—493.

[170] 王立新. 自适应模糊系统与控制 [M]. 北京:国防工业出版社,1995.

[171] Mamdani E H. Application of fuzzy algorithms for control of simple dynamic plant [J]. Proceedings of the Institution of Electrical Engineers,1974,121(12):1585—1588.

[172] Mamdani E H,Assilian S. An experiment in linguistic synthesis with a fuzzy logic controller [J]. International Journal of Man-Machine Studies,1975,7:1—15.

[173] King P J,Mamdani E H. The application of fuzzy control systems to industrial processes [J]. Automatica,1977,13:235—242.

[174] Yasunobu S,Sekino S,Hasegawa T. Automatic train operation and automatic container crane operation systems based on predictive fuzzy control [C]. Proceedings of IFSA Congress,Tokyo,1987:835—838.

[175] Yagishita O,Itoh O,Sugeno M. Application of Fuzzy Reasoning to the Water Purification Process in Industrial Applications of Fuzzy Control [M]. Amsterdam: North-Holland, 1985:19—40.

[176] Yasunobu S,Hasegawa T. Evaluation of an automatic container crane operation system based on predictive fuzzy control [J]. Control Theory & Advanced Technology,1986,12: 419—432.

[177] Bernard J A. Use of a rule-based system for process control [J]. IEEE Control Systems Magazine,1988,8:3—13.

[178] Yamakawa T. High speed fuzzy controller hardware system [C]. Proceedings of Fuzzy System Sysposium,1986:122—130.

[179] Yamakawa T. High-speed fuzzy controller hardware system:The mega-FIPS machine [J]. Information Sciences,1988,45:113—128.

[180] Sugeno M,Nishida M. Fuzzy control of model car [J]. Fuzzy Sets and Systems,1985,16: 103—113.

[181] Delavari H,Ghaderi R,Ranjbar A,et al. Fuzzy fractional order sliding mode controller for nonlinear systems [J]. Communications in Nonlinear Science and Numerical Simulation, 2010,15(4):963—978.

[182] 曹军义,梁晋,曹秉刚. 基于分数阶微积分的模糊分数阶控制器研究 [J]. 西安交通大学学报,2005,39(11):1246—1249.

[183] Lin T C,Kuo C H. H_∞ synchronization of uncertain fractional order chaotic systems: Adaptive fuzzy approach [J]. ISA Transactions,2011,50(4):548—556.

[184] Aghababa M P. Comments on "H_∞ synchronization of uncertain fractional order chaotic systems:Adaptive fuzzy approach"[J]. ISA Transactions,2012,51(1):11—12.

[185] Zhong Q S,Bao J F,Yu Y B,et al. Impulsive control for fractional-order chaotic systems [J]. Chinese Physics Letters,2008,25(8):2812—2815.

[186] Zheng Y,Nian Y,Wang D. Controlling fractional order chaotic systems based on Takagi-

Sugeno fuzzy model and adaptive adjustment mechanism [J]. Physics Letters A, 2010, 375(2):125—129.

[187] 刘健辰，章兢，谭文. 分数阶 Rossler 混沌系统的模糊同步控制 [J]. 信息与控制，2008, 37(2):129—134.

第 2 章　数学基础

本章将简要介绍一些在系统控制分析中需要用到的数学基础知识，特别是范数的一些基本概念以及用基本代数工具描述的应用方法。对从事应用研究的读者来说，只需理解和掌握其中的关键部分，如向量范数、矩阵范数、函数范数、Lyapunov 方程以及线性矩阵不等式等一些基本理论。对于熟悉相关内容的读者，可跳过本章。本章的内容在各种工程矩阵理论及系统稳定性理论的教材和专著中都有介绍，读者可参考本章的文献[1]～[5]。为简明起见，假设读者具备线性代数与控制理论的基础知识。

2.1　向量和矩阵的范数

2.1.1　向量范数

定义 2.1　设 x 为属于复空间$\mathbb{C}^n$的复向量。按某一对应规则在$\mathbb{C}^n$上定义 x 的一个实值函数，记为 $\|x\|$。如果该函数 $\|x\|$ 满足如下条件：

(1) 非负性，$\|x\|\geqslant 0, \forall x\in\mathbb{C}^n$，$\|x\|=0$，当且仅当 $x=0$；

(2) 齐次性，$\|kx\|=|k|\ \|x\|, \forall k\in\mathbb{C}, x\in\mathbb{C}^n$；

(3) 三角不等式，$\|x+y\|\leqslant\|x\|+\|y\|, \forall x,y\in\mathbb{C}^n$。

则称实函数 $\|x\|$ 为向量 x 的范数。

根据上述定义，复向量的范数实际上是定义在$\mathbb{C}^n$上的一个非负实函数。只要满足上述三个条件，任何一个函数都可成为向量的范数。

记$\mathbb{C}^n$的复向量 $x=[x_1\quad x_2\quad\cdots\quad x_n]^{\mathrm{T}}$。几种常用的向量范数定义如下：

(1) 2-范数：

$$\|x\| = (x^* x)^{1/2} = \Big(\sum_{i=1}^{n} |x_i|^2\Big)^{1/2} \tag{2.1}$$

2-范数通常记为 $\|x\|_2$，又称为欧几里得范数。

(2) ∞-范数：

$$\|x\| = \max_{1\leqslant i\leqslant n}|x_i| \tag{2.2}$$

∞-范数通常记为 $\|x\|_\infty$。

(3) p-范数：

$$\|x\|_p = \Big(\sum_{i=1}^{n} |x_i|^p\Big)^{1/p}, \quad 1\leqslant p<\infty \tag{2.3}$$

在实际工程中，更多的情况是讨论 n 维实空间$\mathbb{R}^n$。对于$\mathbb{R}^n$，上述的各项定义仍然有效，只不过 $x^*=x^{\mathrm{T}}$。而且在$\mathbb{R}^n$中，这些范数的几何意义就更为明显。例如，对于 3 维实空间$\mathbb{R}^3$来讲，2-范数实际上是 3 维向量的长度，而∞-范数就等于绝对值最大的坐标分量的绝对值。进一步讲，对于 $x\in\mathbb{R}^3$，$\|x\|_2$ 表示包含 x 的最小球域的半径，而 $\|x\|_\infty$则表示包含 x 的长方体中体积最小的长方体的最长边长度。

显然，对于 $x\in\mathbb{C}^n$范数的定义有无穷多种。但是，对于任意两种向量范数有下述定理。

定理 2.1 设 $\|x\|_\alpha$ 与 $\|x\|_\beta$ 是定义在$\mathbb{C}^n$上的任意两种范数，则存在正数 $k_2>k_1>0$，使得如下不等式对于任意 $x\in\mathbb{C}^n$成立，即

$$k_1\|x\|_\beta\leqslant\|x\|_\alpha\leqslant k_2\|x\|_\beta \tag{2.4}$$

证明 记 $D=\{x\,|\,x=[x_1\quad x_2\quad\cdots\quad x_n]^{\mathrm{T}},\|x\|_\beta=1\}$。显然 D 是$\mathbb{C}^n$上的有界闭集。所以$\mathbb{C}^n$上的连续函数 $\|x\|_\alpha$ 在 D 上存在最大值 M 和最小值 m，而且，当 $x\in D$ 时，$\|x\|_\beta\neq0$，故有 $M\geqslant m>0$。

对于任意的 $x\in\mathbb{C}^n$，当 $x\neq0$ 时，有$\dfrac{1}{\|x\|_\beta}x\in D$，所以有

$$m\leqslant\left\|\frac{1}{\|x\|_\beta}x\right\|_\alpha\leqslant M$$

利用范数的齐次性，有

$$m\|x\|_\beta\leqslant\|x\|_\alpha\leqslant M\|x\|_\beta,\quad\forall x\in\mathbb{C}^n;x\neq0$$

令 $0<k_1\leqslant m\leqslant M\leqslant k_2$，则有

$$k_1\|x\|_\beta\leqslant\|x\|_\alpha\leqslant k_2\|x\|_\beta$$

而当 $x=0$ 时，式(2.4)成立。

式(2.4)称为嵌入不等式，满足嵌入不等式的两种向量范数称为等价的。由定理 2.1 可知，$\mathbb{C}^n$上任何两种不同的向量范数均是等价的。

例 2.1 试证明定义在$\mathbb{C}^n$上的∞-范数与 2-范数是等价的。

证明 对于任意 $x\in\mathbb{C}^n$，根据定义，显然有 $\|x\|_\infty\leqslant\|x\|_2$。另外，因为

$$\|x\|_\infty=\max_{1\leqslant i\leqslant n}|x_i|\geqslant\frac{\sum_{i=1}^{n}|x_i|}{n}\geqslant\frac{1}{n}\Big(\sum_{i=1}^{n}|x_i|^2\Big)^{1/2}=\frac{1}{n}\|x\|_2 \tag{2.5}$$

所以取 $k_1=\dfrac{1}{n}$，$k_2=1$，则嵌入式不等式

$$k_1\|x\|_2\leqslant\|x\|_\infty\leqslant k_2\|x\|_2$$

成立。

2.1.2 矩阵范数

定义 2.2 设 A 为属于复矩阵空间$\mathbb{C}^{m\times n}$的矩阵。按某一对应规则在$\mathbb{C}^{m\times n}$上

定义 A 的一个实值函数，记为 $\|A\|$。如果该函数 $\|A\|$ 满足如下条件：

(1) 非负性，$\|A\| \geqslant 0$，$\forall x \in \mathbb{C}^{m\times n}$，$\|A\|=0$，当且仅当 A 为零矩阵；

(2) 齐次性，$\|kA\| = |k|\ \|A\|$，$\forall k \in \mathbb{C}$；

(3) 三角不等式，$\|A+B\| \leqslant \|A\| + \|B\|$，$\forall A,B \in \mathbb{C}^{m\times n}$；

(4) 相容性，当矩阵乘积 AB 有意义时，有

$$\|AB\| \leqslant \|A\|\ \|B\| \tag{2.6}$$

则称 $\|A\|$ 为矩阵 A 的范数。

比较定义 2.1 和定义 2.2 可知，向量范数和矩阵范数所满足的条件(1)～(3)完全相同。

因此，若把 $m\times n$ 矩阵看做 n 个维的 m 列向量串接而成的 $m\times n$ 维向量，那么，前述的任何一种向量范数的定义，都可看做 $m\times n$ 维矩阵的范数的定义。但是，必须验证是否满足与矩阵相乘运算相关的相容性条件(4)。而在向量空间中，并不需要考虑乘法运算。

设 $A=(a_{ij})\in \mathbb{C}^{m\times n}$，几种常见的矩阵范数定义如下：

(1) 1-范数：

$$\|A\| = \sum_{i,j=1}^{n} |a_{ij}| \tag{2.7}$$

1-范数通常记为 $\|A\|_1$。

(2) 2-范数：

$$\|A\| = \left(\sum_{i,j=1}^{n} |a_{ij}|^2\right)^{1/2} \tag{2.8}$$

2-范数又称为 Frobenius 范数，简称 F 范数，通常记为 $\|A\|_2$ 或者 $\|A\|_F$。

(3) ∞-范数：

$$\|A\| = n \max_{i,j} |a_{ij}| \tag{2.9}$$

∞-范数通常记为 $\|A\|_\infty$。

例 2.2 试证明定义在 $\mathbb{C}^{m\times n}$ 上的∞-范数满足定义 2.2 的条件。

证明 根据式(2.9)，非负性及齐次性易见。

下面只证明三角不等式及相容性条件。

令 $A=(a_{ij})$，$B=(b_{ij})$ 均属于 $\mathbb{C}^{m\times n}$。因为

$$n\max_{i,j}|a_{ij}+b_{ij}| \leqslant n\max_{i,j}|a_{ij}| + n\max_{i,j}|b_{ij}| \tag{2.10}$$

所以

$$\|A+B\|_\infty \leqslant \|A\|_\infty + \|B\|_\infty$$

成立。令

$$C=AB=(c_{ij})$$

因为

$$
\begin{aligned}
|c_{ij}| &= \left|\sum_{k=1}^{n} a_{ik}b_{kj}\right| \leqslant \sum_{k=1}^{n} |a_{ik}||b_{kj}| \leqslant \sum_{k=1}^{n} \frac{n\max\limits_{i,j}|a_{ij}|}{n}|b_{kj}| \\
&\leqslant \frac{1}{n}\|A\|_{\infty}\sum_{k=1}^{n}\frac{n\max\limits_{i,j}|b_{ij}|}{n} = \frac{\|A\|_{\infty}}{n}\sum_{k=1}^{n}\frac{\|B\|_{\infty}}{n} \\
&\leqslant \frac{\|A\|_{\infty}\|B\|_{\infty}}{n}
\end{aligned} \tag{2.11}
$$

因此,对于任意的 c_{ij} 有

$$n|c_{ij}| \leqslant \|A\|_{\infty}\|B\|_{\infty}$$

所以

$$\|C\|_{\infty} = n\max_{i,j}|c_{ij}| \leqslant \|A\|_{\infty}\|B\|_{\infty}$$

与向量范数相同,对于任意各种矩阵范数的定义 $\|A\|_{\alpha}$ 和 $\|A\|_{\beta}$,若存在正数 $k_2>k_1>0$,使得嵌入式不等式 $k_1\|A\|_{\beta}\leqslant\|A\|_{\alpha}\leqslant k_2\|A\|_{\beta}$ 成立,则称矩阵范数 $\|A\|_{\alpha}$ 与 $\|A\|_{\beta}$ 是等价的。关于矩阵范数的等价性,有如下结论。

定理 2.2 设 $A\in\mathbb{C}^{m\times n}$,则有:

(1) $\mathbb{C}^{m\times n}$ 上定义的范数 $\|A\|$ 是关于 $\|A\|_{\mathrm{F}}$ 的连续函数;

(2) $\mathbb{C}^{m\times n}$ 上定义的任意两个矩阵范数 $\|A\|_{\alpha}$ 和 $\|A\|_{\beta}$ 是等价的。

证明 (1)设 $C_{ij}^{l}=\{c_{ij}^{l}\}(i=1,2,\cdots,m;j=1,2,\cdots,n;l=1,2)$ 为除第 (i,j) 元素为非零外,其余元素均为零的 $m\times n$ 维矩阵,且 c_{ij}^{1} 和 c_{ij}^{2} 分别表示非零元素 1 和 $\sqrt{-1}$。显然,C_{ij}^{l} 构成 $\mathbb{C}^{m\times n}$ 上的一组基,且存在一个常数 b,满足

$$b\geqslant\|C_{ij}^{l}\|,\quad \forall i,j,l$$

式中,$\|\cdot\|$ 表示与 $\|A\|$ 相同的范数。设 $m\times n$ 维矩阵 $A=\{a_{ij}\}$,对于任意小的正数 ε,若存在 $m\times n$ 维矩阵 $B=\{b_{ij}\}$ 满足 $\|A-B\|_{\mathrm{F}}<k\varepsilon=\delta$,则有

$$|a_{ij}^{l}-b_{ij}^{l}|<k\varepsilon,\quad \forall i,j,l$$

式中,$k=\dfrac{1}{2}mnb$,复数 a_{ij} 和 b_{ij} 分别表示为 $a_{ij}=a_{ij}^{1}+\mathrm{j}a_{ij}^{2}$,$b_{ij}=b_{ij}^{1}+\mathrm{j}b_{ij}^{2}$。进一步,根据范数的齐次性及三角不等式,得

$$
\begin{aligned}
\|A-B\| &\leqslant \left\|\sum_{i,j,l}(a_{ij}^{l}-b_{ij}^{l})C_{ij}^{l}\right\| \\
&\leqslant \sum_{i,j,l}\|(a_{ij}^{l}-b_{ij}^{l})C_{ij}^{l}\| = \sum_{i,j,l}|a_{ij}^{l}-b_{ij}^{l}|\,\|C_{ij}^{l}\| \leqslant \sum_{i,j,l}k\varepsilon\|C_{ij}^{l}\| \\
&\leqslant k\varepsilon\sum_{i,j,l}b \leqslant 2mnkb\varepsilon
\end{aligned}
$$

从而有

$$\|A-B\|\leqslant\varepsilon$$

(2) 显然,只要证明任意的范数 $\|A\|$ 与 $\|A\|_{\mathrm{F}}$ 是等价的即可。

令 $D=\{B \mid B\in\mathbb{C}^{m\times n}, \|B\|_F=1\}$，则 D 是有界闭集。由(1)可知，$\|A\|$ 在 D 上是连续的，从而存在最大值 M 和最小值 m。又因为 $\|A\|$ 在 D 内的元素不为 0，所以最小值 $m>0$。

考虑到对于任意 A，有 $\frac{1}{\|A\|_F}A\in D$，因此

$$m\leqslant\left\|\frac{1}{\|A\|_F}A\right\|\leqslant M$$

所以有

$$m\|A\|_F\leqslant\|A\|\leqslant M\|A\|_F$$

即任意矩阵范数 $\|A\|$ 均与 $\|A\|_F$ 等价。

2.2　函数的范数

2.1 节主要讨论了向量和矩阵的范数。实际上，矩阵可以看做向量空间到向量空间的映射。从几何意义上讲，向量的范数表达的是向量的长度；而矩阵的范数则反映了在这种映射过程中，向量长度被放大或缩小的一种“增益”。

在控制工程中，经常要面临各种信号，这些信号通常可以表示为时域或频域函数。而系统在这些信号激励下的响应，同样可以表示为各种函数。因此，一个系统可以看做从一个函数空间到另一个函数空间的映射，即算子。与向量和矩阵的情况类似，如果在函数空间上引入范数的概念来表述信号在某种工程意义上的强度，那么，系统作为算子时的范数就反映了系统在传递信号的过程中的一种“增益”。

定义 2.3　设 F 是由某一类函数(或函数向量)组成的集合。若 F 满足下述性质：

(1) $kf\in F, \forall f\in F$；

(2) $f_1+f_2\in F, \forall f_1, f_2\in F$。

则称 F 为$\mathbb{R}$上的线性函数空间，简称函数空间。

本书所涉及的函数空间，其元均假设为 Lebesgue 可测的。所谓可测函数是指可以通过一个分段连续函数序列来逼近的函数。

几类常见的函数空间如下：

(1) L_p 空间($p\in[1,\infty)$)：满足以下条件的可测函数 $f:\mathbb{R}^+\to\mathbb{R}$的全体所构成的集合：

$$\int_0^\infty |f(t)|^p\mathrm{d}t<\infty \tag{2.12}$$

式中，$\mathbb{R}^+=[0,\infty)$。

(2) L_∞空间：在$\mathbb{R}^+$上有上确界的可测函数 $f:\mathbb{R}^+\to\mathbb{R}$的全体所构成的集合，

即 $f\in L_\infty$ 当且仅当

$$\operatorname*{ess.\,sup}_{t\in\mathbb{R}^+}|f(t)|<\infty \tag{2.13}$$

式中，ess. sup 表示真上确界，其含义是指函数 f 在$\mathbb{R}^+$中除去某个零测度集之外的上确界，而所谓零测度集指集合中所有点的“长度”为零。通常，分段连续函数的上确界(sup)即为是真上确界。由于本书所涉及的工程信号均为连续或分段连续函数，所以以后不再区分符号 ess. sup 和 sup。

(3) H_2 空间：在复平面的闭右半平面解析，且满足以下条件的复函数 $f:\mathbb{C}\to\mathbb{C}$的全体所构成的集合：

$$\int_{-\infty}^{\infty} f^*(\mathrm{j}\omega)f(\mathrm{j}\omega)\mathrm{d}\omega<\infty \tag{2.14}$$

(4) H_∞空间：在复平面的闭右半平面解析，且在虚轴上其模有上确界的有理复变函数的全体所构成的集合，即

$$\sup_{\omega}|f(\mathrm{j}\omega)|<\infty \tag{2.15}$$

以上介绍的都是标定函数空间。与此对应，可以定义函数向量或函数矩阵空间。例如，所谓 L_p^n 空间就是 n 维函数向量 $f(t)=[f_1(t)\quad f_2(t)\quad\cdots\quad f_n(t)]^{\mathrm{T}}$ 所构成的空间，其中，$f(t)$的分量 $f_i(t)\in L_p(i=1,2,\cdots,n)$。同理，可以定义 L_∞^n、H_2^n、H_∞^n或 $L_\infty^{n\times m}$、$H_\infty^{n\times m}$等。对于 $n\times m$ 维的函数矩阵空间 $H_\infty^{n\times m}$，则要求函数矩阵 $F(s)=[f_{ij}(s)]$的各分量属于 H_∞，即 $f_{ij}(s)$满足式(2.15)，实际上这个条件等价于

$$\sup_{\omega}\sigma_{\max}[F(\mathrm{j}\omega)]<\infty \tag{2.16}$$

式中，$\sigma_{\max}(\cdot)$表示矩阵 F 的最大奇异值。

定义 2.4　设 F 是$\mathbb{R}$上的一个函数空间，如果函数 $\|\cdot\|:F\to\mathbb{R}^+$满足下述条件：

(1) 齐次性：

$$\|kf\|=|k|\cdot\|f\|,\quad\forall k\in\mathbb{R};\forall f\in F$$

(2) 三角不等式：

$$\|f+g\|\leqslant\|f\|+\|g\|,\quad\forall f,g\in F$$

则称$\|\cdot\|$为 F 上的一个半范数。

由上述定义中的条件(1)和(2)，可以推出半范数的非负性为$\|\cdot\|\geqslant0$ 及$\|0\|=0$。事实上，根据 $0=0\cdot f=f+(-f)$，有

$$\|0\|=\|0\cdot f\|=|0|\cdot\|f\|=0$$

且进一步由(2)得

$$2\|f\|=\|f\|+\|-f\|\geqslant\|f+(-f)\|=\|0\|=0$$

但是由条件(1)和(2)难以推出：若$\|f\|=0$，则 $f=0$。与向量空间的范数定

义相比，虽然半范数同样满足齐次性和非负性，但是它并不完全满足非负性条件。即对半范数来讲，零元的范数为零，但是范数为零的元，并非一定是零元。这就给半范数的工程应用带来了诸多不便。在控制工程中，往往用函数的范数来衡量该函数所代表的信号的强度。因此，理想的情况应该是，如果范数为零，那么至少在工程上应该可以看做零信号。如果用下面的补充定义，那么在本书所涉及的函数空间上，可以做到这一点。

定义 2.5　若函数空间上的半范数 $\|\cdot\|$ 满足

$$\|f\|=0\Rightarrow f\overset{\text{a.s.}}{=}0 \tag{2.17}$$

则称 $\|\cdot\|$ 为 F 上的一个范数。其中，"$\overset{\text{a.s.}}{=}$"表示等式两边的函数几乎处处相等，即它们在其定义域中除去某个零测集之外是相等的。类似前述对可测函数真上确界的讨论，以下的叙述中不再区分符号"$\overset{\text{a.s.}}{=}$"和等号"$=$"，即若两个信号几乎处处相等，则认为它们等同于同一信号。

定理 2.3　对任意函数 $f\in L_p$：

$$\|f\|_p=\left(\int_0^\infty |f(t)|^p\mathrm{d}t\right)^{1/p} \tag{2.18}$$

定义了 L_p 空间上的一个范数，简称函数 f 的 L_p 范数。

根据式(2.18)的定义，容易验证 $\|\cdot\|_p$ 满足齐次性条件，又由于 L_p 空间函数的可测性，因此非负性条件和式(2.17)成立。而关于三角不等式，有如下结论。

引理 2.1　若对任意 $p\in[1,\infty)$，$f,g\in L_p$，则有

$$\|f+g\|_p\leqslant\|f\|_p+\|g\|_p \tag{2.19}$$

式(2.19)称为 Minkovski 不等式。

当 $p=2$ 时，L_p 范数具有明显的工程意义。即若将 $f\in L_2$ 看做时域信号，则可认为 f 的 L_2 范数 $\|f\|_2$ 描述了这一信号所蕴涵的能量。事实上，若 I 是通过 1Ω 电阻的电流，则 $\int_0^\infty I^2\mathrm{d}t$ 正好表示该电阻在$[0,+\infty)$内所通过的电能。

除了 L_p 范数以外，常见的其他几类函数的范数列举如下：

(1) L_∞ 范数：

$$\|f\|_\infty=\sup_{t\in\mathbb{R}^+}|f(t)|,\quad f(t)\in L_\infty$$

(2) H_2 范数：

$$\|f\|_2=\left[\frac{1}{2\pi}\int_{-\infty}^{\infty}f^*(\mathrm{j}\omega)f(\mathrm{j}\omega)\mathrm{d}\omega\right]^{1/2},\quad f(t)\in H_2$$

(3) H_∞ 范数(标量函数空间)：

$$\|f\|_\infty=\sup_\omega|f(\mathrm{j}\omega)|,\quad f(t)\in H_\infty$$

(4) H_∞ 范数(矩阵函数空间)：

$$\| G(s) \|_{\infty} = \sup_{\omega} \sigma_{\max}[G(\mathrm{j}\omega)], \quad G(s) \in H_{\infty}^{n \times m}$$

对于 H_{∞} 范数,考虑如下线性定常系统:

$$\begin{aligned} \dot{x}(t) &= Ax(t) + B\omega(t) \\ z(t) &= Cx(t), \quad x(0) = 0 \end{aligned} \tag{2.20}$$

式中,$x \in \mathbb{R}^n$ 为状态向量;$\omega \in \mathbb{R}^{n_\omega}$ 为干扰输入向量;$z \in \mathbb{R}^{n_z}$ 为系统受控输出向量;A、B 和 C 为具有适当维数的矩阵。令 $G(s) = C(sI - A)^{-1}B$ 为线性系统(式(2.20))的传递函数矩阵。若 A 稳定,我们可以用两种方法给出 $G(s)$ 的 H_{∞} 范数的定义。

(1) 频域法。$G(s)$ 的 H_{∞} 范数 $\| G(s) \|_{\infty}$ 可定义为

$$\| G(s) \|_{\infty} = \sup_{\mathrm{Re}(s) > 0} \bar{\sigma}[G(s)] = \sup_{\omega \in \mathbb{R}} \bar{\sigma}[G(\mathrm{j}\omega)] \tag{2.21}$$

(2) 时域法。用零初始条件时输出能量与输入能量之比来表示 $G(s)$ 的 H_{∞} 范数,即

$$\| G(s) \|_{\infty} = \left(\max_{\omega \neq 0} \frac{\int_0^{\infty} z(t)^{\mathrm{T}} z(t) \mathrm{d}t}{\int_0^{\infty} \omega(t)^{\mathrm{T}} \omega(t) \mathrm{d}t} \right)^{1/2} \tag{2.22}$$

可以证明,对于线性时不变系统,上述两种关于 $G(s)$ 的 H_{∞} 范数是等价的。由于上述第二种定义仅与 L_2 诱导范数有关,所以它容易推广到时滞系统与非线性系统的情形。

定义 2.6 若在线性空间上定义了一个范数,则称为赋范空间。

显然,实数空间 $\mathbb{R}$、n 维欧几里得空间 $\mathbb{R}^n$、L_p^n 空间均为赋范空间。而具有上述定义的范数的函数空间 L_{∞}、H_2、H_{∞} 等也均为赋范空间。

定义 2.7 任给 f、$g \in L_2^n$,称

$$\langle f(\cdot), g(\cdot) \rangle = \int_0^{\infty} f(t)^{\mathrm{T}} g(t) \mathrm{d}t$$

为 f 和 g 的内积。

类似地,可以给出频域情形下内积的定义。

定义 2.8 任给 F、$G \in H_2^n$,称

$$\langle F(\cdot), G(\cdot) \rangle = \frac{1}{2\pi} \int_{-\infty}^{\infty} F^*(\mathrm{j}\omega) G(\mathrm{j}\omega) \mathrm{d}\omega$$

为 F 和 G 的内积。

定义 2.9 定义内积的线性空间称为内积空间。

在内积空间中,可以通过内积来定义范数,例如:

$$\| f \| = (\langle f(\cdot), f(\cdot) \rangle)^{1/2} \tag{2.23}$$

关于时域函数空间 L_2^n 和频域函数空间 H_2^n,可以通过 Laplace 变换或反变换实现二者之间的映射,即

$$\forall f(t) \in L_2^n, \quad F(s) = L(f(t)) \in H_2^n$$

或者

$$\forall F(s) \in H_2^n, \quad f(t) = L^{-1}(F(s)) \in L_2^n$$

而对于 L_2 范数与 H_2 范数的关系，有如下的 Parseval 定理。

定理 2.4 若 $\forall f(t) \in L_2^n, F(s) = L(f(t))$，则有

$$\| f(t) \|_2 = \| F(s) \|_2 \tag{2.24}$$

证明 根据内积和 Laplace 反变换定义，有

$$\begin{aligned}
\| f \|_2 = \langle f, f \rangle &= \int_0^{+\infty} f^*(t) f(t) \mathrm{d}t \\
&= \int_0^{+\infty} f^*(t) \frac{1}{2\pi} \int_{-\infty}^{+\infty} F(\mathrm{j}\omega) \mathrm{e}^{\mathrm{j}\omega t} \mathrm{d}\omega \, \mathrm{d}t \\
&= \frac{1}{2\pi} \int_{-\infty}^{+\infty} F(\mathrm{j}\omega) \int_0^{+\infty} f^*(t) \mathrm{e}^{\mathrm{j}\omega t} \mathrm{d}t \, \mathrm{d}\omega \\
&= \frac{1}{2\pi} \int_{-\infty}^{+\infty} F^*(\mathrm{j}\omega) F(\mathrm{j}\omega) \mathrm{d}\omega \\
&= \langle F, F \rangle = \| F \|_2
\end{aligned}$$

在后续章节中，在不引起混淆的前提下，将用 L_p、L_∞、H_2 和 H_∞ 同时表示标量函数、向量函数以及矩阵函数空间。

2.3 Lyapunov 方程

所谓 Lyapunov 方程，是指具有如下形式的矩阵方程：

$$A^{\mathrm{T}} P + PA = -Q \tag{2.25}$$

式中，A、P 和 Q 均为 $n \times n$ 维实数矩阵。对于给定的 A 和对称矩阵 Q，如果存在满足式(2.25)的 P，则称该 Lyapunov 方程有解。

以下为叙述方便，用记号 $\ln(A) = (p, q, r)$ 表示矩阵 A 的惯性指数，即 p、q、r 分别表示 A 的具有正、负和零实部的特征值的数目。

2.3.1 Lyapunov 方程的一般解

引理 2.2 设 $A \in \mathbb{R}^{n \times n}, B \in \mathbb{R}^{r \times r}, C \in \mathbb{R}^{n \times r}$。矩阵方程

$$AX - XB = C \tag{2.26}$$

有唯一解 $X \in \mathbb{R}^{n \times r}$ 的充分必要条件是 A 和 B 没有相同的特征根。

证明 首先证明齐次方程

$$AX - XB = 0 \tag{2.27}$$

有唯一零解的充分必要条件是 A 和 B 没有相同的特征根。

设 $A = P^{-1} J_A P, B = Q^{-1} J_B Q$，其中，$P \in \mathbb{R}^{n \times n}, Q \in \mathbb{R}^{r \times r}$，且 J_A 和 J_B 分别为 A

和 B 的 Jordan 标准型。则式(2.27)可以表示为

$$P^{-1}J_APX=XQ^{-1}J_BQ$$

或等价地

$$J_A\widetilde{X}=\widetilde{X}J_B \tag{2.28}$$

式中，$\widetilde{X}=PXQ^{-1}$。由于 P 和 Q 均为正交矩阵，所以式(2.27)有唯一解 X 等价于 Jordan 标准型矩阵方程式(2.28)有唯一解 $\widetilde{X}$。令

$$J_A=\begin{bmatrix} J_{A1} & & & \\ & J_{A2} & & \\ & & \ddots & \\ & & & J_{As}\end{bmatrix},\quad J_B=\begin{bmatrix} J_{B1} & & & \\ & J_{B2} & & \\ & & \ddots & \\ & & & J_{Bl}\end{bmatrix}$$

式中，$J_{Ai}\in\mathbb{R}^{c(i)\times c(i)}$；$J_{Bj}\in\mathbb{R}^{d(j)\times d(j)}$ $\left(n=\sum_{i=1}^{s}c(i),r=\sum_{j=1}^{l}d(j)\right)$分别是具有如下形式的 Jordan 子矩阵：

$$J_{Ai}=\begin{bmatrix} a_i & 1 & & \\ & a_i & \ddots & \\ & & \ddots & 1 \\ & & & a_i\end{bmatrix},\quad J_{Bj}=\begin{bmatrix} J_{B1} & 1 & & \\ & J_{B2} & \ddots & \\ & & \ddots & 1 \\ & & & J_{Bl}\end{bmatrix}$$

与 J_A 和 J_B 的分块相对应，令

$$\widetilde{X}=\begin{bmatrix} X_{11} & X_{12} & \cdots & X_{1l} \\ X_{21} & X_{22} & \cdots & X_{2l} \\ \vdots & \vdots & & \vdots \\ X_{s1} & X_{s2} & \cdots & X_{sl}\end{bmatrix}$$

则式(2.28)等价于 $s\times l$ 个矩阵方程：

$$J_{Ai}X_{ij}=X_{ij}J_{Bj},\quad i=1,2,\cdots,s;j=1,2,\cdots,l \tag{2.29}$$

定义 $j\times j$ 维矩阵 N_j 为

$$N_j=\begin{vmatrix} 0 & 1 & & \\ & \ddots & \ddots & \\ & & \ddots & 1 \\ & & & 0\end{vmatrix} \tag{2.30}$$

则式(2.29)可以表示为

$$(a_i-b_j)X_{ij}=X_{ij}N_{d(j)}-N_{c(i)}X_{ij} \tag{2.31}$$

进一步，对于任意正整数 r 有

$$(a_i-b_j)^rX_{ij}=(a_i-b_j)^{r-1}(X_{ij}N_{d(j)}-N_{c(i)}X_{ij}) \tag{2.32}$$

令 $r=2$，并利用式(2.31)，则由式(2.32)有

$$
\begin{aligned}
(a_i-b_j)^2X_{ij}&=(a_i-b_j)X_{ij}N_{d(j)}-N_{c(i)}(a_i-b_j)X_{ij}\\
&=X_{ij}N_{d(j)}^2-N_{c(i)}X_{ij}N_{d(j)}-N_{c(i)}X_{ij}N_{d(j)}+N_{c(j)}^2X_{ij}
\end{aligned}
$$

对 r 作归纳法，可得

$$(a_i-b_j)^rX_{ij}=\sum_{p+q=r}(-1)^qC_r^qN_{c(i)}^pX_{ij}N_{d(j)}^q$$

取 $r\geqslant c(i)+d(j)-1$，则有

$$(a_i-b_j)^rX_{ij}=0 \tag{2.33}$$

因此，$a_i\neq b_j$ $(i=1,2,\cdots,s;j=1,2,\cdots,l)$ 等价于式(2.29)有唯一的零解，从而式(2.28)有唯一解 $\widetilde{X}=0$，这一事实等价于式(2.27)有唯一的零解 $X=0$；而 $a_i\neq b_j$ $(i=1,2,\cdots,s;j=1,2,\cdots,l)$ 的充分必要条件是 A 和 B 没有相同的特征根。

进一步，对任意矩阵：

$$X=\begin{bmatrix}x_1^{\mathrm T}\\x_2^{\mathrm T}\\\vdots\\x_n^{\mathrm T}\end{bmatrix}\in\mathbb{R}^{n\times r},\quad x_i\in\mathbb{R}^r,\quad i=1,2,\cdots,n$$

定义 rn 维向量：

$$\vartheta(X)=\begin{bmatrix}x_1\\x_2\\\vdots\\x_n\end{bmatrix}$$

整理齐次矩阵方程式(2.27)为下述普通的齐次线性方程组：

$$\Theta(A,B)\vartheta(X)=0 \tag{2.34}$$

式中，$\Theta(A,B)$ 是一个由 A、B 确定的矩阵。$\Theta(A,B)=A\otimes I_n-I_n\otimes B$，其中，$I_n$ 为 $n\times n$ 维矩阵，$\otimes$ 为矩阵的 Kronecker 积。

因此，矩阵方程式(2.27)有唯一零解等价于上述齐次线性方程组有唯一零解。与 $\vartheta(X)$ 对应，利用 C 构造 $\vartheta(C)$，则式(2.26)等价于

$$\Theta(A,B)\vartheta(X)=\vartheta(C) \tag{2.35}$$

根据线性方程组解的性质，式(2.34)有唯一零解等价于该非齐次线性方程组有唯一解。所以，根据非齐次线性方程组(式(2.35))和矩阵方程式(2.26)的等价性，式(2.26)有唯一解的充分必要条件是 A 和 B 没有相同的特征根。

定理 2.5 设 $\lambda_1,\lambda_2,\cdots,\lambda_n$ 是矩阵 A 的特征值，则 Lyapunov 方程式(2.25)有唯一实对称解的充分必要条件为

$$\lambda_i+\lambda_j\neq 0,\quad \forall\, i,j=1,2,\cdots,n \tag{2.36}$$

证明 由引理 2.2 可知，Lyapunov 方程式(2.25)有唯一解的充分必要条件为 $-A^{\mathrm T}$ 和 A 没有相同的特征根。设 A 的特征根为 λ_i $(i=1,2,\cdots,n)$，则 $-A^{\mathrm T}$ 的

特征根为$-\lambda_i$。因此，$-A^{\mathrm{T}}$ 和 A 没有相同的特征根等价于条件

$$\lambda_i+\lambda_j\neq 0,\quad \forall\, i,j=1,2,\cdots,n$$

成立。

根据 Q 的对称性，有

$$A^{\mathrm{T}}P+PA=A^{\mathrm{T}}P^{\mathrm{T}}+P^{\mathrm{T}}A$$

即

$$A^{\mathrm{T}}(P-P^{\mathrm{T}})+(P-P^{\mathrm{T}})A=0$$

根据式(2.36)和引理 2.2，上述齐次矩阵方程有唯一零解。从而 $P=P^{\mathrm{T}}$，解的实对称性得证。

需要指出的是，由于实际工程系统设计的要求，控制理论通常在正定或半正定矩阵的范围内研究 Lyapunov 方程的解，往往更关注 Lyapunov 方程的非负解问题。下面给出这方面的主要结果。

2.3.2　Lyapunov 方程的非负解

定理 2.6　设 Q 为任意给定的正定矩阵，则 Lyapunov 方程式(2.25)有唯一正定解 P 的充分必要条件是 $\ln(A)=(0,n,0)$。

证明　充分性。令

$$P=\int_0^{\infty}\mathrm{e}^{A^{\mathrm{T}}t}Q\mathrm{e}^{At}\,\mathrm{d}t>0 \tag{2.37}$$

则有

$$\begin{aligned}A^{\mathrm{T}}P+PA&=\int_0^{\infty}(A^{\mathrm{T}}\mathrm{e}^{A^{\mathrm{T}}t}Q\mathrm{e}^{At}+\mathrm{e}^{A^{\mathrm{T}}t}Q\mathrm{e}^{At}A)\,\mathrm{d}t\\&=\int_0^{\infty}\frac{\mathrm{d}}{\mathrm{d}t}(\mathrm{e}^{A^{\mathrm{T}}t}Q\mathrm{e}^{At})\\&=\mathrm{e}^{A^{\mathrm{T}}t}Q\mathrm{e}^{At}\Big|_0^{\infty}\end{aligned}$$

由于 A 的特征根均为严格负，所以，$\lim\limits_{t\to\infty}\mathrm{e}^{A^{\mathrm{T}}t}Q\mathrm{e}^{At}=0$。所以，由上式得

$$A^{\mathrm{T}}P+PA=-Q$$

又根据题设条件，A 的特征值显然满足式(2.36)，故根据定理 2.5，解的唯一性得证。

必要性。设 $\lambda_i(i=1,2,\cdots,n)$表示 A 的特征值，v_i 是与 λ_i 相对应的特征向量，即

$$Av_i=\lambda_i v_i,\quad i=1,2,\cdots,n \tag{2.38}$$

令 P 是 Lyapunov 方程式(2.25)的唯一正定解，则有

$$\begin{aligned}-v_i^{*}Qv_i&=v_i^{*}(A^{\mathrm{T}}P+PA)v_i\\&=(\lambda_i^{*}+\lambda_i)v_i^{*}Pv_i\\&=2\mathrm{Re}(\lambda_i)v_i^{*}Pv_i,\quad i=1,2,\cdots,n\end{aligned} \tag{2.39}$$

由于 Q 为正定阵，所以根据式(2.39)，得

$$\mathrm{Re}(\lambda_i)=\frac{v_i^* Q v_i}{2v_i^* P v_i}<0, \quad i=1,2,\cdots,n \tag{2.40}$$

定理 2.7 设 $Q=D^{\mathrm{T}}D\in\mathbb{R}^{n\times n}$ 是半正定矩阵，且(A,D)是可观测的，则 Lyapunov 方程式(2.25)的唯一正定解的充分必要条件是 $\ln(A)=(0,n,0)$。

证明 充分性。因为(A,D)是可观测的，所以存在 $t_1>0$，使得

$$\int_0^{t_1}\mathrm{e}^{A^{\mathrm{T}}t}D^{\mathrm{T}}D\mathrm{e}^{At}\,\mathrm{d}t>0 \tag{2.41}$$

又因为 A 的特征值的实部均为严格负，所以

$$\int_0^{\infty}\mathrm{e}^{A^{\mathrm{T}}t}D^{\mathrm{T}}D\mathrm{e}^{At}\,\mathrm{d}t>0 \tag{2.42}$$

从定理 2.6 的充分性证明可知，$P=\int_0^{\infty}\mathrm{e}^{A^{\mathrm{T}}t}D^{\mathrm{T}}D\mathrm{e}^{At}\,\mathrm{d}t>0$ 就是 Lyapunov 方程式(2.25) 的解。故由式(2.42) 可知 P 是正定阵。而解的唯一性则由定理 2.5 得证。

必要性。设 λ_i 与 v_i 分别是 A 的特征根和与之相对应的特征向量。由于(A,D)是可观测的，所以 $Dv_i\neq0(i=1,2,\cdots,n)$。与定理 2.6 的证明中式(2.39)的推导相似，有

$$(\lambda_i^*+\lambda_i)v_i^*Pv_i=-v_i^*D^{\mathrm{T}}Dv_i<0$$

因此，有

$$\lambda_i^*+\lambda_i<0$$

即

$$\mathrm{Re}(\lambda_i)<0, \quad i=1,2,\cdots,n$$

由上面的定理，可得下述推论。

推论 2.1 设 $Q=D^{\mathrm{T}}D\in\mathbb{R}^{n\times n}$ 是半正定矩阵且(A,D^{T})为可控的，则 Lyapunov 方程式(2.25)具有唯一正定解的充分必要条件是 $\ln(A)=(0,n,0)$。

定理 2.8 设 $Q=D^{\mathrm{T}}D\in\mathbb{R}^{n\times n}$ 是半正定矩阵且(A,D)可检测，则 Lyapunov 方程式(2.25)有唯一半正定解的充分必要条件是 $\ln(A)=(0,n,0)$。

证明 充分性的证明与定理 2.7 的证明类似，下面证明必要性。

设 $\lambda_1,\lambda_2,\cdots,\lambda_n$ 是 A 的特征值，v_i 是与 λ_i 相对应的特征向量，即 $Av_i=\lambda_i v_i$。若

$$\mathrm{rank}\begin{bmatrix}A-\lambda_i I\\ D\end{bmatrix}=n$$

则必有 $Dv_i\neq0$。从而

$$(\lambda_i^*+\lambda_i)v_i^*Pv_i=-v_i^*D^{\mathrm{T}}Dv_i<0$$

因此，有

$$\lambda_i^*+\lambda_i<0$$

即

$$\mathrm{Re}(\lambda_i)<0$$

若

$$\mathrm{rank}\begin{bmatrix} A-\lambda_i I \\ D \end{bmatrix}<n$$

即 λ_i 是(A,D)的输出解耦零点,则由(A,D)的可检测性,得

$$\mathrm{Re}(\lambda_i)<0,\quad i=1,2,\cdots,n$$

推论 2.2 设 $Q=D^{\mathrm{T}}D\in\mathbb{R}^{n\times n}$是半正定矩阵,且$(A,D^{\mathrm{T}})$是可稳定的,则 Lyapunov 方程式(2.25)有唯一半正定解的充分必要条件是 $\ln(A)=(0,n,0)$。

例 2.3 设 $A\in\mathbb{R}^{2\times 2}$,$D\in\mathbb{R}^{1\times 2}$给定如下:

$$A=\begin{bmatrix} -2 & 0 \\ 0 & -1 \end{bmatrix},\quad D=[1\quad 0]$$

试求 Lyapunov 方程式(2.25)的解。

解 显然,$D^{\mathrm{T}}D$ 是半正定矩阵,同时(A,D)是可检测的;又因为 A 的特征值为-2 和-1(均有负实部),故根据定理 2.8,式(2.25)有唯一半正定解 P。事实上,经过简单计算可知

$$P=\begin{bmatrix} 1/4 & 0 \\ 0 & 0 \end{bmatrix}$$

2.4 线性矩阵不等式

在时间域中,早期一般用 Riccati 方程方法研究参数不确定系统的鲁棒分析和综合问题。它将系统的鲁棒分析和综合问题转化成一个 Riccati 型矩阵方程的可解性问题,进而应用求解 Riccati 方程的方法给出系统具有给定鲁棒性能的条件和鲁棒控制器的设计方法。尽管 Riccati 方程处理方法可以给出控制器的结构形式,便于进行一些理论分析,但是在实施这一方法之前,其参数调整非常困难。设计者往往需要事先确定一些待定参数,这些参数的选择不仅影响到结论的好坏,而且还会影响到问题的可解性。并且现有的 Riccati 方程处理方法中,还缺乏寻找这些参数最佳值的方法,参数的这种人为确定方法给分析和综合带来了很大的保守性。另外,Riccati 型矩阵方程本身的求解也还存在一定的问题。目前存在很多求解 Riccati 型矩阵方程的方法,但多为迭代方法,这些方法的收敛性并不能得到保证。而线性矩阵不等式(LMI)方法完全可以避免这一困难[6],这正是应用 LMI 的优点之一。

LMI 方法是在 20 世纪 90 年代初,随着求解凸优化问题的内点法的提出,再一次受到控制界的关注,并被应用到系统和控制的各个领域中。许多控制问题可

以转化为一个 LMI 的可行性问题，或者是一个具有 LMI 的凸优化问题。由于有了求解凸优化问题的内点法，使得这些问题可以得到有效的解决。1995 年，MATLAB 推出了求解 LMI 问题的 LMI 工具箱，从而使得人们能够更加方便和有效地来处理、求解 LMI，进一步推动了 LMI 方法在系统和控制领域中的应用。

所谓 LMI 方法是指，把系统镇定、H_∞ 控制等问题的可解性归结为 LMI 的可解性，并利用 LMI 的解构造出控制器。LMI 方法具有如下特点：

(1) 具有有效的有限维凸优化算法，如内点算法，具有与 Riccati 方程处理方法相当的数值特性的同时，又克服了 Riccati 方程处理方法中存在的许多不足[6,7]；

(2) 可以统一处理若干不同的控制问题，如它把镇定、L_∞ 控制、H_∞ 控制、协方差上界控制、LQG 控制等问题归入统一的框架[8]；

(3) 对一些控制问题，可以设计出所有满足稳定性和其他性能要求的控制器，为多目标混合控制问题的研究提供了便利[9,10]；

(4) 便于设计出固定阶次和固定结构的控制器，有利于降低控制器的阶数和简化控制器的结构[11-13]。

这些特点使 LMI 方法处理包括 H_∞ 控制问题在内的一些控制问题的能力超过了人们熟知的其他方法。更为重要的是，LMI 方法可以统一处理奇异和非奇异 H_∞ 控制问题。本书将在已有研究成果的基础上，利用 LMI 方法探讨分数阶系统、模糊时滞系统及分数阶模糊系统的相关控制问题。

2.5 基本引理

引理 2.3[14] 设 A 为实数矩阵，则系统 $D^\alpha x(t)=Ax(t)$ 是渐近稳定的当且仅当 $|\arg(\mathrm{spec}(A))|>\frac{\pi\alpha}{2}$，其中，$\mathrm{spec}(A)$ 为矩阵 A 的所有特征值谱。

引理 2.4[15] 令 $A\in\mathbb{R}^{n\times n}$ 为实数矩阵，则 $|\arg(\mathrm{spec}(A))|>\frac{\pi\alpha}{2}$，其中，$1\leqslant\alpha<2$，当且仅当存在 $P>0$，使得下式成立：

$$\begin{bmatrix}(AP+PA^{\mathrm{T}}) & (AP-PA^{\mathrm{T}})\cos\theta \\ * & (AP+PA^{\mathrm{T}})\sin\theta\end{bmatrix}<0$$

式中，$\theta=\pi-\frac{\pi\alpha}{2}$；记号“$*$”表示对称位置上的转置矩阵，下同。

引理 2.5[16] 分数阶系统 $D^\nu x(t)=Ax(t)$，$0<\nu<1$ 是 $t^{-\alpha}$ 渐近稳定的，当且仅当存在正定矩阵 $X_1=X_1^*\in\mathbb{C}^{n\times n}$ 和 $X_2=X_2^*\in\mathbb{C}^{n\times n}$，使得下式成立：

$$\bar{r}X_1A^{\mathrm{T}}+rAX_1+rX_2A^{\mathrm{T}}+\bar{r}AX_2<0$$

式中

$$r=\mathrm{e}^{\mathrm{j}(1-v)\frac{\pi}{2}}$$

引理 2.6[17,18]　令 A、B 和 M 为适维实矩阵，若 $M>0$，则

$$AB+(AB)^{\mathrm{T}}\leqslant AMA^{\mathrm{T}}+B^{\mathrm{T}}M^{-1}B$$

引理 2.7[19]　对于任意适当维数的矩阵 X 和 Y，有

$$X^{\mathrm{T}}Y+Y^{\mathrm{T}}X\leqslant \alpha X^{\mathrm{T}}X+\frac{1}{\alpha}Y^{\mathrm{T}}Y,\quad \forall \alpha>0$$

或

$$X^{\mathrm{T}}Y+Y^{\mathrm{T}}X\leqslant X^{\mathrm{T}}PX+Y^{\mathrm{T}}P^{-1}Y,\quad \forall P>0$$

引理 2.8[20]（Schur 补引理）　对于定义在 $\mathbb{R}^m$ 上的矩阵 $Q(x)=Q(x)^{\mathrm{T}}$，$R(x)=R(x)^{\mathrm{T}}$ 以及 $S(x)$，LMI

$$\begin{bmatrix} Q(x) & S(x) \\ S^{\mathrm{T}}(x) & R(x) \end{bmatrix}>0$$

等价于

$$R(x)>0,\quad Q(x)-S(x)R(x)^{-1}S(x)^{\mathrm{T}}>0$$

或

$$Q(x)>0,\quad R(x)-S(x)^{\mathrm{T}}Q(x)^{-1}S(x)>0$$

引理 2.9[21]　对于适维矩阵 A、D、S、$W>0$ 以及满足 $F(t)^{\mathrm{T}}F(t)\leqslant I$ 的适维函数矩阵 $F(t)$，下面的不等式成立：

(1) 对于任意实数 $\varepsilon>0$ 和向量 x、$y\in\mathbb{R}^n$，有

$$2x^{\mathrm{T}}DFSy\leqslant \varepsilon^{-1}x^{\mathrm{T}}DD^{\mathrm{T}}x+\varepsilon y^{\mathrm{T}}S^{\mathrm{T}}Sy$$

(2) 对于任意实数 $\varepsilon>0$，如果 $W-\varepsilon DD^{\mathrm{T}}>0$，则

$$(A+DFC)^{\mathrm{T}}W^{-1}(A+DFC)\leqslant A^{\mathrm{T}}(W-\varepsilon DD^{\mathrm{T}})^{-1}A+\varepsilon^{-1}S^{\mathrm{T}}S$$

引理 2.10[22]（投影引理）　设 Γ、Ψ 和 Φ 是任意给定的适当维数的矩阵，且 Φ 是对称的，$\Gamma^{\perp}$ 和 $\Psi^{\perp}$ 分别表示以 Γ 和 Ψ 的核空间的任意一组基向量作为列向量构成的矩阵，若存在适当维数的矩阵 Λ，使得下列不等式成立：

$$\Phi+\Gamma^{\mathrm{T}}\Lambda^{\mathrm{T}}\Psi+\Psi^{\mathrm{T}}\Lambda\Gamma<0$$

则上述矩阵不等式对于矩阵 Λ 是可解的，当且仅当

$$\Gamma^{\perp\mathrm{T}}\Phi\Gamma^{\perp}<0$$

$$\Psi^{\perp\mathrm{T}}\Phi\Psi^{\perp}<0$$

引理 2.11[23]　给定适维矩阵 $X=X^{\mathrm{T}}$、D、Z 和 $R=R^{\mathrm{T}}>0$，可得对于所有满足 $F^{\mathrm{T}}F\leqslant R$ 的 F：

$$X+DFZ+Z^{\mathrm{T}}F^{\mathrm{T}}D^{\mathrm{T}}<0$$

成立，当且仅当存在一个标量 $\varepsilon>0$，使得下式成立：

$$X+\varepsilon DD^{\mathrm{T}}+\varepsilon^{-1}Z^{\mathrm{T}}RZ<0$$

为便于讨论，在本书的后续章节中，符号说明如下：

(1) $X \geqslant Y$（或 $X>Y$）表示矩阵 $X-Y$ 半正定（或正定）；

(2) I、0 表示适当维数的单位阵和零矩阵；

(3) 上标符号“T”表示对矩阵取转置；

(4) $\mathbb{N}$表示自然数集；

(5) $L_2[0,\infty)$表示均方可积的有限向量序列构成的空间；

(6) $\|\cdot\|_2$ 表示通常的 $L_2[0,\infty)$范数；

(7) $|\cdot|$表示向量的欧氏范数；

(8) LMI 表示线性矩阵不等式；

(9) T-S 代表 Takagi-Sugeno；

(10) PDC 表示并行分布补偿；

(11) 矩阵，不特别说明，都指的是有适当维数矩阵；

(12) $\mathrm{diag}\{A_1,A_2,\cdots,A_n\}$表示如下的对角块矩阵：

$$\begin{bmatrix} A_1 & 0 & \cdots & 0 \\ 0 & A_2 & \cdots & 0 \\ \vdots & \vdots & & \vdots \\ 0 & 0 & \cdots & A_n \end{bmatrix}$$

(13) $\mathrm{Sym}\{X\}$代表 $X+X^{\mathrm{T}}$。

参 考 文 献

[1] 张明淳. 工程矩阵理论 [M]. 南京：东南大学出版社，1995.

[2] 梅生伟，申铁龙，刘康志. 现代鲁棒控制理论与应用 [M]. 北京：清华大学出版社，2003.

[3] 路见可. 复变函数 [M]. 武汉：武汉大学出版社，1993.

[4] 黄琳. 稳定性理论 [M]. 北京：北京大学出版社，1992.

[5] 王恩平，秦化淑，王世林. 线性控制系统理论引论 [M]. 广州：广东科技出版社，1991.

[6] Boyd S, Ghaoui L E, Feron E, et al. Linear matrix inequalities in system and control theory [C]. SIAM Studies in Applied Mathematics, Philadelphia, 1994.

[7] Doyle J C, Packard A, Zhou K. Review of LFTs, LMIs, and μ [C]. Proceedings of the 30th IEEE Conference on Decision Control, Brighton, 1991: 1227—1232.

[8] Skelton R E, Iwaski T. Increased roles of linear algebra in control education [J]. IEEE Control Systems Magazine, 1995, 15(4): 76—90.

[9] Scherer C, Gahinet P, Chilali M. Multiobjective output feedback control via LMI optimization [J]. IEEE Transactions on Automatic Control, 1997, 42(7): 896—911.

[10] Chilali M, Gahinet P. H_∞ design with pole placement constraints: An LMI approach [J]. IEEE Transactions on Automatic Control, 1996, 41(3): 358—367.

[11] Gahinet P. Explicit controller formulas for LMI-based H_∞ synthesis [J]. Automatica, 1996, 32(7): 1007—1014.

[12] 解学书,钟宜生. H_∞控制理论 [M]. 北京:清华大学出版社,1994.

[13] 俞立. 鲁棒控制——线性矩阵不等式处理方法 [M]. 北京:清华大学出版社,2002.

[14] Moze M, Sabatier J. LMI tools for stability analysis of fractional systems [C]. Proceedings of the ASME 2005 International Design Engineering Technical Conferences and Computer and Information in Engineering Conference, Long Beach, 2005: 1—9.

[15] Chilali M, Gahinet P, Apkarian P. Robust pole placement in LMI regions [J]. IEEE Transactions on Automatic Control, 1999, 44(12): 2257—2270.

[16] Sabatier J, Moze M, Farges C. On stability of fractional order systems [C]. Proceedings of the Third IFAC Workshop on Fractional Differentiation and Its Application, Ankara, 2008: 1—13.

[17] Shen H, Xu S, Lu J, et al. Passivity based control for uncertain stochastic jumping systems with mode-dependent roundtrip time delays [J]. Journal of Franklin Institute, 2012, 349(5): 1665—1680.

[18] Xu S, Lam J, Mao X. Delay-dependent H_∞ control and filtering for uncertain Markovian jump systems with time-varying delays [J]. IEEE Transactions on Circuits and Systems I-Regular Papers, 2007, 54(9): 2070—2077.

[19] Petersen I R, Hollot C V. A riccati equation to the stabilization of uncertain linear systems [J]. Automatica, 1986, 22(4): 397—411.

[20] Scherer C, Weiland S. Lecture Notes DISC Course on Linear Matrix Inequalities in Control [M]. Berlin: Springer-Verlag, 1999.

[21] Wang Y, Xie L, de Souza C E. Robust control of a class of uncertain nonlinear systems [J]. System and Control Letters, 1992, 19(2): 139—149.

[22] Gahinet P, Apkarian P. An LMI-based parametrization of all H_∞ controllers with applications [C]. Proceedings of the 32nd Conference on Decision and Control, San Antonlo, 1993: 656—661.

[23] Xie L. Output feedback H_∞ control of systems with parameter uncertainty [J]. International Journal of Control, 1996, 63(4): 741—750.

第3章　分数阶线性系统的动态输出反馈控制

分数阶系统是通过分数阶微分方程来描述的，而分数阶微积分是将普通微积分中的微分和积分一般化至非整数。其主要构想源于 1695 年 Leibniz 和 L'Hôpital之间通信所探讨的一个与函数分数阶导数有关的问题，即对于一个函数求 1/2 阶导数的运算方法是什么。1832 年，Liouville 给出了分数阶导数的第一个合理的定义，而 Riemann 在 1847 年对分数阶微积分的定义作了进一步的补充。后来人们又提出许多不同定义，例如，Grünwald 分数阶微积分、局部分数阶微积分、Caputo分数阶微积分等。并针对这些定义，借鉴经典微积分方法，研究了有关它们的一些性质。然而，受当时科技发展水平的限制，人们对分数阶微积分的物理意义和应用前景未充分认识，使得其发展相对缓慢。

尽管分数阶微积分学理论可以追溯到 300 多年前，但对其工程应用的研究仅仅是近十年的事。描述分数阶微分方程较全面并广为引用的著作出版于 1999 年[1]，2004 年出版的文献[2]是国内较早介绍分数阶微积分学及其计算的著作。研究发现，现实世界中的物理系统大多数是分数阶的，尤其是具有记忆及遗传特性的黏弹性材料[3, 4]、传导和热扩散[5]、动态过程中的半无线 RC 传输[6]等，与传统整数阶系统相比，分数阶微积分更能准确地描述系统行为。目前，分数阶微积分作为一种有效数学工具，已经被广泛应用于各种领域，如地震分析[7]、黏性阻尼[8]、信号处理[9]、分形和混沌[10]、系统辨识和建模[11]、机器人[12]等。随着人们对分数阶微积分理论研究的不断深入，它在力学[13]、物理学、生物工程、控制理论[14-16]等方面也得到了推广应用。分数阶微积分的发展为各学科的发展提供了新的理论基础，在冶金、化工、电力、轻工和机械等工业过程中都有应用[17-19]。而这些领域的应用研究反过来又极大地促进了分数阶微积分及分数阶系统相关理论的进一步发展，使得上述理论成为当前国内外研究的热点之一。我们坚信，随着学科融合和细化速度的不断加快，分数阶微积分及分数阶系统相关理论将会有更加广阔的发展前景。

值得一提的是，针对分数阶线性系统的输出反馈控制问题的研究尚属起步阶段，还没有形成理论体系。另一方面，在许多实际问题中，系统状态往往不能直接测量，所以采用状态反馈较难使系统达到满意的控制效果；即使系统状态可直接测量，但考虑到实施成本和系统可靠性等因素，如果可以采用系统输出信号作为反馈，设计输出反馈控制器，则更适合于选择输出反馈控制方式。因此，本章针对系统阶数在 0～2 的分数阶线性系统，设计了输出反馈控制器，使得闭环系统是鲁棒渐近稳定的。

3.1　问题描述

本章采用如下 Caputo 定义的分数阶微积分[1, 20]：

$$\mathrm{D}^{\alpha}f(t)=\frac{\mathrm{d}^{\alpha}f(t)}{\mathrm{d}t^{\alpha}}=\frac{1}{\Gamma(n-\alpha)}\int_{0}^{t}\frac{f^{(n)}(\tau)\mathrm{d}\tau}{(t-\tau)^{\alpha+1-n}}\tag{3.1}$$

式中，α 为分数阶微分的次数，且满足 $n-1<\alpha\leqslant n$，n 为整数。

考虑如下分数阶线性定常系统：

$$\mathrm{D}^{\alpha}x(t)=Ax(t)+Bu(t),\quad 0<\alpha<2\tag{3.2}$$

$$y(t)=Cx(t)\tag{3.3}$$

式中，$x(t)\in\mathbb{R}^{n}$ 为系统状态；$u(t)\in\mathbb{R}^{m}$ 为控制输入；$y(t)\in\mathbb{R}^{s}$ 为测量输出；A、B、C 为适当维数的已知实常矩阵。

假设 3.1　$[A\quad B]$ 可控；$[C\quad A]$ 可观。

在假设 3.1 的条件，依据文献[21]和[22]可得式(3.2)和式(3.3)是可控可观的。

针对分数阶系统式(3.2)和式(3.3)，考虑如下动态分数阶输出反馈控制器：

$$\mathrm{D}^{\alpha}\hat{x}(t)=A_{k}\hat{x}(t)+B_{k}y(t)\tag{3.4}$$

$$u(t)=C_{k}\hat{x}(t)\tag{3.5}$$

式中，$\hat{x}(t)\in\mathbb{R}^{n}$ 为控制器状态；A_{k}、B_{k}、C_{k} 为待定矩阵。

由式(3.2)～式(3.5)可得如下闭环系统：

$$\mathrm{D}^{\alpha}e(t)=\widetilde{A}_{k}e(t)\tag{3.6}$$

式中

$$e(t)=\begin{bmatrix}x(t)\\ \hat{x}(t)\end{bmatrix},\quad \widetilde{A}_{k}=\begin{bmatrix}A & BC_{k}\\ B_{k}C & A_{k}\end{bmatrix}$$

控制的目的是，在给定 α、A、B、C 的情况下，找到一个系统的方法确定 A_{k}、B_{k}、C_{k}，使得闭环系统是稳定的。

3.2　参数确定系统的控制器设计

首先依据引理 2.5，给出 $t^{-\nu}$ 渐近稳定定义。

定义 3.1[23]　系统 $\mathrm{D}^{\nu}x(t)/\mathrm{d}t^{\nu}=f(t,x(t))$ 的轨迹 $x(t)$ 是 $t^{-\nu}$ 渐近稳定的，如果存在一个正实数 ν，使得一般的稳定性条件及如下条件成立：

$$\forall\ \|x(t)\|,\quad t\leqslant t_{0},\quad \exists N(x(t),t\leqslant t_{0}),\quad t_{1}(x(t),t\leqslant t_{0})$$

式中，$\forall t>t_0$；$\| x(t) \| \leqslant N(t-t_1)^{-\nu}$。

定理 3.1 式(3.6)在 $1\leqslant\alpha<2$ 的情况下是稳定的，如果存在矩阵 $P>0$，使得式(3.7)成立：

$$\begin{bmatrix}(\widetilde{A}_k P+P\widetilde{A}_k^{\mathrm{T}})\sin\theta & (\widetilde{A}_k P-P\widetilde{A}_k^{\mathrm{T}})\cos\theta \\ * & (\widetilde{A}_k P+P\widetilde{A}_k^{\mathrm{T}})\sin\theta\end{bmatrix}<0 \tag{3.7}$$

证明 针对式(3.6)，利用引理 2.3 和引理 2.4，可直接得到稳定性条件。证毕。

下面将给出分数阶输出反馈控制的可解条件。

定理 3.2 式(3.6)在 $1\leqslant\alpha<2$ 的情况下能够被分数阶输出反馈控制器(式(3.4)和式(3.5))镇定的条件为存在矩阵 Ω、Ψ、Φ 和对称矩阵 $X>0$，$Y>0$，使其满足

$$\begin{bmatrix}(\Gamma_2+\Gamma_2^{\mathrm{T}})\sin\theta & (\Gamma_2-\Gamma_2^{\mathrm{T}})\cos\theta \\ * & (\Gamma_2+\Gamma_2^{\mathrm{T}})\sin\theta\end{bmatrix}<0 \tag{3.8}$$

$$\begin{bmatrix}-Y & -I \\ -I & -X\end{bmatrix}<0 \tag{3.9}$$

式中

$$\Gamma_2=\begin{bmatrix}YA+\Phi C & \Omega \\ A & AX+B\Psi\end{bmatrix}$$

进一步可得所设计的动态输出反馈控制器(式(3.4)和式(3.5))的参数如下：

$$A_k=W^{-1}(\Omega-YAX-\Phi CX-YB\Psi)S^{-\mathrm{T}} \tag{3.10}$$

$$B_k=W^{-1}\Phi,\quad C_k=\Psi S^{-\mathrm{T}} \tag{3.11}$$

式中，S、W 为非奇异矩阵，满足

$$SW^{\mathrm{T}}=I-XY \tag{3.12}$$

证明 根据式(3.9)，很容易得到 $I-XY$ 是非奇异的。因此，总存在非奇异矩阵 S 和 W，使得式(3.12)成立。引入非奇异矩阵 Ξ_1 和 Ξ_2：

$$\Xi_1=\begin{bmatrix}Y & I \\ W^{\mathrm{T}} & 0\end{bmatrix},\quad \Xi_2=\begin{bmatrix}I & X \\ 0 & S^{\mathrm{T}}\end{bmatrix}$$

令

$$\widetilde{P}=\Xi_2\Xi_1^{-1}$$

经计算，可得

$$\widetilde{P}=\begin{bmatrix}X & S \\ S^{\mathrm{T}} & \Pi\end{bmatrix}$$

式中

$$\Pi=W^{-1}Y(X-Y^{-1})YW^{-\mathrm{T}}>0$$

可得到$\widetilde{P}>0$,进一步,式(3.8)可改写为

$$\begin{bmatrix}(\widetilde{\Gamma}_2+\widetilde{\Gamma}_2^{\mathrm{T}})\sin\theta & (\widetilde{\Gamma}_2-\widetilde{\Gamma}_2^{\mathrm{T}})\cos\theta \\ * & (\widetilde{\Gamma}_2+\widetilde{\Gamma}_2^{\mathrm{T}})\sin\theta\end{bmatrix}<0 \tag{3.13}$$

式中

$$\widetilde{\Gamma}_2=\Xi_1^{\mathrm{T}}\widetilde{A}_k\widetilde{P}\Xi_1$$

在式(3.13)两侧分别左乘 $\mathrm{diag}\{\Xi_1^{-\mathrm{T}},\Xi_1^{-\mathrm{T}}\}$和右乘 $\mathrm{diag}\{\Xi_1^{-1},\Xi_1^{-1}\}$,可得

$$\begin{bmatrix}(\Gamma_2+\Gamma_2^{\mathrm{T}})\sin\theta & (\Gamma_2-\Gamma_2^{\mathrm{T}})\cos\theta \\ * & (\Gamma_2+\Gamma_2^{\mathrm{T}})\sin\theta\end{bmatrix}<0$$

最后,根据定理 3.1,可得所要结论。证毕。

定理 3.3　分数阶系统式(3.6),其中,$0<\alpha<1$ 是 $t^{-\alpha}$稳定的,当且仅当存在正定矩阵 $X_1=X_1^*\in\mathbb{C}^{n\times n}$和 $X_2=X_2^*\in\mathbb{C}^{n\times n}$,使得下式成立:

$$\bar{r}X_1\widetilde{A}_k^{\mathrm{T}}+r\widetilde{A}_kX_1+rX_2\widetilde{A}_k^{\mathrm{T}}+\bar{r}\widetilde{A}_kX_2<0 \tag{3.14}$$

式中

$$r=\mathrm{e}^{\mathrm{j}(1-v)\frac{\pi}{2}} \tag{3.15}$$

证明　根据引理 2.5,可直接得到以上定理。证毕。

定理 3.4　对分数阶系统式(3.6),其中,$0<\alpha<1$,可由分数阶输出反馈控制器(式(3.4)和式(3.5))镇定的条件为:若存在矩阵 Ω、Ψ、Φ 及对称矩阵 $X>0$,$Y>0$,使得下列不等式成立:

$$\cos\frac{(1-\alpha)\pi}{2}\mathrm{sym}\Gamma_2<0 \tag{3.16}$$

$$\begin{bmatrix}-Y & -I \\ -I & -X\end{bmatrix}<0 \tag{3.17}$$

更进一步,所设计的动态输出反馈控制器形如式(3.4)和式(3.5),参数如式(3.10)和式(3.11)所示,其中,S、W 为任意非奇异矩阵,满足式(3.12)。

证明　利用与定理 3.2 类似的方法,式(3.16)可以改写为

$$\cos\frac{(1-\alpha)\pi}{2}\mathrm{sym}\Xi_1^{\mathrm{T}}\widetilde{A}_k\Xi_2<0 \tag{3.18}$$

在式(3.18)的两侧分别左乘 $\Xi_1^{-\mathrm{T}}$和右乘 Ξ_1^{-1},则可得

$$\cos\frac{(1-\alpha)\pi}{2}\mathrm{sym}\widetilde{A}_k\Xi_2\Xi_1^{-1}<0$$

令

$$\hat{P}=\Xi_2\Xi_1^{-1}$$

则可得

$$\hat{P}>0,\quad \cos\frac{(1-\alpha)\pi}{2}\operatorname{sym}\widetilde{A}_k\hat{P}>0$$

在式(3.14)中，令 $X_1=X_2=\hat{P}$，则可得上述不等式。证毕。

动态输出反馈镇定算法归纳如下：

(1) 对于 $1\leqslant\alpha<2$ 或 $0<\alpha<1$，给定 A、B、C；

(2) 解式(3.8)和式(3.9)或式(3.16)和式(3.17)，可得参数 X、Y、Ω、Φ、Ψ；

(3) 选择参数 S，由式(3.12)计算 W；

(4) 根据式(3.10)和式(3.11)，计算分数阶输出反馈控制器的参数 A_k、B_k、C_k。

3.3 不确定分数阶系统的稳定性分析和控制器设计

以上结论均针对确定参数的分数阶系统，接下来将探讨针对不确定分数阶系统，具体如下：

$$\mathrm{D}^{\beta}x(t)=Ax(t)+B_1w(t)+B_2u(t)\tag{3.19}$$

$$z(t)=C_1x(t)+D_{11}w(t)+D_{12}u(t)\tag{3.20}$$

$$y(t)=C_2x(t)+D_{21}w(t)\tag{3.21}$$

$$w(t)=\Delta z(t)\tag{3.22}$$

式中，$A\in\mathbb{R}^{n\times n}$；不确定矩阵 Δ 满足 $\sigma_{\max}(\Delta)\leqslant\gamma^{-1}$。

其目的是设计全阶动态输出反馈控制器，具体如下：

$$\begin{aligned}\mathrm{D}^{\beta}\hat{x}(t)&=A_K\hat{x}(t)+B_Ky(t)\\ u&=C_K\hat{x}(t)+D_Ky(t)\end{aligned}\tag{3.23}$$

使得由不确定分数阶系统式(3.19)～式(3.22)以及全阶动态输出反馈控制器式(3.23)所构成的闭环系统是可镇定的。闭环系统系数矩阵为

$$A_{cl}(\Delta)=A_{cl}+B_{cl}(I-\Delta D_{cl})^{-1}\Delta C_{cl}$$

式中

$$A_{cl}=\begin{bmatrix}A+B_2D_KC_2 & B_2C_K\\ B_KC_2 & A_K\end{bmatrix}$$

$$B_{cl}=\begin{bmatrix}B_1+B_2D_KD_{21}\\ B_KD_{21}\end{bmatrix}$$

$$C_{cl}=\begin{bmatrix}C_1+D_{12}D_KC_2 & D_{12}C_K\end{bmatrix}$$

$$D_{cl}=D_{11}+D_{12}D_KD_{21}$$

下面将给出上述系统的稳定性分析条件和动态输出反馈控制器设计方法。

3.3.1　稳定性分析

首先，考虑如下带有静态不确定参数的分数阶系统：

$$\mathrm{D}^{\alpha}x(t)=A_{\Delta}x(t),\quad 0<\alpha<2 \tag{3.24}$$

$$A_{\Delta}=A+B\,(I-\Delta D)^{-1}\Delta C \tag{3.25}$$

式中，A、B、C、D 为给定的实矩阵；$\Delta\in E^{m\times m}$；$\sigma_{\max}(\Delta)\leqslant\gamma^{-1}$，其中，$E=\mathbb{R}$或$\mathbb{C}$。$\Delta=0$ 对应状态矩阵 A，参数 γ 代表参数不确定的程度。

定理 3.5　如果存在矩阵 $X>0\in\mathbb{R}^{n\times n}$和 $P>0\in\mathbb{R}^{k\times k}$，使得如下线性矩阵不等式成立：

$$\begin{bmatrix}\bar{\Theta}(A,X) & \bar{\Theta}\otimes(XB) & P\otimes C^{\mathrm{T}}\\ * & -\gamma P\otimes I & P\otimes D^{\mathrm{T}}\\ * & * & -\gamma P\otimes I\end{bmatrix}<0 \tag{3.26}$$

则式(3.24)和式(3.25)是稳定的，其中，$1\leqslant\alpha<2$。其中

$$\bar{\Theta}(A,X)=\bar{\Theta}\otimes(XA)+\bar{\Theta}^{\mathrm{T}}\otimes(A^{\mathrm{T}}X)$$

$$\bar{\Theta}=\begin{bmatrix}\sin\dfrac{\alpha\pi}{2} & \cos\dfrac{\alpha\pi}{2}\\ -\cos\dfrac{\alpha\pi}{2} & \sin\dfrac{\alpha\pi}{2}\end{bmatrix}$$

证明　在文献[24]的定理 3.3 证明中，设 $M_1=M=\bar{\Theta}$，$M_2=I$，则可得线性矩阵不等式(3.26)。证毕。

定理 3.6　如果存在矩阵 $X>0\in\mathbb{R}^{n\times n}$和 $P>0\in\mathbb{R}^{k\times k}$，使得如下不等式成立：

$$\begin{bmatrix}XA^{\mathrm{T}}+AX & XC^{\mathrm{T}} & P\otimes B\\ * & -\gamma P\otimes I & P\otimes D\\ * & * & -\gamma P\otimes I\end{bmatrix}<0 \tag{3.27}$$

则式(3.24)和式(3.25)是稳定的，其中，$0<\alpha<1$。

证明　不失一般性，设 $\gamma=1$，则从式(3.27)可得

$$\begin{bmatrix}-I & D\\ D^{\mathrm{T}} & -I\end{bmatrix}\otimes P<0$$

由 $P>0$ 以及 Kronecher 乘特征根的特性，可得 $\sigma_{\max}(D)<1$，以及针对所有允许的 Δ，使得 $\sigma_{\max}(\Delta D)<1$。

依据文献[21]中定理 12 的证明，当且仅当存在 $X>0$，使得对于所有允许的 Δ 满足 $\sigma_{\max}(D)\leqslant 1$ 和 $M_D(A_{\Delta},X)=\cos\dfrac{(1-\alpha)\pi}{2}\mathrm{Herm}\{X[A+B\,(I-\Delta D)^{-1}\Delta C]\}<0$，则式(3.24)和式(3.25)是区域$\mathcal{D}$-稳定的，其中，$0<\alpha<1$。

其中 $M_D(A_{\Delta},X)$等价于

$$XA^{\mathrm{T}}+AX+\mathrm{Herm}\{XC^{\mathrm{T}}[B(I-\Delta D)^{-1}\Delta]^{\mathrm{H}}\}<0$$

同样，下列不等式对于所有非零向量 η 和不确定性 Δ 均成立：

$$\eta^{\mathrm{H}}(XA^{\mathrm{T}}+AX)\eta+2\eta^{\mathrm{H}}\{XC^{\mathrm{T}}[B(I-\Delta D)^{-1}\Delta]^{\mathrm{H}}\}\eta<0$$

对于给定的非零向量 η，上述结果要求

$$\eta^{\mathrm{H}}(XA^{\mathrm{T}}+AX)\eta+2\eta^{\mathrm{H}}XC^{\mathrm{T}}p<0 \tag{3.28}$$

式中

$$p=[B(I-\Delta D)^{-1}\Delta]^{\mathrm{H}}\eta:\sigma_{\max}(\Delta)\leqslant 1 \tag{3.29}$$

经计算，可得

$$p=\Delta^{\mathrm{H}}(D^{\mathrm{T}}p+B^{\mathrm{T}}\eta)$$

同样，$p=[B(I-\Delta D)^{-1}]^{\mathrm{H}}\eta$ 为方程 $p=\Delta^{\mathrm{H}}q_{P,\eta}$ 的解。式中

$$q_{P,\eta}=D^{\mathrm{T}}p+B^{\mathrm{T}}\eta$$

现在，$p=\Delta^{\mathrm{H}}q_{P,\eta}$ 和 $\sigma_{\max}(D)<1$ 保证对于任意的 $k\times k$ 矩阵 $P>0$，有

$$q^{\mathrm{H}}(P\otimes I)q-p^{\mathrm{H}}(P\otimes I)p=q^{\mathrm{H}}(P\otimes(I-\Delta\Delta^{\mathrm{H}}))q\geqslant 0$$

所以，使得式(3.28)和式(3.29)成立的充分条件为

$$\eta^{\mathrm{H}}(XA^{\mathrm{T}}+AX)\eta+2\eta^{\mathrm{H}}XC^{\mathrm{T}}p<0$$

$$q^{\mathrm{H}}(P\otimes I)q-p^{\mathrm{H}}(P\otimes I)p\geqslant 0$$

上述两式可以等价为如下不等式：

$$\begin{bmatrix}\eta\\p\end{bmatrix}^{\mathrm{H}}\begin{bmatrix}XA^{\mathrm{T}}+AX & XC^{\mathrm{T}}\\ * & 0\end{bmatrix}[\eta\quad p]<0$$

$$\begin{bmatrix}\eta\\p\end{bmatrix}^{\mathrm{H}}\left(\begin{bmatrix}B\\D\end{bmatrix}(P\otimes I)[B^{\mathrm{T}}\quad D^{\mathrm{T}}]+\begin{bmatrix}0 & 0\\0 & -P\otimes I\end{bmatrix}\right)[\eta\quad p]\geqslant 0$$

利用文献[25]中的典型 S-procedure argument 方法，可将以上不等式转化为一个线性矩阵不等式：

$$\begin{bmatrix}XA^{\mathrm{T}}+AX & XC^{\mathrm{T}}\\ * & -P\otimes I\end{bmatrix}+\begin{bmatrix}B\\D\end{bmatrix}(P\otimes I)[B^{\mathrm{T}}\quad D^{\mathrm{T}}]+\begin{bmatrix}0 & 0\\0 & -P\otimes I\end{bmatrix}<0$$

利用 Schur 补引理可得稳定性条件式(3.27)。证毕。

3.3.2 控制器设计

定理 3.7 如果存在矩阵 $\mathcal{A}_K$、$\mathcal{B}_K$、$\mathcal{C}_K$、D_K 以及对称矩阵 $R>0$，$S>0$，使得如下条件成立：

$$\Xi(R,S)=\begin{bmatrix}R & I\\I & S\end{bmatrix}>0 \tag{3.30}$$

$$\begin{bmatrix}\bar{\Theta}\otimes\Phi_A+\bar{\Theta}^{\mathrm{T}}\otimes\Phi_A^{\mathrm{T}} & \bar{\Theta}^{\mathrm{T}}\otimes\Phi_B & I\otimes\Phi_C^{\mathrm{T}}\\ * & -\gamma I & I\otimes\Phi_D^{\mathrm{T}}\\ * & * & -\gamma I\end{bmatrix}<0 \tag{3.31}$$

则不确定分数阶系统式(3.19)～式(3.22)可由分数阶动态输出反馈控制器式(3.23)镇定，其中，$1\leqslant\alpha<2$。式中

$$\Phi_A=\begin{bmatrix}AR+B_2\mathcal{C}_K & A+B_2D_KC_2\\ \mathcal{A}_K & SA+\mathcal{B}_KC_2\end{bmatrix}$$

$$\Phi_B=\begin{bmatrix}B_1+B_2D_KD_{21}\\ SB_1+\mathcal{B}_KD_{21}\end{bmatrix}$$

$$\Phi_C=[C_1R+D_{21}\mathcal{C}_K\quad C_1+D_{21}D_KC_2]$$

$$\Phi_D=D_{11}+D_{12}D_KD_{21}$$

证明　在文献[24]中定理 5.1 的证明中，设 $M_1=M=\bar{\Theta}$，$M_2=I$，可得不等式(3.30)和式(3.31)。证毕。

进一步可得分数阶动态输出反馈控制器式(3.23)的算法如下。

(1) 计算非奇异矩阵 M、N，使得

$$MN^{\mathrm{T}}=I-RS \tag{3.32}$$

(2) 解式(3.30)和式(3.31)，可得到$\mathcal{A}_K$、$\mathcal{B}_K$、$\mathcal{C}_K$、D_K。

(3) 解如下线性方程：

$$\mathcal{A}_K=NA_KM^{\mathrm{T}}+NB_KC_2R+SB_2C_KM^{\mathrm{T}}+S(A+B_2D_KC_2)R$$

$$\mathcal{B}_K=NB_K+SB_2D_K$$

$$\mathcal{C}_K=C_KM^{\mathrm{T}}+D_KC_2R$$

即可得到 A_K、B_K、C_K。

定理 3.8　如果存在矩阵$\mathcal{A}_{1K}$、$\mathcal{B}_{1K}$、$\mathcal{C}_{1K}$、D_{1K}，以及对称矩阵 $R_1>0$，$S_1>0$，下面的条件成立：

$$\Xi(R,S)=\begin{bmatrix}R_1 & I\\ I & S_1\end{bmatrix}>0 \tag{3.33}$$

$$\begin{bmatrix}\bar{\Phi}_A+\bar{\Phi}_A^{\mathrm{T}} & \bar{\Phi}_C^{\mathrm{T}} & I\otimes\bar{\Phi}_B\\ * & -\gamma I & I\otimes\bar{\Phi}_D^{\mathrm{T}}\\ * & * & -\gamma I\end{bmatrix}<0 \tag{3.34}$$

则不确定分数阶系统式(3.19)～式(3.22)可由分数阶动态输出反馈控制器式(3.23)镇定，其中，$0<\alpha<1$。式中

$$\bar{\Phi}_A=\begin{bmatrix}A^{\mathrm{T}}R_1+C_2^{\mathrm{T}}\mathcal{B}_{1K}^{\mathrm{T}} & A^{\mathrm{T}}+C_2^{\mathrm{T}}D_{1K}^{\mathrm{T}}B_2^{\mathrm{T}}\\ \mathcal{A}_{1K}^{\mathrm{T}} & S_1A^{\mathrm{T}}+\mathcal{C}_{1K}B_2^{\mathrm{T}}\end{bmatrix}$$

$$\bar{\Phi}_B=\begin{bmatrix}R_1B_1+\mathcal{B}_{1K}D_{21}\\ B_1+B_2D_{1K}D_{21}\end{bmatrix}$$

$$\bar{\Phi}_C=[C_1+D_{21}D_{1K}C_2\quad C_1S_1+D_{21}\mathcal{C}_{1K}]$$

证明 由式(3.33)可得 $I-R_1S_1$ 是非奇异的。因此,总存在非奇异矩阵 M_1 和 N_1 使得式(3.35)成立。现在设如下非奇异矩阵:

$$\Pi_1=\begin{bmatrix} R_1 & I \\ M_1^{\mathrm{T}} & 0 \end{bmatrix},\quad \Pi_2=\begin{bmatrix} I & S_1 \\ 0 & N_1^{\mathrm{T}} \end{bmatrix}$$

令

$$\widetilde{P}=\Pi_2\Pi_1^{-1}$$

经计算,可得

$$\widetilde{P}=\begin{bmatrix} S_1 & N_1 \\ N_1^{\mathrm{T}} & \Xi \end{bmatrix}$$

式中

$$\Xi=M_1^{-1}R_1(S_1-R_1^{-1})R_1M_1^{-\mathrm{T}}>0$$

因此可得 $\widetilde{P}>0$,在式(3.34)的两侧分别左乘 $\mathrm{diag}\{\Pi_1^{-\mathrm{T}},I,I\}$ 和右乘 $\mathrm{diag}\{\Pi_1^{-1},I,I\}$,可得

$$\begin{bmatrix} XA_{cl}^{\mathrm{T}}+A_{cl}X & XC_{cl}^{\mathrm{T}} & P\otimes B_{cl} \\ * & -\gamma P\otimes I & P\otimes D_{cl} \\ * & * & -\gamma P\otimes I \end{bmatrix}<0$$

令 $P=I$,则可得定理 3.6 中的稳定性分析条件。证毕。

进一步可得动态输出反馈控制器式(3.23)的算法如下:

(1) 计算非奇异矩阵 M_1、N_1,使得

$$M_1N_1^{\mathrm{T}}=I-R_1S_1 \tag{3.35}$$

(2) 解式(3.33)和式(3.34),可得到$\mathcal{A}_{1K}$、$\mathcal{B}_{1K}$、$\mathcal{C}_{1K}$、D_{1K}。

(3) 解如下线性方程:

$$\mathcal{A}_{1K}=M_1A_KN_1^{\mathrm{T}}+M_1B_KC_2S_1+R_1B_2C_KN_1^{\mathrm{T}}+R_1(A+B_2D_KC_2)S_1$$

$$\mathcal{B}_{1K}=M_1B_K+R_1B_2D_K$$

$$\mathcal{C}_{1K}=C_KN_1^{\mathrm{T}}+D_KC_2S_1$$

即可得到 A_K、B_K、C_K。

3.4 仿真算例

3.4.1 参数确定系统

例 3.1 针对分数阶系统式(3.2)和式(3.3),其中,系统参数如下,考虑分数阶输出反馈控制问题:

$$1\leqslant\alpha<2,\quad A=\begin{bmatrix}0.5 & 1\\ 0 & 0.05\end{bmatrix},\quad B=\begin{bmatrix}-1 & 2\\ 1 & -3\end{bmatrix},\quad C=\begin{bmatrix}3 & -5\\ 0 & -1\end{bmatrix}$$

很明显，当 $u(t)=0$，式(3.2)是不稳定的，因为 A 的特征根为$\{0.5,0.05\}$，其特征根在稳定区域外。目的是设计一个动态分数阶输出反馈控制器使得闭环系统是稳定的。利用 MATLAB LMI 工具箱解线性矩阵不等式(3.8)和式(3.9)，可得其解。选择

$$S=\begin{bmatrix}0.1 & 0.1\\ 0.8 & 0.5\end{bmatrix}$$

则根据式(3.12)，可以计算出 W。

根据定理 3.2，可得分数阶输出反馈控制器式(3.10)和式(3.11)的参数如下：

$$A_K=\begin{bmatrix}-3.7626 & -0.8685\\ 0.4175 & -5.0486\end{bmatrix},\quad B_K=\begin{bmatrix}0.0035 & -0.0896\\ 0.0035 & -0.0640\end{bmatrix}$$

$$C_K=10^3\begin{bmatrix}-2.5769 & 4.4811\\ -0.8008 & 1.4356\end{bmatrix}$$

初始条件为 $x(0)=[0.1\quad -0.1]^{\mathrm{T}}$，则闭环系统是稳定的，状态响应 $x_1(t)$ 在图 3.1中给出。图 3.2 和图 3.3 分别为相应的控制器状态响应和控制输入。其中，$1\leqslant\alpha<2$。

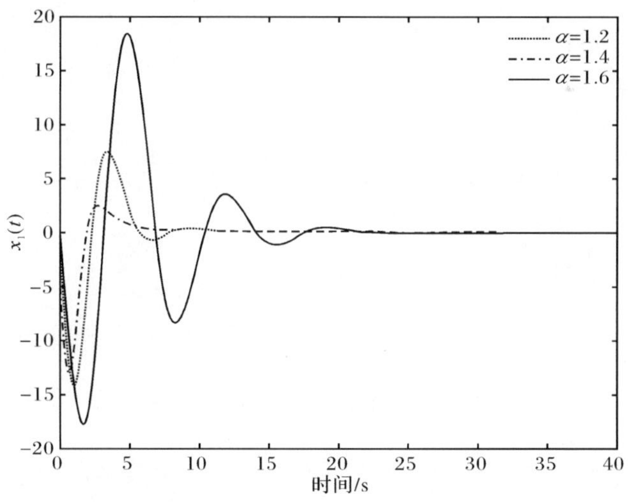

图 3.1　状态响应 $x_1(t)(1\leqslant\alpha<2)$

例 3.2　分数阶系统式(3.2)和式(3.3)的参数如下：

$$0<\alpha<1,\quad A=\begin{bmatrix}0.5 & 1\\ 0 & 0.5\end{bmatrix},\quad B=\begin{bmatrix}1.5 & 0\\ 0 & 1\end{bmatrix},\quad C=\begin{bmatrix}1 & 0\\ 2 & 1\end{bmatrix}$$

当 $u(t)=0$，式(3.2)是不稳定的，因为 A 的特征根为$\{0.5,0.5\}$。利用 MATLAB

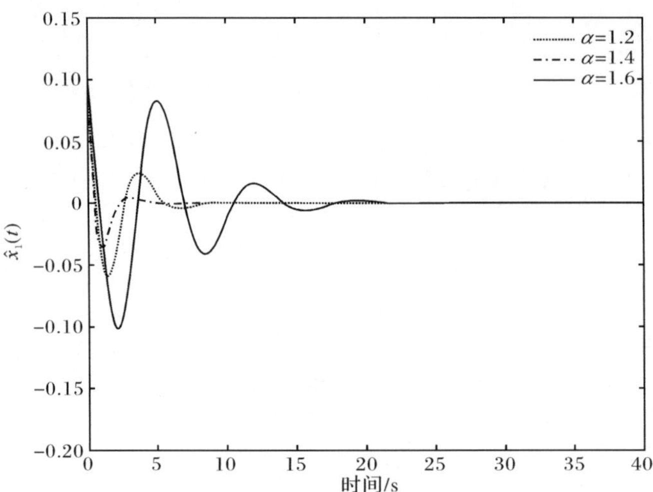

图 3.2　控制器状态响应 $\hat{x}_1(t)$ ($1\leqslant\alpha<2$)

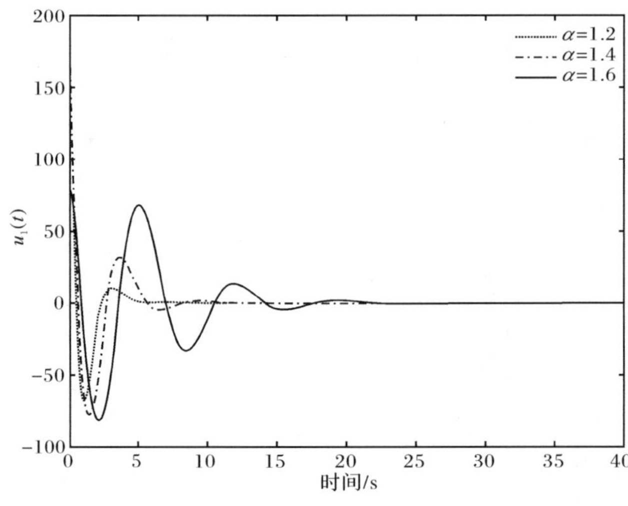

图 3.3　控制输入 $u_1(t)$ ($1\leqslant\alpha<2$)

LMI 工具箱解线性矩阵不等式(3.16)～式(3.18),可得其解。选择

$$S=\begin{bmatrix}100 & 100\\800 & 500\end{bmatrix}$$

根据定理 3.4,可得分数阶输出反馈控制器式(3.10)和式(3.11)的参数如下:

$$A_K=\begin{bmatrix}-24.4532 & 31.8491\\-12.7597 & 15.6811\end{bmatrix},\quad B_K=10^{-4}\begin{bmatrix}-0.4204 & 0.1956\\-0.2649 & 0.1280\end{bmatrix}$$

$$C_K = 10^6\begin{bmatrix} 3.3291 & -5.5903 \\ -2.1581 & 2.8997 \end{bmatrix}$$

初始条件为 $x(0)=[0.1 \quad -0.1]^{\mathrm{T}}$，则闭环系统是稳定的，状态响应 $x_1(t)$在图3.4中给出。图 3.5 和图 3.6 分别为相应的控制器状态响应和控制输入。其中，$0<\alpha<1$。

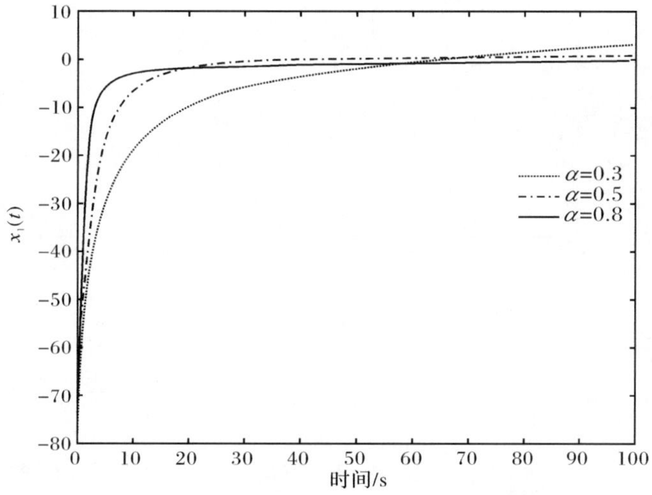

图 3.4　状态响应 $x_1(t)(0<\alpha<1)$

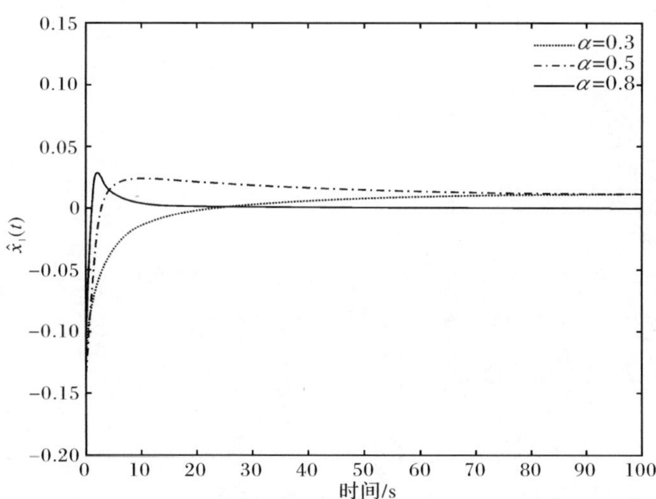

图 3.5　控制器状态响应$\hat{x}_1(t)(0<\alpha<1)$

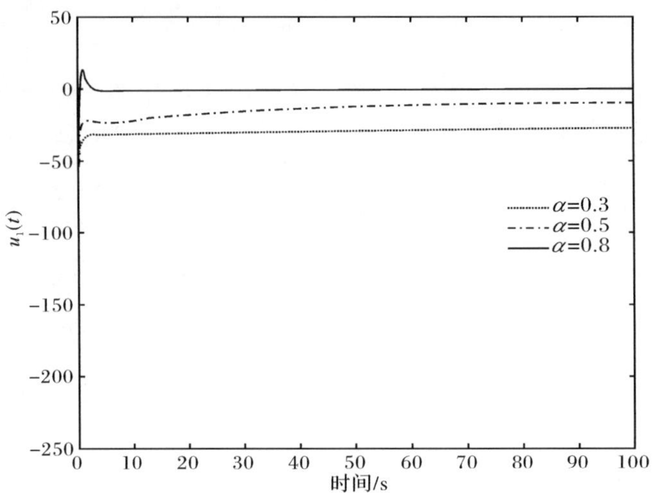

图 3.6　控制输入 $u_1(t)(0<\alpha<1)$

3.4.2　参数不确定系统

例 3.3　针对分数阶系统式(3.19)～式(3.22),参数如下,考虑分数阶输出反馈控制问题:

$$A=\begin{bmatrix}0.8 & 0.9\\0 & 0.03\end{bmatrix},\quad B_1=\begin{bmatrix}-1 & 2\\1 & -3\end{bmatrix},\quad B_2=\begin{bmatrix}-2 & 2\\1 & -1\end{bmatrix}$$

$$C_1=\begin{bmatrix}3 & -5\\0 & -1\end{bmatrix},\quad C_2=\begin{bmatrix}2 & 0\\0 & 1\end{bmatrix}$$

$$D_{11}=\begin{bmatrix}2 & 0\\0 & -1\end{bmatrix},\quad D_{12}=\begin{bmatrix}4 & 0\\0 & 1\end{bmatrix},\quad D_{21}=\begin{bmatrix}1 & -2\\0 & -1\end{bmatrix}$$

$$1\leqslant\alpha<2$$

目的是设计动态分数阶输出反馈控制器使得闭环系统是稳定的。利用 MATLAB LMI 工具箱解线性矩阵不等式(3.30)和式(3.31),可得$\mathcal{A}_K$、$\mathcal{B}_K$、$\mathcal{C}_K$、D_K,对称的正定矩阵 R、S。选择

$$M=\begin{bmatrix}0.1 & 0.1\\0.8 & 0.5\end{bmatrix}$$

根据式(3.32),可计算得到 N。根据定理 3.7,可得式(3.23)中的分数阶输出反馈控制器。

初始条件为 $x(0)=[0.1\quad -0.1]^{\mathrm{T}}$,$\gamma=2$,可得闭环系统是稳定的。状态响应 $x_1(t)$在图 3.7 中给出。图 3.8 和图 3.9 分别为相应的控制器状态响应和控制

输入。其中,$1\leqslant\alpha<2$。

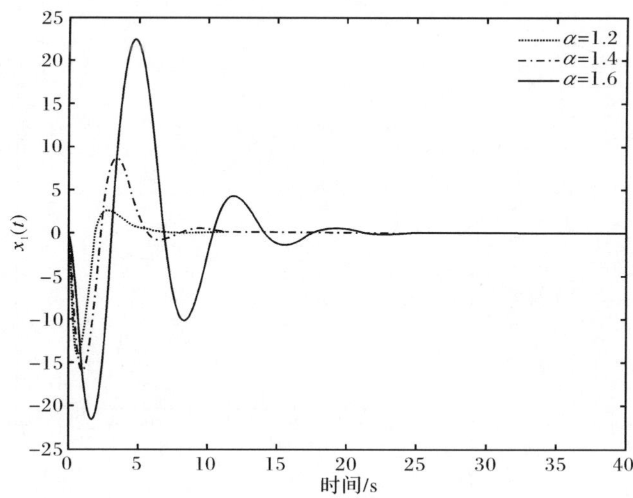

图 3.7　状态响应 $x_1(t)(1\leqslant\alpha<2)$

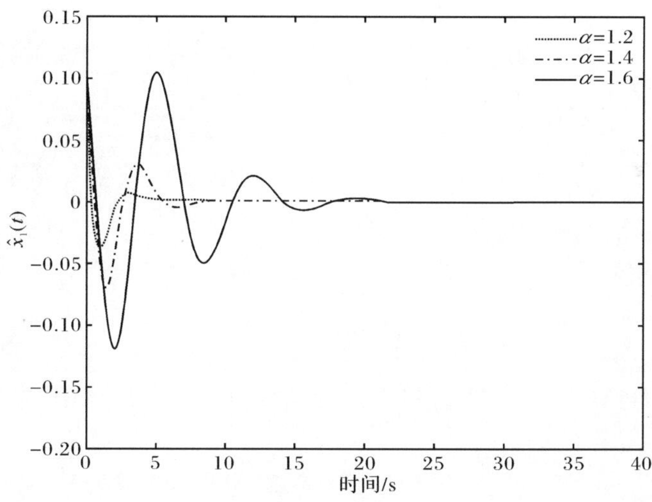

图 3.8　控制器状态响应 $\hat{x}_1(t)(1\leqslant\alpha<2)$

例 3.4　针对分数阶系统式(3.19)～式(3.22),参数如下,考虑分数阶输出反馈控制问题:

$$A=\begin{bmatrix}0.3 & 0.9\\ 0 & 0.6\end{bmatrix},\quad B_1=\begin{bmatrix}1.5 & 0\\ 0 & 1.1\end{bmatrix},\quad B_2=\begin{bmatrix}2 & 0.1\\ 0.1 & 1\end{bmatrix}$$

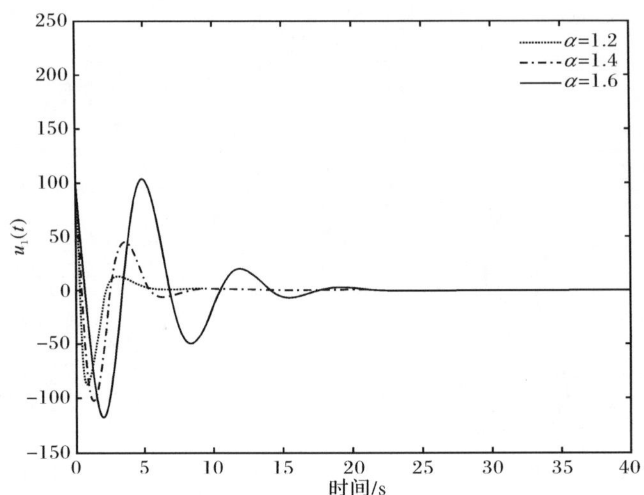

图 3.9　控制输入 $u_1(t)(1\leqslant\alpha<2)$

$$C_1=\begin{bmatrix}1 & 0\\2 & 1\end{bmatrix},\quad C_2=\begin{bmatrix}1 & 0\\0 & 1\end{bmatrix}$$

$$D_{11}=\begin{bmatrix}0.2 & 0\\0 & -0.1\end{bmatrix},\quad D_{12}=\begin{bmatrix}3 & 0\\0 & 0.1\end{bmatrix},\quad D_{21}=\begin{bmatrix}0.1 & -2\\0 & -1\end{bmatrix}$$

$$0<\alpha<1$$

目的是设计动态分数阶输出反馈控制器使得闭环系统是稳定的。利用 MATLAB LMI 工具箱解线性矩阵不等式(3.33)和式(3.34)，可得$\mathcal{A}_{1K}$、$\mathcal{B}_{1K}$、$\mathcal{C}_{1K}$、D_{1K}，对称的正定矩阵 R_1、S_1。选择

$$M_1=\begin{bmatrix}1 & 1\\8 & 5\end{bmatrix}$$

根据式(3.35)，可计算得到 N_1。根据定理 3.8，可得式(3.23)中的分数阶输出反馈控制器。

初始条件为 $x(0)=[0.1\quad -0.1]^{\mathrm{T}}$，$\gamma=2$，可得闭环系统是稳定的。状态响应 $x_1(t)$在图 3.10 中给出。图 3.11 和图 3.12 分别为相应的控制器状态响应和控制输入。其中，$0<\alpha<1$。

从以上仿真结果可以看出，系统状态响应、控制器状态响应在 α 接近 1 时稳定速度较快。另外，可以得到所设计的控制器是能够镇定分数阶系统的。

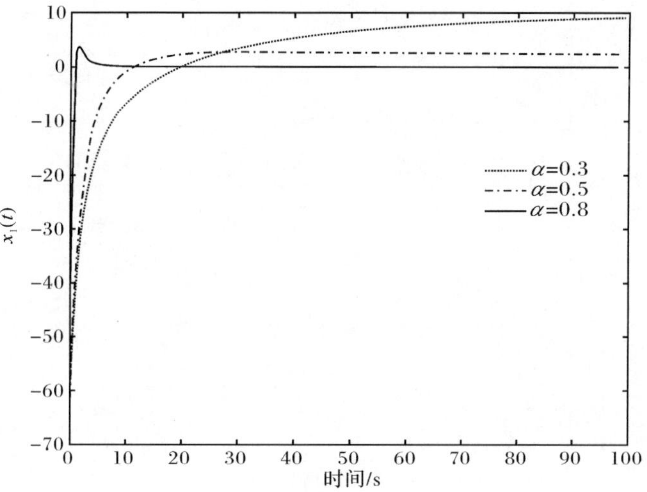

图 3.10　状态响应 $x_1(t)(0<\alpha<1)$

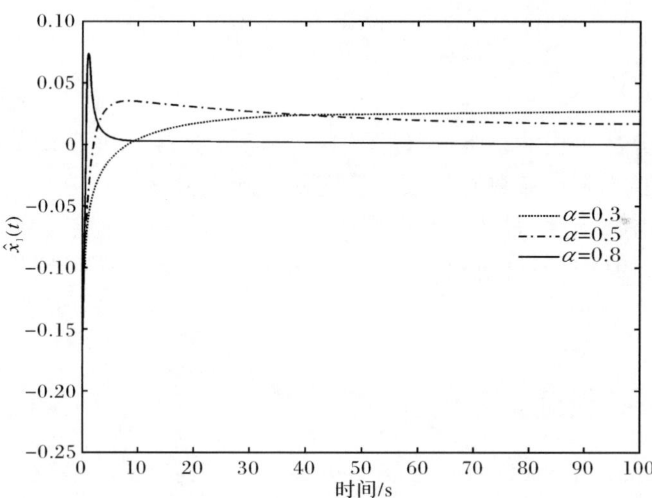

图 3.11　控制器状态响应 $\hat{x}_1(t)(0<\alpha<1)$

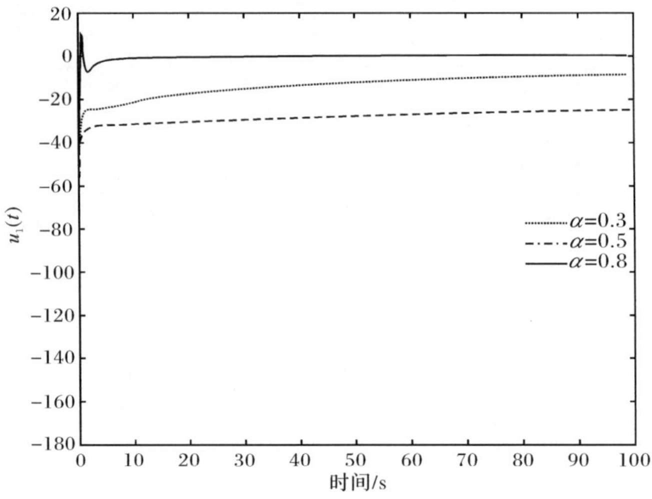

图 3.12 控制输入 $u_1(t)(0<\alpha<1)$

3.5 小 结

本章针对分数阶线性系统,设计了输出反馈控制器。基于 LMI 方法,分别给出了带有确定和不确定参数的分数阶系统稳定的充分条件。在此基础上,建立了全阶分数阶动态输出反馈控制器,使得所给带有确定和不确定参数的分数阶系统是渐近稳定的。其中,系统阶数 $0<\alpha<2$。最后,所给仿真结果表明所提方法的有效性。

参考文献

[1] Podlubny I. Fractional Differential Equation [M]. San Diego: Academic Press, 1999.
[2] 薛定宇,陈阳泉. 高等应用数学问题的 MATLAB 求解 [M]. 北京:清华大学出版社,2004.
[3] Bagley R L, Torvik P. On the appearance of the fractional derivative in the behavior of real materials [J]. Journal of Applied Mechanics, 1984, 51(2): 294—298.
[4] Bagley R L, Calico R A. Fractional-order state equations for the control of viscoelastic damped structures [J]. Journal of Guidance, Control, and Dynamics, 1991, 14(2): 304—311.
[5] Jenson V G, Jeffreys G V. Mathematical Methods in Chemical Engineering [M]. New York: Academic Press, 1977.
[6] Weber E. Linear Transient Analysis [M]. New York: Wiley, 1956.
[7] Koh C G, Kelly J M. Application of fractional derivatives seismic analysis of based-isolated models [J]. Earthquake Engineering and Structural Dynamics, 1990, 19(2): 229—241.

[8] Makris N, Constantinou M C. Fractional-derivative Maxwell model for viscous dampers [J]. Journal of Structural Engineering, 1991, 117(9): 2708—2724.

[9] Haldun M. Digital computation of the fractional Fourier transform [J]. IEEE Transactions on Signal Processing, 1996, 44(9): 2141—2150.

[10] Li C G, Chen G R. Chaos and hyperchaos in the fractional-order Rossler equations [J]. Physica A, 2004, 34(1): 55—61.

[11] Mateieu B. Identification of non-integer order systems in the time domain [C]. IEEE-SMCS Symposium on Control, Optimization and Supervision, New York, 1996: 952—956.

[12] Duarte F B M, Tenreiro M J A. Pseudoinverse trajectory control of redundant manipulators: a fractional calculus perspective [C]. Proceedings of the 2002 IEEE International Conference on Robotics and Automation, Washington, 2002: 2406—2411.

[13] Deng R, Davies P, Bajaj A K. Application of fractional derivatives to modeling the quasi-staticresponse of polyurethane foam [C]. Proceedings of the 2003 ASME Design Engineering Technical Conferences, Chicago, 2003: 79—83.

[14] Magin R L. Fractional calculus in bioengineering [J]. Critical Reviews in Biomedical Engineering, 2004, 32(1): 1—193.

[15] Liang J S, Chen Y Q, Vinagre B M, et al. Boundary stabilization of a fractional wave equation via a fractional order boundary controller [C]. The First IFAC Symposium on Fractional Differentiation and its Applications, Bordeaux, 2004.

[16] Reyes-Melo M E, Martinez-Vega J J, Guerrero-Salazar C A, et al. Application of fractional calculus to modelling of relaxation phenomena of organic dielectric materials [J]. Journal of Optoelectronics and Advanced Materials, 2004, 6(3): 1037—1043.

[17] Engheta N. On the role of fractional calculus in electromagnetic theory [J]. IEEE Antennas and Propagation Magazine, 1997, 39(4): 35—46.

[18] Liang J S, Chen Y Q, Vinagre B M, et al. Fractional order boundary stabilization of a time-fractional wave equation [A]//Fractional Derivatives and Their Applications[M], 2005: 597—614.

[19] Liang J S, Chen Y Q, Vinagre B M, et al. Identifying diffusion-wave constant, fractional order and boundary profile of a time-fractional diffusion-wave equation from noisy boundary measurements [A]//Fractional Derivatives and Their Applications[M], 2005: 517—532.

[20] Caputo M. Linear models of dissipation whose Q is almost frequency independence-II [J]. Geophysical Journal of the Royal Astronomical Society, 1967, 13(5): 529—539.

[21] Chen Y Q, Ahn H S, Xue D. Robust controllability of interval fractional order linear time invariant systems [C]. Proceedings of the ASME 2005 International Design Engineering Technical Conferences and Computer and Information in Engineering Conference, Long Beach, 2005: 1—9.

[22] Zeng Q, Cao G, Zhu X. Controllability, observability and stability for a class of fractional-order linear time-invariant control systems [J]. Journal of Shanghai Jiaotong University (Sci-

ence),2004,(2):20—24.

[23] Sabatier J,Moze M,Farges C. On stability of fractional order systems [C]. Proceedings of the Third IFAC Workshop on Fractional Differentiation and Its Application,Ankara,2008:1—13.

[24] Chilali M,Gahinet P,Apkarian P. Robust pole placement in LMI regions [J]. IEEE Transactions on Automatic Control,1999,44(12):2257—2270.

[25] Yakubovich V A. S-procedure in Nonlinear Control Theory [M]. Mtematicka:Vestnik Leningrad Universiteta,1977:73—93.

第 4 章　分数阶线性系统的容错控制

第 3 章主要针对分数阶线性系统，设计了分数阶动态输出反馈控制器，但是所得结果并不能用来处理在传感器或执行器发生故障时的情况。长期以来工业过程控制系统的故障监控与容错控制问题一直备受关注[1]，其中，容错控制经过 40 多年的发展，取得了丰富的理论成果。例如，对于 T-S 模糊系统，主动容错控制在文献[2]中已被讨论；文献[3]研究了线性系统的容错控制器设计；对于离散时间系统的鲁棒满意容错控制问题在文献[4]中已被解决；而文献[5]对奇异系统进行了容错控制器设计。以上结果都是关于整数阶控制器的设计，近年来对于分数阶控制器设计问题，学者做了很多非常有意义的工作[6-8]，并利用所设计的控制器控制包括整数阶和分数阶的各种动态过程，以加强控制系统的鲁棒性和改善系统的性能。正如前面所述，分数阶系统已经得到了非常广泛的关注与研究，针对连续的或离散的情形，得到了系统稳定及控制器设计的许多结果。对于区间分数阶系统，文献[9]和[10]中分别研究了其在两种情况下的状态反馈镇定问题。然而，所得到的结果都是基于需要所有状态变量均可测的状态反馈控制。而系统的状态完全可测往往是一种理想假设，在很多时候只能量测到部分状态或者状态的某种组合关系，量测到的这种信号称为量测输出。在这种情况下，只能通过将量测输出作为反馈信号来设计输出反馈控制器，进而控制分数阶系统。

另一方面，在实际生产过程中，不确定性是普遍存在的。系统中不确定性的引入，更为准确地描述了模型和实际对象之间的不一致性，更为真实地反映了系统参数变动和干扰的存在性。文献中常见的参数不确定的形式主要有三种：第一种是范数有界不确定参数；第二种是多胞型不确定参数，这类不确定性是不确定性中一种较常见的形式；第三种是区间不确定参数。众所周知，区间系统是一类重要的不确定系统，并且广泛应用于实际中，其不确定参数取值于某个确定的区间。近年来，各种确定性区间系统的稳定性分析和镇定问题受到了广大学者的关注[11,12]；对于随机时滞区间系统的稳定性分析问题，文献[13]对其进行了讨论。然而，对于带有区间不确定参数的分数阶系统，文献[9]和[10]等虽然对其进行了一系列的研究，但是对于该系统的容错控制问题，仍有研究空间。所以对于分数阶系统，本章主要研究如下问题：①在传感器故障下，讨论带有区间不确定参数的分数阶系统的容错控制问题，设计基于观测器的动态输出反馈控制器，使得闭环系统在故障下鲁棒渐近稳定；②在执行器失效的情况下，对于带有多胞型不确定参数的分数阶系统，考虑在执行器发生故障时的基于动态输出反馈控制的容错控制问题。

4.1 问题描述

本节分别针对存在传感器故障和执行器故障的分数阶系统，给出容错控制问题描述。

4.1.1 传感器故障下的问题描述

式(3.1)所示的Caputo定义的分数阶微积分，为了阅读方便，重新列写如下：

$$\mathrm{D}^{\alpha}f(t)=\frac{\mathrm{d}^{\alpha}f(t)}{\mathrm{d}t^{\alpha}}=\frac{1}{\Gamma(n-\alpha)}\int_{0}^{t}\frac{f^{(n)}(\tau)\mathrm{d}\tau}{(t-\tau)^{\alpha+1-n}} \tag{4.1}$$

式中，α为分数阶微分的次数，且满足$n-1<\alpha\leqslant n$，n为整数。

考虑如下带有区间不确定参数的分数阶系统：

$$\mathrm{D}^{\alpha}x(t)=Ax(t)+Bu(t),\quad 0<\alpha<1 \tag{4.2}$$

$$y(t)=Cx(t) \tag{4.3}$$

式中，$x(t)\in\mathbb{R}^{n}$为系统状态；$u(t)\in\mathbb{R}^{m}$是控制输入；$y(t)\in\mathbb{R}^{s}$为测量输出；系统矩阵C为已知实常矩阵；A、B为区间不确定矩阵，满足

$$A\in A_{I}=[\underline{A},\bar{A}]=\{[a_{ij}]:\underline{a}_{ij}\leqslant a_{ij}\leqslant\bar{a}_{ij},1\leqslant i,j\leqslant n\}$$

$$B\in B_{I}=[\underline{B},\bar{B}]=\{[b_{ij}]:\underline{b}_{ij}\leqslant b_{ij}\leqslant\bar{b}_{ij},1\leqslant i\leqslant n,1\leqslant j\leqslant m\}$$

式中，$\underline{A}=[\underline{a}_{ij}]_{n\times n}$，$\bar{A}=[\bar{a}_{ij}]_{n\times n}$满足$\underline{a}_{ij}\leqslant\bar{a}_{ij}$，$1\leqslant i,j\leqslant n$；$\underline{B}=[\underline{b}_{ij}]_{n\times m}$，$\bar{B}=[\bar{b}_{ij}]_{n\times m}$满足$\underline{b}_{ij}\leqslant\bar{b}_{ij}$，$1\leqslant i\leqslant n$，$1\leqslant j\leqslant m$。

为了处理区间不确定参数，利用如下的表示：

$$A_{0}=\frac{1}{2}(\underline{A}+\bar{A}),\quad \Delta A=\frac{1}{2}(\bar{A}-\underline{A})=\{\chi_{ij}\}_{n\times n}$$

$$B_{0}=\frac{1}{2}(\underline{B}+\bar{B}),\quad \Delta B=\frac{1}{2}(\bar{B}-\underline{B})=\{\Upsilon_{ij}\}_{n\times m}$$

可以看出ΔA和ΔB的所有元素都是非负的，作如下定义：

$$D_{A}=\left[\sqrt{\chi_{11}}e_{1}^{n}\quad\cdots\quad\sqrt{\chi_{1n}}e_{1}^{n}\quad\cdots\quad\sqrt{\chi_{n1}}e_{n}^{n}\quad\cdots\quad\sqrt{\chi_{nn}}e_{n}^{n}\right]_{n\times n^{2}}$$

$$E_{A}=\left[\sqrt{\chi_{11}}e_{1}^{n}\quad\cdots\quad\sqrt{\chi_{1n}}e_{n}^{n}\quad\cdots\quad\sqrt{\chi_{n1}}e_{1}^{n}\quad\cdots\quad\sqrt{\chi_{nn}}e_{n}^{n}\right]_{n^{2}\times n}$$

$$D_{B}=\left[\sqrt{\Upsilon_{11}}e_{1}^{n}\quad\cdots\quad\sqrt{\Upsilon_{1p}}e_{1}^{n}\quad\cdots\quad\sqrt{\Upsilon_{n1}}e_{n}^{n}\quad\cdots\quad\sqrt{\Upsilon_{nm}}e_{n}^{n}\right]_{n\times(nm)}$$

$$E_{B}=\left[\sqrt{\Upsilon_{11}}e_{1}^{m}\quad\cdots\quad\sqrt{\Upsilon_{1p}}e_{m}^{m}\quad\cdots\quad\sqrt{\Upsilon_{n1}}e_{1}^{m}\quad\cdots\quad\sqrt{\Upsilon_{nm}}e_{m}^{m}\right]_{(nm)\times n}$$

式中，$e_{k}^{n}\in\mathbb{R}^{n}$和$e_{k}^{m}\in\mathbb{R}^{m}$代表这样的一个列向量：其第$k$个元素的值为1，而其他的所有值都为0。另外，定义

$H_A=\{\mathrm{diag}\{\rho_{11},\cdots,\rho_{1n},\cdots,\rho_{n1},\cdots,\rho_{nn}\}\in\mathbb{R}^{n^2\times n^2},|\rho_{ij}|\leqslant 1,i,j=1,\cdots,n\}$

$H_B=\{\mathrm{diag}\{\sigma_{11},\cdots,\sigma_{1m},\cdots,\sigma_{n1},\cdots,\sigma_{nm}\}\in\mathbb{R}^{(nm)\times(nm)},|\sigma_{ij}|\leqslant 1,i=1,\cdots,n,j=1,\cdots,m\}$

这里对于 A_I 和 B_I，有如下引理。

引理 4.1[9,10]　令

$$A_J=\{A=A_0+D_AF_AE_A\,|\,F_A\in H_A\}$$
$$B_J=\{B=B_0+D_BF_BE_B\,|\,F_B\in H_B\}$$

则 $A_I=A_J,B_I=B_J$。

为了研究在传感器发生故障时的容错控制问题，首先建立传感器失效模型。令传感器失效函数矩阵为[14]

$$W=\mathrm{diag}\{w_1,w_2,\cdots,w_s\}$$

式中，$0\leqslant w_{il}\leqslant w_i\leqslant w_{iu}<\infty,w_{il}<1,w_{iu}\geqslant 1(i=1,2,\cdots,s)$为已知实常矩阵；$W\neq 0$。

引入如下矩阵：

$$W_0=\mathrm{diag}\{w_{01},w_{02},\cdots,w_{0s}\}$$
$$J=\mathrm{diag}\{j_1,j_2,\cdots,j_s\}$$
$$|L|=\mathrm{diag}\{|l_1|,|l_2|,\cdots,|l_s|\}$$

式中，$w_{0i}=\dfrac{w_{il}+w_{iu}}{2};l_i=\dfrac{w_i-w_{oi}}{w_{oi}};j_i=\dfrac{w_{iu}-w_{il}}{w_{iu}+w_{il}}(i=1,2,\cdots,s)$，则可以得到

$$W=W_0(I+L),\quad |L|\leqslant J\leqslant I \tag{4.4}$$

考虑分数阶系统式(4.2)和式(4.3)的基于观测器的分数阶输出反馈控制器，具体如下：

$$\mathrm{D}^\alpha\hat{x}(t)=A_0\hat{x}(t)+B_0u(t)+G[Wy(t)-\hat{y}(t)] \tag{4.5}$$

$$\hat{y}(t)=C_0\hat{x}(t) \tag{4.6}$$

$$u(t)=K\hat{x}(t) \tag{4.7}$$

式中，G 和 K 为待定常矩阵。

定义观测误差为

$$e(t)=x(t)-\hat{x}(t)$$

根据式(4.2)和式(4.3)、式(4.5)～式(4.7)和引理 4.1，可得如下的状态及误差动态方程：

$$\begin{aligned}\mathrm{D}^\alpha x(t)=&[A_0+D_AF_AE_A+(B_0+D_BF_BE_B)K]x(t)\\&-(B_0+D_BF_BE_B)Ke(t)\end{aligned} \tag{4.8}$$

$$\begin{aligned}\mathrm{D}^\alpha e(t)=&[D_AF_AE_A+D_BF_BE_BK+G(I-W)C_0]x(t)\\&+(A_0-GC_0-D_BF_BE_BK)e(t)\end{aligned} \tag{4.9}$$

结合式(4.8)和式(4.9)可得如下分数阶系统：

$$\mathrm{D}^{\alpha}\bar{x}(t)=\{\bar{A}_0+D_{AB}F_{AB}E_{AB}\}\bar{x}(t)=\hat{A}\bar{x}(t) \tag{4.10}$$

式中

$$\bar{x}(t)=\begin{bmatrix}x(t)\\e(t)\end{bmatrix},\quad \hat{A}=\bar{A}_0+D_{AB}F_{AB}E_{AB},\quad \bar{A}_0=\begin{bmatrix}A_0+B_0K & -B_0K\\G(I-W)C_0 & A_0-GC_0\end{bmatrix}$$

$$D_{AB}=\begin{bmatrix}D_A & D_B\\D_A & D_B\end{bmatrix},\quad F_{AB}=\begin{bmatrix}F_A & 0\\0 & F_B\end{bmatrix},\quad E_{AB}=\begin{bmatrix}E_A & 0\\E_BK & -E_BK\end{bmatrix}$$

我们的目标是寻找该系统容错控制器设计方法，在 $0<\alpha<1$ 的情况下，给定 A_0、B_0、C_0、D_A、D_B、E_A 和 E_B，以确定 G 和 K。

4.1.2 执行器故障下的问题描述

考虑如下的不确定分数阶系统：

$$\mathrm{D}^{\alpha}x(t)=A(\xi)x(t)+B(\xi)u(t),\quad 1\leqslant\alpha<2 \tag{4.11}$$

$$y(t)=Cx(t) \tag{4.12}$$

式中，α 为分数阶微分的阶次；$x(t)\in\mathbb{R}^n$ 为系统状态；$u(t)\in\mathbb{R}^s$ 为控制输入；$y(t)\in\mathbb{R}^m$ 为测量输出。

值得注意的是，区间不确定或仿射型不确定系统都可以转化为多胞型不确定系统[15-19]。因此式(4.11)中，$A(\xi)$ 和 $B(\xi)$ 代表属于一个给定的多面体 $\mathcal{D}$ 的不确定矩阵，形式如下：

$$[A(\xi)\quad B(\xi)]\in\mathcal{D}=\sum_{i=1}^{N}\xi_i\{[A_i\quad B_i]\} \tag{4.13}$$

式中，$\xi=[\xi_1\quad \xi_2\quad \cdots\quad \xi_N]^{\mathrm{T}}$ 代表不确定矢量，满足

$$\sum_{i=1}^{N}\xi_i=1,\quad \xi_i\geqslant 0 \tag{4.14}$$

同时，适当维数矩阵 $[A_i\quad B_i]$ 代表多面体 $\mathcal{D}$ 的第 i 个顶点。

为了阐述容错控制问题，采用文献[3]中的执行器故障模型。更具体地说，对于控制输入 $u(t)$，设 $u_f(t)$ 为执行器输出信号，满足

$$u_f(t)=Fu(t) \tag{4.15}$$

式中，$F=\mathrm{diag}\{f_1,f_2,\cdots,f_s\}$ 为执行器故障函数矩阵，其中，$0\leqslant f_{il}\leqslant f_i\leqslant f_{iu}<\infty$，$f_{il}<1$ 和 $f_{iu}\geqslant 1(i=1,2,\cdots,s)$ 为已知实数常数。由此可知，当 $f_i=0$ 时，执行器处于完全故障期(即中断情况)；类似地，当 $f_i=1$ 时，执行器处于正常工作状态。

引入以下矩阵：

$$F_0=\mathrm{diag}\{f_{01},f_{02},\cdots,f_{0s}\}$$

$$J=\mathrm{diag}\{j_1,j_2,\cdots,j_s\}$$

$$|L|=\mathrm{diag}\{|l_1|,|l_2|,\cdots,|l_s|\}$$

式中，$F_{0i}=\dfrac{f_{il}+f_{iu}}{2}$；$l_i=\dfrac{f_i-f_{0i}}{f_{0i}}$；$j_i=\dfrac{f_{iu}-f_{il}}{f_{iu}+f_{il}}(i=1,2,\cdots,s)$。则可得

$$F=F_0(I+L),\quad |L|\leqslant J\leqslant I \tag{4.16}$$

针对分数阶系统式(4.11)和式(4.12)，考虑如下分数阶动态输出反馈控制器：

$$\mathrm{D}^\alpha\hat{x}(t)=A_k\hat{x}(t)+B_ky(t) \tag{4.17}$$

$$u(t)=C_k\hat{x}(t) \tag{4.18}$$

式中，$\hat{x}(t)\in\mathbb{R}^n$是控制器状态；$A_k$、$B_k$ 和 C_k 是待定的适当维数增益矩阵。

令

$$\eta(t)=[x(t)^{\mathrm{T}}\quad \hat{x}(t)^{\mathrm{T}}]^{\mathrm{T}}$$

将分数阶控制器式(4.17)和式(4.18)代入分数阶系统式(4.11)和式(4.12)，可得相应闭环系统为

$$\mathrm{D}^\alpha\eta(t)=\mathcal{A}(\xi)\eta(t) \tag{4.19}$$

式中

$$\mathcal{A}(\xi)=\begin{bmatrix}A(\xi) & B(\xi)FC_k\\ B_kC & A_k\end{bmatrix}$$

因此，本节的容错控制问题可以阐述如下：对于带有执行器故障的不确定分数阶系统式(4.19)，设计分数阶动态输出反馈控制器形式如式(4.17)和式(4.18)所示，使得所得闭环系统鲁棒稳定。

给出主要结论之前，首先引出如下引理。

引理 4.2　设 Q 为给定正定矩阵，则有如下的不等式成立：

$$-I_2\otimes Q^{-1}\leqslant I_2\otimes Q-2I_2\otimes I \tag{4.20}$$

证明　因为 Q 为给定的正定矩阵，则有

$$I_2\otimes[(Q-I)Q^{-1}(Q-I)]\geqslant 0$$

即

$$\begin{aligned}&[I_2\otimes(Q-I)](I_2\otimes Q^{-1})[I_2\otimes(Q-I)]\\ &=(I_2\otimes I-I_2\otimes Q^{-1})[I_2\otimes(Q-I)]\\ &=I_2\otimes Q-2I_2\otimes I+I_2\otimes Q^{-1}\geqslant 0\end{aligned}$$

经过简单推导，可得到式(4.20)。证毕。

引理 4.3(交互投影引理)[20]　令 P 为任意给定的正定矩阵，则(1)与(2)等价。

(1) $\Psi+S+S^{\mathrm{T}}<0$；

(2) 线性矩阵不等式：

$$\begin{bmatrix}\Psi+P-W^{\mathrm{T}}-W & S^{\mathrm{T}}+W^{\mathrm{T}}\\ S+W & -P\end{bmatrix}<0$$

对于所有的 W 是可解的。

4.2　容错控制器设计

本节重点针对 4.1 节中传感器故障和执行器故障下，相应分数阶系统的动态输出反馈控制器设计问题，给出其可解性条件。

4.2.1　传感器故障下的控制器设计

本节给出在 $0<\alpha<1$ 情况下，分数阶系统式(4.10)的稳定性分析结果。

定理 4.1　给定控制器增益 K 和观测器增益 G，如果存在两个实对称的正定矩阵 $P_{k1}\in\mathbb{R}^{n\times n}(k=1,2)$ 和两个反对称矩阵 $P_{k2}\in\mathbb{R}^{n\times n}(k=1,2)$ 及常数 $\varepsilon_{1ij}>0$，$\varepsilon_{2ij}>0(i,j=1,2)$，使得下面的矩阵不等式成立：

$$\begin{bmatrix}\Sigma_{11} & \Sigma_{12} & \Sigma_{13}\\ * & -\Sigma_{22} & 0\\ * & * & -\Sigma_{33}\end{bmatrix}<0 \tag{4.21}$$

$$\begin{bmatrix}P_{11} & P_{12}\\ -P_{12} & P_{11}\end{bmatrix}>0,\quad \begin{bmatrix}P_{21} & P_{22}\\ -P_{22} & P_{21}\end{bmatrix}>0 \tag{4.22}$$

则分数阶系统式(4.10)在 $0<\alpha<1$ 情况下，对于任意传感器故障是鲁棒渐近稳定的。式中

$$\Sigma_{11}=\sum_{i=1}^{2}\sum_{j=1}^{2}\{\mathrm{Sym}[\Theta_{ij}\otimes(\bar{A}_1P_{ij})]+\varepsilon_{1ij}[I_2\otimes(G_wL)(G_wL)^{\mathrm{T}}]+\varepsilon_{2ij}(I_2\otimes D_{AB}D_{AB}^{\mathrm{T}})\}$$

$$\Sigma_{12}=\begin{bmatrix}I_2\otimes(\bar{C}_0P_{11})^{\mathrm{T}} & I_2\otimes(\bar{C}_0P_{12})^{\mathrm{T}} & I_2\otimes(\bar{C}_0P_{21})^{\mathrm{T}} & I_2\otimes(\bar{C}_0P_{22})^{\mathrm{T}}\end{bmatrix}$$

$$\Sigma_{13}=\begin{bmatrix}I_2\otimes(E_{AB}P_{11})^{\mathrm{T}} & I_2\otimes(E_{AB}P_{12})^{\mathrm{T}} & I_2\otimes(E_{AB}P_{21})^{\mathrm{T}} & I_2\otimes(E_{AB}P_{22})^{\mathrm{T}}\end{bmatrix}$$

$$\Sigma_{22}=\mathrm{diag}\{\varepsilon_{111},\varepsilon_{112},\varepsilon_{121},\varepsilon_{122}\}\otimes I_{2n}$$

$$\Sigma_{33}=\mathrm{diag}\{\varepsilon_{211},\varepsilon_{212},\varepsilon_{221},\varepsilon_{222}\}\otimes I_{2n}$$

$$\bar{A}_1=\begin{bmatrix}A_0+B_0K & -B_0K\\ G(I-W_0)C_0 & A_0-GC_0\end{bmatrix},\quad G_w=\begin{bmatrix}0\\ -GW_0\end{bmatrix},\quad \bar{C}_0=\begin{bmatrix}C_0 & 0\end{bmatrix}$$

$$\Theta_{11}=\begin{bmatrix}\sin\left(\frac{\pi}{2}\alpha\right) & -\cos\left(\frac{\pi}{2}\alpha\right)\\ \cos\left(\frac{\pi}{2}\alpha\right) & \sin\left(\frac{\pi}{2}\alpha\right)\end{bmatrix},\quad \Theta_{12}=\begin{bmatrix}\cos\left(\frac{\pi}{2}\alpha\right) & \sin\left(\frac{\pi}{2}\alpha\right)\\ -\sin\left(\frac{\pi}{2}\alpha\right) & \cos\left(\frac{\pi}{2}\alpha\right)\end{bmatrix}$$

$$\Theta_{21}=\begin{bmatrix}\sin\left(\frac{\pi}{2}\alpha\right) & \cos\left(\frac{\pi}{2}\alpha\right)\\ -\cos\left(\frac{\pi}{2}\alpha\right) & \sin\left(\frac{\pi}{2}\alpha\right)\end{bmatrix},\quad \Theta_{22}=\begin{bmatrix}-\cos\left(\frac{\pi}{2}\alpha\right) & \sin\left(\frac{\pi}{2}\alpha\right)\\ -\sin\left(\frac{\pi}{2}\alpha\right) & -\cos\left(\frac{\pi}{2}\alpha\right)\end{bmatrix}$$

证明　假设式(4.21)和式(4.22)成立，由式(4.10)可得

$$\begin{aligned}&\sum_{i=1}^{2}\sum_{j=1}^{2}\mathrm{Sym}\{\Theta_{ij}\otimes(\hat{A}P_{ij})\}\\=&\sum_{i=1}^{2}\sum_{j=1}^{2}\mathrm{Sym}\{\Theta_{ij}\otimes(\bar{A}P_{ij})+\Theta_{ij}\otimes(G_wL\bar{C}_0P_{ij})+\Theta_{ij}\otimes(D_{AB}F_{AB}E_{AB}P_{ij})\}\end{aligned}\tag{4.23}$$

注意到式(4.4)和引理 4.1，可得

$$LL^{\mathrm{T}}\leqslant J^2,\quad F_{AB}F_{AB}^{\mathrm{T}}\leqslant I\tag{4.24}$$

进而可得

$$(I_2\otimes L)(I_2\otimes L)^{\mathrm{T}}\leqslant J^2,\quad (I_2\otimes F_{AB})(I_2\otimes F_{AB})^{\mathrm{T}}\leqslant I\tag{4.25}$$

注意到，$\Theta_{ij}\Theta_{ij}^{\mathrm{T}}=I_2(i,j=1,2)$，由式(4.25)和引理 2.7 可得，对于任意的实标量 $\varepsilon_{1ij}>0$ 和 $\varepsilon_{2ij}>0(i,j=1,2)$，有

$$\begin{aligned}\mathrm{Sym}\{\Theta_{ij}\otimes(G_wL\bar{C}_0P_{ij})\}&=\mathrm{Sym}\{(\Theta_{ij}\otimes G_w)(I_2\otimes L)(I_2\otimes\bar{C}_0P_{ij})\}\\&\leqslant\varepsilon_{1ij}(\Theta_{ij}\otimes G_w)(I_2\otimes L)(I_2\otimes L)^{\mathrm{T}}(\Theta_{ij}\otimes G_w)^{\mathrm{T}}\\&\quad+\varepsilon_{1ij}^{-1}(I_2\otimes\bar{C}_0P_{ij})^{\mathrm{T}}(I_2\otimes\bar{C}_0P_{ij})\\&\leqslant\varepsilon_{1ij}[I_2\otimes(G_wJ)(G_wJ)^{\mathrm{T}}]\\&\quad+\varepsilon_{1ij}^{-1}(I_2\otimes\bar{C}_0P_{ij})^{\mathrm{T}}(I_2\otimes\bar{C}_0P_{ij})\end{aligned}\tag{4.26}$$

和

$$\begin{aligned}\mathrm{Sym}\{\Theta_{ij}\otimes(D_{AB}F_{AB}E_{AB}P_{ij})\}&=\mathrm{Sym}\{(\Theta_{ij}\otimes D_{AB})(I_2\otimes F_{AB})(I_2\otimes E_{AB}P_{ij})\}\\&\leqslant\varepsilon_{2ij}(\Theta_{ij}\otimes D_{AB})(I_2\otimes F_{AB})(I_2\otimes F_{AB})^{\mathrm{T}}(\Theta_{ij}\otimes D_{AB})^{\mathrm{T}}\\&\quad+\varepsilon_{2ij}^{-1}(I_2\otimes E_{AB}P_{ij})^{\mathrm{T}}(I_2\otimes E_{AB}P_{ij})\\&\leqslant\varepsilon_{2ij}(I_2\otimes D_{AB}D_{AB}^{\mathrm{T}})+\varepsilon_{2ij}^{-1}(I_2\otimes E_{AB}P_{ij})^{\mathrm{T}}(I_2\otimes E_{AB}P_{ij})\end{aligned}\tag{4.27}$$

将式(4.26)和式(4.27)代入式(4.23)，可得

$$\begin{aligned}&\sum_{i=1}^{2}\sum_{j=1}^{2}\mathrm{Sym}\{\Theta_{ij}\otimes(\hat{A}P_{ij})\}\\\leqslant&\sum_{i=1}^{2}\sum_{j=1}^{2}\{\mathrm{Sym}\{\Theta_{ij}\otimes(\bar{A}_1P_{ij})\}+\varepsilon_{1ij}[I_2\otimes(G_wJ)(G_wJ)^{\mathrm{T}}]+\varepsilon_{2ij}(I_2\otimes D_{AB}D_{AB}^{\mathrm{T}})\}\\&+\sum_{i=1}^{2}\sum_{j=1}^{2}[\varepsilon_{1ij}^{-1}(I_2\otimes\bar{C}_0P_{ij})^{\mathrm{T}}(I_2\otimes\bar{C}_0P_{ij})+\varepsilon_{2ij}^{-1}(I_2\otimes E_{AB}P_{ij})^{\mathrm{T}}(I_2\otimes E_{AB}P_{ij})]\end{aligned}\tag{4.28}$$

对式(4.21)应用 Schur 补引理，并考虑式(4.28)可得

$$\sum_{i=1}^{2}\sum_{j=1}^{2}\mathrm{Sym}\{\Theta_{ij}\otimes(\hat{A}P_{ij})\}<0\tag{4.29}$$

由式(4.29)和文献[9]中的定理 1 可得,区间不确定分数阶系统在输入$u(t)=0$及$0<\alpha<1$情况下是渐近稳定的。证毕。

在$0<\alpha<1$情况下,分数阶系统式(4.10)的基于观测器的分数阶动态输出反馈控制问题的可解性由下述定理给出。

定理 4.2 给定正常数μ_{1i}、$\mu_{2i}(i=1,2)$,如果存在矩阵$\tilde{G}_1$、K和对称矩阵$Y_1>0$,使得下面的条件成立:

$$\begin{bmatrix} \sum_{i=1}^{2}\mathrm{Sym}\{\Theta_{i1}\otimes\bar{A}_2\} & \Xi_1 & \Xi_2 & \Xi_3 & \Xi_4 \\ * & -\Xi_5 & 0 & 0 & 0 \\ * & * & -\Xi_6 & 0 & 0 \\ * & * & * & -\Xi_7 & 0 \\ * & * & * & * & -\Xi_8 \end{bmatrix}<0 \tag{4.30}$$

则分数阶系统式(4.10)在$0<\alpha<1$情况下渐近稳定。式中

$$\bar{A}_2=\begin{bmatrix} A_0+B_0K & -B_0K \\ \tilde{G}(I-W_0)C_0 & Y_1A_0-\tilde{G}_1C_0 \end{bmatrix}$$

$$\Xi_1=\begin{bmatrix} I_2\otimes\bar{\Lambda}_3 & I_2\otimes\bar{\Lambda}_3 \end{bmatrix},\quad \Xi_2=\begin{bmatrix} I_2\otimes\bar{\Lambda}_4 & I_2\otimes\bar{\Lambda}_4 \end{bmatrix}$$

$$\Xi_3=\begin{bmatrix} I_2\otimes\bar{C}_0^{\mathrm{T}} & I_2\otimes\bar{C}_0^{\mathrm{T}} \end{bmatrix},\quad \Xi_4=\begin{bmatrix} I_2\otimes E_{AB}^{\mathrm{T}} & I_2\otimes E_{AB}^{\mathrm{T}} \end{bmatrix}$$

$$\Xi_5=\mathrm{diag}\{\mu_{11}^{-1}\otimes I_{2n},\mu_{12}^{-1}\otimes I_{2n}\},\quad \Xi_6=\mathrm{diag}\{\mu_{21}^{-1}\otimes I_{2n},\mu_{22}^{-1}\otimes I_{2n}\}$$

$$\Xi_7=\mathrm{diag}\{\mu_{11}\otimes I_{2n},\mu_{12}\otimes I_{2n}\},\quad \Xi_8=\mathrm{diag}\{\mu_{21}\otimes I_{2n},\mu_{22}\otimes I_{2n}\}$$

$$\bar{\Lambda}_3=\begin{bmatrix} 0 \\ -\tilde{G}_1W_0J \end{bmatrix},\quad \bar{\Lambda}_4=\begin{bmatrix} D_A & D_B \\ Y_1D_A & Y_1D_B \end{bmatrix}$$

在这种情况下,所设计的基于观测器的分数阶动态输出反馈控制器(式(4.5))有如下参数:

$$G=Y_1^{-1}\tilde{G}_1$$

证明 由定理 4.1 可得,分数阶系统式(4.10)的渐近稳定等价于存在两个对称的正定矩阵$P_{k1}\in\mathbb{R}^{n\times n}(k=1,2)$和两个反对称矩阵$P_{k2}\in\mathbb{R}^{n\times n}(k=1,2)$,使得式(4.31)成立:

$$\sum_{i=1}^{2}\sum_{j=1}^{2}\mathrm{Sym}\{\Theta_{ij}\otimes(\hat{A}P_{ij})\}<0 \tag{4.31}$$

令式(4.31)中$P_{11}=P_{21}=Q$,$P_{12}=P_{22}=0$,可得

$$\sum_{i=1}^{2}\mathrm{Sym}\{\Theta_{i1}\otimes(\hat{A}Q)\}<0 \tag{4.32}$$

如果式(4.32)成立,则分数阶系统式(4.10)是渐近稳定的。类似定理 4.1 的证明,式(4.32)等价于存在一个对称的正定矩阵 $Q\in\mathbb{R}^{n\times n}$ 和正常数 μ_{1i} 和 μ_{2i} $(i=1,2)$,使得式(4.33)成立:

$$\begin{aligned}\sum_{i=1}^{2}\mathrm{Sym}\{\Theta_{i1}\otimes(\hat{A}Q)\}\leqslant&\sum_{i=1}^{2}\{\mathrm{Sym}\{\Theta_{i1}\otimes(\bar{A}_1Q)\}\\&+\mu_{1i}[I_2\otimes(G_wJ)][I_2\otimes(G_wJ)]^{\mathrm{T}}\\&+\mu_{2i}(I_2\otimes D_{AB})(I_2\otimes D_{AB})^{\mathrm{T}}\}\\&+\sum_{i=1}^{2}\{\mu_{1i}^{-1}(I_2\otimes\bar{C}_0Q)^{\mathrm{T}}(I_2\otimes\bar{C}_0Q)\\&+\mu_{2i}^{-1}(I_2\otimes E_{AB}Q)^{\mathrm{T}}(I_2\otimes E_{AB}Q)\}<0\end{aligned}\tag{4.33}$$

引入如下非奇异矩阵:

$$Y=\begin{bmatrix}I&0\\0&Y_1\end{bmatrix}$$

令 $Q=Y^{-1}>0$,在式(4.33)的两侧分别左乘 $I_2\otimes Y$ 和右乘 $I_2\otimes Y$,并令 $YG=\tilde{G}_1$,可得

$$\begin{aligned}&\sum_{i=1}^{2}\{\mathrm{Sym}\{\Theta_{i1}\otimes(Y\bar{A}_1)\}+\mu_{1i}(I_2\otimes\bar{\Lambda}_3)(I_2\otimes\bar{\Lambda}_3)^{\mathrm{T}}\\&+\mu_{2i}(I_2\otimes XD_{AB})(I_2\otimes XD_{AB})^{\mathrm{T}}\}+\sum_{i=1}^{2}[\mu_{1i}^{-1}(I_2\otimes\bar{C}_0)^{\mathrm{T}}(I_2\otimes\bar{C}_0)\\&+\mu_{2i}^{-1}(I_2\otimes E_{AB})^{\mathrm{T}}(I_2\otimes E_{AB})]<0\end{aligned}\tag{4.34}$$

根据 Schur 补引理可得式(4.34)等价于式(4.30)。证毕。

4.2.2　执行器故障下的控制器设计

本节给出带有多胞型不确定参数的分数阶系统稳定的可解条件。

定理 4.3　考虑不确定分数阶系统式(4.11)和式(4.12),其中,$1\leqslant\alpha<2$,$\theta=\pi-\frac{\pi\alpha}{2}$为给定的常数,如果存在矩阵 W, $Q(\xi)=\sum_{i=1}^{N}\xi_iQ_i>0$,使得下列不等式成立:

$$\begin{bmatrix}-\mathrm{Sym}(I_2\otimes W)&M(\theta)\otimes W^{\mathrm{T}}\mathcal{A}(\xi)+\mathcal{Q}(\xi)&I_2\otimes W^{\mathrm{T}}\\M(\theta)^{\mathrm{T}}\otimes\mathcal{A}(\xi)^{\mathrm{T}}W+\mathcal{Q}(\xi)^{\mathrm{T}}&-\mathcal{Q}(\xi)&0\\I_2\otimes W&0&-\mathcal{Q}(\xi)\end{bmatrix}<0\tag{4.35}$$

则对于所有容许的不确定和执行器故障,闭环系统式(4.19)是渐近稳定的。式中

$$M(\theta)=\begin{bmatrix}\sin\theta&\cos\theta\\-\cos\theta&\sin\theta\end{bmatrix},\quad\mathcal{Q}(\xi)=I_2\otimes Q(\xi)$$

证明 对式(4.35)应用Schur补引理,可得

$$\begin{bmatrix}(I_2\otimes W)^{\mathrm{T}}\mathcal{Q}(\xi)^{-1}(I_2\otimes W)-\mathrm{Sym}\{I_2\otimes W\} & M(\theta)\otimes W^{\mathrm{T}}\mathcal{A}(\xi)+\mathcal{Q}(\xi)\\ M(\theta)^{\mathrm{T}}\otimes\mathcal{A}(\xi)^{\mathrm{T}}W+\mathcal{Q}(\xi)^{\mathrm{T}} & -\mathcal{Q}(\xi)\end{bmatrix}<0 \tag{4.36}$$

由引理2.3和引理2.4,很容易得到如下结论。

如果存在对称的正定矩阵 $P(\xi)\in\mathbb{R}^{n\times n}$ 以及下面的不等式:

$$\begin{bmatrix}(\mathcal{A}(\xi)P(\xi)+P(\xi)\mathcal{A}(\xi)^{\mathrm{T}})\sin\theta & (\mathcal{A}(\xi)P(\xi)-P(\xi)\mathcal{A}(\xi)^{\mathrm{T}})\cos\theta\\ (P(\xi)\mathcal{A}(\xi)^{\mathrm{T}}-\mathcal{A}(\xi)P(\xi))\cos\theta & (\mathcal{A}(\xi)P(\xi)+P(\xi)\mathcal{A}(\xi)^{\mathrm{T}})\sin\theta\end{bmatrix}<0 \tag{4.37}$$

则闭环系统式(4.19)是渐近稳定的。其中,式(4.37)等价于

$$\mathrm{Sym}\{M(\theta)\otimes\mathcal{A}(\xi)P(\xi)\}<0 \tag{4.38}$$

根据式(4.38)和引理4.3,存在矩阵 $Z(\xi)>0$ 和可逆矩阵$\mathcal{W}$,使得式(4.39)成立:

$$\begin{aligned}&\begin{bmatrix}Z(\xi)-\mathcal{W}-\mathcal{W}^{\mathrm{T}} & M(\theta)\otimes\mathcal{A}(\xi)P(\xi)+\mathcal{W}^{\mathrm{T}}\\ M(\theta)^{\mathrm{T}}\otimes P(\xi)^{\mathrm{T}}\mathcal{A}(\xi)^{\mathrm{T}}+\mathcal{W} & -Z(\xi)\end{bmatrix}\\ =&\begin{bmatrix}Z(\xi)-\mathcal{W}-\mathcal{W}^{\mathrm{T}} & [M(\theta)\otimes\mathcal{A}(\xi)][I_2\otimes P(\xi)]+\mathcal{W}^{\mathrm{T}}\\ [I_2\otimes P(\xi)]^{\mathrm{T}}[M(\theta)\otimes\mathcal{A}(\xi)]^{\mathrm{T}}+\mathcal{W}^{\mathrm{T}} & -Z(\xi)\end{bmatrix}<0\end{aligned} \tag{4.39}$$

令

$$\Xi=\begin{bmatrix}\mathcal{W}^{-1} & 0\\ 0 & (I_2\otimes P(\xi)^{-1})\end{bmatrix}$$

容易得到 Ξ 是非奇异的。

在式(4.39)两侧分别左乘 Ξ^{T} 及右乘 Ξ,可得

$$\begin{bmatrix}\mathcal{W}^{-\mathrm{T}}Z(\xi)\mathcal{W}^{-1}-\mathcal{W}^{-1}-\mathcal{W}^{-\mathrm{T}} & \mathcal{W}^{-\mathrm{T}}[M(\theta)\otimes\mathcal{A}(\xi)]+I_2\otimes P(\xi)^{-1}\\ [M(\theta)\otimes\mathcal{A}(\xi)]^{\mathrm{T}}\mathcal{W}^{-1}+[I_2\otimes P(\xi)^{-1}]^{\mathrm{T}} & -[I_2\otimes P(\xi)^{-1}]^{\mathrm{T}}Z(\xi)[I_2\otimes P(\xi)^{-1}]\end{bmatrix}<0 \tag{4.40}$$

再令

$$I_2\otimes P(\xi)=Z(\xi),\quad X(\xi)=P(\xi)^{-1},\quad I_2\otimes W^{-1}=\mathcal{W} \tag{4.41}$$

将式(4.41)代入式(4.40),可得式(4.35)成立。再由式(4.39)和式(4.40),可得式(4.38)满足条件,这意味着式(4.37)同时满足条件。根据引理2.4和 $|\arg(\mathrm{spec}(A_1))|>\frac{\pi\alpha}{2}$ 以及引理2.3,可得分数阶线性时不变系统(式(4.19))是渐近稳定的。证毕。

注4.1 定理4.3提供了针对不确定分数阶系统在 $1\leqslant\alpha<2$ 情况下的稳定性

判断准则，但是需要指出的是这个判断准则是充分条件，相应的分数阶系统的稳定区域由文献[22]中的图 1 给出。可以发现，依据引理 2.3，当 $0<\alpha<1$ 时，条件 $|\arg(\mathrm{spec}(A_1))|>\frac{\pi}{2}$ (i.e. $\alpha=1$) 可以保证 $|\arg(\mathrm{spec}(A_1))|>\frac{\pi\alpha}{2}$ 成立。这就暗示所给出的充分条件可以用于分析分数阶系统式(4.19)在 $0<\alpha<1$ 下的情况。

下面将在定理 4.4 中给出分数阶容错控制器设计的主要结论。

定理 4.4　给定常数 $1\leqslant\alpha<2$，$\theta=\pi-\frac{\pi\alpha}{2}$，如果存在矩阵 X_1、X_2、X_3、X_4，$Q_{1i}>0$，$\varepsilon_i>0(i\in 1,2,\cdots,N)$，$S>0$，$R>0$，使得如下不等式成立：

$$\begin{bmatrix} -\mathrm{Sym}(I_2\otimes\Gamma_1) & M(\theta)\otimes\Gamma_{2i}+\mathcal{Y}_i & I_2\otimes\Gamma_1 & I_2\otimes\Gamma_3 & 0 & M(\theta)\otimes\Gamma_{5i} & 0 \\ M(\theta)^{\mathrm T}\otimes\Gamma_{2i}^{\mathrm T}+\mathcal{Y}_i^{\mathrm T} & -\mathcal{Y}_i & 0 & 0 & M(\theta)^{\mathrm T}\otimes\Gamma_{4i}^{\mathrm T} & 0 & \Gamma_6^{\mathrm T} \\ I_2\otimes\Gamma_1^{\mathrm T} & 0 & -\mathcal{Y}_i & 0 & 0 & 0 & 0 \\ I_2\otimes\Gamma_3^{\mathrm T} & 0 & 0 & -I_2\otimes Q_{1i} & 0 & 0 & 0 \\ 0 & M(\theta)\otimes\Gamma_{4i} & 0 & 0 & \Gamma_{7i} & M(\theta)\otimes B_iF_0 & 0 \\ M(\theta)^{\mathrm T}\otimes\Gamma_{5i}^{\mathrm T} & 0 & 0 & 0 & M(\theta)^{\mathrm T}\otimes F_0^{\mathrm T}B_i^{\mathrm T} & -I_2\otimes\varepsilon_i I & 0 \\ 0 & \Gamma_6 & 0 & 0 & 0 & 0 & \Gamma_{8i} \end{bmatrix}<0 \tag{4.42}$$

式中

$$\Gamma_1=\begin{bmatrix} S & I \\ I & R \end{bmatrix},\quad \Gamma_{2i}=\begin{bmatrix} A_iS+B_iF_0X_4 & A_i \\ X_1 & RA_i+X_3C \end{bmatrix}$$

$$\Gamma_3=\begin{bmatrix} 0 \\ R \end{bmatrix},\quad \Gamma_{4i}=[A_iS+B_iF_0X_4+X_2 \quad 0],\quad \Gamma_{5i}=\begin{bmatrix} B_iF_0 \\ 0 \end{bmatrix}$$

$$\Gamma_6=I_2\otimes[JX_4 \quad 0],\quad \Gamma_{7i}=I_2\otimes Q_{1i}-2I_2\otimes I$$

$$\Gamma_{8i}=I_2\otimes\varepsilon_i I-2I_2\otimes I,\quad \mathcal{Y}_i=I_2\otimes\begin{bmatrix} Y_{1i} & Y_{1i} \\ Y_{1i} & Y_{3i} \end{bmatrix}$$

则所得闭环系统式(4.19)是稳定的。在这种情况下，动态输出反馈控制器式(4.17)和式(4.18)中的参数选择如下：

$$A_k=\Psi^{-1}(X_1+RX_2-X_3CS)\Phi^{-\mathrm T} \tag{4.43}$$

$$B_k = \Psi^{-1} X_3, \quad C_k = X_4 \Phi^{-T} \tag{4.44}$$

式中，Ψ 和 Φ 为任意非奇异矩阵，满足

$$\Psi\Phi^{T} = I - RS \tag{4.45}$$

证明　由式(4.42)可得

$$-\Gamma_1 = \begin{bmatrix} -S & -I \\ -I & -R \end{bmatrix} < 0$$

根据 Schur 补引理：

$$S - R^{-1} > 0$$

因此，$I - RS$ 是非奇异的，这意味存在非奇异矩阵 Ψ 和 Φ，使得式(4.45)成立。

令

$$\Pi_1 = \begin{bmatrix} S & I \\ \Phi^{T} & 0 \end{bmatrix}, \quad \Pi_2 = \begin{bmatrix} I & R \\ 0 & \Psi^{T} \end{bmatrix}$$

由于矩阵 Ψ 和 Φ 都是非奇异的，可得 Π_1 和 Π_2 也是非奇异的。设

$$W = \Pi_2 \Pi_1^{-1}$$

则由式(4.45)可得

$$\begin{aligned} W &= \begin{bmatrix} S & I \\ \Phi^{T} & 0 \end{bmatrix} \begin{bmatrix} 0 & \Phi^{-T} \\ I & -S\Phi^{-T} \end{bmatrix} = \begin{bmatrix} R & \Psi \\ \Psi^{T} & -\Psi^{T} S \Phi^{-T} \end{bmatrix} \\ &= \begin{bmatrix} R & \Psi \\ \Psi^{T} & \Phi^{-1} S (R - S^{-1}) S \Phi^{-T} \end{bmatrix} \end{aligned}$$

利用 Kronecher 乘性质，可得

$$(I_2 \otimes \Pi_1)^{T} (I_2 \otimes W)(I_2 \otimes \Pi_1) = I_2 \otimes \Pi_1^{T} \Pi_2 \Pi_1^{-1} \Pi_1 = I_2 \otimes \Pi_1^{T} \Pi_2 = I_2 \otimes \Gamma_1 \tag{4.46}$$

$$\begin{aligned} &(I_2 \otimes \Pi_1)^{T} [M(\theta) \otimes W^{T} \mathcal{A}(\xi)](I_2 \otimes \Pi_1) \\ &= M(\theta) \otimes \Pi_1^{T} \Pi_1^{-T} \Pi_2^{T} \mathcal{A}(\xi) \Pi_1 = M(\theta) \otimes \Pi_2^{T} \mathcal{A}(\xi) \Pi_1 \\ &= M(\theta) \otimes \begin{bmatrix} A(\xi)S + B(\xi)FC_k\Phi^{T} & A(\xi) \\ RA(\xi)S + \Psi B_k CS + RB(\xi)FC_k\Phi^{T} + \Psi A_k \Phi^{T} & RA(\xi) + \Psi B_k C \end{bmatrix} \\ &= M(\theta) \otimes \begin{bmatrix} A(\xi)S + B(\xi)FX_4 & A(\xi) \\ R(A(\xi)S + B(\xi)FX_4 + X_2) + X_1 & RA(\xi) + X_3 C \end{bmatrix} \end{aligned} \tag{4.47}$$

为了简便，令

$$\bar{\Gamma}_2(\xi) = \begin{bmatrix} A(\xi)S + B(\xi)FX_4 & A(\xi) \\ R(A(\xi)S + B(\xi)FX_4 + X_2) + X_1 & RA(\xi) + X_3 C \end{bmatrix} \tag{4.48}$$

$$\mathcal{Y}(\xi) = I_2 \otimes \begin{bmatrix} Y_1(\xi) & Y_2(\xi) \\ Y_2^{T}(\xi) & Y_3(\xi) \end{bmatrix} = (I_2 \otimes \Pi_1)^{T} [I_2 \otimes \mathcal{Q}(\xi)](I_2 \otimes \Pi_1) \tag{4.49}$$

另外，由式(4.14)和引理 4.2 可得

$$-I_2\otimes\Big(\sum_{i=1}^{N}\xi_iQ_{1i}\Big)^{-1}\leqslant I_2\otimes\sum_{i=1}^{N}\xi_iQ_{1i}-2I_2\otimes I$$

$$-I_2\otimes\Big(\sum_{i=1}^{N}\xi_i\varepsilon_i\Big)^{-1}\leqslant I_2\otimes\sum_{i=1}^{N}\xi_i\varepsilon_i-2I_2\otimes I$$

再对式(4.42)应用 Schur 补引理，并结合式(4.14)，可得

$$\begin{bmatrix}-\mathrm{Sym}(I_2\otimes\Gamma_1) & M(\theta)\otimes\Gamma_2(\xi)+\mathcal{Y}(\xi) & I_2\otimes\Gamma_1 & I_2\otimes\Gamma_3 & 0\\ M(\theta)^{\mathrm{T}}\otimes\Gamma_2(\xi)^{\mathrm{T}}+\mathcal{Y}(\xi)^{\mathrm{T}} & -\mathcal{Y}(\xi) & 0 & 0 & M(\theta)^{\mathrm{T}}\otimes\Gamma_4(\xi)^{\mathrm{T}}\\ I_2\otimes\Gamma_1^{\mathrm{T}} & 0 & -\mathcal{Y}(\xi) & 0 & 0\\ I_2\otimes\Gamma_3^{\mathrm{T}} & 0 & 0 & -I_2\otimes Q_1(\xi) & 0\\ 0 & M(\theta)\otimes\Gamma_4(\xi) & 0 & 0 & -I_2\otimes Q_1(\xi)^{-1}\end{bmatrix}$$
$$+[I_2\otimes\varepsilon(\xi)^{-1}I][M(\theta)\otimes\Pi_3(\xi)]^{\mathrm{T}}[M(\theta)\otimes\Pi_3(\xi)]$$
$$+[I_2\otimes\varepsilon(\xi)I](I_2\otimes\Pi_4)^{\mathrm{T}}(I_2\otimes\Pi_4)<0 \tag{4.50}$$

式中

$$\Gamma_2(\xi)=\begin{bmatrix}A(\xi)S+B(\xi)F_0X_4 & A(\xi)\\ X_1 & RA(\xi)+X_3C\end{bmatrix},\quad \mathcal{Y}(\xi)=I_2\otimes\begin{bmatrix}Y_1(\xi) & Y_2(\xi)\\ Y_2(\xi)^{\mathrm{T}} & Y_3(\xi)\end{bmatrix}$$

$$\Gamma_4(\xi)=[A(\xi)S+B(\xi)F_0X_4+X_2\quad 0],\quad \Gamma_5(\xi)=\begin{bmatrix}B(\xi)F_0\\ 0\end{bmatrix}$$

$$Q_1(\xi)=\sum_{i=1}^{N}\xi_iQ_{1i},\quad \Pi_3(\xi)=[\Gamma_5(\xi)^{\mathrm{T}}\quad 0\quad 0\quad 0\quad F_0^{\mathrm{T}}B(\xi)^{\mathrm{T}}]$$

$$\Pi_4=[0\quad X_4\quad 0\quad 0\quad 0\quad 0]$$

由引理 4.3 和 $\varepsilon(\xi)=\sum_{i=1}^{N}\xi_i\varepsilon_i$ 得到

$$\begin{aligned}&M(\theta)\otimes\Pi_3^{\mathrm{T}}L\Pi_4+M(\theta)^{\mathrm{T}}\otimes\Pi_4^{\mathrm{T}}L\Pi_3\\ &=[M(\theta)\otimes\Pi_3^{\mathrm{T}}](I_2\otimes L)(I_2\otimes\Pi_4)\\ &\quad+(I_2\otimes\Pi_4)^{\mathrm{T}}(I_2\otimes L^{\mathrm{T}})[M(\theta)^{\mathrm{T}}\otimes\Pi_3]\\ &\leqslant[I_2\otimes\varepsilon(\xi)^{-1}I][M(\theta)\otimes\Pi_3^{\mathrm{T}}][M(\theta)^{\mathrm{T}}\otimes\Pi_3]\\ &\quad+[I_2\otimes\varepsilon(\xi)I](I_2\otimes\Pi_4)^{\mathrm{T}}(I_2\otimes L^{\mathrm{T}})(I_2\otimes L)(I_2\otimes\Pi_4)\\ &\leqslant[I_2\otimes\varepsilon(\xi)^{-1}I][M(\theta)\otimes\Pi_3^{\mathrm{T}}][M(\theta)^{\mathrm{T}}\otimes\Pi_3]\\ &\quad+[I_2\otimes\varepsilon(\xi)I](I_2\otimes\Pi_4^{\mathrm{T}}J^{\mathrm{T}}J\Pi_4)\end{aligned} \tag{4.51}$$

结合式(4.50),可得

$$\begin{bmatrix} -\mathrm{Sym}\{I_2\otimes\Gamma_1\} & M(\theta)\otimes\tilde{\Gamma}_2(\xi)+\mathcal{Y}(\xi) & I_2\otimes\Gamma_1 & I_2\otimes\Gamma_3 & 0 \\ M(\theta)^{\mathrm{T}}\otimes\tilde{\Gamma}_2(\xi)^{\mathrm{T}}+\mathcal{Y}(\xi)^{\mathrm{T}} & -\mathcal{Y}(\xi) & 0 & 0 & M(\theta)^{\mathrm{T}}\otimes\tilde{\Gamma}_4(\xi)^{\mathrm{T}} \\ I_2\otimes\Gamma_1^{\mathrm{T}} & 0 & -\mathcal{Y}(\xi) & 0 & 0 \\ I_2\otimes\Gamma_3^{\mathrm{T}} & 0 & 0 & -I_2\otimes Q_1(\xi) & 0 \\ 0 & M(\theta)\otimes\tilde{\Gamma}_4(\xi) & 0 & 0 & -I_2\otimes Q_1(\xi)^{-1} \end{bmatrix}<0 \tag{4.52}$$

式中

$$\tilde{\Gamma}_2(\xi)=\begin{bmatrix} A(\xi)S+B(\xi)FX_4 & A(\xi) \\ X_1 & RA(\xi)+X_3C \end{bmatrix}$$

$$\tilde{\Gamma}_4(\xi)=[A(\xi)S+B(\xi)FX_4+X_2 \quad 0]$$

因为 $Q_1(\xi)>0$,则

$$\begin{aligned} & M(\theta)\otimes\begin{bmatrix}\Gamma_3\\0\\0\end{bmatrix}\begin{bmatrix}0\\ \tilde{\Gamma}_4(\xi)^{\mathrm{T}}\\0\end{bmatrix}^{\mathrm{T}}+M(\theta)^{\mathrm{T}}\otimes\begin{bmatrix}\Gamma_3\\0\\0\end{bmatrix}^{\mathrm{T}}\begin{bmatrix}0\\ \tilde{\Gamma}_4(\xi)^{\mathrm{T}}\\0\end{bmatrix} \\ \leqslant & \begin{bmatrix}I_2\otimes\Gamma_3\\0\\0\end{bmatrix}[I_2\otimes Q_1^{-1}(\xi)]\begin{bmatrix}I_2\otimes\Gamma_3\\0\\0\end{bmatrix}^{\mathrm{T}} \\ & +\begin{bmatrix}0\\ M(\theta)^{\mathrm{T}}\otimes\tilde{\Gamma}_4(\xi)^{\mathrm{T}}\\0\end{bmatrix}[I_2\otimes Q_1(\xi)]\begin{bmatrix}0\\ M(\theta)^{\mathrm{T}}\otimes\tilde{\Gamma}_4(\xi)^{\mathrm{T}}\\0\end{bmatrix}^{\mathrm{T}} \end{aligned} \tag{4.53}$$

结合式(4.52),可得

$$\begin{bmatrix} -\mathrm{Sym}\{I_2\otimes\Gamma_1\} & M(\theta)\otimes\bar{\Gamma}_2(\xi)+\mathcal{Y}(\xi) & I_2\otimes\Gamma_1 \\ M(\theta)^{\mathrm{T}}\otimes\bar{\Gamma}_2(\xi)^{\mathrm{T}}+\mathcal{Y}^{\mathrm{T}}(\xi) & -\mathcal{Y}(\xi) & 0 \\ I_2\otimes\Gamma_1^{\mathrm{T}} & 0 & -\mathcal{Y}(\xi) \end{bmatrix}<0 \tag{4.54}$$

在式(4.54)的两侧分别左乘 $\mathrm{diag}\{I_2\otimes\Pi_1^{-\mathrm{T}},I_2\otimes\Pi_1^{-\mathrm{T}},I_2\otimes\Pi_1^{-\mathrm{T}}\}$和右乘其转置，直接可得式(4.35)。基于定理 4.3，可得闭环系统对于所有容许的不确定和执行器故障都是渐近稳定的。证毕。

注 4.2　针对带有多胞型不确定的分数阶线性系统进行鲁棒稳定性分析和镇定研究时，文献[21]采用一个单独的矩阵变量 X 来解决矩阵耦合问题，文献[22]改进了文献[21]中结构，采用了参数依赖的矩阵变量 $X(\lambda)=\sum_{i=1}^{N}\lambda_i X_i(i=1,2,\cdots,N)$ 。本章选取了更多的参数依赖矩阵变量，例如，$Y_k(\xi)=\sum_{i=1}^{N}\xi_i Y_{ki}$，$\varepsilon(\xi)=\sum_{i=1}^{N}\xi_i\varepsilon_i$，$Q_1(\xi)=\sum_{i=1}^{N}\xi_i Q_{1i}(k=1,2,3;i=1,2,\cdots,N)$ ，目的是解决变量耦合问题，给出保守性更低的结果。

注 4.3　事实上，如果设 $\varepsilon=\varepsilon_i$，$Q_1=Q_{1i}$，$Y_1=Y_{1i}$，$Y_2=Y_{2i}$，$Y_3=Y_{3i}$，则本章的参数依赖矩阵变量就简化为参数无关变量，如文献[21]中的方法。当令 $\varepsilon_i=1$，$Q_{1i}=1$，即以上这两个变量为常矩阵，则只有 Y_{1i}、Y_{2i}、Y_{3i} 为参数依赖矩阵，这种处理方法已经在文献[22]中讨论过。因此，本章的综合技术较文献[21]和[22]更具有一般性。

4.3　仿真算例

4.3.1　传感器故障

例 4.1　考虑对于分数阶系统式(4.2)和式(4.3)的容错控制问题，其中，$0<\alpha<1$，系统参数如下：

$$A_0=\begin{bmatrix}-1 & 0\\ 0.1 & 0.01\end{bmatrix},\quad B_0=\begin{bmatrix}1.8 & 0\\ 0 & 1\end{bmatrix},\quad C_0=\begin{bmatrix}1 & 0.1\\ 0 & 1\end{bmatrix}$$

$$D_A=\begin{bmatrix}0.001 & 0.001 & 0 & 0\\ 0 & 0 & 0.001 & 0.001\end{bmatrix},\quad D_B=\begin{bmatrix}0.002 & 0.002 & 0 & 0\\ 0 & 0 & 0.002 & 0.002\end{bmatrix}$$

$$E_A=\begin{bmatrix}0.001 & 0 & 0.001 & 0\\ 0 & 0.001 & 0 & 0.001\end{bmatrix}^{\mathrm{T}},\quad E_B=\begin{bmatrix}0.002 & 0 & 0.002 & 0\\ 0 & 0.002 & 0 & 0.002\end{bmatrix}^{\mathrm{T}}$$

$$w_l=\begin{bmatrix}0.2 & 0\\ 0 & 0.5\end{bmatrix},\quad w_u=\begin{bmatrix}1.2 & 0\\ 0 & 1.5\end{bmatrix},\quad \alpha=0.8$$

选取 $\eta_1=0.1$，$\eta_2=0.1$，初始条件 $x_0=[-0.1\quad 0.1]^{\mathrm{T}}$，利用 MATLAB LMI 工具箱解线性矩阵不等式(4.30)，可得控制器参数如下：

$$Y_1=10^3\begin{bmatrix}0.0215 & -0.2798\\ -0.2798 & -2.7749\end{bmatrix},\quad G=\begin{bmatrix}-0.1054 & -0.0388\\ 0.0102 & -0.0002\end{bmatrix}$$

$$K=\begin{bmatrix}-16.2663 & -0.0800\\ -0.0144 & -27.9000\end{bmatrix}$$

在 $0<\alpha<1$ 的情况下，分数阶系统的状态响应 $x_1(t)$ 如图 4.1 所示，相应的控制输入 $u_1(t)$ 如图 4.2 所示。图 4.3 所示为分数阶系统状态响应 $x_2(t)$ 的仿真结果，相应的控制输入 $u_2(t)$ 如图 4.4 所示。从仿真结果中可以看出，所设计的基于观测器的分数阶动态输出反馈控制器可保证分数阶系统在 $0<\alpha<1$ 及传感器发生故障的情况下渐近稳定。

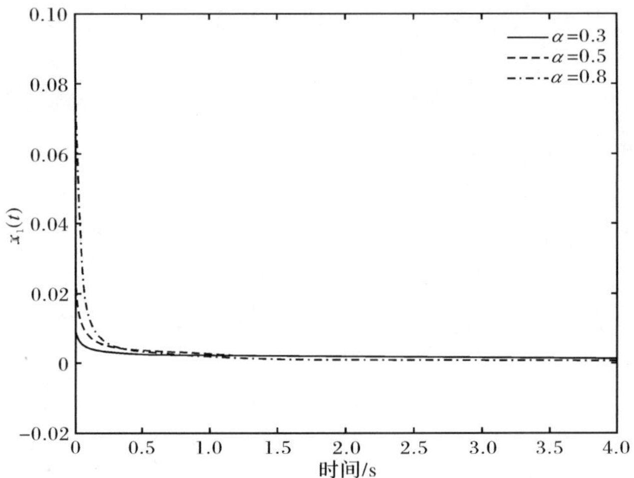

图 4.1　系统状态响应 $x_1(t)(0<\alpha<1)$

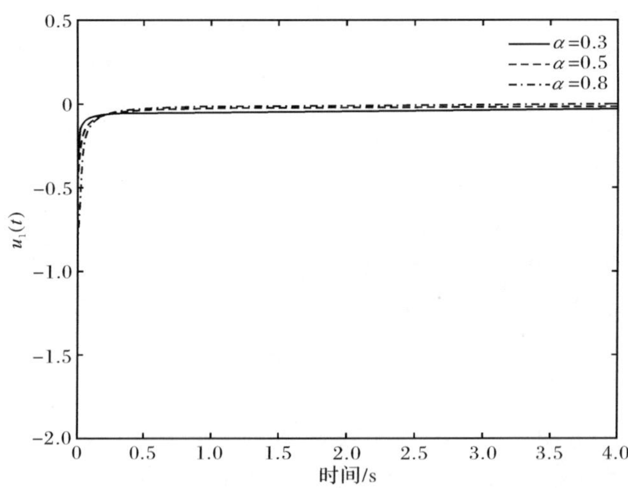

图 4.2　系统控制输入 $u_1(t)(0<\alpha<1)$

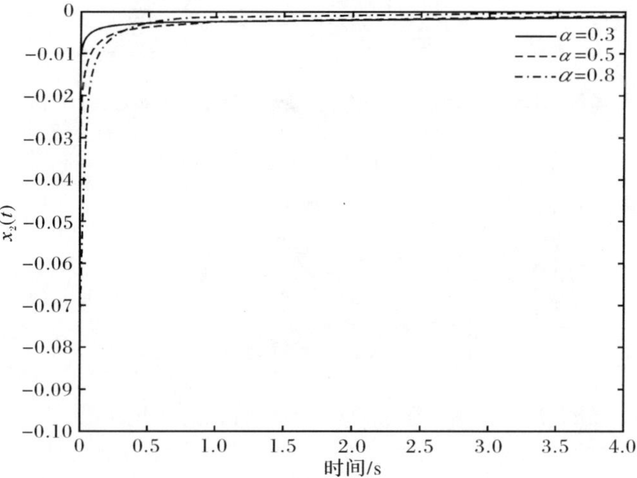

图 4.3　系统状态响应 $x_2(t)(0<\alpha<1)$

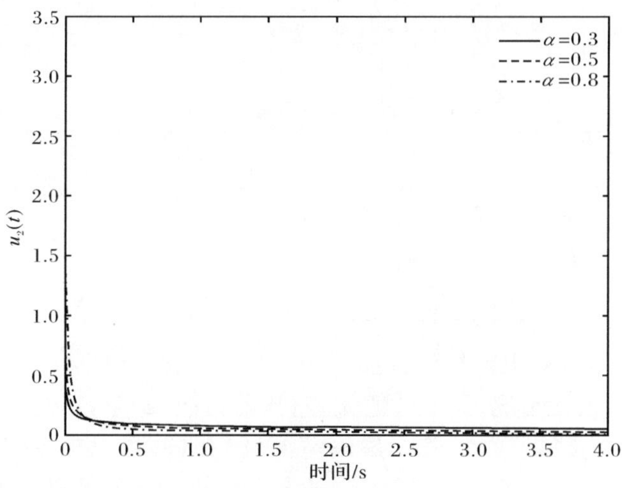

图 4.4　系统控制输入 $u_2(t)(0<\alpha<1)$

4.3.2　执行器故障

为了说明所设计方法的有效性，给出以下算例。

例 4.2　考虑分数阶系统式(4.11)和式(4.12)，其中，$1\leqslant\alpha<2$，参数如下：

$$A_i=\begin{bmatrix}-0.3+0.1\sigma & 0.2\\ -0.3 & 0.15\end{bmatrix},\quad B_i=\begin{bmatrix}0.45+\beta & 0\\ 0 & \gamma\end{bmatrix} \tag{4.55}$$

$$C=[0\quad 0.5]$$

式中

$$|\sigma|\leqslant 0.5,\quad |\beta|\leqslant 0.5,\quad |\gamma|\leqslant \gamma_{\max} \tag{4.56}$$

选择分数阶系统的阶数 $\alpha=\frac{4}{3}$，执行器故障矩阵 $F=\mathrm{diag}\{f_1,f_2\}$，其中

$$0.5\leqslant f_1\leqslant 1.1,\quad 0.1\leqslant f_2\leqslant 1.1$$

基于式(4.55)和式(4.56)，设

$$\begin{aligned} A_i &= \begin{bmatrix} -0.3+0.1\sigma_i & 0.2 \\ -0.3 & 0.15 \end{bmatrix},\quad B_1 = \begin{bmatrix} 0.1 & 0 \\ 0 & |\gamma| \end{bmatrix} \\ B_2 &= \begin{bmatrix} 0.8 & 0 \\ 0 & -|\gamma| \end{bmatrix},\quad i=1,2 \end{aligned} \tag{4.57}$$

对于参数依赖的矩阵变量，考虑以下三种情况(其中，$i=1,2$)：

(1) $Y_{1i},Y_{2i},Y_{3i},\varepsilon_i,Q_{1i}$；

(2) $\varepsilon=\varepsilon_i,Q_1=Q_{1i},Y_1=Y_{1i},Y_2=Y_{2i},Y_3=Y_{3i}$；

(3) $\varepsilon_i=1,Q_{1i}=I,Y_{1i},Y_{2i},Y_{3i}$。

应用定理 4.4 和 MATLAB LMI 工具箱，可得三种不同 σ_1、σ_2 组合时 $|\gamma|_{\max}$ 的值，如表 4.1 所示。

表 4.1　不同 σ_1、σ_2 组合时 $|\gamma|_{\max}$ 的值

σ_1	0.1	0.2	0.3	0.4	0.5
σ_2	−0.1	−0.2	−0.3	−0.4	−0.5
情况(1)	1.8289	1.3912	1.0539	0.7123	0.1222
情况(2)	1.8102	1.3616	0.9910	0.6041	无解
情况(3)	1.0536	1.3025	0.9800	无解	无解

从表 4.1 中可以看出，对于给定的算例，当 $\sigma_1-\sigma_2$ 增加时，$\gamma_{\max}$ 的值减小，同时情况(1)中的 $\gamma_{\max}$ 值比情况(2)中的值大，意味着情况(1)容许更大的 $|\gamma|$ 值。即情况(1)中所考虑的参数依赖矩阵变量较情况(2)和(3)可以提供保守性较小的结果。需要强调的是，情况(2)是情况(1)简化为参数无关的特殊情况，这种方法类似于文献[20]中的处理技术，另外情况(3)暗示参数依赖矩阵变量 ε_i、Q_{1i} 在情况(1)中未考虑，这与文献[21]中的处理方法类似，因此，本章提出的处理方法在某种程度上要优于文献[20]和[21]中的方法。

进一步，设

$$\sigma_1=-0.3,\quad \sigma_2=0.3,\quad \Psi=\begin{bmatrix} 0.1 & 0.1 \\ 0.8 & 0.5 \end{bmatrix}$$

在情况(1)的条件下，针对不同的 $|\gamma|$ 解线性矩阵不等式(4.42)，表 4.2 给出了不同情况下的控制器增益，其中，$\Phi^{\mathrm{T}}=\Psi^{-1}(I-RS)$。

表 4.2　不同的 γ 所对应的控制器增益

	$\|\gamma\|=0.5$	$\|\gamma\|=0.7$	$\|\gamma\|=0.9$
A_k	$\begin{bmatrix} -4.8742 & -2.6433 \\ 3.9896 & 1.8887 \end{bmatrix}$	$\begin{bmatrix} -5.1402 & -2.7856 \\ 4.5089 & 2.1800 \end{bmatrix}$	$\begin{bmatrix} -4.8945 & -2.6769 \\ 4.1774 & 2.0332 \end{bmatrix}$
B_k	$\begin{bmatrix} -7.1539 \\ 2.1750 \end{bmatrix}$	$\begin{bmatrix} -6.0632 \\ 1.4968 \end{bmatrix}$	$\begin{bmatrix} -4.7132 \\ 0.3096 \end{bmatrix}$
C_k	$\begin{bmatrix} -0.0823 & -0.0286 \\ 0.0063 & 0.0030 \end{bmatrix}$	$\begin{bmatrix} -0.1027 & -0.0409 \\ 0.0052 & 0.0026 \end{bmatrix}$	$\begin{bmatrix} -0.1092 & -0.0464 \\ 0.0009 & 0.0005 \end{bmatrix}$

由于

$$A_2=\begin{bmatrix} -0.27 & 0.2 \\ -0.3 & 0.15 \end{bmatrix}$$

A_2 的特征根为 $-0.0600\pm0.1261\mathrm{j}$（不在分数阶系统阶数 $1\leqslant\alpha<2$ 的稳定区域内），则上述开环分数阶系统的状态响应 $x_1(t)$、$x_2(t)$ 如图 4.5 和图 4.6 所示，即系统不稳定。然而，当

$$\tilde{A}=\begin{bmatrix} A_2 & B_2FC_k \\ B_kC & A_k \end{bmatrix}$$

针对不同执行器故障矩阵 $F=\mathrm{diag}\{f_1,f_2\}$，$\tilde{A}$的特征根分别在表 4.3 和图 4.7 中给出。基于引理 4.1 和文献[21]可得，闭环系统式(4.19)是稳定的。

在仿真中，考虑在情况(1)的情况下，$\sigma_1=-0.3$，$\sigma_2=0.3$，$|\gamma|=0.7$，相应的控制器增益在表 4.2 中给出。初始条件设为 $x_0=[-0.1\quad 0.1]^{\mathrm{T}}$。现在，可得能够镇定分数阶系统式(4.11)和式(4.12)的控制器，其中，系统参数见式(4.55)和式(4.57)。在 $1\leqslant\alpha<2$ 条件下，分数阶系统的状态响应 $x_1(t)$、$x_2(t)$ 分别在图 4.8 和图 4.9 中给出。很明显可以看出，所得闭环系统是稳定的。

表 4.3　不同的 $|\gamma|_{\max}$ 所对应的 $\tilde{A}$ 的特征根

条件	$\|\gamma\|_{\max}=0.5$	$\|\gamma\|_{\max}=0.7$	$\|\gamma\|_{\max}=0.9$
	−2.4428	−2.4029	−2.3418
$f_1=0.5$	−0.0855+0.0905j	−0.0861+0.0905j	−0.0866+0.0914j
$f_2=0.1$	−0.0855−0.0905j	−0.0861−0.0905j	−0.0866−0.0914j
	−0.4917	−0.5051	−0.4663
	−2.4452	−2.4058	−2.3462
$f_1=0.8$	−0.1074+0.0396j	−0.1083+0.0393j	−0.1100+0.0397j
$f_2=0.6$	−0.1074−0.0396j	−0.1083−0.0393j	−0.1100−0.0397j
	−0.4455	−0.4578	−0.4151
	−2.4477	−2.4087	−2.3506
$f_1=1.1$	−0.0448	−0.0456	−0.0459
$f_2=1.1$	−0.2476	−0.2479	−0.2925+0.0314j
	−0.3655	−0.3780	0.2925−0.0314j

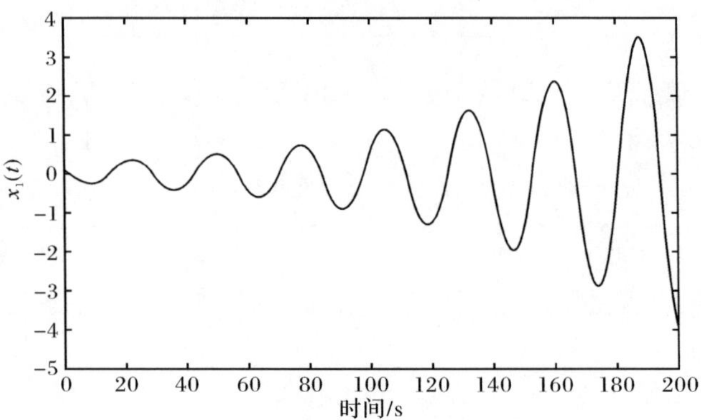

图 4.5 开环系统状态响应 $x_1(t)$

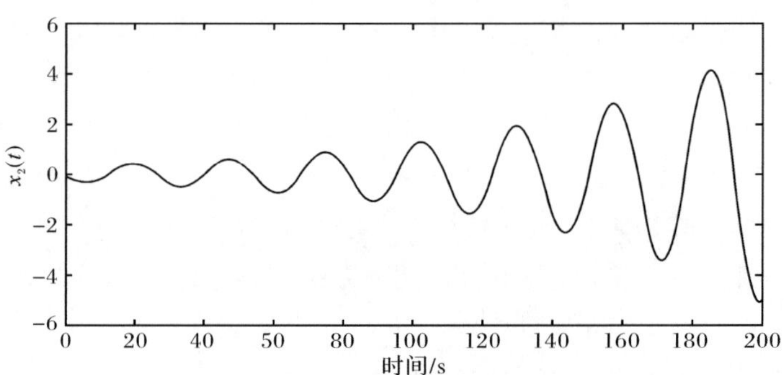

图 4.6 开环系统状态响应 $x_2(t)$

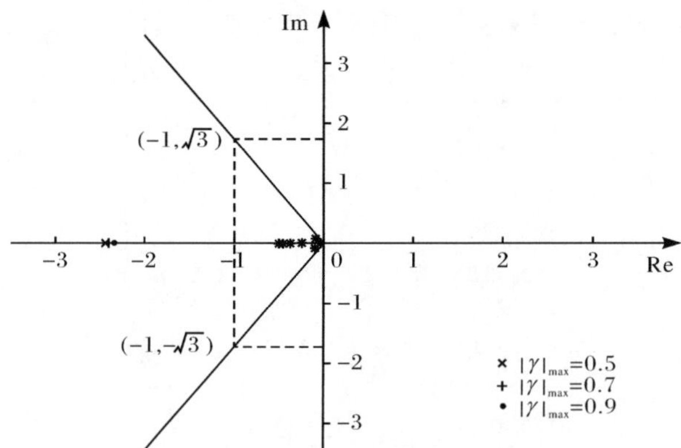

图 4.7 不同的 $|\gamma|_{max}$ 所对应的 $\tilde{A}$ 的特征根

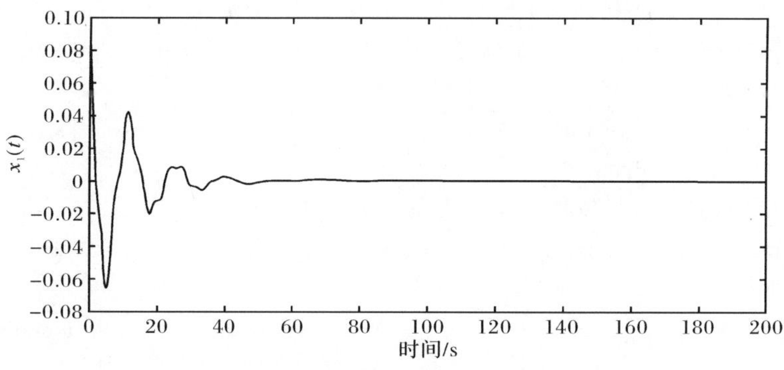

图 4.8　闭环系统状态响应 $x_1(t)$

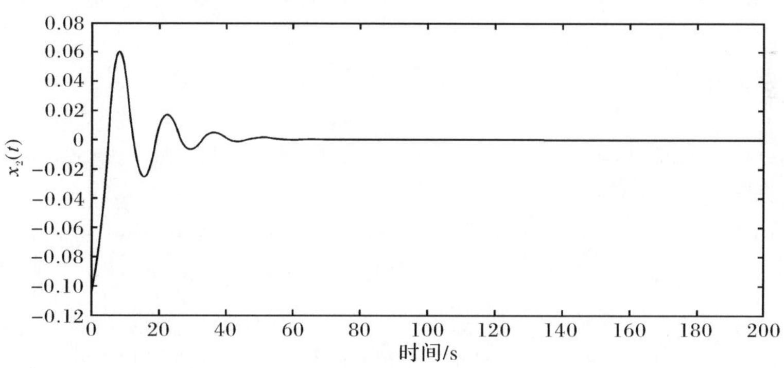

图 4.9　闭环系统状态响应 $x_2(t)$

4.4　小　　结

本章首先针对一类带有不确定区间参数的分数阶系统，对其在传感器发生故障时，开展容错控制研究。在建立传感器故障模型及状态观测器的基础上，得到了基于观测器的分数阶动态输出反馈控制器，所设计的控制器能够在传感器发生故障时镇定分数阶系统。然后针对带有多胞型不确定参数的分数阶系统，给出了稳定性分析结果，设计了动态输出反馈控制器，以保证在出现执行器故障时相应闭环系统的鲁棒渐近稳定性。最后，用仿真算例验证了所设计控制器的有效性。

参考文献

[1] Blanke M, Kinnaert M, Lunze J, et al. Diagnosis and Fault-Tolerant Control [M]. New York: Springer-Verlag, 2006.

[2] Zhang K, Jiang B, Shi P. A new approach to observer-based fault-tolerant controller design for Takagi-Sugeno fuzzy systems with state delay [J]. Circuits, Systems, and Signal Processing, 2009, 28(5): 679—697.

[3] Yang G H, Wang J L, Soh Y C. Reliable H_∞ controller design for linear systems [J]. Automatica, 2001, 37(5): 717—725.

[4] Zhang D, Wang Z, Hu S. Robust satisfactory fault-tolerant control of uncertain linear discrete time systems: an LMI approach [J]. International Journal of Systems Science, 2007, 38(2): 151—165.

[5] Zuo Z, Ho DWC, Wang Y. Fault tolerant control for singular systems with actuator saturation and nonlinear perturbation [J]. Automatica, 2010, 46(3): 569—576.

[6] Xue D, Chen Y. A comparative introduction of four fractional order controllers [C]. Proceedings of the 4th IEEE World Congress on Intelligent Control and Automation, Shanghai, 2002: 3228—3235.

[7] Oustaloup A, Mathieu B, Lanusse P. The CRONE control of resonant plants: Application to a flexible transmission [J]. European Journal of Control, 1995, 1(2): 113—121.

[8] Podlubny I. Fractional-order systems and $PI^\lambda D^\mu$-controllers [J]. IEEE Transactions on Automatic Control, 1999, 44(1): 208—214.

[9] Lu J, Chen Y. Robust stability and stabilization of fractional-order interval systems with the fractional order α: The $0<\alpha<1$ case [J]. IEEE Transactions on Automatic Control, 2010, 55(1): 152—158.

[10] Lu J, Chen G. Robust stability and stabilization of fractional-order interval systems: An LMI approach [J]. IEEE Transactions on Automatic Control, 2009, 54(6): 1294—1299.

[11] Hu S, Wang J. On stabilization of a new class of linear time-invariant interval systems via constant state feedback control [J]. IEEE Transactions on Automatic Control, 2000, 45(11): 2106—2111.

[12] Mao W, Chu J. Quadratic stability and stabilization of dynamic interval systems [J]. IEEE Transactions on Automatic Control, 2003, 48(6): 1007—1012.

[13] Mao X, Lam J, Xu S, et al. Razumikhin method and exponential stability of hybrid stochastic delay interval systems [J]. Journal of Mathematical Analysis and Applications, 2006, 314(1): 45—66.

[14] Yang Y, Yang G, Soh Y. Reliable control of discrete-time systems with actuator failures. IEE Proceedings Control Theory and Applications, 2000, 147(4): 428—432.

[15] He Y, Wang Q, Zheng W. Global robust stability for delayed neural networks with polytopic type uncertainties [J]. Chaos Solitons Fractals, 2005, 26(5): 1349—1354.

[16] Liang J, Wang Z, Liu X, et al. Robust synchronization for 2-D discrete-time coupled dynamical networks [J]. IEEE Transaction on Neural Networks and Learning Systems, 2012, 23(6): 942—953.

[17] Shen H, Huang X, Zhou J, et al. Global exponential estimates for uncertain Markovian jump

neural networks with reaction-diffusion terms [J]. Nonlinear Dynamics, 2012, 69 (1/2): 473—486.

[18] Wang Z, Wu H, Liang J, et al. On modeling and state estimation for genetic regulatory networks with polytopic uncertainties [J]. IEEE Transactions on Nano Bioscience, 2013, 12(1): 13—20.

[19] Zhang B, Xu S, Zou Y. Relaxed stability conditions for delayed recurrent neural networks with polytopic uncertainties [J]. International Journal of Neural Systems, 2006, 16 (6): 473—482.

[20] Apkarian P, Tuan H D, Bernussou J. Continuous-time analysis, eigenstructure assignment, and H_2 synthesis with enhanced linear matrix inequalities (LMI) characterizations [J]. IEEE Transactions on Automatic Control, 2001, 46(12): 1941—1946.

[21] Farges C, Moze M, Sabatie J. Pseudo-state feedback stabilization of commensurate fractional order systems [J]. Automatica, 2010, 46(10): 1730—1734.

[22] Farges C, Sabatier J, Moze M. Robust stability analysis and stabilization of fractional order polytopic systems [C]. Preprints of the 18th IFAC World Congress, Milano, 2011: 10800—10805.

第5章　分数阶时滞系统的控制器设计

第3、4章主要讨论了分数阶线性系统在无时滞情况下的控制问题。但时滞现象在许多实际工业系统(如化工系统、程控系统、空间飞行器系统等)中是不可避免的,而且时滞通常是控制系统不稳定及带来糟糕控制品质的主要原因之一[1-5]。时滞系统理论作为控制理论与控制工程的核心问题之一,其研究已有很悠久的历史,最早的文献可以追溯到1936年Callender等的工作[6]。20世纪50～60年代,包括Pontryagin、Krasovskii、Razumikhin等在内的优秀科学家就对时滞泛函微分方程进行了研究,建立了解的存在与唯一性以及零解的稳定性等基本理论[7-9]。近20年来,对于时滞系统的研究主要集中在关于时滞稳定性分析和控制技术的改进上,如扫频技术和线性矩阵不等式技术。另一主要进展则在对于不确定时滞系统和时变时滞系统等的深入研究。一般从形式上分,时滞包括离散时滞、中立时滞和分布时滞三种。普通形式的离散时滞系统最受人们关注,关于此类系统的稳定性分析及综合研究结果十分丰富[10-13];中立型时滞系统较离散时滞系统更为复杂,它是一类更一般的时滞系统,大部分时滞系统均可视为中立型时滞系统的特殊形式。在中立型时滞系统中,系统的状态和状态的导数中均含有时滞项,因此更符合工程实际,如飞机引擎系统以及船舶的稳定性分析模型等[3,4]。一般情况下,离散时滞系统的结果并不能简单推广到中立型时滞系统中,因此中立型时滞系统的分析及控制具有重要的理论价值和研究意义。另一方面,在许多实际系统中,如模拟供料系统、模拟液体火箭发动机加压给料时的燃料室系统,所得系统模型会出现分布时滞[14,15]。因此,分布时滞系统得到了很多研究者的重视。早期的代表结果可见文献[15],Kolmanovskii等的著作(文献[2])从理论上得到了一些较好的成果。时滞系统分析与综合问题自20世纪50年代以来一直是人们的研究热点,涌现出了大量的文献及成果,如文献[16]～[20]及其所列参考文献。研究范围不仅涉及非线性系统、分数阶系统、模糊系统、随机系统等许多具有复杂结构的动态模型[21-27],更是涵盖了稳定性分析、模型降阶及不同目标约束下的控制器设计等分支[28-40]。至今,时滞系统的分析与综合问题已成为控制理论领域的一个重要研究方向。

近来,网络化控制系统构成了一类新的控制系统,其中包含了很多特定问题,如时滞、信息丢失和数据处理等。因此,出现了很多通过网络实现的与整数阶系统相关的网络化控制结果。例如,对于整数阶系统,文献[41]和文献[42]～[44]分别研究了其连续与离散时间形式的稳定性分析及远程控制问题。可以看到,以上结果都是关于整数阶系统的远程镇定问题。值得提及的是，对于带有输入时变时滞的分数阶系统的远程镇定问题至今还鲜有报道。本章针对系统导数的阶数为 0～2 的分数阶系统，研究其在通信网路传输环境下的控制问题，将网络传输产生的时变时滞假设为由一个已知的分数阶动态系统产生。基本思路是采用 LMI 方法分析系统稳定性，利用滚动时域方法设计使得系统稳定的控制器，所设计的控制规则充分考虑了时滞动态。最后利用几个仿真算例来说明设计方法的有效性。

5.1 系统描述

本章仍然采用式(3.1)所示的 Caputo 定义的分数阶微积分，为了阅读方便，重新列写如下：

$$\mathrm{D}^{\alpha} f(t)=\frac{\mathrm{D}^{\alpha} f(t)}{\mathrm{d} t^{\alpha}}=\frac{1}{\Gamma(n-a)} \int_{0}^{t} \frac{f^{(n)}(\tau) \mathrm{d} \tau}{(t-\tau)^{\alpha+1-n}} \tag{5.1}$$

式中，α 为分数阶微分的阶次，且满足 $n-1<\alpha\leqslant n$，n 为整数。

考虑如下形式的分数阶系统：

$$\mathrm{D}^{\alpha} x(t)=A x(t)+B u(t-\tau(t)), \quad x(0)=x_{0} \tag{5.2}$$

$$y(t)=C x(t) \tag{5.3}$$

$$\mathrm{D}^{\beta} z(t)=f(z(t), u_{d}(t)), \quad z(0)=z_{0} \tag{5.4}$$

$$\tau(t)=h(z(t), u_{d}(t)) \tag{5.5}$$

式中，α、β 分别为系统和时变时滞的分数阶微分的次数；$x(t)\in\mathbb{R}^n$ 为系统状态；$u(t)\in\mathbb{R}^m$ 为控制输入；$y(t)\in\mathbb{R}^s$ 为系统输出；A、B、C 为适当维数矩阵。(A,B) 和 (A,C) 分别假设为可控及可观，但是矩阵 A 可以是不稳定的。信号 $u_d(t)$ 及函数 $f(\cdot)$ 和 $h(\cdot)$ 在正常情况下设为已知的连续函数。

式(5.4)和式(5.5)描述的是在传输信道上产生的动态时滞，特别地，$z(t)$ 为时滞系统的状态。在此假设，对于所有的 $t\geqslant0$，式(5.4)和式(5.5)的解有如下特性：

$$0\leqslant\tau(t)\leqslant\tau_{\max} \tag{5.6}$$

式中，$\tau_{\max}\geqslant0$ 为时滞的一个上界。

在网络化控制系统中，系统各节点之间甚至系统与系统以外的信息源要分时共享网络通信信道，由于网络带宽有限和网络中的数据流量变化不规则，当多个节点通过网络交换数据时，常常出现数据碰撞、多路径传输、连接中断、网络拥塞等现象，因此不可避免地出现信息交换时间延迟，这种由网络引起的时间延迟称为网络诱导时延。网络诱导时延包括三部分：传感器到控制器的时延、控制器的计算时延、控制器到执行器的时延。本章系统结构如图 5.1 所示。时延存在于控制器到执行器的通道中。

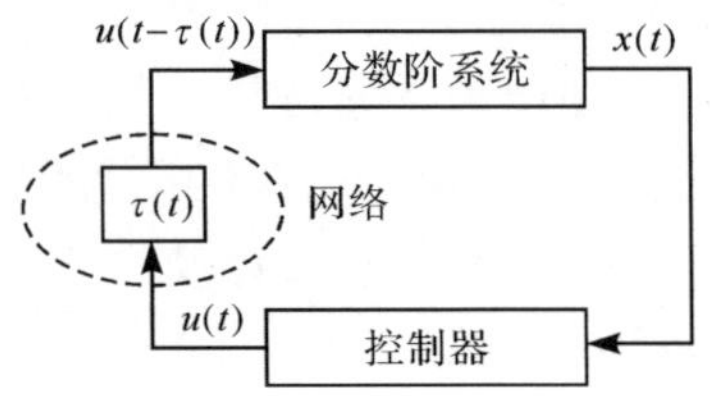

图 5.1　分数阶网络化控制系统的系统结构图

首先定义一个新的输入 $\eta(t)$ 为

$$\eta(t)=u(t-\tau(t)) \tag{5.7}$$

则式(5.2)可以表示为

$$\mathrm{D}^{\alpha}x(t)=Ax(t)+B\eta(t) \tag{5.8}$$

主要目的是设计一种有效可行的控制器，使得对于网络传输时滞可被视为自治的分数阶稳定系统时，所设计的控制器可以远程控制分数阶被控对象。

5.2　控制器设计

本节给出分数阶系统网络化控制的主要结果。

5.2.1　可控性分析

首先证明分数阶时变时滞系统式(5.8)的可控性条件与下述的系统一致：

$$\mathrm{D}^{\alpha}x(t)=Ax(t)+Bu(t) \tag{5.9}$$

对于分数阶线性时不变系统式(5.9)，根据文献[45]可得，其可控性条件与整数阶的情况相同，即可控矩阵 $\Psi=[B\quad AB\quad\cdots\quad A^{n-1}B]$ 满秩。

利用与文献[45]相似的方法，可以容易地得到分数阶时变时滞系统式(5.8)的可控性条件。

首先，式(5.8)的时域解为

$$x(t)=E_{\alpha,1}(At^{\alpha})x(t_0)+\int_{t_0}^{t}(t-\theta)^{\alpha-1}E_{\alpha,\alpha}(A(t-\theta)\alpha)B\eta(\theta)\mathrm{d}\theta \tag{5.10}$$

式中，$E_{\alpha,\gamma}(z)$ 为带有两个参数的 Mittag-Leffler 函数，定义如下[46]：

$$E_{\alpha,\gamma}(z)=\sum_{k=0}^{\infty}\frac{z^k}{\Gamma(\alpha k+\gamma)},\quad \alpha>0;\gamma<0$$

其中，$\Gamma(\cdot)$ 表示伽马函数。

现在，对于任意给定的 t_0、t_f 及状态 $x(t_0)$ 和 $x(t_f)$，由式(5.10)可得

$$x(t_f)=E_{\alpha,1}(At_f^{\alpha})x(t_0)+\int_{t_0}^{t_f}(t_f-\theta)^{\alpha-1}E_{\alpha,\alpha}(A(t_f-\theta)^{\alpha})B\eta(\theta)\mathrm{d}\theta \tag{5.11}$$

考虑 Cayley-Hamilton 定理，$t^{\alpha-1}E_{\alpha,\alpha}(At^{\alpha})$可以写为如下形式：

$$t^{\alpha-1}E_{\alpha,\alpha}(At^{\alpha})=\sum_{k=0}^{\infty}\frac{t^{\alpha k+\alpha-1}}{\Gamma(\alpha k+\alpha)}A^{k}\overset{\text{def}}{=}\sum_{k=0}^{n-1}c_k(t)A^{k}$$

则式(5.11)可写为

$$x(t_f)-E_{\alpha,1}(At_f^{\alpha})x(t_0)=\sum_{k=0}^{n-1}A^{k}B\int_{t_0}^{t_f}c_k(t_f-\theta)\eta(\theta)\mathrm{d}\theta$$

令 $e_k=\int_{t_0}^{t_f}c_k(t_f-\theta)\eta(\theta)\mathrm{d}\theta$，则上式可转化为

$$x(t_f)-E_{\alpha,1}(At_f^{\alpha})x(t_0)=[B\quad AB\quad\cdots\quad A^{n-1}B]\begin{bmatrix}e_0\\e_1\\\vdots\\e_{n-1}\end{bmatrix}\tag{5.12}$$

如果系统是完全状态可控的，则对于任意给定的初始状态 $x(t_0)$和终止状态 $x(t_f)$，式(5.12)一定满足，这就要求矩阵$[B\quad AB\quad\cdots\quad A^{n-1}B]$的秩为 n。

因此，我们可以依据在文献[52]中对整数阶系统设计控制器的方法，对分数阶时变时滞系统式(5.2)设计控制器。

5.2.2　控制器设计

对于带有输入时滞的分数阶系统式(5.2)，可得

$$x(t)=E_{\alpha,1}(At^{\alpha})x(t_0)+\int_{t_0}^{t}\theta^{\alpha-1}E_{\alpha,\alpha}(A\theta^{\alpha})B\eta(t-\theta)\mathrm{d}\theta\tag{5.13}$$

令 $\hat{y}(t)$满足下面的方程，此系统的可控条件与式(5.2)相同：

$$\mathrm{D}^{\alpha}\hat{y}(t)=A\hat{y}(t)+Bu(t)\tag{5.14}$$

则由式(5.14)可得

$$\hat{y}(t)=E_{\alpha,1}(At^{\alpha})\hat{y}(t_0)+\int_{t_0}^{t}\theta^{\alpha-1}E_{\alpha,\alpha}(A\theta^{\alpha})Bu(t-\theta)\mathrm{d}\theta\tag{5.15}$$

根据式(5.13)和式(5.15)，并假设 $x(t)$和 $\hat{y}(t)$的初始条件相同，则可得

$$\hat{y}(t)=x(t)+\int_{t_0}^{t}\theta^{\alpha-1}E_{\alpha,\alpha}(A\theta^{\alpha})B[u(t-\theta)-\eta(t-\theta)]\mathrm{d}\theta\tag{5.16}$$

对于分数阶系统式(5.14)，存在很多种熟知的镇定方法，本章采用状态反馈控制方法。首先，设 $t_0=t-\tau_{\max}$，对于式(5.14)控制规则选取为

$$u(t)=-K\hat{y}(t)\tag{5.17}$$

则 $\hat{y}(t)\to 0$，由式(5.16)和式(5.17)可得

$$|x(t)|\leqslant|\hat{y}(t)|+\tau_{\max}\max_{-\tau_{\max}\leqslant\theta\leqslant 0}\|\theta^{\alpha-1}E_{\alpha,\alpha}(A\theta^{\alpha})\|\times\|K\hat{y}(t)-K\hat{y}(t-\tau(t))\|\tag{5.18}$$

根据式(5.18)和 $t-\tau_{\max}<t-\tau(t)<t$，随着 $\hat{y}(t)\to 0$，$x(t)\to 0$。

因此，式(5.14)可以表示为

$$D^{\alpha}\hat{y}(t)=(A-BK)\hat{y}(t) \tag{5.19}$$

则可以得到如下的稳定性分析结果。

接下来利用严格 LMI 方法给出式(5.19)的稳定性分析结果。

定理 5.1　如果存在非奇异矩阵 G 和 L 及一个对称矩阵 $X>0$，下面的条件成立：

$$\begin{bmatrix} -\Theta_1 & * & * \\ \Theta_2 & -I_2\otimes X & * \\ I_2\otimes G & 0 & -I_2\otimes X \end{bmatrix}<0 \tag{5.20}$$

则由控制规则式(5.17)和式(5.14)组成的闭环系统式(5.19)的状态 $x(t)$ 是稳定的，其中，$1\leqslant\alpha<2$。式中

$$\Theta=\begin{bmatrix} \sin\dfrac{\alpha\pi}{2} & \cos\dfrac{\alpha\pi}{2} \\ -\cos\dfrac{\alpha\pi}{2} & \sin\dfrac{\alpha\pi}{2} \end{bmatrix},\quad \Theta_1=I_2\otimes G+(I_2\otimes G)^{\mathrm{T}}$$

$$\Theta_2=\Theta\otimes(AG-BL)+I_2\otimes X$$

更进一步，如果式(5.20)是可解的，则状态反馈控制器的参数为 $K=LG^{-1}$。

证明　由式(5.20)可得 $G^{\mathrm{T}}+G>0$，由此可以看出 G 是非奇异矩阵。由于式(5.20)对于矩阵 X、A 和 B 是线性的，因此如果式(5.20)满足，令

$$K=LG^{-1},\quad V=I_2\otimes G$$

则利用文献[47]中的引理 7，可得

$$\mathrm{Sym}\{\Theta\otimes(A-BK)\}<0 \tag{5.21}$$

最后，由式(5.21)和文献[48]、[49]中的定理，可得分数阶系统式(5.19)是渐近稳定的。证毕。

定理 5.2　如果存在矩阵 $Q>0$ 和 P，下面的条件成立：

$$(AQ-BP+QA^{\mathrm{T}}-P^{\mathrm{T}}B^{\mathrm{T}})\cos\psi<0 \tag{5.22}$$

则由控制规则式(5.17)和式(5.14)组成的闭环系统式(5.19)的状态 $x(t)$ 是稳定的，其中，$0<\alpha<1$。式中

$$\psi=(1-\alpha)\frac{\pi}{2}$$

进一步，如果式(5.20)是可解的，则状态反馈控制器的参数为 $K=PQ^{-1}$。

证明　根据文献[50]中的定理 12，可得式(5.19)是渐近稳定的，如果如下条件满足

$$\bar{r}X_1(A-BK)^{\mathrm{T}}+r(A-BK)X_1+rX_2(A-BK)^{\mathrm{T}}+\bar{r}(A-BK)X_2<0 \tag{5.23}$$

则系统是鲁棒稳定的。

5.3　仿 真 算 例

本节利用几个仿真例子来说明所设计分数阶系统远程控制器的有效性。

考虑分数阶系统式(5.2)和式(5.3)如下($0<\alpha<2$)：

$$\mathrm{D}^{\alpha}x(t)=ax(t)+bu(t-\tau(t)),\quad x(0)=x_0 \tag{5.25}$$

$$y(t)=cx(t) \tag{5.26}$$

式中,a、b、c 和 α 对于不同的情况被赋予不同的值。

时滞的动态模型如下：

$$\mathrm{D}^{\beta}\tau(t)=l\tau(t)+B(t)+\tau_0$$

式中,$B(t)$为白噪声;$\tau_0=1$;$l=-2$。

时滞系统的导数 β 对于不同的情况取值不同,当 $\beta=0.5$ 时,时变时滞如图5.3所示。

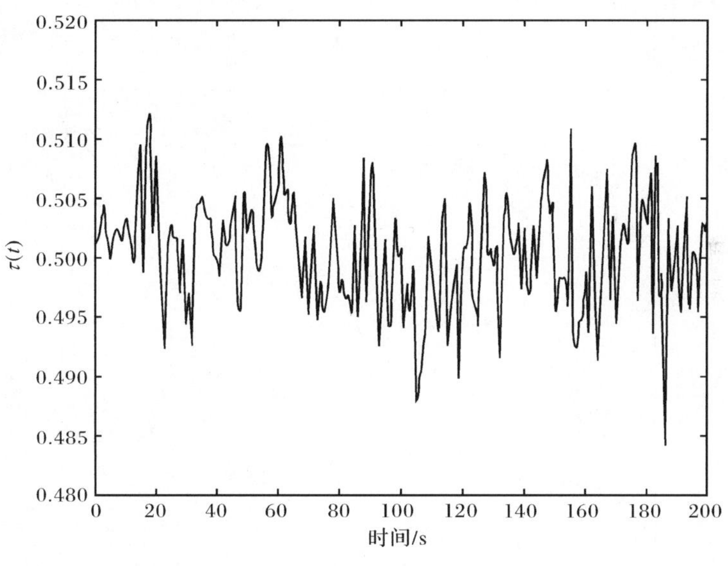

图 5.3　时变时滞

首先,对控制器 $\hat{y}(t)=x(t)+\int_{t_0}^{t}\theta^{\alpha-1}E_{\alpha,\alpha}(A\theta^{\alpha})B[u(t-\theta)-\eta(t-\theta)]\mathrm{d}\theta$ 中的积分项应用复合梯形法则[51]。积分步长等于采样间隔 T_s,而步长的个数定义为 $n_k=\dfrac{\tau_{\max}}{T_s}$。则当 $k=1,2,\cdots$时,积分项的估计值为

$$
\begin{aligned}
G(t) &\stackrel{\text{def}}{=} \int_{t-\tau_{\max}}^{t} \theta^{\alpha-1} E_{\alpha,\alpha}(A\theta^{\alpha}) B[u(t-\theta)-\eta(t-\theta)]\mathrm{d}\theta \\
&\approx \frac{T_s}{1+T_s}\Big\{\sum_{i=1}^{n_k-1} (iT_s)^{\alpha-1} E_{\alpha,\alpha}(A(iT_s)^{\alpha}) B[u(t-iT_s)-\eta(t-iT_s)] \\
&\quad + E_{\alpha,\alpha}(A)[u(t-1)-\eta(t-1)]\Big\}
\end{aligned}
$$

则可得最终的控制规则。

接下来利用所设计的控制器镇定系统式(5.25)和式(5.26)，其中，控制器参数 K 可由式(5.20)或式(5.22)得到。

例 5.1　针对式(5.25)和式(5.26)，参数如下：

$$
a=0.1,\quad b=-2,\quad c=1 \tag{5.27}
$$

式中，系统的初始条件为 1。

考虑不同范围的 α，图 5.4 给出了在 $0<\alpha<1$ 情况下的系统状态响应 $x(t)$。其中，时滞动态模型中的 $\beta=0.5$，初始值为 1，$\tau_0=1$，$l=-1$。图 5.5 给出了在 $1\leqslant\alpha<2$ 情况下的系统状态响应 $x(t)$。其中，时滞动态模型中的 $\beta=0.5$，初始值为 0.2，$\tau_0=1$，$l=-3$。从图中可以看出，当 α 趋近于 1 时，系统状态响应快。

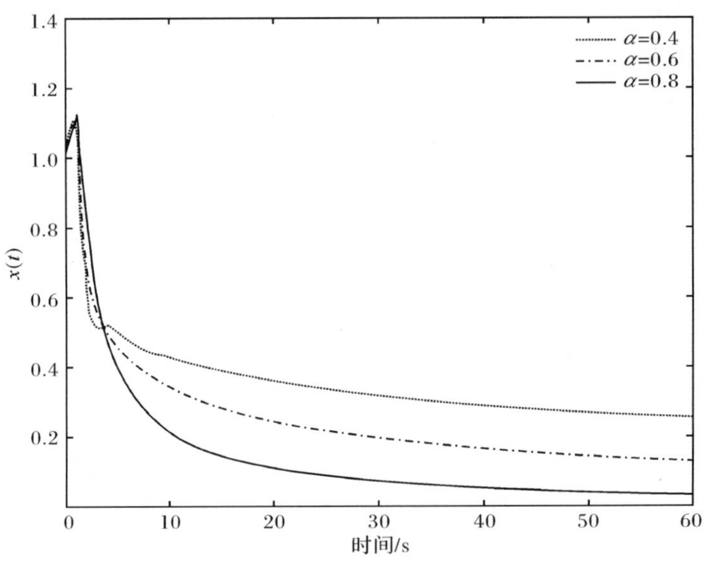

图 5.4　系统状态响应 $x(t)$($\beta=0.5$，$0<\alpha<1$)

例 5.2　为了分析不同时滞动态模型情况下，系统状态响应的变化。考虑具有式(5.27)中参数的式(5.25)和式(5.26)，其中初始条件为 1。

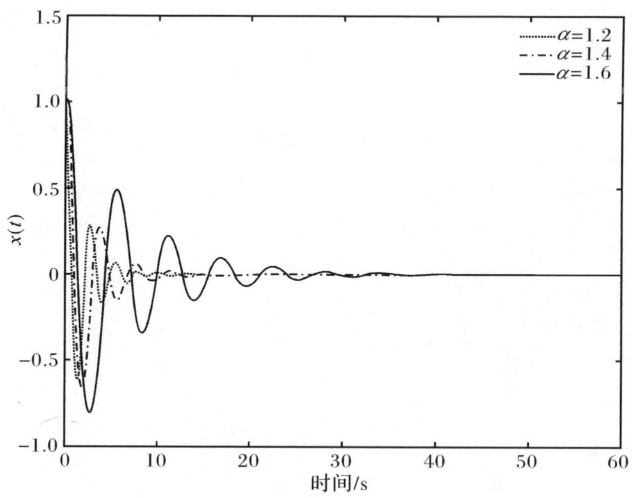

图 5.5　系统状态响应 $x(t)(\beta=0.5, 1\leqslant\alpha<2)$

图 5.6 给出了当 $\alpha=0.8$ 情况下的系统状态响应 $x(t)$。其中，时滞动态模型中的 $0<\beta<2$，初始条件为 0.5，$\tau_0=1$，$l=-1$。图 5.7 则给出了在 $\alpha=1.2$ 情况下的系统状态响应 $x(t)$。其中，时滞动态模型中的 $0<\beta<2$，初始值为 0.2，$\tau_0=1$，$l=-3$。由图 5.6 和图 5.7 可得如下结论：当 α 在不同范围内取值，系统状态响应的速度分别在 β 趋近于 0 或者 2 时比较快。

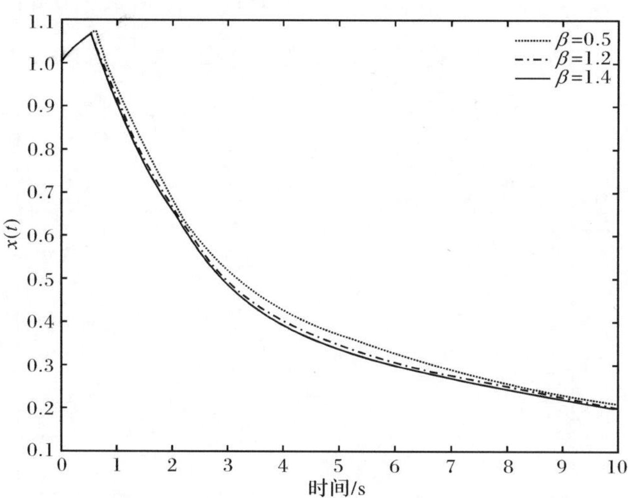

图 5.6　系统状态响应 $x(t)(\alpha=0.8, 0<\beta<2)$

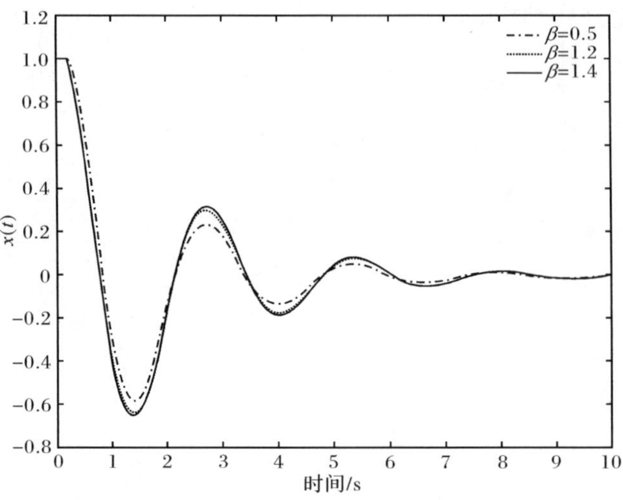

图 5.7　系统状态响应 $x(t)$($\alpha=1.2, 0<\beta<2$)

例 5.3　为了分析所设计控制器的有效性，使用 ISE 作为性能指标，研究 ISE 随系统导数 α 和时滞动态模型导数 β 的变化情况。在图 5.8 和图 5.9 中分别描述了对于不同 α，ISE 随着 β 的变化而产生的变化。从图中可以看出，当 $1\leqslant\alpha<2$ 时，ISE 随着 β 趋近于 0 取得最小值；当 $0<\alpha<1$ 时，ISE 随着 β 趋近于 2 取得最小值。另一方面，图 5.10 给出了对于不同的 β，ISE 随着 α 的变化而变化的曲线。从图中可以看出，无论 β 的取值大小，ISE 总是在 $0.8\leqslant\alpha\leqslant1$ 范围内取得最小值。

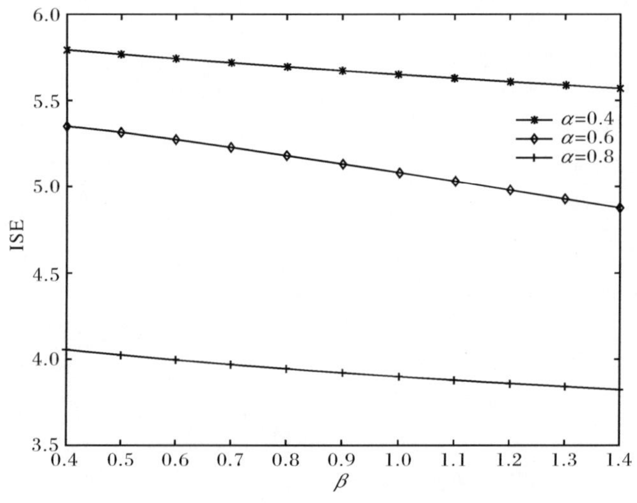

图 5.8　随着 β 的变化 ISE 的变化曲线($0<\alpha<1$)

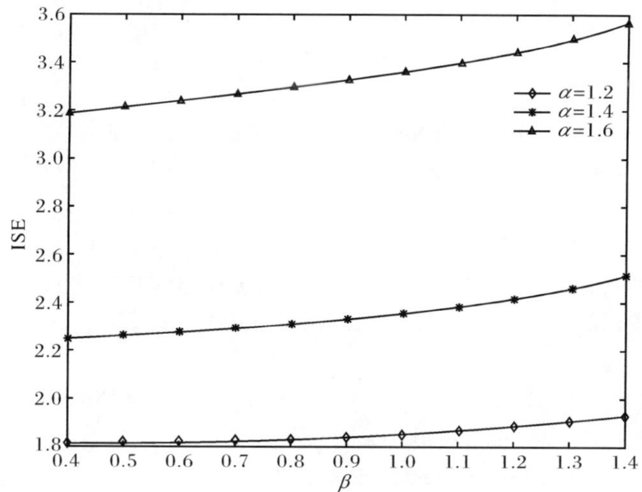

图 5.9　随着 β 的变化 ISE 的变化曲线($1\leqslant\alpha<2$)

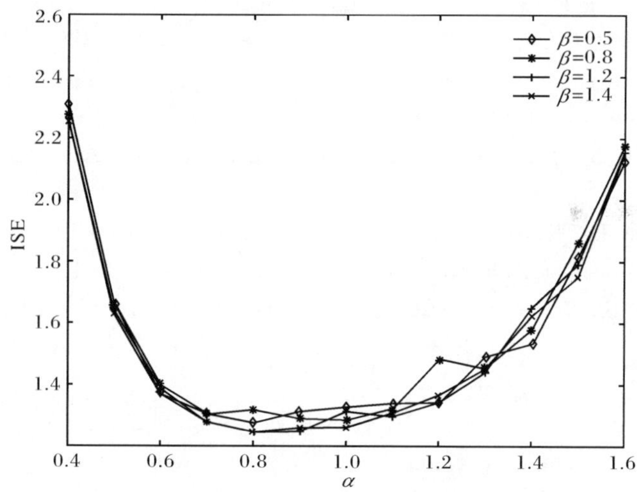

图 5.10　随着 α 的变化 ISE 的变化曲线($0<\beta<2$)

5.4 小　结

本章研究了 $0<\alpha<2$ 的分数阶系统的基于网络传输的远程控制问题,其中,时滞动态是可以估计的。利用滚动时域方法设计了能够使闭环系统稳定的控制规则,所设计的控制规则充分考虑到了对时滞动态的估计。最后,利用几个仿真算例说明了所设计控制器的有效性。

参考文献

[1] Li X, de Souza C E. Delay-dependent robust stability and stabilization of uncertain linear delay systems: A linear matrix inequality approach [J]. IEEE Transactions on Automatic Control, 1997, 42(8): 1144—1148.

[2] Kolmanovskii V B, Myshkis A D. Introduction to the Theory and Applications of Functional Differential Equations [M]. Dordrecht: Kluwer Academic Publishers, 1999.

[3] Hale J K. Theory of Functional Differential Equations [M]. New York: Springer-Verlag, 1977.

[4] Kolmanovskii V B, Myshkis A D. Applied Theory of Functional Differential Equations [M]. Dordrecht: Kluwer Academic Publishers, 1992.

[5] Dugard L, Verriest E I. Stability and Control of Time Delay Systems [M]. London: Springer-Verlag, 1998.

[6] Callender A, Hartree D R, Porter A. Time lag in a control system [J]. Philosophical Transactions of the Royal Society of London, 1936, 235(756): 415—444.

[7] 吴敏，何勇. 时滞系统鲁棒控制-自由权矩阵方法 [M]. 北京：科学出版社，2008.

[8] Hale J K, Verduyn-Lunel S M. Introduction to Functional Differential Equations [M]. New York: Springer-Verlag, 1993.

[9] Niculescu S I. Delay Effects on Stability: A Robust Control Approach [M]. London: Springer-Verlag, 2001.

[10] Fridman E, Shaked U. An improved stabilization method for linear time-delay systems [J]. IEEE Transactions on Automatic Control, 2002, 47(11): 1931—1937.

[11] He Y, Wu M, She J H, et al. Parameter-dependent Lyapunov functional for stability of time delay systems with polytopic-type uncertainties [J]. IEEE Transactions on Automatic Control, 2004, 49(5): 828—832.

[12] He Y, Wang Q G, Lin C, et al. Delay-range-dependent stability for systems with time-varying delay [J]. Automatica, 2007, 43(2): 371—376.

[13] Park P G. A delay-dependent stability criterion for systems with uncertain time-invariant delays [J]. IEEE Transactions on Automatic Control, 1999, 44(4): 876—877.

[14] Xu S, Chen T. An LMI approach to the H_∞ filter design for uncertain system with distribute distributed delays [J]. IEEE Transactions on Circuits and Systems Ⅱ: Express Briefs, 2004, 51(4): 195—201.

[15] Fiagbedzi Y A, Pearson A E. A multistage reduction technique for feedback stabilizing distributed time-lag systems [J]. Automatica, 1987, 23(3): 311—326.

[16] Mahmoud M S, Shi Y, AI-Sunni F M. Robust H_2 output feedback control for a class of time-delay systems [J]. International Journal of Innovative Computing, Information and Control, 2008, 4(12): 3247—3258.

[17] Richard J P. Time-delay systems: An overview of some recent advances and open problems [J]. Automatica, 2003, 39(10): 1667—1694.

[18] Wu M, He Y, She J H, et al. Delay-dependent criteria for robust stability of time-varying delay systems [J]. Automatica, 2004, 40(8): 1435—1439.

[19] Lin Y C, Lo J C. Robust mixed H_2/H_∞ filtering for time-delay fuzzy systems [J]. IEEE Transactions on Signal Processing, 1999, 54(8): 2897—2909.

[20] Brierley S D, Chiasson J N, Lee E B, et al. On stability independent of delay for linear systems [J]. IEEE Transactions on Automatic Control, 1982, 27(1): 252—254.

[21] Tong S, Wang W, Qu L. Decentralized robust control for uncertain T-S fuzzy large-scale systems with time-delay [J]. International Journal of Innovative Computing, Information and Control, 2007, 3(3): 657—672.

[22] Xu S, Lam J, Chen T, et al. A delay-dependent approach to robust H_∞ filtering for uncertain distributed delay systems [J]. IEEE Transactions on Signal Processing, 2005, 53(10): 3764—3772.

[23] Lee K R, Jeung E T, Park H B. Robust fuzzy H_∞ control for uncertain nonlinear systems via state feedback: An LMI approach [J]. Fuzzy Sets and Systems, 2001, 120(1): 123—134.

[24] Oguchi T, Richard J P. Sliding-mode control of retarded nonlinear systems via finite spectrum assignment approach [J]. IEEE Transactions on Automatic Control, 2006, 51(9): 1527—1531.

[25] Xu S, Lam J. Robust Control and Filtering of Singular Systems [M]. Berlin: Springer-Verlag, 2006.

[26] Lin C, Wang Q G, Lee T H, et al. LMI Approach to Analysis and Control or Lakagi- Sugeno Fuzzy Systems with Time Delay [M]. Berlin: Springer-Verlag, 2007.

[27] Mao X. Stochastic Differential Equations and Their Applications [M]. Chichester: Horwood, 1997.

[28] Gu K, Kharitonov V L, Chen J. Stability of Time-Delay Systems [M]. Boston: Birkhauser, 2003.

[29] 秦元勋，刘永清，王联，等. 带有时滞的动力系统的运动稳定性 [M]. 北京：科学出版社，1989.

[30] Luo J S, Johnson A, van den Bosch P P J. Delay-independent robust stability of uncertain linear systems [J]. Systems & Control Letters, 1995, 24(1): 33—39.

[31] Chen J, Xu D, Shafai B. On sufficient conditions for stability independent of delay [J]. IEEE Transactions on Automatic Control, 1995, 40(9): 1675—1680.

[32] Li X, de Souza C E. Criteria for robust stability and stabilization of uncertain linear systems with state delay [J]. Automatica, 1997, 33(9): 1657—1662.

[33] Su T J, Huang C G. Robust stability of delay dependence for linear uncertain systems [J]. IEEE Transactions on Automatic Control, 1992, 37(10): 1656—1659.

[34] Xu S, Lam J. Improved delay-dependent stability criteria for time-delay systems [J]. IEEE

Transactions on Automatic Control, 2005, 50(3): 384—387.

[35] Xu S, Lam J. On equivalence and efficiency of certain stability criteria for time-delay systems [J]. IEEE Transactions on Automatic Control, 2007, 52(1): 95—101.

[36] Xu S, Lam J. A survey of linear matrix inequality techniques in stability analysis of delay systems [J]. International Journal of Systems Science, 2008, 12(39): 1095—1113.

[37] Gao H, Lam J, Wang C, et al. Delay-dependent output feedback stabilisation of discrete-time systems with time-varying state delay [J]. IEE Control Theory and Applications, 2004, 151(6): 691—698.

[38] Xu S, Lam J, Huang S, et al. H_∞ model reduction for linear time-delay systems: Continuous-time case [J]. International Journal of Control, 2001, 74(11): 1062—1074.

[39] Niu Y, Ho D W C, Lam J. Robust integral sliding mode control for uncertain stochastic systems with time-varying delay [J]. Automatica, 2005, 41(5): 873—880.

[40] 俞立. 鲁棒控制-线性矩阵不等式处理方法 [M]. 北京：清华大学出版社，2002.

[41] Witrant E, Canudas-de W C, Georges D, et al. Remote stabilization via communication networks with a distributed control law [J]. IEEE Transactions on Automatic Control, 2007, 52(8): 1480—1485.

[42] Cloosterman M, van de Wouw N, Heemels M, et al. Robust stability of networked control systems with time-varying network-induced delays [C]. Proceedings of the 45th IEEE Conference on Decision and Control, San Diego, 2006: 4980—4985.

[43] Pan Y J, Marquez H J, Chen T. Remote stabilization of networked control systems with unknown time-varying delays by LMI techniques [C]. Proceedings of the 44th IEEE Conference on Decision and Control, and the European Control Conference, Seville, 2005: 1589—1594.

[44] Zhang L, Shi Y, Chen T, et al. A new method for stabilization of networked control systems with random delays [J]. IEEE Transactions on Automatic Control, 2005, 50(8): 1177—1181.

[45] Chen Y, Ahn H S, Xue D. Robust controllability of interval fractional order linear time invariant systems [C]. Proceedings of the ASME 2005 International Design Engineering Technical Conferences and Computer and Information in Engineering Conference, Long Beach, 2005: 1—9.

[46] Li Y, Chen Y, Podlubny I. Mittag-Leffler stability of fractional order nonlinear dynamic systems [J]. Automatica, 2009, 45(8): 1965—1969.

[47] Lu J, Chen Y. Stability and stabilization of fractional-order linear systems with convex polytopic uncertainties [J]. Fractional Calculus and Applied Analysis, 2013, 16(1): 142—157.

[48] Moze M, Sabatier J. LMI tools for stability analysis of fractional systems [C]. Proceedings of the ASME 2005 International Design Engineering Technical Conferences and Computer and Information in Engineering Conference, Long Beach, 2005: 1—9.

[49] Chilali M, Gahinet P, Apkarian P. Robust pole placement in LMI regions [J]. IEEE Transactions on Automatic Control, 1999, 44(12): 2257—2270.

[50] Sabatier J, Moze M, Farges C. On stability of fractional order systems [C]. Proceedings of the Third IFAC Workshop on Fractional Differentiation and Its Application, Ankara, 2008.

[51] van Assche V, Dambrine M, Lafay J F, et al. Some problems arising in the implementation of distributed-delay control laws [C]. Proceedings of the 38th Conference on Decision and Control, Phoenix, 1999.

[52] Kwon W H. Pearson A E. Feedback stabilization of linear systems with delayed control[J]. IEEE Transactions on Automatic Control, 1980, AC-25(2): 266—269.

第 6 章　分数阶非线性系统的 H_∞ 跟踪控制

第 3～5 章研究了系统在无外界干扰情况下的控制器设计问题。但是在控制工程中人们最感兴趣的主要问题之一就是如何设计一个反馈控制律使得系统是渐近稳定的，且尽可能减少干扰输入、系统参数不确定性等因素对闭环系统的影响，解决这一问题行之有效的方法之一就是 H_∞ 方法。

自 20 世纪 50 年代以来，动态系统优化控制理论已发展成为现代控制理论的一个重要分支，这就是以最优控制理论为代表的近代线性系统理论。最优控制理论在系统工程、人口控制理论、经济管理和决策以及航空航天等领域都发挥了重要的作用。具有广泛工程背景的线性二次型最优（linear-quadratic Gaussian，LQG）控制问题或 H_2 控制问题，就是将最优控制理论应用于工业过程控制的产物。虽然使用 H_2 范数作为系统的性能指标往往能使系统获得较好的动态和稳态性能，但所设计系统的鲁棒性有时却较差。众所周知，实际系统中的被控对象往往会受到各种不确定性因素的影响，如作用于被控对象的各种干扰信号、传感器量测噪声等，而且由于一些限制的影响，使得在一些具体问题中对系统的不确定性难以实现用匹配条件来消除干扰。在这种情况下，用 H_2 方法设计出的控制器因其鲁棒性较差，使得闭环系统的稳定性难以得到保证。在许多情况下干扰信号并不一定具有已知特征（如统计特性或能量谱），而仅知道它属于某个已知的信号集合，此时 H_2 方法将不再适用。事实上，近代控制理论一直得不到广泛的工程应用也正是由于这种原因。

弥补近代控制理论这种不足的有效手段就是在系统的设计阶段考虑被控对象中存在的各种不确定因素，即基于不确定的非精确模型设计控制器。其实在 20 世纪六七十年代近代控制理论向严谨化、数学化发展的鼎盛时期，以 Rosenbrock、MacFarlane、Postlethwaite 等为代表的英国学者一直主张完善和扩展经典的基于频域特性的设计理论，以改变控制理论过于数学化而脱离实际的现象。进入 20 世纪 80 年代后，随着鲁棒控制理论的兴起，使系统具有较强鲁棒性的 H_∞ 优化控制理论应运而生。H_∞ 控制就是在保证系统稳定的同时能将干扰因素对系统性能的影响抑制在一定的水平之下，也就是说，控制对象关于干扰具有鲁棒性。在控制能量相同的情况下，H_∞ 控制要比经典的最优控制策略拥有更好的性能。

加拿大学者 Zames[1] 在 1981 年建立了频域方法上的 H_∞ 优化控制理论并首次用明确的数学语言来描述了基于经典设计理论的优化设计问题，同时他提出了用传递函数阵的 H_∞ 范数来表述优化指标：

$$\|G(s)\|_\infty=\sup_\omega\bar{\sigma}[G(\mathrm{j}\omega)]$$

式中，$G(s)$为右半平面上解析的有理函数阵，表示传递函数阵；$\bar{\sigma}(\cdot)$表示最大奇异值，即 $\bar{\sigma}(G)=[\lambda_{\max}(G^*G)]^{1/2}$；$G^*$ 为 G 的共轭转置阵；$\lambda_{\max}$为最大特征值。性能指标定义为 $J=\inf_k\|G(s)\|_\infty$。Zames 提出了使 J 达到最小的问题，但是没有给出行之有效的解法。

直到 1984 年，加拿大学者 Zames 和 Francis[2]用古典的函数插值理论，提出了这种 H_∞ 设计问题的最初的解法。同时，基于算子理论等数学工具，这一解法很快被推广到一般的多变量系统[3]。而英国学者 Glover[4]则将 H_∞ 设计问题归纳为函数逼近问题，并用 Hankel 算子理论给出了这个问题的解析解。Glover 的解法又被 Doyle[5]在状态空间上进行了整理并系统地归纳为 H_∞ 控制问题。至此 H_∞ 控制理论体系已经初步形成。这个时期的主要成果可参见 1987 年问世的第一部 H_∞ 控制理论专著（文献[6]）。在这一阶段提出的 H_∞ 设计问题的解法，所用的数学工具非常烦琐，并不像问题本身那样具有明确的工程意义。

在这一阶段提出的 H_∞ 设计问题的解法，所用的数学工具非常烦琐，并不像问题的本身那样具有明确的工程意义。直到 1989 年 Doyle 等在美国控制会议上发表了著名的 DGKF 论文[7]，文中将标准的 H_∞ 控制问题归结为两个代数 Riccati 方程的求解问题，并进行了详细的证明。随后日本学者 Kimura 基于网络共轭化(conjugation)的概念，提出了证明更为简洁的解法[8]，这个解法后来被进一步完善和发展，形成了以 J 无损性因子分解理论为基础的解法，但是这些解法实际上和 DGKF 论文提出的解法是等价的。DGKF 的论文标志着 H_∞ 控制理论发展已进入成熟阶段。这种解法的证明基本上建立在状态空间理论之上，至今为止，H_∞ 设计方法主要依赖于这个解法。不仅如此，这些设计理论的开发者还积极同美国 The Math Works 公司合作，开发了 MATLAB 中鲁棒控制软件包(robust control tool boks)，H_∞ 使控制理论真正成为实用的工程设计理论。自此之后，众多学者致力于有关 H_∞ 优化设计理论的研究。如今，研究者提出了多种求解方法，并且已经形成了较为完整的理论体系[9]，使得 H_∞ 控制理论得到了蓬勃的发展。从 1981 年 Zames 提出 H_∞ 控制思想以来，先后经历了从定常系统到时变系统[10]、从线性系统到非线性系统[11,12]、从一般系统到奇异系统[13,14]、从连续系统到离散系统[15,16]、从确定系统到不确定系统[17,18]、从无时滞系统到时滞系统[19-22]以及从单目标控制到多目标控制[23]的发展历程。目前，主要应用 Riccati 方程、Riccati 不等式及线性矩阵不等式来研究线性系统的 H_∞ 控制理论的状态空间法已基本完善。非线性系统的 H_∞ 控制的状态空间法是近年来一个热门的研究方向，主要的研究方法是 HJI(Hamilton-Jaccobi-Issacs)方程或 HJI 不等式。

在工程实际中，许多控制问题都可以转化为 H_∞ 标准控制问题，如鲁棒稳定性、跟踪、鲁棒镇定、干扰抑制、加权敏感性、双灵敏度设计等。H_∞标准控制问题的框图如图 6.1 所示。

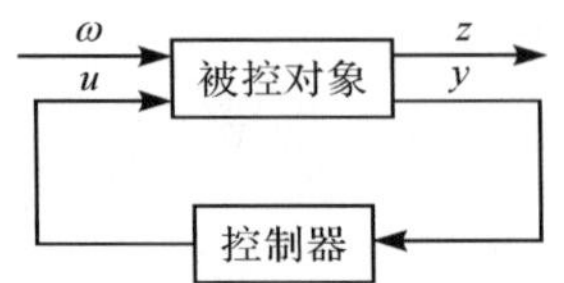

图 6.1 H_∞标准控制问题框图

图中,ω 为外部输入信号,包括干扰和传感器噪声等;z 为评价输出信号,通常包括跟踪误差、调节误差;u 为控制输入信号;y 为量测输出信号。从图 6.1 中可以看出,H_∞控制理论主要处理具有多输入多输出的多变量系统的鲁棒和优化问题。古典的最优控制方法所研究的单输入单输出情况可以看做多输入多输出情形的一种特例,这正是 H_∞优化控制器设计方法的优势所在。另外,它还有如下几个优点:

(1) 尽管它回到了输入输出模型,但仍保留了状态空间方法中某些计算上的优点;

(2) 设计者可以在很大程度上控制由系统产生的频率响应的形状,这使得该方法对工程界具有很强的吸引力;

(3) 许多控制问题都可以统一到一类的标准 H_∞控制问题,如灵敏度极小化问题、鲁棒镇定问题、混合灵敏度优化问题、跟踪问题、模型匹配问题等。

H_∞控制理论已被尝试应用于交流调整系统、倒立摆以及空间飞行器的姿态控制中,其有效性已得到越来越多的证实。因此,H_∞理论较好地解决了具有非结构式未建模动态系统的鲁棒分析及综合等问题。

另一方面,输出跟踪控制广泛存在于工程实际当中,例如,在电力系统中,文献[24]针对直流永磁同步风力发电系统,提出了一种基于给定最佳功率的发电机最大风能跟踪控制策略;文献[25]分析研究了双馈电机数学模型,在最佳叶尖速比控制和机械功率最大转化效率控制基础上,实现了风力发电机最大功率的跟踪控制;另外,在现代国防事业中,研究导弹的目标跟踪具有重要的战略意义[26,27];在工业生产化学反应器温度跟踪[28]、动态经济系统最优跟踪[29]等都是最优跟踪控制的重要应用方面。

实际工程中,人们不仅希望控制系统的实际输出能够跟踪期望输出,而且对系统某方面的性能有着特殊的要求,如期望跟踪距离最短或者跟踪时间最短等。因此,人们对跟踪控制的研究大多集中在最优输出跟踪控制方面。把实际输出与期望输出的误差写入二次性能指标,就可得到系统在二次性能指标下的最优跟踪问题,这也是目前关于跟踪控制研究相对成熟的一个方面。文献[30]~[34]研究航天飞行器的轨迹跟踪、航载机拦阻过程的轨迹控制已经成为当前航空航天领域的重要发展方向；文献[35]基于连续状态反馈有限时间控制算法，设计一种连续的状态反馈跟踪控制算法，实现了对非完整移动机器人的全局跟踪。文献[36]通过将时滞系统转化为无时滞系统，设计带有观测期的前馈反馈控制，解决了线性时滞系统的二次最优跟踪控制问题。文献[37]基于状态反馈，对柔性机械臂的震动速凝问题设计了实时的线性二次最优跟踪控制器。文献[33]采用动态输出反馈研究了高超声速飞行器上升段的跟踪控制。

上述讨论的对象都是整数阶系统，针对分数阶系统的 H_∞ 范数计算问题，在文献[38]中已被解决，而在文献[39]和[40]中给出了分数阶系统的 H_∞ 状态反馈和输出反馈控制器设计方法。随着 Youla-Kučera 参数化方法的推广，线性时不变分数阶系统的 H_∞ 控制问题在文献[41]中被讨论，在此基础上，L_∞ 范数问题也已有相关研究成果[38,39,42]。本章将在已有研究结果的基础上，讨论非线性分数阶系统的 H_∞ 跟踪控制问题，所研究的系统带有非线性项和外部扰动，目的是设计观测器型输出反馈控制器，使得闭环系统满足性能要求。

6.1　系统描述

本节首先给出如下分数阶微分的定义。

分数阶微分有几种不同的定义方式，如 Riemann-Liouville(R-L)分数阶微分、Caputo 分数阶微分、Grunald-Letnikov 分数阶微分等。本章采用两类分数阶微分定义方式。

一类是 R-L 微分，定义如下：

$$ {}^{\mathrm{RL}}\mathrm{D}^{\alpha} f(t)=\frac{1}{\Gamma(n-\alpha)} \frac{\mathrm{d}^{n}}{\mathrm{d} t^{n}} \int_{0}^{t} \frac{f(\tau)}{(t-\tau)^{\alpha+1-n}} \mathrm{d} \tau \tag{6.1} $$

另一类是 Caputo 微分，定义如下：

$$ {}^{\mathrm{C}}\mathrm{D}^{\alpha} f(t)=\frac{\mathrm{D}^{\alpha} f(t)}{\mathrm{d} t^{\alpha}}=\frac{1}{\Gamma(\alpha-n)} \int_{0}^{t} \frac{f^{(n)}(\tau) \mathrm{d} \tau}{(t-\tau)^{\alpha+1-n}} \tag{6.2} $$

式中，α 为分数阶微分的次数，且满足 $n-1<\alpha\leqslant n$，n 为整数；$\Gamma(\cdot)$为伽马函数，定义为如下的积分形式：

$$ \Gamma(z)=\int_{0}^{\infty} \mathrm{e}^{-t} t^{z-1} \mathrm{d} t $$

在 R-L 和 Caputo 两种分数阶微分定义之间的关系如下：

$$ {}^{\mathrm{RL}}\mathrm{D}^{\alpha} f(t)={}^{\mathrm{C}}\mathrm{D}^{\alpha} f(t)+\sum_{k=0}^{n} \frac{t^{k-\alpha}}{\Gamma(k-\alpha+1)} f^{(k)}(0), \quad n-1<\alpha \leqslant n \tag{6.3} $$

$$ {}^{\mathrm{C}}\mathrm{D}^{\alpha} f(t)={}^{\mathrm{RL}}\mathrm{D}^{\alpha} f(t)-\sum_{k=0}^{n} f^{(k)}(0) \frac{t^{k}}{k!}, \quad n-1<\alpha \leqslant n \tag{6.4} $$

当 R-L 分数阶微分参数为 α 时，则有

$$ {}^{\mathrm{RL}}\mathrm{D}^{\alpha}(a)=\frac{at^{-\alpha}}{\Gamma(1-\alpha)} \tag{6.5}$$

考虑如下带有外部扰动和非线性函数的分数阶系统：

$$\mathrm{D}^{\alpha}x(t)=Ax(t)+Bu(t)+f(x(t))+D_w w(t),\quad 0<\alpha<1 \tag{6.6}$$

$$y(t)=Cx(t) \tag{6.7}$$

式中，$x(t)\in\mathbb{R}^n$ 为系统状态；$u(t)\in\mathbb{R}^m$ 是控制输入；$y(t)\in\mathbb{R}^s$ 为测量输出；$\omega(t)\in\mathbb{R}^s$ 为有界外部扰动；$f(x(t))$ 为非线性函数；系统矩阵 A、B、C、D_w 为已知的适当维数实矩阵。

假设 6.1　假设非线性函数 $f(x(t))$ 满足利普希茨条件：

$$\| f(x(t))-f(\hat{x}(t))\| \leqslant \gamma \| x(t)-\hat{x}(t)\|$$

式中，γ 为利普希茨常数。

为了得到输出控制规则，增加一个如下带有非线性函数的观测器：

$$\mathrm{D}^{\alpha}\hat{x}(t)=A\hat{x}(t)+Bu(t)+f(\hat{x}(t))+L[y(t)-\hat{y}(t)],\quad 0<\alpha<1 \tag{6.8}$$

$$\hat{y}(t)=C\hat{x}(t) \tag{6.9}$$

式中，$\hat{x}(t)\in\mathbb{R}^n$ 为预估状态；L 为观测器增益。

为了指定所需的轨迹，现在考虑如下的参考模型：

$$\mathrm{D}^{\alpha}x_r(t)=A_r x_r(t)+r(t) \tag{6.10}$$

式中，$x_r(t)$ 为参考状态；A_r 为给定的渐近稳定矩阵；$r(t)$ 是有界参考输入。

H_∞ 性能指标定义为从外部扰动到跟踪误差 $x_r(t)-x(t)$ 满足 H_∞ 范数的约束，具体内容如下。

定义 6.1　给定 H_∞ 范数：

$$\eta=\sup_{\|\phi(t)\neq 0\|}\frac{\| x_r(t)-x(t)\|}{\|\phi(t)\|} \tag{6.11}$$

式中，$\eta>0$ 为一个正常数；$\phi(t)=\begin{bmatrix}\omega(t)\\ r(t)\end{bmatrix}$。

现在，针对分数阶系统式(6.6)和式(6.7)，考虑如下输出反馈控制器：

$$u(t)=-K[x_r(t)-\hat{x}(t)] \tag{6.12}$$

式中，K 为待定的常矩阵。

引入如下新的状态变量：

$$\tilde{x}(t)=\begin{bmatrix}[x(t)-\hat{x}(t)]^{\mathrm{T}} & [x(t)-x_r(t)]^{\mathrm{T}} & x_r(t)^{\mathrm{T}}\end{bmatrix}^{\mathrm{T}}$$

结合式(6.12)、式(6.6)和式(6.7)以及式(6.8)和式(6.9)，经过推导，可得闭环系统如下：

$$\mathrm{D}^{\alpha}\tilde{x}(t)=\tilde{A}\,\tilde{x}(t)+\tilde{D}_w\phi(t)+\tilde{I}\xi(x(t),\hat{x}(t)) \tag{6.13}$$

式中

$$\widetilde{A}=\begin{bmatrix}A-LC & 0 & 0\\ -BK & A+BK & A-A_r\\ 0 & 0 & A_r\end{bmatrix},\quad \widetilde{D}_w=\begin{bmatrix}D_w & 0\\ D_w & -I\\ 0 & I\end{bmatrix}$$

$$\widetilde{I}=\begin{bmatrix}I & 0 & 0\\ 0 & I & I\\ 0 & 0 & I\end{bmatrix},\quad \xi(x(t),\hat{x}(t))=\begin{bmatrix}f(x(t))-f(\hat{x}(t))\\ f(x(t))-f(x_r(t))\\ f(x_r(t))\end{bmatrix}$$

需要指出的是，基于状态变量$\widetilde{x}(t)$，式(6.11)可改写为

$$\eta=\sup_{\|\phi(t)\neq 0\|}\frac{\|H\widetilde{x}(t)\|}{\|\phi(t)\|}\tag{6.14}$$

式中，$H=[0\quad I\quad 0]$。

本章的目的是计算增益 K 和 L 使得闭环系统式(6.13)能够渐近稳定，并且对于所有的 $\phi(t)$，满足 H_∞ 跟踪性能式(6.14)。

6.2　跟踪控制器设计

6.2.1　H_∞ 稳定性分析

本节将给出前节所提问题的 H_∞ 稳定条件，在得到稳定条件之前，首先给出如下引理。

引理 6.1[43]　令 $x=0$ 为分数阶系统：

$$^{RL}\mathrm{D}^\alpha x(t)={}^{C}\mathrm{D}^\alpha x(t)=f(t,x),\quad 0<\alpha<1\tag{6.15}$$

的一个平衡点。假设存在 Lyapunov 函数 $V(t,x(t))$和 κ 类函数 $\beta_i(i=1,2,3)$，满足

$$\beta_1(\|x\|)\leqslant V(t,x(t))\leqslant\beta_2(\|x\|)\tag{6.16}$$

和

$$^{RL}\mathrm{D}^\alpha(t,x(t))\leqslant-\beta_3(\|x\|),\quad {}^{C}\mathrm{D}^\alpha(t,x(t))\leqslant-\beta_3(\|x\|)\tag{6.17}$$

则非线性分数阶系统式(6.15)是渐近稳定的。

引理 6.2[44]　令矩阵 $\Phi<0$，适当维数矩阵 X 满足 $X^{\mathrm{T}}\Phi X\leqslant 0$ 和一个常数 ε，使得如下不等式成立：

$$X^{\mathrm{T}}\Phi X\leqslant-\varepsilon(X^{\mathrm{T}}+X)-\varepsilon^2\Phi^{-1}$$

接下来，将给出分数阶系统式(6.13)($0<\alpha<1$)的 H_∞ 稳定性分析结果。

定理 6.1　如果存在正定矩阵 $\widetilde{P}$，使得如下不等式成立：

$$\begin{bmatrix}\Omega & \widetilde{P}\widetilde{D}_w & \widetilde{P}\widetilde{I}\\ * & -\eta^2 & 0\\ * & * & -I\end{bmatrix}<0\tag{6.18}$$

则分数阶系统式(6.13)是渐近稳定的,并满足 H_∞ 扰动抑制水平 η。式中

$$\Omega=\widetilde{P}\widetilde{A}+\widetilde{A}^{\mathrm{T}}\widetilde{P}+2\mu\widetilde{P}+\widetilde{\gamma}^{\mathrm{T}}\widetilde{\gamma}+H^{\mathrm{T}}H,\quad \widetilde{\gamma}=\begin{bmatrix}\gamma & 0 & 0\\ 0 & \gamma & \gamma\\ 0 & 0 & \gamma\end{bmatrix}$$

证明 考虑如下的 Lyapunov 函数

$$V(t)=2\,\widetilde{x}(t)^{\mathrm{T}}\widetilde{P}\,\widetilde{x}(t)\tag{6.19}$$

式中,$\widetilde{P}=\widetilde{P}^{\mathrm{T}}>0$。

根据式(6.3)和式(6.4),式(6.19)的分数阶 Caputo 微分如下:

$$^{\mathrm{C}}\mathrm{D}^{\alpha}V(t)={}^{\mathrm{RL}}\mathrm{D}^{\alpha}\left\{2\,\widetilde{x}(t)^{\mathrm{T}}\widetilde{P}\,\widetilde{x}(t)-\left[\sum_{k=0}^{n}(2\,\widetilde{x}(t)^{\mathrm{T}}\widetilde{P}\,\widetilde{x}(t))^{(k)}(0)\frac{t^k}{k\,!}\right]_{k=0}\right\}$$

等价于

$$\begin{aligned}^{\mathrm{C}}\mathrm{D}^{\alpha}V(t)=&[{}^{\mathrm{RL}}\mathrm{D}^{\alpha}\widetilde{x}(t)^{\mathrm{T}}]\widetilde{P}\,\widetilde{x}(t)+\widetilde{x}(t)^{\mathrm{T}}\widetilde{P}[{}^{\mathrm{RL}}\mathrm{D}^{\alpha}\widetilde{x}(t)]\\&+2\sum_{k=1}^{\infty}\frac{\Gamma(1+\alpha)}{\Gamma(1+k)\Gamma(1+\alpha-k)}[{}^{\mathrm{RL}}\mathrm{D}^{\alpha}\widetilde{x}(t)]\widetilde{P}[{}^{\mathrm{RL}}\mathrm{D}^{\alpha-k}\widetilde{x}(t)]\\&-2\,{}^{\mathrm{RL}}\mathrm{D}^{\alpha}[\widetilde{x}(0)^{\mathrm{T}}\widetilde{P}\,\widetilde{x}(0)]\end{aligned}\tag{6.20}$$

利用式(6.5)和式(6.20)可得

$$\begin{aligned}^{\mathrm{C}}\mathrm{D}^{\alpha}V(t)=&[{}^{\mathrm{RL}}\mathrm{D}^{\alpha}\widetilde{x}(t)^{\mathrm{T}}]\widetilde{P}\,\widetilde{x}(t)+\widetilde{x}(t)^{\mathrm{T}}\widetilde{P}[{}^{\mathrm{RL}}\mathrm{D}^{\alpha}\widetilde{x}(t)]\\&+2\sum_{k=1}^{\infty}\frac{\Gamma(1+\alpha)}{\Gamma(1+k)\Gamma(1+\alpha-k)}[{}^{\mathrm{RL}}\mathrm{D}^{\alpha}\widetilde{x}(t)]\widetilde{P}[{}^{\mathrm{RL}}\mathrm{D}^{\alpha-k}\widetilde{x}(t)]\\&-2\,\frac{t^{-\alpha}}{\Gamma(1-\alpha)}[\widetilde{x}(0)^{\mathrm{T}}\widetilde{P}\,\widetilde{x}(0)]\end{aligned}\tag{6.21}$$

为了便于得到结果,将式(6.21)中的 R-L 分数阶微分替换为 Caputo 微分,则式(6.21)可改写为

$$\begin{aligned}^{\mathrm{C}}\mathrm{D}^{\alpha}V(t)=&[{}^{\mathrm{C}}\mathrm{D}^{\alpha}\widetilde{x}(t)^{\mathrm{T}}]\widetilde{P}\,\widetilde{x}(t)+\widetilde{x}(t)^{\mathrm{T}}\widetilde{P}[{}^{\mathrm{C}}\mathrm{D}^{\alpha}\widetilde{x}(t)]\\&+2\Upsilon_x(t)-2\,\frac{t^{-\alpha}}{\Gamma(1-\alpha)}[\widetilde{x}(0)^{\mathrm{T}}\widetilde{P}\,\widetilde{x}(0)]\end{aligned}\tag{6.22}$$

式中

$$\Upsilon_x(t)=\sum_{k=1}^{\infty}\frac{\Gamma(1+\alpha)}{\Gamma(1+k)\Gamma(1+\alpha-k)}[{}^{\mathrm{RL}}\mathrm{D}^{k}\,\widetilde{x}(t)]\widetilde{P}[{}^{\mathrm{RL}}\mathrm{D}^{\alpha-k}\widetilde{x}(t)]$$

考虑到边界条件

$$\Upsilon_x(t)\leqslant\mu\,\widetilde{x}(t)\widetilde{P}\,\widetilde{x}(t)$$

和 $2\,\frac{t^{-\alpha}}{\Gamma(1-\alpha)}[\widetilde{x}(0)^{\mathrm{T}}\widetilde{P}\,\widetilde{x}(0)]\geqslant0$,将式(6.13)代入式(6.22),可得

$$^{\mathrm{C}}\mathrm{D}^{\alpha}V(t)\leqslant[\widetilde{A}\,\widetilde{x}(t)+\widetilde{D}_w\phi(t)+\widetilde{I}\xi(x(t),\hat{x}(t))]^{\mathrm{T}}\widetilde{P}\,\widetilde{x}(t)$$

$$
\begin{aligned}
&+\tilde{x}(t)^{\mathrm{T}}\tilde{P}[\tilde{A}\,\tilde{x}(t)+\tilde{D}_w\phi(t)+\tilde{I}\xi(x(t),\hat{x}(t))]+2\mu\,\tilde{x}(t)^{\mathrm{T}}\tilde{P}\,\tilde{x}(t)\\
&=\tilde{x}(t)^{\mathrm{T}}(\tilde{P}\tilde{A}+\tilde{A}^{\mathrm{T}}\tilde{P}+2\mu\tilde{P})\,\tilde{x}(t)+\tilde{x}(t)^{\mathrm{T}}\tilde{P}\tilde{D}_w\phi(t)\\
&\quad+\tilde{x}(t)^{\mathrm{T}}\tilde{P}\tilde{I}\xi(x(t),\hat{x}(t))+\phi(t)^{\mathrm{T}}(\tilde{P}\tilde{D}_w)^{\mathrm{T}}\,\tilde{x}(t)+\xi(x(t),\hat{x}(t))^{\mathrm{T}}(\tilde{P}\tilde{I})^{\mathrm{T}}\,\tilde{x}(t)\\
&\leqslant\tilde{x}(t)^{\mathrm{T}}(\tilde{P}\tilde{A}+\tilde{A}^{\mathrm{T}}\tilde{P}+2\mu\tilde{P})\,\tilde{x}(t)+\tilde{x}(t)^{\mathrm{T}}\tilde{P}\tilde{D}_w\phi(t)\\
&\quad+\phi(t)^{\mathrm{T}}\,(\tilde{P}\tilde{D}_w)^{\mathrm{T}}\,\tilde{x}(t)+\tilde{x}(t)^{\mathrm{T}}\tilde{P}\tilde{I}(\tilde{P}\tilde{I})^{\mathrm{T}}\,\tilde{x}(t)\\
&\quad+\xi(x(t),\hat{x}(t))^{\mathrm{T}}\xi(x(t),\hat{x}(t))\\
&\leqslant\tilde{x}(t)^{\mathrm{T}}(\tilde{P}\tilde{A}+\tilde{A}^{\mathrm{T}}\tilde{P}+2\mu\tilde{P}+\tilde{P}\tilde{I}(\tilde{P}\tilde{I})^{\mathrm{T}}+\tilde{\gamma}^{\mathrm{T}}\tilde{\gamma})\,\tilde{x}(t)\\
&\quad+\tilde{x}(t)^{\mathrm{T}}\tilde{P}\tilde{D}_w\phi(t)+\phi(t)^{\mathrm{T}}(\tilde{P}\tilde{D}_w)^{\mathrm{T}}\,\tilde{x}(t)
\end{aligned}
\tag{6.23}
$$

由式(6.14)中的 H_∞ 条件，可得

$$
{}^{\mathrm{C}}\mathrm{D}^{\alpha}V(t)+\tilde{x}(t)^{\mathrm{T}}H^{\mathrm{T}}H\,\tilde{x}(t)-\eta^2\phi(t)^{\mathrm{T}}\phi(t)<0 \tag{6.24}
$$

利用式(6.23)和式(6.24)以及引理 6.1 中的分数阶直接 Lyapunov 方法，系统稳定的充分条件如下：

$$
\begin{bmatrix}\tilde{x}(t)\\ \phi(t)\end{bmatrix}^{\mathrm{T}}\begin{bmatrix}\Omega_1 & \tilde{P}\tilde{D}_w\\ * & -\eta^2\end{bmatrix}\begin{bmatrix}\tilde{x}(t)\\ \phi(t)\end{bmatrix}<0
$$

式中

$$
\Omega_1=\tilde{P}\tilde{A}+\tilde{A}^{\mathrm{T}}\tilde{P}+2\mu\,\tilde{P}+\tilde{P}\tilde{I}\,(\tilde{P}\tilde{I})^{\mathrm{T}}+\tilde{\gamma}\tilde{\gamma}^{\mathrm{T}}+H^{\mathrm{T}}H
$$

利用 Schur 补引理，可得定理 6.1 中式(6.18)。证毕。

6.2.2 控制器设计

定理 6.2　令 $\eta>0$ 为给定常数，如果存在非奇异矩阵 $N>0$，$P_1>0$，$P_3>0$，Y、Z 和常数 μ、γ，使得如下的不等式成立：

$$
\begin{bmatrix}
-2\beta N & * & * & * & *\\
0 & -2\beta N & * & * & *\\
0 & 0 & -2\beta N & * & *\\
\beta I & 0 & 0 & \Omega_{11} & *\\
-BY & D_wN & 0 & 0 & \Omega_{22}\\
0 & 0 & 0 & 0 & (A-A_r)^{\mathrm{T}}+\gamma^{\mathrm{T}}\gamma N\\
0 & 0 & 0 & 0 & -I\\
0 & 0 & 0 & 0 & I\\
0 & 0 & 0 & 0 & I\\
N & 0 & 0 & 0 & 0
\end{bmatrix}
$$

$$\left.\begin{matrix} * & * & * & * & * \\ * & * & * & * & * \\ * & * & * & * & * \\ * & * & * & * & * \\ * & * & * & * & * \\ \Omega_{33} & * & * & * & * \\ P_3 & -\eta^2 I & * & * & * \\ 0 & 0 & -I & * & * \\ P_3 & 0 & 0 & -I & * \\ 0 & 0 & 0 & 0 & -(\gamma^{\mathrm{T}}\gamma+1)^{-1}I \end{matrix}\right] < 0 \tag{6.25}$$

则闭环分数阶系统式(6.13)是渐近稳定的，并满足 H_∞ 跟踪控制性能。式中

$$\Omega_{11} = \begin{bmatrix} \Psi_{11} & * & * \\ D_w^{\mathrm{T}} P_1 & -\eta^2 I & * \\ P_1 & 0 & -I \end{bmatrix}$$

$$\Psi_{11} = P_1(A - LC) + (A - LC)^{\mathrm{T}} P_1 + 2\mu P_1 + \gamma^{\mathrm{T}}\gamma$$

$$\Omega_{22} = NA^{\mathrm{T}} + AN + Y^{\mathrm{T}} B^{\mathrm{T}} + BY + 2\mu N$$

$$\Omega_{33} = A_r^{\mathrm{T}} P_3 + P_3 A_r + 2\mu P_3 + 2\gamma^{\mathrm{T}}\gamma I$$

更进一步，可得增益 K、L 的表达式如下：

$$K = YN^{-1}, \quad L = P_1^{-1} Z \tag{6.26}$$

证明　为了设计方便，假设 $\widetilde{P} = \mathrm{diag}\{P_1, P_2, P_3\}$，则式(6.18)可改写为

$$\left[\begin{matrix} \Psi_{11} & -(P_2BK)^{\mathrm{T}} & 0 \\ -P_2BK & \Psi_{22} & P_2(A-A_r)+\gamma^{\mathrm{T}}\gamma \\ 0 & (A-A_r)P_2+\gamma^{\mathrm{T}}\gamma & A_r^{\mathrm{T}}P_3+P_3A_r+2\mu P_3+2\gamma^{\mathrm{T}}\gamma \\ D_w^{\mathrm{T}}P_1 & D_w^{\mathrm{T}}P_2 & 0 \\ 0 & -P_2 & P_3 \\ P_1 & 0 & 0 \\ 0 & P_2 & 0 \\ 0 & P_2 & P_3 \end{matrix}\right.$$

$$\begin{matrix} P_1D_w & 0 & P_1 & 0 & 0 \\ P_2D_w & -P_2 & 0 & P_2 & P_2 \\ 0 & P_3 & 0 & 0 & P_3 \\ -\eta^2 I & 0 & 0 & 0 & 0 \\ 0 & -\eta^2 I & 0 & 0 & 0 \\ 0 & 0 & -I & 0 & 0 \\ 0 & 0 & 0 & -I & 0 \\ 0 & 0 & 0 & 0 & -I \end{matrix}\Bigg] < 0 \tag{6.27}$$

式中

$$\Psi_{22} = (A+BK)^{\mathrm{T}}P_2 + P_2(A+BK) + 2\mu P_2 + \gamma^{\mathrm{T}}\gamma + I$$

为了重新排列式(6.27)，构造如下满秩矩阵：

$$\begin{bmatrix} 1 & 0 & 0 & 0 & 0 & 0 & 0 & 0 \\ 0 & 0 & 0 & 1 & 0 & 0 & 0 & 0 \\ 0 & 0 & 0 & 0 & 0 & 1 & 0 & 0 \\ 0 & 1 & 0 & 0 & 0 & 0 & 0 & 0 \\ 0 & 0 & 1 & 0 & 0 & 0 & 0 & 0 \\ 0 & 0 & 0 & 0 & 1 & 0 & 0 & 0 \\ 0 & 0 & 0 & 0 & 0 & 0 & 1 & 0 \\ 0 & 0 & 0 & 0 & 0 & 0 & 0 & 1 \end{bmatrix}$$

则式(6.27)等价于

$$\Bigg[\begin{matrix} \Psi_{11} & * & * & * \\ D_w^{\mathrm{T}}P_1 & -\eta^2 I & * & * \\ P_1 & 0 & -I & * \\ -P_2BK & P_2D_w & 0 & \Psi_{22} \\ 0 & 0 & 0 & (A-A_r)^{\mathrm{T}}P_2 + \gamma^{\mathrm{T}}\gamma \\ 0 & 0 & 0 & -P_2 \\ 0 & 0 & 0 & P_2 \\ 0 & 0 & 0 & P_2 \end{matrix}$$

$$\begin{bmatrix} \cdots & * & * & * & * \\ \cdots & * & * & * & * \\ \cdots & * & * & * & * \\ \cdots & * & * & * & * \\ \cdots & A_r^{\mathrm{T}}P_3+P_3A_r+2\mu P_3+2\gamma^{\mathrm{T}}\gamma & * & * & * \\ \cdots & P_3 & -\eta^2 I & * & * \\ \cdots & 0 & 0 & -I & * \\ \cdots & P_3 & 0 & 0 & -I \end{bmatrix}<0 \tag{6.28}$$

然后，在式(6.28)的两侧分别左乘 $\mathrm{diag}\{N,N,N,N,I,I,I,I\}$及右乘其转置，并令 $N=P_2^{-1}$，$Y=KN$，$Z=P_1L$，可得

$$\begin{bmatrix} \multicolumn{3}{c}{\widetilde{N}\Omega_{11}\widetilde{N}} & * & * & * & * & * \\ -BY & D_wN & 0 & \widetilde{\Omega}_{22} & * & * & * & * \\ 0 & 0 & 0 & (A-A_r)^{\mathrm{T}}+\gamma^{\mathrm{T}}\gamma N & \Omega_{33} & * & * & * \\ 0 & 0 & 0 & -I & P_3 & -\eta^2 I & * & * \\ 0 & 0 & 0 & I & 0 & 0 & -I & * \\ 0 & 0 & 0 & I & P_3 & 0 & 0 & -I \end{bmatrix}<0 \tag{6.29}$$

式中

$$\widetilde{N}=\begin{bmatrix} N & 0 & 0 \\ 0 & N & 0 \\ 0 & 0 & N \end{bmatrix}$$

$$\widetilde{\Omega}_{22}=NA^{\mathrm{T}}+AN+Y^{\mathrm{T}}B^{\mathrm{T}}+BY+2\mu N+N(\gamma^{\mathrm{T}}\gamma+1)N$$

对式(6.29)中的 $\widetilde{N}\Omega_{11}\widetilde{N}$ 利用引理 6.2，可得

$$\widetilde{N}\Omega_{11}\widetilde{N}\leqslant-2\beta\widetilde{N}-\beta^2\Omega_{11}^{-1} \tag{6.30}$$

然后，利用 Schur 补引理，式(6.30)可改写为

$$\widetilde{N}\Omega_{11}\widetilde{N}\leqslant\begin{bmatrix} -2\beta\widetilde{N} & \beta I \\ * & \Psi_{22} \end{bmatrix}<0 \tag{6.31}$$

将式(6.31)代入式(6.29)，可得

$$\begin{bmatrix}
-2\beta N & * & * & * & * & * & * & * & * \\
0 & -2\beta N & * & * & * & * & * & * & * \\
0 & 0 & -2\beta N & * & * & * & * & * & * \\
\beta I & 0 & 0 & \Omega_{11} & * & * & * & * & * \\
-BY & D_w N & 0 & 0 & \widetilde{\Omega}_{22} & * & * & * & * \\
0 & 0 & 0 & 0 & (A-A_r)^{\mathrm{T}}+\gamma^{\mathrm{T}}\gamma N & \Omega_{33} & * & * & * \\
0 & 0 & 0 & 0 & -I & P_3 & -\eta^2 I & * & * \\
0 & 0 & 0 & 0 & I & 0 & 0 & -I & * \\
0 & 0 & 0 & 0 & I & P_3 & 0 & 0 & -I
\end{bmatrix}<0$$

再次利用 Schur 补引理，可得定理 6.2 中的条件。最后，由定理 6.1 可得在跟踪控制规律式(6.8)和式(6.9)以及式(6.12)的作用下，控制增益为式(6.26)，分数阶系统式(6.13)($0<\alpha<1$)是渐近稳定的并满足 H_∞ 性能。证毕。

6.3　仿真算例

本节给出一个数值算例以说明所设计方法的有效性。

针对分数阶系统式(6.6)和式(6.7)，考虑跟踪控制器设计问题，系统参数如下：

$$A=\begin{bmatrix}-5 & 1\\ 0 & -3\end{bmatrix},\quad B=\begin{bmatrix}-2\\ -3\end{bmatrix},\quad C=[1\quad 1],\quad D_w=\begin{bmatrix}1 & 0\\ 0 & 1\end{bmatrix}$$

经过试探，仿真结果是在以下设置的基础上得到：

(1) 任意选取参考模型，其中，$A_r=\begin{bmatrix}0 & 1\\ -6 & -5\end{bmatrix}$，$\gamma=1$，$\eta=10$，$\mu=0.1$，$\lambda=100$。

(2) 利用 MATLAB LMI 工具箱解定理 6.2 中线性矩阵不等式(6.25)，可以

得到矩阵 P_1、P_3、N、Y、Z 的值。

(3) 增益 K、L 的值可通过公式 $K=YN^{-1}$，$L=P_1^{-1}Z$ 求得。

因此，对于所给算例，解定理 6.2 中的线性矩阵不等式可得增益如下：

$$K=\begin{bmatrix}0.1937 & 0.4621\end{bmatrix},\quad L=\begin{bmatrix}77.6617\\116.4462\end{bmatrix}$$

$$P_1=\begin{bmatrix}52.3438 & 45.8596\\45.8596 & 50.2918\end{bmatrix},\quad P_3=\begin{bmatrix}5.7204 & -0.7685\\-0.7685 & 4.0639\end{bmatrix}$$

$$N=\begin{bmatrix}3.4064 & -0.6698\\-0.6698 & 2.0166\end{bmatrix},\quad Y=\begin{bmatrix}0.3504 & 0.8021\end{bmatrix},\quad Z=10^3\begin{bmatrix}9.4053\\9.4178\end{bmatrix}$$

同时可得到 H_∞ 范数的最小值 $\eta=0.9$。

系统状态的初始条件为 $x(0)=[0.01\quad 0]^{\mathrm{T}}$，观测器状态初始条件为 $\hat{x}(0)=[0\quad 0.01]^{\mathrm{T}}$，$r(t)=[0.01\sin\omega(t)\quad 0.01\sin\omega(t)]^{\mathrm{T}}$，系统的外部扰动为 $\omega(t)=[0.01\sin\omega(t)\quad 0.01\sin\omega(t)]^{\mathrm{T}}$，非线性函数选取为 $f(x(t))=\sin([0.3\quad 0.1]\cdot x(t))$。

仿真结果如图 6.2～图 6.5 所示。图 6.2 所示为在 $\alpha=0.8$ 情况下的系统状态响应 $x_1(t)$ 和参考模型状态响应 $x_{r1}(t)$。图 6.3 所示为在 $\alpha=0.5$ 情况下的系统状态响应 $x_2(t)$ 和参考模型状态响应 $x_{r2}(t)$。在 $\alpha=0.5$、0.8、0.9 的情况下，误差 $x_1(t)-x_{r1}(t)$ 如图 6.4 所示。在 $\alpha=0.5$、0.8、0.9 的情况下，误差 $x_2(t)-x_{r2}(t)$ 如图 6.5 所示。

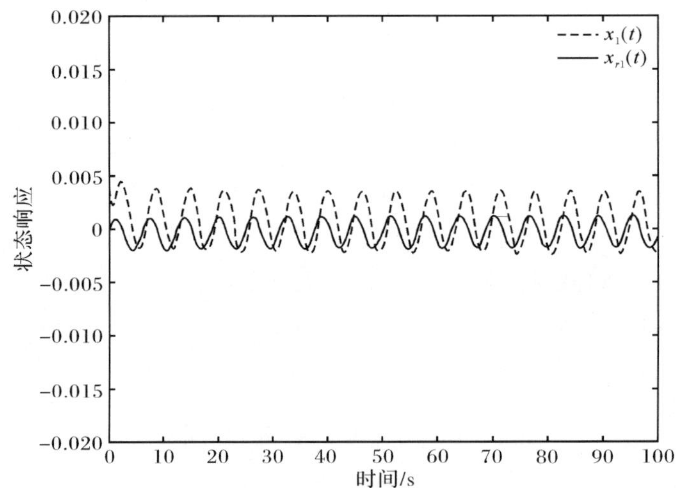

图 6.2　$\alpha=0.8$ 时的系统状态响应 $x_1(t)$ 和参考模型状态响应 $x_{r1}(t)$

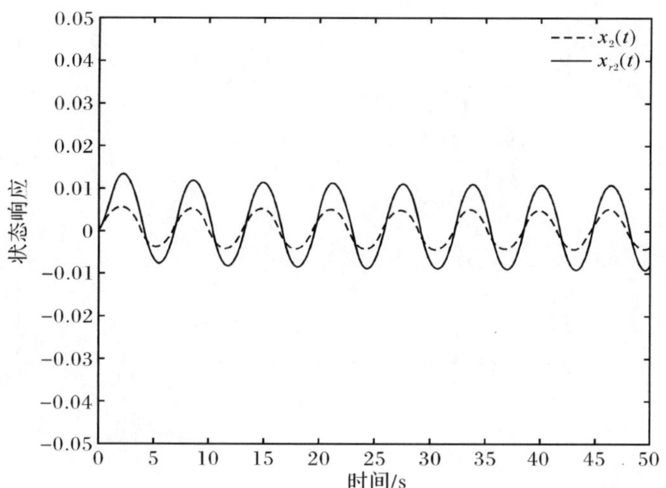

图 6.3　$\alpha=0.5$ 时的系统状态响应 $x_2(t)$ 和参考模型状态响应 $x_{r2}(t)$

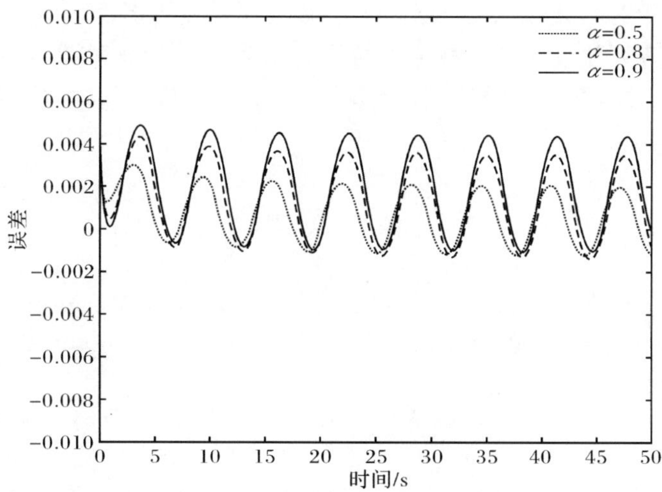

图 6.4　$\alpha=0.5$、0.8、0.9 时的误差 $x_1(t)-x_{r1}(t)$

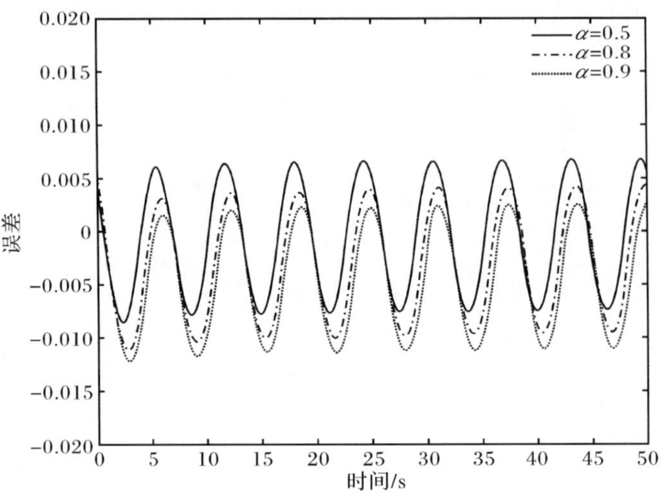

图 6.5 α=0.5、0.8、0.9 时的误差 $x_2(t)-x_{r2}(t)$

6.4 小结

本章针对带有非线性项的分数阶系统设计了 H_∞ 输出反馈跟踪控制器，得到了能够保证闭环系统满足 H_∞ 性能指标要求的稳定性分析结果与控制器设计算法。基于 LMI 技术，给出了控制器的具体设计方法。最后通过仿真算例验证了所提方法的有效性。

参考文献

[1] Zames G. Feedback and optimal sensitivity: model reference transformations, multiplicative seminorms, and approximate inverses [J]. IEEE Transactions on Automatic Control, 1981, 26(2): 301—320.

[2] Zames G, Francis B A. On H_∞ optimal sensitivity theory for SISO feedback systems [J]. IEEE Transactions on Automatic Control, 1984, 29(1): 9—16.

[3] Francis B A, Helton J W, Zames G. H_∞ optimal feedback controllers for linear multivariable systems [J]. IEEE Transactions on Automatic Control, 1984, 29(10): 888—900.

[4] Glover K. All optimal hankel-norm approximations of linear multivariable systems and their L_∞-error bounds [J]. International Journal of Control, 1984, 39(6): 1115—1193.

[5] Doyle J C. Lecture notes in advances in multivariable control [C]. ONR/Honeywell Workshop, Minneapolis, 1984.

[6] Francis B A. A Course in H_∞ Control Theory [M]. New York: Springer-verlag, 1987.

[7] Doyle J, Glover K, Khargonekar P, et al. State space solution to standard H_∞ and H_2 control problem [J]. IEEE Transactions on Automatic Control, 1989, 34(8): 831—842.

[8] Kimura H. Conjugation, interpolation and model-matching in H_∞ [J]. International Journal of Control, 1989, 49: 269—307.

[9] 申铁龙. H_∞ 控制理论及应用 [M]. 北京:清华大学出版社, 1996.

[10] Petersen I R, Hollot C V. A riccati equation to the stabilization of uncertain linear systems [J]. Automatica, 1986, 22(4): 397—411.

[11] Iwasaki T, Skelton R E. All controllers for the general H_∞ control problem: LMI existence condition and state space formulas [J]. Automatica, 1994, 30(8): 1307—1317.

[12] Shen T L, Tamura K. Robust H_∞ control of uncertain nonlinear system via state feedback [J]. IEEE Transactions on Automatic Control, 1995, 40(4): 668—766.

[13] Masubuchi I, Kamitane Y, Ohara A, et al. H_∞ control for descriptor systems: a matrix inequalities approach [J]. Automatica, 1997, 33(4): 669—673.

[14] Rehm A, Allgower F. An LMI approach towards H_∞ control of discrete-time descriptor systems [C]. Proceedings of the American Control Conference, Anchorage, 2002: 614—619.

[15] Khargonekar P P, Petersen I R, Zhou K. Robust stabilization of uncertain linear systems: Quadratic stabilizability and H_∞ control theory [J]. IEEE Transactions on Automatic Control, 1990, 35(3): 356—361.

[16] Xu S Y, Yang C W. Stabilization of discrete-time singular systems: A matrix inequalities approach [J]. Automatica, 1999, 35(9): 1613—1617.

[17] Wicks M A, Peleties P, Decarlo R A. Construction of piecewise Lyapunov function for stabilizing switched systems [C]. Proceedings of the 33th IEEE Conference on Decision and Control, Lake Buena Vista, 1994: 3492—3497.

[18] Pettersson S, Lennartson B. Stabilization of hybrid systems using a min-projection strategy [C]. Proceedings of the American Control Conference, Arlington, 2001: 223—228.

[19] Hu B, Zhai G S, Michel A N. Hybrid output feedback stabilization of two-dimensional linear control systems [C]. Proceedings of the American Control Conference, Chicago, 2000: 2184—2188.

[20] Akar M, Ozguner U. Sliding mode control using state/output feedback in hybrid systems [C]. Proceedings of the 37th IEEE Conference on Decision and Control, Tampa, 1998: 2421—2422.

[21] Wang J C, Su H Y, Chu J, et al. Robust H_∞ output feedback controller design for linear time-varying systems with delayed state [J]. Control Theory and Application, 1999, 16(3): 334—338.

[22] Souza C E, Fu M Y, Xie L H. H_∞ analysis and synthesis of discrete-time systems with time-varying uncertainty [J]. IEEE Transactions on Automatic Control, 1993, 38(3): 459—462.

[23] Zhang H, Ray A, Phoha S. Hybrid life-extending control of mechanical systems: Experimental validation of the concept [J]. Automatica, 2000, 36(1): 23—36.

[24] 姚骏,廖勇,瞿兴鸿,等. 直驱永磁同步风力发电机的最佳风能跟踪控制 [J]. 电网技术,2008,32(10):11—15.

[25] 王志华,李亚西,赵栋利,等. 变速恒频风力发电机最大功率跟踪控制策略的研究 [J]. 可再生能源,2005,2(120):16—19.

[26] 冯文剑. BTT 导弹自动驾驶仪线性二次型法设计 [J]. 现代防御技术,1994,4:30—41.

[27] 周荻. 寻的导弹新型导引规律 [M]. 北京:国防工业出版社,2002.

[28] 张泉灵,王树青. 化学反应器温度跟踪预测函数控制的研究及应用 [J]. 控制理论与应用,2001,18(4):559—563.

[29] 阎九喜,程兆林. 奇异动态经济系统最优跟踪问题 [J]. 自动化学报,1998,5(3):428—431.

[30] 张庆振,高晨,史波波,等. 高动态无人飞行器轨迹规划与控制技术 [J]. 北京航空航天大学学报,2009,35(4):417—420.

[31] 周建斌,金栋平,张澍森. 舰载机拦阻系统动力学建模与控制 [J]. 动力学与控制学报,2009,7(4):352—357.

[32] 齐晓鹏,王洁,时建明,等. 三轴稳定飞行器姿态控制系统混合 LQR-H_∞ 控制器设计 [J]. 上海航天,2010,27(5):41—45.

[33] 刘鹏,谷良贤. 高超声速飞行器动态输出反馈最优跟踪控制 [J]. 哈尔滨工学大学学报,2011,43(7):131—134.

[34] 鹿存侃,闫杰. 高超声速飞行器最优 PIF-LQR 控制器设计 [J]. 计算机仿真,2009,5:84—87.

[35] 李世华,田玉平. 非完整移动机器人的有限时间跟踪控制算法研究 [J]. 控制与决策,2005,20(7):50—754.

[36] 张城明,唐功友,白玫. 基于观测器的控制时滞线性系统的最优跟踪控制 [J]. 电机与控制学报,2007,3:271—274.

[37] Alba-Flores R,Barbieri E. Real-time infinite horizon linear-quadratic tracking controller for vibration quenching in flexible beams [C]. Proceedings of the IEEE International Conference on Systems,Man and Cybernetics,New York,2006:38—43.

[38] Fadiga L, Farges C, Sabatier J, et al. On computation of H_∞ norm for commensurate fractional order systems [C]. Proceedings of the 50th IEEE Conference on Decision and Control and European Control,Orlando,2011.

[39] Fadiga L,Sabatier J,Farges C. H_∞ state feedback control of commensurate fractional order systems [C]. Proceedings of the 6th IFAC FDA,Grenoble,2013.

[40] N'Doye I, Voos H, Darouach M. H_∞ static output feedback control for a fractional-order glucose-insulin system. Proceedings of the 6th IFAC FDA,Grenoble,2013.

[41] Padula F, Alcantara S, Vilanova R, et al. H_∞ control of fractional linear systems [J]. Automatica,2013,49(7):2276—2280.

[42] Farges C,Fadiga L,Sabatier J. H_∞ analysis and control of commensurate fractional order systems [J]. Mechatronics,2013,23(7):772—780.

[43] Li Y, Chen Y Q, Podlubny I. Stability of fractional-order nonlinear dynamic systems:

Lyapunov direct method and generalized mittage-leffler stability [J]. Computers & Mathematics with Applications, 2010, 59(5): 1810—1821.

[44] Mansouri B, Manamanni N, Guelton K. Output feedback LMI tracking control condition with H_∞ criterion for uncertain and disturbed T-S models [J]. Information Sciences, 2009, 179(4): 446—457.

第7章 模糊时滞系统的 H_∞ 控制与滤波

众所周知，H_∞ 性能是用来估计系统干扰抑制水平的一个重要指标，在过去的20年中，H_∞ 控制问题的研究获得了重大的突破[1-5]。H_∞ 控制问题可以作如下描述：对于具有外部干扰输入和被控输出的动力系统，设计一个控制器，使得从外部干扰输入到被控输出按照 H_∞ 范数不超过某个给定水平。控制界将 H_∞ 鲁棒控制理论的发展过程分为两个阶段，分别以加拿大学者 Zames[6] 和美国学者 Doyle 等[7]发表的两篇著名论文为标志。以 Zames 为代表的理论称为经典 H_∞ 鲁棒控制理论，而以 Doyle 等为代表的理论为状态空间 H_∞ 鲁棒控制理论。从1988年 Doyle 等发表了著名的 DGKF 论文，证明了 H_∞ 控制器设计问题可以归结为求解两个适当的代数 Riccati 方程，从而解决了以前 H_∞ 设计问题所采用的烦琐的数学问题。而后 Doyle 等[8,9]进一步给出了更简单的求解方法，提出了状态反馈 H_∞ 控制问题可通过求解一个 Riccati 方程来求得。这类方法不仅设计简单，计算量小，而且所求得的控制器阶次较低，结构特征明显。而 H_∞ 控制理论基本成熟的标志是 Zhou 等的专著《鲁棒及最优控制》[10] 以及 Skogestad 和 Postlethwaite 的专著《多变量反馈控制》[11] 的出版。近来，非线性系统的 H_∞ 控制问题也受到了人们的广泛关注并取得了很大进展[12-15]。

自1995年 Wang 等提出用平行分布补偿原理来设计模糊控制器，并首次提出用 LMI 方法寻找 Lyapunov 矩阵后，T-S 模糊系统的 H_∞ 理论也随之快速发展起来[16-20]。近来，对于 T-S 模糊系统，已有很多关于 H_∞ 控制问题的结果。例如，T-S 模糊系统的鲁棒非脆弱 H_∞ 控制问题在文献[21]中被研究；文献[22]则讨论了 T-S 模糊系统的基于观测器的 H_∞ 控制问题；而对于离散 T-S 模糊系统，其 H_∞ 控制问题在文献[23]、[24]中被解决。然而，很多结果都要求状态变量可测[25,21]。在实际应用中，系统状态并不都可测，而输出反馈只取对象能检测到的输出信号作为反馈信号，很多控制系统实际上都是输出反馈。对于 T-S 模糊系统的 H_∞ 输出反馈控制问题，连续及离散的情况分别在文献[26]和文献[26]～[28]中得到讨论。近年来，不确定时滞系统的鲁棒 H_∞ 控制问题受到了学者的青睐[29-31]。特别地，通过不同的方法，不确定分布时滞系统的 H_∞ 状态反馈及输出反馈控制问题分别在文献[32]和[33]中得到解决；在文献[34]中，Yue 等通过 LMI 的方法实现了不确定分布时滞系统的鲁棒 H_∞ 非脆弱控制器设计。值得提及的是，虽然文献[26]和[27]分别对带有时滞的 T-S 模糊系统连续时间及离散时间形式进行了 H_∞ 输出反馈控制研究，但是在本章相关工作开展以前，对于同时带有状态时滞和分布时滞的不确定 T-S 模糊时滞系统的 H_∞ 输出反馈控制问题还没有看到相关的研究。

另一方面，滤波器的设计始终是人们研究的热点之一，从 Wiener 滤波器到卡尔曼滤波器到现在广为使用的基于各种性能指标的鲁棒滤波器，滤波器技术在不断地发展。其中，鲁棒 H_∞ 滤波技术受到广大学者的欢迎[35-41]。由于其相比于传统的卡尔曼滤波器具有以下的优点：①对于信号模型中的不确定参数较为不敏感；②不需要知道噪声的精确数学模型。因此本章也将以 H_∞ 指标作为着手点，对一类模糊系统进行滤波器设计。

一般来说，时滞有中立时滞、分布时滞和普通时滞三种。中立型时滞的性态比一般的标准时滞更加复杂，一般情况标准时滞系统的多数结果并不能简单推广到中立型系统，因此中立型系统的滤波问题有着重要的理论价值和研究意义。在文献[42]中，Fridman 等对线性中立型系统进行了滤波器设计。Xu 等则对不确定非线性中立型系统进行了鲁棒 H_∞ 滤波器设计[43]。然而根据作者目前掌握的文献所知，对于不确定 T-S 模糊中立型系统的 H_∞ 模糊滤波器问题还没有看到相关的研究。因此本章将对这一类模糊系统设计一个 H_∞ 滤波器，将文献[43]的结果进行扩展，这是本章的研究目的所在。

因此，在模糊时滞系统的 H_∞ 控制方面，本章主要针对同时具有状态时滞和分布时滞的不确定 T-S 模糊时滞系统，设计 H_∞ 动态输出反馈控制器，使得闭环系统是鲁棒渐近稳定的并且满足 H_∞ 性能指标；在模糊时滞系统的 H_∞ 滤波方面，首先在时滞相关稳定性的基础上，对 T-S 模糊中立型系统给出时滞相关的有界实引理。基于该有界实引理，引入松弛矩阵不等式，给出了中立型时滞 T-S 模糊系统的 H_∞ 滤波器存在的充分条件和设计方法，并通过仿真算例进行验证。

7.1　问题描述

7.1.1　H_∞ 控制描述

考虑如下带有分布时滞的不确定 T-S 模糊系统，第 i 个模糊规则如下。

规则 i：IF $s_1(t)$ is u_{i1} and $\cdots$ and $s_p(t)$ is u_{ip} THEN

$$\dot{x}(t)=[A_i+\Delta A_i(t)]x(t)+[A_{1i}+\Delta A_{1i}(t)]x(t-\tau)+[A_{2i}+\Delta A_{2i}(t)]\int_{t-\tau}^{t}x(s)\mathrm{d}s+[B_i+\Delta B_i(t)]u(t)+D_{1i}w(t) \tag{7.1}$$

$$y(t)=[C_i+\Delta C_i(t)]x(t)+D_{2i}w(t) \tag{7.2}$$

$$z(t)=E_ix(t)+G_iu(t) \tag{7.3}$$

$$x(t)=\phi(t)\ \forall t\in[-\tau,0],\quad i=1,2,\cdots,r \tag{7.4}$$

式中，u_{ij} 是模糊集合；r 是 IF-THEN 模糊规则的数目；$s_1(t),\cdots,s_p(t)$ 表示前件变

量，并且全书假设前件变量是不依赖于输入变量和扰动的；$x(t)\in\mathbb{R}^n$表示系统状态；$u(t)\in\mathbb{R}^m$为控制输入；$y(t)\in\mathbb{R}^s$表示测量输出；$z(t)\in\mathbb{R}^q$为被控输出；$w(t)\in\mathbb{R}^p$为任意的噪声信号；$\tau>0$ 表示模糊系统中的时滞参数；$\phi(t)$是给定在$[-\tau,0]$范围上的连续可微初值函数；A_i、A_{1i}、A_{2i}、B_i、C_i、D_{1i}、D_{2i}、E_i、G_i 是已知的常数矩阵；$\Delta A_i(t)$、$\Delta A_{1i}(t)$、$\Delta A_{2i}(t)$和 $\Delta B_i(t)$、$\Delta C_i(t)$是实值的未知矩阵代表时变的参数不确定性，并且具有如下形式：

$$\begin{aligned}&[\Delta A_i(t)\quad \Delta A_{1i}(t)\quad \Delta A_{2i}(t)\quad \Delta B_i(t)\quad \Delta C_i(t)]\\&=M_iF_i(t)[N_{0i}\quad N_{1i}\quad N_{2i}\quad N_{3i}\quad N_{4i}],\quad i=1,2,\cdots,r\end{aligned}\tag{7.5}$$

式中，M_i、N_{0i}、N_{1i}、N_{2i}、N_{3i}、N_{4i}是已知的常数矩阵；$F_i(\cdot):\mathbb{N}\to\mathbb{R}^{l_1\times l_2}$是未知的矩阵函数，满足

$$F_i(t)^{\mathrm{T}}F_i(t)\leqslant I,\quad \forall t\tag{7.6}$$

如果式(7.5)和式(7.6)都满足，不确定矩阵 $\Delta A_i(t)$、$\Delta A_{1i}(t)$、$\Delta A_{2i}(t)$和 $\Delta B_i(t)$、$\Delta C_i(t)$被称为是容许的。

采用单点模糊化、乘积推理、中心加权平均解模糊，动态模糊模型式(7.1)～式(7.3)可以表示为(Σ_7)

$$\begin{aligned}\dot{x}(t)=&\sum_{i=1}^{r}h_i(s(t))\Big\{[A_i+\Delta A_i(t)]x(t)+[A_{1i}+\Delta A_{1i}(t)]x(t-\tau)\\&+\Big[A_{2i}+\Delta A_{2i}(t)\int_{t-\tau}^{t}x(s)\mathrm{d}s\Big]+[B_i+\Delta B_i(t)]u(t)+D_{1i}w(t)\Big\}\end{aligned}\tag{7.7}$$

$$y(t)=\sum_{i=1}^{r}h_i(s(t))\{[C_i+\Delta C_i(t)]x(t)+D_{2i}w(t)\}\tag{7.8}$$

$$z(t)=\sum_{i=1}^{r}h_i(s(t))[E_ix(t)+G_iu(t)]\tag{7.9}$$

式中

$$h_i(s(t))=\frac{\bar{w}_i(s(t))}{\sum\limits_{i=1}^{r}\bar{w}_i(s(t))}\tag{7.10}$$

$$\bar{w}_i(s(t))=\prod_{j=1}^{p}u_{ij}(s_j(t))\tag{7.11}$$

$$s(t)=[s_1(t)\quad s_2(t)\quad \cdots\quad s_p(t)]\tag{7.12}$$

其中，$u_{ij}(s_j(t))$表示模糊集 $s_j(t)$在上的隶属度函数。很容易看出

$$\bar{w}_i(s(t))\geqslant 0,\quad i=1,\cdots,r\tag{7.13}$$

$$\sum_{i=1}^{r}\bar{w}_i(s(t))\geqslant 0,\quad \forall t>0\tag{7.14}$$

及

$$h_i(s(t)) \geqslant 0, \quad i = 1, \cdots, r \tag{7.15}$$

$$\sum_{i=1}^{r} h_i(s(t)) = 1, \quad \forall t > 0 \tag{7.16}$$

现在,利用并行分布补偿机制,设计如下模糊动态输出反馈控制器。

控制器 i:IF $s_1(t)$ is u_{i1} and … and $s_p(t)$ is u_{ip} THEN

$$\dot{\hat{x}}(t) = A_{ki}\hat{x}(t) + B_{ki}y(t) \tag{7.17}$$

$$u(t) = C_{ki}\hat{x}(t), \quad i = 1, 2, \cdots, r \tag{7.18}$$

式中,$\hat{x}(t) \in \mathbb{R}^n$ 表示控制器状态;A_{ki}、B_{ki} 和 C_{ki} 为待定的控制器矩阵。由此,全局模糊输出反馈控制器可以表示为

$$\dot{\hat{x}}(t) = \sum_{i=1}^{r} h_i(s(t))[A_{ki}\hat{x}(t) + B_{ki}y(t)] \tag{7.19}$$

$$u(t) = \sum_{i=1}^{r} h_i(s(t))C_{ki}\hat{x}(t), \quad i = 1, 2, \cdots, r \tag{7.20}$$

由此根据式(7.7)~式(7.9)、式(7.19)和式(7.20),闭环系统可以写为 (Σ_7')

$$\begin{aligned}\dot{e}(t) = &\sum_{i=1}^{r}\sum_{j=1}^{r} h_i(s(t))h_j(s(t))\Big\{[A_{ij} + \Delta A_{ij}(t)]e(t) + [\widetilde{A}_{1i} + \Delta\widetilde{A}_{1i}(t)]He(t-\tau) \\ &+ [\widetilde{A}_{2i} + \Delta\widetilde{A}_{2i}(t)]\int_{t-\tau}^{t} He(s)\mathrm{d}s + D_{ij}w(t)\Big\}\end{aligned} \tag{7.21}$$

$$z(t) = \sum_{i=1}^{r}\sum_{j=1}^{r} h_i(s(t))h_j(s(t))E_{ij}e(t) \tag{7.22}$$

式中

$$\dot{e}(t) = \begin{bmatrix}\dot{x}(t)\\ \dot{\hat{x}}(t)\end{bmatrix}, \quad A_{ij} = \begin{bmatrix}A_i & B_iC_{kj}\\ B_{kj}C_i & A_{kj}\end{bmatrix}, \quad \Delta A_{ij}(t) = \begin{bmatrix}\Delta A_i(t) & \Delta B_i(t)C_{kj}\\ B_{kj}\Delta C_i(t) & 0\end{bmatrix}$$

$$\widetilde{A}_{1i} = \begin{bmatrix}A_{1i}\\ 0\end{bmatrix}, \quad \Delta\widetilde{A}_{1i}(t) = \begin{bmatrix}\Delta A_{1i}(t)\\ 0\end{bmatrix}, \quad \widetilde{A}_{2i} = \begin{bmatrix}A_{2i}\\ 0\end{bmatrix}, \quad \Delta\widetilde{A}_{2i}(t) = \begin{bmatrix}\Delta A_{2i}(t)\\ 0\end{bmatrix}$$

$$D_{ij} = \begin{bmatrix}D_{1i}\\ B_{kj}D_{2i}\end{bmatrix}, \quad E_{ij} = [E_i \quad G_iG_{kj}], \quad H = [I \quad 0]$$

鲁棒 H_∞ 输出反馈控制问题可以表示如下:对于给定的带有分布时滞的模糊系统(Σ_7) 和一个给定的干扰抑制参数 $\gamma > 0$,寻找一个形如式(7.19) 和式(7.20) 的模糊输出反馈控制器,使得闭环系统(Σ_7') 是鲁棒渐近稳定的且在零初始条件下,闭环系统(Σ_7') 对于任何非零 $w(t) \in [0, \infty)$ 及所有容许的不确定性满足

$$\| z \|_2 < \gamma \| w \|_2 \tag{7.23}$$

7.1.2 H_∞滤波描述

考虑如下一类 T-S 模糊中立型系统，由如下 IF-THEN 规则表示。

规则 i：IF $s_1(t)$ is u_{i1} and $s_2(t)$ is u_{i2} and $\cdots$ and $s_g(t)$ is u_{ig} THEN

$$\dot{x}(t)=A_i x(t)+A_{di}x(t-\tau_1(t))+A_{hi}\dot{x}(t-\tau_2(t))+D_i w(t) \tag{7.24}$$

$$y(t)=C_i x(t)+C_{di}x(t-\tau_1(t))+E_i w(t) \tag{7.25}$$

$$z(t)=L_i x(t) \tag{7.26}$$

$$x(t)=\phi(t),\quad t\in[-h,0],\quad i=1,2,\cdots,r \tag{7.27}$$

式中，u_{ij}是模糊集；r 是 IF-THEN 模糊规则的数目；$x(t)\in\mathbb{R}^n$表示系统状态；$y(t)\in\mathbb{R}^m$为量测输出；$w(t)\in\mathbb{R}^s$为$L_2[0,\infty)$上的任意噪声信号；$z(t)\in\mathbb{R}^l$是由系统状态线性组合成的观测输出；A_i、A_{di}、A_{hi}、D_i、C_i、C_{di}、E_i 和 L_i 是已知的适当维数常矩阵，且中立项系数矩阵 A_{hi}满足特征值绝对值均小于 1；$\tau_1(t)$、$\tau_2(t)$是时变时滞满足

$$0<\tau_1(t)\leqslant h_1<\infty,\quad 0<\tau_2(t)\leqslant h_2<\infty \tag{7.28}$$

$$\dot{\tau}_1(t)\leqslant u_1<1,\quad \dot{\tau}_2(t)\leqslant u_2<1 \tag{7.29}$$

在式(7.27)中，$\phi(t)$是给定的在$[-h,0]$、$h=\max(h_1,h_2)$范围上的连续可微初值函数；$s_1(t),s_2(t),\cdots,s_g(t)$表示前件变量。

采用单点模糊化、乘积推理、中心加权平均解模糊，动态模糊模型式(7.24)～式(7.26)可以表示为 $(\tilde{\Sigma}_7)$

$$\dot{x}(t)=\sum_{i=1}^{r}h_i(s(t))[A_i x(t)+A_{di}x(t-\tau_1(t))+A_{hi}\dot{x}(t-\tau_2(t))+D_i w(t)] \tag{7.30}$$

$$y(t)=\sum_{i=1}^{r}h_i(s(t))[C_i x(t)+C_{di}x(t-\tau_1(t))+E_i w(t)] \tag{7.31}$$

$$z(t)=\sum_{i=1}^{r}h_i(s(t))[L_i x(t)] \tag{7.32}$$

式中

$$h_i(s(t))=\frac{\bar{w}(s(t))}{\sum_{i=1}^{r}\bar{w}_j(s(t))} \tag{7.33}$$

$$\bar{w}(s(t))=\prod_{j=1}^{g}u_{ij}(s(t)) \tag{7.34}$$

$$s(t)=[s_1(t)\quad s_2(t)\quad \cdots\quad s_g(t)] \tag{7.35}$$

其中，$u_{ij}(s_j(t))$表示模糊集 $s_j(t)$在 u_{ij}上的隶属度函数。很容易可看出

$$\bar{w}(s(t))\geqslant 0,\quad i=1,2,\cdots,r \tag{7.36}$$

$$\sum_{i=1}^{r} \bar{w}_j(s(t)) > 0, \quad \forall t > 0 \tag{7.37}$$

及

$$h_i(s(t)) \geqslant 0, \quad i = 1,2,\cdots,r \tag{7.38}$$

$$\sum_{i=1}^{r} h_i(s(t)) = 1, \quad \forall t > 0 \tag{7.39}$$

下面考虑具有如下形式的模糊动态滤波器。

Filter Rule i: IF $s_1(t)$ is u_{i1} and $s_2(t)$ is u_{i2} and $\cdots$ and $s_g(t)$ is u_{ig} THEN

$$\dot{\hat{x}}(t) = A_{fi}\hat{x}(t) + B_{fi}y(t)$$

$$\hat{z}(t) = L_{fi}\hat{x}(t), \quad i = 1,2,\cdots,r$$

式中，$\hat{x}(t)\in\mathbb{R}^n$ 表示系统状态；$\hat{z}(t)\in\mathbb{R}^n$；$A_{fi}$、$B_{fi}$、$L_{fi}$ 为待定的滤波器矩阵。

由此，全局滤波器可以表示为

$$\dot{\hat{x}}(t) = \sum_{i=1}^{r} h_i(s(t))[A_{fi}\hat{x}(t) + B_{fi}y(t)] \tag{7.40}$$

$$\hat{z}(t) = \sum_{i=1}^{r} h_i(s(t))[L_{fi}\hat{x}(t)] \tag{7.41}$$

设

$$\xi = [x(t)^{\mathrm{T}} \quad \hat{x}(t)^{\mathrm{T}}]^{\mathrm{T}}, \quad \tilde{z}(t) = z(t) - \hat{z}(t)$$

由此根据式(7.24)和式(7.40)，滤波动态误差系统 ($\tilde{\Sigma}_7'$) 可以表示为

$$\begin{aligned}\dot{\xi}(t) = \sum_{i=1}^{r}\sum_{j=1}^{r} h_i(s(t))h_j(s(t))[&A_{ij}\xi(t) + A_{dij}H\xi(t-\tau_1(t)) \\ &+ A_{hij}H\dot{\xi}(t-\tau_2(t)) + D_{ij}w(t)]\end{aligned} \tag{7.42}$$

$$\tilde{z}(t) = \sum_{i=1}^{r}\sum_{j=1}^{r} h_i(s(t))h_j(s(t))[L_{ij}\xi(t)] \tag{7.43}$$

式中

$$A_{ij} = \begin{bmatrix} A_j & 0 \\ B_{fi}C_j & A_{fi} \end{bmatrix}, \quad A_{dij} = \begin{bmatrix} A_{di} \\ B_{fi}C_{dj} \end{bmatrix}, \quad A_{hij} = \begin{bmatrix} A_{hi} \\ 0 \end{bmatrix}$$

$$D_{ij} = \begin{bmatrix} D_j \\ B_{fi}E_j \end{bmatrix}, \quad L_{ij} = [L_J \quad -L_{fi}], \quad H = [I \quad 0]$$

鲁棒 H_∞ 滤波问题可以表示如下：对于给定的时变时滞模糊中立型系统 ($\tilde{\Sigma}_7$) 和一个给定的干扰抑制系数 $\gamma > 0$，寻找一个形如式(7.40)和式(7.41)的滤波器，使得滤波误差系统($\tilde{\Sigma}_7'$)是渐近稳定的且在零初始条件下，误差系统($\tilde{\Sigma}_7'$)对于任何非零 $w(t)\in L_2[0,\infty)$ 满足

$$\| \tilde{z}(t) \|_2 < \gamma \| w(t) \|_2$$

7.2 H_∞控制器设计

7.2.1 H_∞性能分析

定理 7.1 给定常数$\gamma>0$,如果存在矩阵$P>0,Q_1>0,Q_2>0$及标量$\varepsilon>0$,使得下面的线性矩阵不等式成立:

$$\begin{bmatrix} \Xi_{1ii} & \Xi_{2ii} & \Xi_{3ii} & \Xi_{4ii} \\ * & -\gamma^2 I & 0 & 0 \\ * & * & -I & 0 \\ * & * & * & -\varepsilon I \end{bmatrix}<0,\quad 1\leqslant i\leqslant r \tag{7.44}$$

$$\begin{bmatrix} \Xi_{1ij}+\Xi_{1ji} & \Xi_{2ij}+\Xi_{2ji} & \Xi_{3ij} & \Xi_{3ji} & \Xi_{4ij} & \Xi_{4ji} \\ * & -2\gamma^2 I & 0 & 0 & 0 & 0 \\ * & * & -I & 0 & 0 & 0 \\ * & * & * & -I & 0 & 0 \\ * & * & * & * & -\varepsilon I & 0 \\ * & * & * & * & * & -\varepsilon I \end{bmatrix}<0,\quad 1\leqslant i<j\leqslant r \tag{7.45}$$

则不确定模糊时滞系统(Σ_7')是具有干扰抑制水平γ鲁棒稳定的。式中

$$\Xi_{1ij}=\begin{bmatrix} \Pi_{1ij} & \Gamma_{1ij} & \Gamma_{2ij} \\ * & \Gamma_{3i} & \varepsilon\widetilde{N}_{1i}^{\mathrm{T}}\widetilde{N}_{2i} \\ * & * & \Gamma_{4i} \end{bmatrix},\quad \Xi_{2ij}=\begin{bmatrix} PD_{ij} \\ 0 \\ 0 \end{bmatrix},\quad \Xi_{3ij}=\begin{bmatrix} E_{ij}^{\mathrm{T}} \\ 0 \\ 0 \end{bmatrix},\quad \Xi_{4ij}=\begin{bmatrix} P\widetilde{M}_{ij} \\ 0 \\ 0 \end{bmatrix}$$

$$\Pi_{1ij}=\Pi+PA_{ij}+A_{ij}^{\mathrm{T}}P+\varepsilon\widetilde{N}_{ij}^{\mathrm{T}}\widetilde{N}_{ij},\quad \Gamma_{1ij}=P\widetilde{A}_{1i}+\varepsilon\widetilde{N}_{ij}^{\mathrm{T}}\widetilde{N}_{1i},\quad \Gamma_{2ij}=P\widetilde{A}_{2i}+\varepsilon\widetilde{N}_{ij}^{\mathrm{T}}\widetilde{N}_{2i}$$

$$\Gamma_{3i}=\varepsilon\widetilde{N}_{1i}^{\mathrm{T}}\widetilde{N}_{1i}-Q_1,\quad \Gamma_{4i}=\varepsilon\widetilde{N}_{2i}^{\mathrm{T}}\widetilde{N}_{2i}-Q_2,\quad \Pi=H^{\mathrm{T}}Q_1H+\tau^2H^{\mathrm{T}}Q_2H$$

$$\widetilde{M}_{ij}=\begin{bmatrix} M_i & 0 \\ 0 & B_{kj}M_i \end{bmatrix},\quad \widetilde{N}_{ij}=\begin{bmatrix} N_{0i} & N_{3i}C_{kj} \\ N_{4i} & 0 \end{bmatrix},\quad \widetilde{N}_{1i}=\begin{bmatrix} N_{1i} \\ 0 \end{bmatrix},\quad \widetilde{N}_{2i}=\begin{bmatrix} N_{2i} \\ 0 \end{bmatrix}$$

证明 首先定义如下形式的 Lyapunov 候选函数:

$$V(t)=e(t)^{\mathrm{T}}Pe(t)+V_1(t)+V_2(t)+V_3(t) \tag{7.46}$$

式中

$$V_1(t)=\int_{t-\tau}^{t}e(s)^{\mathrm{T}}H^{\mathrm{T}}Q_1He(s)\mathrm{d}s$$

$$V_2(t)=\int_{t-\tau}^{t}\left[\int_s^t e(\theta)^{\mathrm{T}}H^{\mathrm{T}}\mathrm{d}\theta\right]Q_2\left[\int_s^t He(\theta)\mathrm{d}\theta\right]\mathrm{d}s$$

$$V_3(t)=\int_0^{\tau}\mathrm{d}s\int_{t-s}^{t}(\theta-t+s)e(\theta)^{\mathrm{T}}H^{\mathrm{T}}Q_2He(\theta)\mathrm{d}\theta$$

则当 $w(t)\equiv 0$ 时,$V(t)$沿式(7.21)的轨线对时间求导有

$$\begin{aligned}\dot{V}(t)&=2e(t)^{\mathrm{T}}P\dot{e}(t)+\dot{V}_1(t)+\dot{V}_2(t)+\dot{V}_3(t)\\&=\sum_{i=1}^{r}\sum_{j=1}^{r}h_i(z)h_j(z)2e(t)^{\mathrm{T}}P\Big\{[A_{ij}+\Delta A_{ij}(t)]e(t)+[\widetilde{A}_{1i}+\Delta\widetilde{A}_{1i}(t)]He(t-\tau)\\&\quad+[\widetilde{A}_{2i}+\Delta\widetilde{A}_{2i}(t)]\int_{t-\tau}^{t}He(s)\mathrm{d}s\Big\}+\dot{V}_1(t)+\dot{V}_2(t)+\dot{V}_3(t)\end{aligned}\tag{7.47}$$

式中

$$\dot{V}_1(t)=e(t)^{\mathrm{T}}H^{\mathrm{T}}Q_1He(t)-x(t-\tau)^{\mathrm{T}}Q_1x(t-\tau)\tag{7.48}$$

$$\begin{aligned}\dot{V}_2(t)&=2\int_{t-\tau}^{t}(\theta-t+\tau)e(t)^{\mathrm{T}}H^{\mathrm{T}}Q_2He(\theta)\mathrm{d}\theta\\&\quad-\left[\int_{t-\tau}^{t}e(\theta)^{\mathrm{T}}H^{\mathrm{T}}\mathrm{d}\theta\right]Q_2\left[\int_{t-\tau}^{t}He(\theta)\mathrm{d}\theta\right]\end{aligned}\tag{7.49}$$

$$\dot{V}_3(t)=\frac{1}{2}\tau^2e(t)^{\mathrm{T}}Q_2He(t)-\int_{t-\tau}^{t}(\theta-t+\tau)e(\theta)^{\mathrm{T}}H^{\mathrm{T}}Q_2He(\theta)\mathrm{d}\theta\tag{7.50}$$

由引理 2.9 可得

$$2e(t)^{\mathrm{T}}H^{\mathrm{T}}Q_2He(\theta)\leqslant e(t)^{\mathrm{T}}H^{\mathrm{T}}Q_2He(t)+e(\theta)^{\mathrm{T}}H^{\mathrm{T}}Q_2He(\theta)$$

则

$$\begin{aligned}\dot{V}_2(t)&\leqslant\frac{1}{2}\tau^2e(t)^{\mathrm{T}}H^{\mathrm{T}}Q_2He(t)+\int_{t-\tau}^{t}(\theta-t+\tau)e(\theta)^{\mathrm{T}}H^{\mathrm{T}}Q_2He(\theta)\mathrm{d}\theta\\&\quad-\left[\int_{t-\tau}^{t}e(\theta)^{\mathrm{T}}H^{\mathrm{T}}\mathrm{d}\theta\right]Q_2\left[\int_{t-\tau}^{t}He(\theta)\mathrm{d}\theta\right]\end{aligned}\tag{7.51}$$

于是由式(7.48)、式(7.50)和式(7.51)可得

$$\begin{aligned}\dot{V}_1(t)+\dot{V}_2(t)+\dot{V}_3(t)&\leqslant e(t)^{\mathrm{T}}H^{\mathrm{T}}(Q_1+\tau^2Q_2)He(t)\\&\quad-x(t-\tau)^{\mathrm{T}}Q_1x(t-\tau)-\alpha(t)^{\mathrm{T}}Q_2\alpha(t)\end{aligned}\tag{7.52}$$

式中

$$\alpha(t)=\int_{t-\tau}^{t}He(\theta)\mathrm{d}\theta$$

注意到

$$\begin{bmatrix}\Delta A_{ij}(t) & \Delta\widetilde{A}_{1i}(t) & \Delta\widetilde{A}_{2i}(t)\end{bmatrix}=\widetilde{M}_{ij}\widetilde{F}_i(t)\begin{bmatrix}\widetilde{N}_{ij} & \widetilde{N}_{1i} & \widetilde{N}_{2i}\end{bmatrix}\tag{7.53}$$

利用引理 2.9 可以得到

$$\begin{aligned}&2e(t)^{\mathrm{T}}P[\Delta A_{ij}(t)e(t)+\Delta\widetilde{A}_{1i}(t)x(t-\tau)+\Delta\widetilde{A}_{2i}(t)\alpha(t)]\\&\leqslant\varepsilon^{-1}e(t)^{\mathrm{T}}P\widetilde{M}_{ij}\widetilde{M}_{ij}^{\mathrm{T}}Pe(t)+\varepsilon\beta(t)^{\mathrm{T}}\widetilde{N}_{1ij}^{\mathrm{T}}\widetilde{N}_{1ij}\beta(t)\end{aligned}\tag{7.54}$$

式中

$$\beta(t)=\begin{bmatrix}e(t)^{\mathrm{T}} & x(t-\tau)^{\mathrm{T}} & \alpha(t)^{\mathrm{T}}\end{bmatrix}^{\mathrm{T}},\quad\widetilde{N}_{1ij}=\begin{bmatrix}\widetilde{N}_{ij} & \widetilde{N}_{1i} & \widetilde{N}_{2i}\end{bmatrix}\tag{7.55}$$

从而由式(7.47)、式(7.52)和式(7.54)可得

$$\begin{aligned}\dot{V}(t)\leqslant &\sum_{i=1}^{r}\sum_{j=1}^{r}h_i(s(t))h_j(s(t))\{2e(t)^{\mathrm{T}}P[A_{ij}e(t)+\widetilde{A}_{1i}He(t-\tau)+\widetilde{A}_{2i}\alpha(t)]\\&+2e(t)^{\mathrm{T}}P[\Delta A_{ij}(t)]e(t)+\Delta\widetilde{A}_{1i}(t)He(t-\tau)+\Delta\widetilde{A}_{2i}(t)\alpha(t)\}\\&+\dot{V}_1(t)+\dot{V}_2(t)+\dot{V}_3(t)\\\leqslant &\sum_{i=1}^{r}\sum_{j=1}^{r}h_i(s(t))h_j(s(t))\{2e(t)^{\mathrm{T}}P[A_{ij}e(t)+\widetilde{A}_{1i}He(t-\tau)+\widetilde{A}_{2i}\alpha(t)]\\&+\varepsilon^{-1}e(t)^{\mathrm{T}}P\widetilde{M}_{ij}\widetilde{M}_{ij}^{\mathrm{T}}Pe(t)+\varepsilon\beta(t)^{\mathrm{T}}\widetilde{N}_{1ij}^{\mathrm{T}}\widetilde{N}_{1ij}\beta(t)\\&+e(t)^{\mathrm{T}}H^{\mathrm{T}}(Q_1+\tau^2Q_2)He(t)-x(t-\tau)^{\mathrm{T}}Q_1x(t-\tau)-\alpha(t)^{\mathrm{T}}Q_2\alpha(t)\}\\=&\sum_{i=1}^{r}\sum_{j=1}^{r}h_i(s(t))h_j(s(t))\beta(t)^{\mathrm{T}}\Gamma_{ij}\beta(t)\\=&\sum_{i=1}^{r}h_i(s(t))^2\beta(t)^{\mathrm{T}}\Gamma_{ii}\beta(t)\\&+2\sum_{i,j=1;i<j}^{r}h_i(s(t))h_j(s(t))\beta(t)^{\mathrm{T}}\frac{\Gamma_{ij}+\Gamma_{ji}}{2}\beta(t),\quad 1\leqslant i<j\leqslant r\end{aligned}\tag{7.56}$$

式中

$$\Gamma_{ij}=\begin{bmatrix}\Pi_{2ij} & P\widetilde{A}_{1i}+\varepsilon\widetilde{N}_{ij}^{\mathrm{T}}\widetilde{N}_{1i} & P\widetilde{A}_{2i}+\varepsilon\widetilde{N}_{ij}^{\mathrm{T}}\widetilde{N}_{2i}\\\widetilde{A}_{1i}^{\mathrm{T}}P+\varepsilon\widetilde{N}_{1i}^{\mathrm{T}}\widetilde{N}_{ij} & \varepsilon\widetilde{N}_{1i}^{\mathrm{T}}\widetilde{N}_{1i}-Q_1 & \varepsilon\widetilde{N}_{1i}^{\mathrm{T}}\widetilde{N}_{2i}\\\widetilde{A}_{2i}^{\mathrm{T}}P+\varepsilon\widetilde{N}_{2i}^{\mathrm{T}}\widetilde{N}_{ij} & \varepsilon\widetilde{N}_{2i}^{\mathrm{T}}\widetilde{N}_{1i} & \varepsilon\widetilde{N}_{2i}^{\mathrm{T}}\widetilde{N}_{2i}-Q_2\end{bmatrix}$$

$$\Pi_{2ij}=\Pi+PA_{ij}+A_{ij}^{\mathrm{T}}P+\varepsilon^{-1}P\widetilde{M}_{ij}\widetilde{M}_{ij}^{\mathrm{T}}P+\varepsilon\widetilde{N}_{ij}^{\mathrm{T}}\widetilde{N}_{ij}$$

另外,利用 Schur 补引理,由式(7.44)和式(7.45)可得

$$\Gamma_{ij}<0,\quad 1\leqslant i<j\leqslant r$$

由上式以及式(7.56)、式(7.16),可得对于任意 $\beta(t)\neq0$,$\dot{V}(t)<0$。因此,式(7.21)是鲁棒渐近稳定的。

下面推导闭环系统 (Σ_7') 满足 H_∞ 性能的充分条件。引入函数

$$J(t)=\int_0^t[z(s)^{\mathrm{T}}z(s)-\gamma^2w(s)^{\mathrm{T}}w(s)]\mathrm{d}s$$

式中,$t>0$。注意到零初始条件,可以得到对于任意非零 $w(t)\in L_2[0,\infty)$ 和 $t>0$,满足

$$J(t)=\int_0^t[z(s)^{\mathrm{T}}z(s)-\gamma^2w(s)^{\mathrm{T}}w(s)+\dot{V}(s)]\mathrm{d}s-V(t)$$

$$\leqslant \int_0^t [z(s)^{\mathrm{T}} z(s) - \gamma^2 w(s)^{\mathrm{T}} w(s) + \dot{V}(s)] \mathrm{d}s \tag{7.57}$$

式中，$V(s)$为式(7.46)的形式。则可以得到

$$\begin{aligned}
\dot{V}(s) \leqslant & \sum_{i=1}^{r}\sum_{j=1}^{r} h_i(s(t)) h_j(s(t)) \{2e(s)^{\mathrm{T}} P[A_{ij} e(s) + \widetilde{A}_{1i} He(s-\tau) \\
& + \widetilde{A}_{2i}\alpha(s) + D_{ij} w(s)] + 2e(s)^{\mathrm{T}} P[\Delta A_{ij}(t)] e(s) + \Delta\widetilde{A}_{1i} He(s-\tau) \\
& + \Delta\widetilde{A}_{2i}(s)\alpha(s)\} + \dot{V}_1(t) + \dot{V}_2(t) + \dot{V}_3(t) \\
\leqslant & \sum_{i=1}^{r}\sum_{j=1}^{r} h_i(s(t)) h_j(s(t)) \{2e(s)^{\mathrm{T}} P[A_{ij} e(s) + \widetilde{A}_{1i} He(s-\tau) \\
& + \widetilde{A}_{2i}\alpha(s) + D_{ij}\omega(s)] + \varepsilon^{-1} e(s)^{\mathrm{T}} P\widetilde{M}_{ij}\widetilde{M}_{ij}^{\mathrm{T}} Pe(s) + \varepsilon\zeta(s)^{\mathrm{T}} \widetilde{N}_{2ij}^{\mathrm{T}} \widetilde{N}_{2ij}\zeta(s) \\
& + e(s)^{\mathrm{T}} H^{\mathrm{T}} (Q_1 + \tau^2 Q_2) He(s) - x(s-\tau)^{\mathrm{T}} Q_1 x(s-\tau) - \alpha(s)^{\mathrm{T}} Q_2 \alpha(s)\} \\
= & \sum_{i=1}^{r}\sum_{i=1}^{r} h_i(s(t)) h_j(s(t)) \zeta(s)^{\mathrm{T}} \Pi_{3ij} \zeta(s)
\end{aligned} \tag{7.58}$$

于是有

$$\begin{aligned}
& z(s)^{\mathrm{T}} z(s) - \gamma^2 w(s)^{\mathrm{T}} w(s) + \dot{V}(s) \\
\leqslant & \sum_{i=1}^{r}\sum_{j=1}^{r} h_i(s(t)) h_j(s(t)) \zeta(s)^{\mathrm{T}} \Pi_{4ij} \zeta(s) \\
= & \sum_{i=1}^{r} h_i(s(t))^2 \zeta(s)^{\mathrm{T}} \Pi_{4ii} \zeta(s) \\
& + 2 \sum_{i,j=1; i<j}^{r} h_i(s(t)) h_j(s(t)) \zeta(s)^{\mathrm{T}} \frac{\Pi_{4ij} + \Pi_{4ji}}{2} \zeta(s)
\end{aligned} \tag{7.59}$$

式中

$$\Pi_{3ij} = \begin{bmatrix} \Pi_{2ij} & P\widetilde{A}_{1i} + \varepsilon\widetilde{N}_{ij}^{\mathrm{T}}\widetilde{N}_{1i} & P\widetilde{A}_{2i} + \varepsilon\widetilde{N}_{ij}^{\mathrm{T}}\widetilde{N}_{2i} & PD_{ij} \\ \widetilde{A}_{1i}^{\mathrm{T}} P + \varepsilon\widetilde{N}_{1i}^{\mathrm{T}}\widetilde{N}_{ij} & \varepsilon\widetilde{N}_{1i}^{\mathrm{T}}\widetilde{N}_{1i} - Q_1 & \varepsilon\widetilde{N}_{1i}^{\mathrm{T}}\widetilde{N}_{2i} & 0 \\ \widetilde{A}_{2i}^{\mathrm{T}} P + \varepsilon\widetilde{N}_{2i}^{\mathrm{T}}\widetilde{N}_{ij} & \varepsilon\widetilde{N}_{2i}^{\mathrm{T}}\widetilde{N}_{1i} & \varepsilon\widetilde{N}_{2i}^{\mathrm{T}}\widetilde{N}_{2i} - Q_2 & 0 \\ D_{ij}^{\mathrm{T}} P & 0 & 0 & -\gamma^2 I \end{bmatrix}$$

$$\Pi_{4ij} = \begin{bmatrix} \Pi_{2ij} + E_{ij}^{\mathrm{T}} E_{ij} & P\widetilde{A}_{1i} + \varepsilon\widetilde{N}_{ij}^{\mathrm{T}}\widetilde{N}_{1i} & P\widetilde{A}_{2i} + \varepsilon\widetilde{N}_{ij}^{\mathrm{T}}\widetilde{N}_{2i} & PD_{ij} \\ \widetilde{A}_{1i}^{\mathrm{T}} P + \varepsilon\widetilde{N}_{1i}^{\mathrm{T}}\widetilde{N}_{ij} & \varepsilon\widetilde{N}_{1i}^{\mathrm{T}}\widetilde{N}_{1i} - Q_1 & \varepsilon\widetilde{N}_{1i}^{\mathrm{T}}\widetilde{N}_{2i} & 0 \\ \widetilde{A}_{2i}^{\mathrm{T}} P + \varepsilon\widetilde{N}_{2i}^{\mathrm{T}}\widetilde{N}_{ij} & \varepsilon\widetilde{N}_{2i}^{\mathrm{T}}\widetilde{N}_{1i} & \varepsilon\widetilde{N}_{2i}^{\mathrm{T}}\widetilde{N}_{2i} - Q_2 & 0 \\ D_{ij}^{\mathrm{T}} P & 0 & 0 & -\gamma^2 I \end{bmatrix}$$

$$\zeta(s)=[e(s)^{\mathrm{T}}\quad x(s-\tau)^{\mathrm{T}}\quad \alpha(s)^{\mathrm{T}}\quad w(s)^{\mathrm{T}}]^{\mathrm{T}}$$

$$\widetilde{N}_{2ij}=[\widetilde{N}_{1ij}\quad 0],\quad 1\leqslant i<j\leqslant r$$

使用上述相似的步骤,对式(7.44)和式(7.45)使用 Schur 补引理,可得 $\Pi_{4ij}<0$ $(1\leqslant i<j\leqslant r)$。由上式和式(7.57)可得,对于任意非零的 $w(t)\in L_2[0,\infty)$ 和 $t>0$,$J(t)<0$。由此,可以得到 $\|z\|_2<\gamma\|w\|_2$。证毕。

7.2.2 H_∞动态输出反馈控制器设计

本节给出本章所示带有分布时滞的 T-S 模糊系统的鲁棒 H_∞ 输出反馈控制问题的可解性。

定理 7.2 考虑带有分布时滞的不确定 T-S 模糊系统(Σ_7),给定干扰抑制比 $\gamma>0$。如果存在矩阵 $X>0$,$Y>0$,Q_1、Q_2、Ψ_i、Φ_i、ψ_i,$1\leqslant i\leqslant j\leqslant r$ 和标量 $\varepsilon>0$,使得如下线性矩阵不等式成立:

$$\begin{bmatrix} \Theta_{1ii}+\Theta_{1ii}^{\mathrm{T}} & \Theta_{2ii} & \Theta_{3ii} & \Theta_{4ii} & \Theta_{5ii} & \Theta_{6ii} & \Theta_{7ii} & J_1 \\ \Theta_{2ii}^{\mathrm{T}} & \Gamma_{3i} & \varepsilon\widetilde{N}_{1i}^{\mathrm{T}}\widetilde{N}_{2i} & 0 & 0 & 0 & 0 & 0 \\ \Theta_{3ii}^{\mathrm{T}} & \varepsilon\widetilde{N}_{2i}^{\mathrm{T}}\widetilde{N}_{1i} & \Gamma_{4i} & 0 & 0 & 0 & 0 & 0 \\ \Theta_{4ii}^{\mathrm{T}} & 0 & 0 & -\gamma^2 I & 0 & 0 & 0 & 0 \\ \Theta_{5ii}^{\mathrm{T}} & 0 & 0 & 0 & -I & 0 & 0 & 0 \\ \Theta_{6ii}^{\mathrm{T}} & 0 & 0 & 0 & 0 & -J_2 & 0 & 0 \\ \Theta_{7ii}^{\mathrm{T}} & 0 & 0 & 0 & 0 & 0 & -J_3 & 0 \\ \Theta_8^{\mathrm{T}} & 0 & 0 & 0 & 0 & 0 & 0 & -J_6 \end{bmatrix}<0,\quad 1\leqslant i\leqslant r \tag{7.60}$$

$$\begin{bmatrix} \Sigma_{1ij} & \Sigma_{2ij} & \Sigma_{3ij} & \Sigma_{4ij} \\ \Sigma_{2ij}^{\mathrm{T}} & -R_1 & 0 & 0 \\ \Sigma_{3ij}^{\mathrm{T}} & 0 & -R_2 & 0 \\ \Sigma_{4ij}^{\mathrm{T}} & 0 & 0 & -R_3 \end{bmatrix}<0,\quad 1\leqslant i<j\leqslant r \tag{7.61}$$

$$\begin{bmatrix} -Y & -I \\ -I & -X \end{bmatrix}<0 \tag{7.62}$$

则鲁棒 H_∞ 输出反馈控制问题是可解的。式中

$$\Sigma_{1ij}=\begin{bmatrix} \widetilde{\Theta}_{1ij}+\widetilde{\Theta}_{1ji} & \Theta_{2ij}+\Theta_{2ji} & \Theta_{3ij}+\Theta_{3ji} \\ \Theta_{2ij}^{\mathrm{T}}+\Theta_{2ji}^{\mathrm{T}} & \Gamma_{3i}+\Gamma_{3j} & \varepsilon\widetilde{N}_{1i}^{\mathrm{T}}\widetilde{N}_{2i}+\varepsilon\widetilde{N}_{1j}^{\mathrm{T}}\widetilde{N}_{2j} \\ \Theta_{3ij}^{\mathrm{T}}+\Theta_{3ji}^{\mathrm{T}} & \varepsilon\widetilde{N}_{2i}^{\mathrm{T}}\widetilde{N}_{1i}+\varepsilon\widetilde{N}_{2j}^{\mathrm{T}}\widetilde{N}_{1j} & \Gamma_{4i}+\Gamma_{4j} \end{bmatrix}$$

$$\Sigma_{2ij}=\begin{bmatrix}\Theta_{4ij}+\Theta_{4ji} & \Theta_{5ij} & \Theta_{5ji}\\ 0 & 0 & 0\\ 0 & 0 & 0\end{bmatrix},\quad \Sigma_{3ij}=\begin{bmatrix}\Theta_{6ij} & \Theta_{6ji} & \Theta_{7ij} & \Theta_{7ji}\\ 0 & 0 & 0 & 0\\ 0 & 0 & 0 & 0\end{bmatrix}$$

$$\Sigma_{4ij}=\begin{bmatrix}\Theta_{8ij} & \Theta_{9ij} & J_1\\ 0 & 0 & 0\\ 0 & 0 & 0\end{bmatrix},\quad \widetilde{\Theta}_{1ij}=\Theta_{1ij}+\Theta_{1ij}^{\mathrm{T}}$$

$$\Theta_{1ij}=\begin{bmatrix}A_i+B_i\psi_j & A_i\\ \Omega_i & XA_i+\Phi_jC_i\end{bmatrix},\quad \Theta_{2ij}=\begin{bmatrix}A_{1i}+YN_{0i}^{\mathrm{T}}N_{1i}+\varepsilon\psi_j^{\mathrm{T}}N_{3i}^{\mathrm{T}}N_{1i}\\ XA_{1i}+\varepsilon N_{0i}^{\mathrm{T}}N_{1i}\end{bmatrix}$$

$$\Theta_{3ij}=\begin{bmatrix}A_{2i}+YN_{0i}^{\mathrm{T}}N_{2i}+\varepsilon\psi_j^{\mathrm{T}}N_{3i}^{\mathrm{T}}N_{2i}\\ XA_{2i}+\varepsilon N_{0i}^{\mathrm{T}}N_{2i}\end{bmatrix},\quad \Theta_{4ij}=\begin{bmatrix}D_{1i}\\ XD_{1i}+\Phi_jD_{2i}\end{bmatrix}$$

$$\Theta_{5ij}=\begin{bmatrix}YE_i^{\mathrm{T}}+\Phi_j^{\mathrm{T}}G_i^{\mathrm{T}}\\ E_i^{\mathrm{T}}\end{bmatrix},\quad \Theta_{6ij}=\begin{bmatrix}M_i & 0\\ XM_i & \Phi_jM_i\end{bmatrix}$$

$$\Theta_{7ij}=\begin{bmatrix}YN_{0i}^{\mathrm{T}}+\psi_j^{\mathrm{T}}N_{3i}^{\mathrm{T}} & YN_{4i}^{\mathrm{T}}\\ N_{0i}^{\mathrm{T}} & N_{4i}^{\mathrm{T}}\end{bmatrix},\quad \Theta_{8ij}=\begin{bmatrix}Y(C_i-C_j)^{\mathrm{T}} & (\psi_j-\psi_i)^{\mathrm{T}}\\ 0 & 0\end{bmatrix}$$

$$\Theta_{9ij}=\begin{bmatrix}0 & 0\\ \Phi_j-\Phi_i & X(B_i-B_j)\end{bmatrix},\quad R_1=\operatorname{diag}\{2\gamma^2I,I,I\}$$

$$R_2=\operatorname{diag}\{J_2,J_2,J_3,J_3\},\quad R_3=\operatorname{diag}\{J_4,J_5,J_6\}$$

$$J_1=\begin{bmatrix}Y & \tau Y\\ I & \tau I\end{bmatrix},\quad J_2=\operatorname{diag}\{\varepsilon I,\varepsilon I\},\quad J_3=\operatorname{diag}\{\varepsilon^{-1}I,\varepsilon^{-1}I\}$$

$$J_4=\operatorname{diag}\{I,I\},\quad J_5=\operatorname{diag}\{I,I\},\quad J_6=\operatorname{diag}\left\{\frac{1}{2}Q_1^{-1},\frac{1}{2}Q_2^{-1}\right\}$$

在这样的情况下,所设计的 H_∞ 动态输出反馈控制器有如下参数:

$$A_{Ki}=S^{-1}(\Omega_i-XA_iY-XB_i\psi_i-\Phi_iC_iY)W^{-\mathrm{T}} \tag{7.63}$$

$$B_{Ki}=S^{-1}\Phi_i,\quad C_{Ki}=\psi_iW^{-\mathrm{T}},\quad 1\leqslant i\leqslant r \tag{7.64}$$

式中,S 和 W 都是非奇异矩阵满足

$$SW^{\mathrm{T}}=I-XY \tag{7.65}$$

证明　对式(7.61)使用 Schur 补引理可得

$$\begin{bmatrix}\widetilde{\Sigma}_{1ij} & \Sigma_{2ij} & \Sigma_{3ij}\\ \Sigma_{2ij}^{\mathrm{T}} & -R_1 & 0\\ \Sigma_{3ij}^{\mathrm{T}} & 0 & -R_2\end{bmatrix}+vv^{\mathrm{T}}+\eta\eta^{\mathrm{T}}+\tilde{v}\tilde{v}^{\mathrm{T}}+\tilde{\eta}\tilde{\eta}^{\mathrm{T}}<0 \tag{7.66}$$

式中

$$\widetilde{\Sigma}_{1ij}=\begin{bmatrix}\widetilde{\Theta}_{1ij}+\widetilde{\Theta}_{1ji}+Y_Q & \Theta_{2ij}+\Theta_{2ji} & \Theta_{3ij}+\Theta_{3ji}\\ \Theta_{2ij}^{\mathrm{T}}+\Theta_{2ji}^{\mathrm{T}} & \Gamma_{3i}+\Gamma_{3j} & \varepsilon\widetilde{N}_{1i}^{\mathrm{T}}\widetilde{N}_{2i}+\varepsilon\widetilde{N}_{1j}^{\mathrm{T}}\widetilde{N}_{2j}\\ \Theta_{3ij}^{\mathrm{T}}+\Theta_{3ji}^{\mathrm{T}} & \varepsilon\widetilde{N}_{2i}^{\mathrm{T}}\widetilde{N}_{1i}+\varepsilon\widetilde{N}_{2j}^{\mathrm{T}}\widetilde{N}_{1j} & \Gamma_{4i}+\Gamma_{4j}\end{bmatrix}$$

$$Y_Q=\begin{bmatrix}Y\\ I\end{bmatrix}(2Q_1+2\tau^2Q_2)\begin{bmatrix}Y\\ I\end{bmatrix}^{\mathrm{T}}$$

$$v=\begin{bmatrix}0\\ X(B_i-B_j)\\ 0\\ \vdots\\ 0\end{bmatrix},\quad \eta=\begin{bmatrix}(\psi_j-\psi_i)^{\mathrm{T}}\\ 0\\ 0\\ \vdots\\ 0\end{bmatrix},\quad \widetilde{v}=\begin{bmatrix}0\\ \Phi_j-\Phi_i\\ 0\\ \vdots\\ 0\end{bmatrix},\quad \widetilde{\eta}=\begin{bmatrix}Y(C_i-C_j)^{\mathrm{T}}\\ 0\\ 0\\ \vdots\\ 0\end{bmatrix}$$

根据引理 2.7,容易得到

$$v\eta^{\mathrm{T}}+\eta v^{\mathrm{T}}+\widetilde{v}\widetilde{\eta}^{\mathrm{T}}+\widetilde{\eta}\widetilde{v}^{\mathrm{T}}\leqslant vv^{\mathrm{T}}+\eta\eta^{\mathrm{T}}+\widetilde{v}\widetilde{v}^{\mathrm{T}}+\widetilde{\eta}\widetilde{\eta}^{\mathrm{T}} \tag{7.67}$$

进一步,可以推导得出

$$\begin{bmatrix}\hat{\Sigma}_{1ij} & \Sigma_{2ij} & \Sigma_{3ij}\\ \Sigma_{2ij}^{\mathrm{T}} & -R_1 & 0\\ \Sigma_{3ij}^{\mathrm{T}} & 0 & -R_2\end{bmatrix}<0 \tag{7.68}$$

式中

$$\hat{\Sigma}_{1ij}=\begin{bmatrix}\widetilde{\Theta}_{2ij}+\widetilde{\Theta}_{2ij}^{\mathrm{T}}+Y_Q & \Theta_{2ij}+\Theta_{2ji} & \Theta_{3ij}+\Theta_{3ji}\\ \Theta_{2ij}^{\mathrm{T}}+\Theta_{2ji}^{\mathrm{T}} & \Gamma_{3i}+\Gamma_{3j} & \varepsilon\widetilde{N}_{1i}^{\mathrm{T}}\widetilde{N}_{2i}+\varepsilon\widetilde{N}_{1j}^{\mathrm{T}}\widetilde{N}_{2j}\\ \Theta_{3ij}^{\mathrm{T}}+\Theta_{3ji}^{\mathrm{T}} & \varepsilon\widetilde{N}_{2i}^{\mathrm{T}}\widetilde{N}_{1i}+\varepsilon\widetilde{N}_{2j}^{\mathrm{T}}\widetilde{N}_{1j} & \Gamma_{4i}+\Gamma_{4j}\end{bmatrix}$$

$$\widetilde{\Theta}_{2ij}=\begin{bmatrix}A_iY+B_i\psi_j+A_jY+B_j\psi_i & A_i+A_j\\ \Omega_{ij} & XA_i+\Phi_jC_i+XA_j+\Phi_iC_j\end{bmatrix}$$

$$\Omega_{ij}=\Omega_i+\Omega_j+(\Phi_j-\Phi_i)(C_i-C_j)Y+X(B_i-B_j)(\psi_j-\psi_i)$$

从式(7.62)可知 $I-XY$ 是非奇异的。因此,总是存在非奇异的 S 和 W,使得(7.65)成立。

现在定义如下非奇异矩阵:

$$\Pi_1=\begin{bmatrix}Y & I\\ W^{\mathrm{T}} & 0\end{bmatrix},\quad \Pi_2=\begin{bmatrix}I & X\\ 0 & S^{\mathrm{T}}\end{bmatrix}$$

设

$$\widetilde{P}=\Pi_2\Pi_1^{-1}$$

经过计算,可得

$$\widetilde{P}=\begin{bmatrix} X & S \\ S^{\mathrm{T}} & \Xi \end{bmatrix}$$

式中

$$\Xi=W^{-1}Y(X-Y^{-1})YW^{-\mathrm{T}}>0$$

可以看出 $\widetilde{P}>0$。则式(7.60)和式(7.68)可以改写为

$$\begin{bmatrix} \widetilde{\Omega}_{1ii} & \Pi_1^{\mathrm{T}}\widetilde{\Gamma}_{1ii} & \Pi_1^{\mathrm{T}}\widetilde{\Gamma}_{2ii} & \Pi_1^{\mathrm{T}}\widetilde{P}D_{ii} & \Pi_1^{\mathrm{T}}E_{ii}^{\mathrm{T}} & \Pi_1^{\mathrm{T}}\widetilde{P}\widetilde{M}_{ii} & \Pi_1^{\mathrm{T}}\widetilde{N}_{ii}^{\mathrm{T}} \\ \widetilde{\Gamma}_{1ii}^{\mathrm{T}}\Pi_1^{\mathrm{T}} & \Gamma_{3i} & \varepsilon\widetilde{N}_{1i}^{\mathrm{T}}\widetilde{N}_{2i} & 0 & 0 & 0 & 0 \\ \widetilde{\Gamma}_{2ii}^{\mathrm{T}}\Pi_1^{\mathrm{T}} & \varepsilon\widetilde{N}_{2i}^{\mathrm{T}}\widetilde{N}_{1i} & \Gamma_{4i} & 0 & 0 & 0 & 0 \\ D_{ii}^{\mathrm{T}}\widetilde{P}\Pi_1^{\mathrm{T}} & 0 & 0 & -\gamma^2 I & 0 & 0 & 0 \\ E_{ii}\Pi_1^{\mathrm{T}} & 0 & 0 & 0 & -I & 0 & 0 \\ \widetilde{M}_{ii}^{\mathrm{T}}\widetilde{P}\Pi_1^{\mathrm{T}} & 0 & 0 & 0 & 0 & -\varepsilon I & 0 \\ \widetilde{N}_{ii}\Pi_1^{\mathrm{T}} & 0 & 0 & 0 & 0 & 0 & -\varepsilon^{-1} I \end{bmatrix}<0 \tag{7.69}$$

$$\begin{bmatrix} \bar{\Sigma}_{1ij} & \bar{\Sigma}_{2ij} & \bar{\Sigma}_{3ij} \\ \bar{\Sigma}_{2ij}^{\mathrm{T}} & -R_1 & 0 \\ \bar{\Sigma}_{3ij}^{\mathrm{T}} & 0 & -R_2 \end{bmatrix}<0 \tag{7.70}$$

式中

$$\bar{\Sigma}_{1ij}=\begin{bmatrix} \widetilde{\Omega}_{1ij}+\widetilde{\Omega}_{1ji} & \Pi_1^{\mathrm{T}}(\widetilde{\Gamma}_{1ij}+\widetilde{\Gamma}_{1ji}) & \Pi_1^{\mathrm{T}}(\widetilde{\Gamma}_{2ij}+\widetilde{\Gamma}_{2ji}) \\ (\widetilde{\Gamma}_{1ij}+\widetilde{\Gamma}_{1ji})^{\mathrm{T}}\Pi_1 & \Gamma_{3i}+\Gamma_{3j} & \varepsilon\widetilde{N}_{1i}^{\mathrm{T}}\widetilde{N}_{2i}+\varepsilon\widetilde{N}_{1j}^{\mathrm{T}}\widetilde{N}_{2j} \\ (\widetilde{\Gamma}_{1ij}+\widetilde{\Gamma}_{1ji})^{\mathrm{T}}\Pi_1 & \varepsilon\widetilde{N}_{2i}^{\mathrm{T}}\widetilde{N}_{1i}+\varepsilon\widetilde{N}_{2j}^{\mathrm{T}}\widetilde{N}_{1j} & \Gamma_{4i}+\Gamma_{4j} \end{bmatrix}$$

$$\bar{\Sigma}_{2ij}=\begin{bmatrix} \Pi_1^{\mathrm{T}}(\widetilde{P}D_{ij}+\widetilde{P}D_{ji}) & \Pi_1^{\mathrm{T}}E_{ij}^{\mathrm{T}} & \Pi_1^{\mathrm{T}}E_{ji}^{\mathrm{T}} \\ 0 & 0 & 0 \\ 0 & 0 & 0 \end{bmatrix}$$

$$\Sigma_{3ij}=\begin{bmatrix} \Pi_1^{\mathrm{T}}\widetilde{P}\widetilde{M}_{ij} & \Pi_1^{\mathrm{T}}\widetilde{P}\widetilde{M}_{ji} & \Pi_1^{\mathrm{T}}\widetilde{N}_{ij}^{\mathrm{T}} & \Pi_1^{\mathrm{T}}\widetilde{N}_{ji}^{\mathrm{T}} \\ 0 & 0 & 0 & 0 \\ 0 & 0 & 0 & 0 \end{bmatrix}$$

$$\widetilde{\Omega}_{1ij}=\Pi_1^{\mathrm{T}}\widetilde{\Omega}_{ij}\Pi_1,\quad \widetilde{\Omega}_{ij}=\widetilde{P}A_{ij}+A_{ij}^{\mathrm{T}}\widetilde{P}+H^{\mathrm{T}}Q_1H+\tau^2H^{\mathrm{T}}Q_2H$$

$$\widetilde{\Gamma}_{1ij}=\widetilde{P}\widetilde{A}_{1i}+\varepsilon\widetilde{N}_{ij}^{\mathrm{T}}\widetilde{N}_{1i},\quad \widetilde{\Gamma}_{2ij}=\widetilde{P}\widetilde{A}_{2i}+\varepsilon\widetilde{N}_{ij}^{\mathrm{T}}\widetilde{N}_{2i}$$

在式(7.69)和式(7.70)的左右两侧分别左乘 $\mathrm{diag}\{\Pi_1^{-\mathrm{T}}, I, \cdots, I\}$ 和右乘 $\mathrm{diag}\{\Pi_1^{-\mathrm{T}}, I, \cdots, I\}$,可得

$$\begin{bmatrix} \tilde{\Omega}_{1ii} & \tilde{\Gamma}_{1ii} & \tilde{\Gamma}_{2ii} & \tilde{P}D_{ii} & E_{ii}^{\mathrm{T}} & \tilde{P}\tilde{M}_{ii} & \tilde{N}_{ii}^{\mathrm{T}} \\ \tilde{\Gamma}_{1ii}^{\mathrm{T}} & \varepsilon\tilde{N}_{1i}^{\mathrm{T}}\tilde{N}_{1i}-Q_1 & \varepsilon\tilde{N}_{1i}^{\mathrm{T}}\tilde{N}_{2i} & 0 & 0 & 0 & 0 \\ \tilde{\Gamma}_{2ii}^{\mathrm{T}} & \varepsilon\tilde{N}_{2i}^{\mathrm{T}}\tilde{N}_{1i} & \varepsilon\tilde{N}_{2i}^{\mathrm{T}}\tilde{N}_{2i}-Q_2 & 0 & 0 & 0 & 0 \\ D_{ii}^{\mathrm{T}}\tilde{P} & 0 & 0 & -\gamma^2 I & 0 & 0 & 0 \\ E_{ii} & 0 & 0 & 0 & -I & 0 & 0 \\ \tilde{M}_{ii}^{\mathrm{T}}\tilde{P} & 0 & 0 & 0 & 0 & -\varepsilon I & 0 \\ \tilde{N}_{ii} & 0 & 0 & 0 & 0 & 0 & -\varepsilon^{-1}I \end{bmatrix} < 0 \tag{7.71}$$

$$\begin{bmatrix} \breve{\Sigma}_{1ij} & \breve{\Sigma}_{2ij} & \breve{\Sigma}_{3ij} \\ \breve{\Sigma}_{2ij}^{\mathrm{T}} & -R_1 & 0 \\ \breve{\Sigma}_{3ij}^{\mathrm{T}} & 0 & -R_2 \end{bmatrix} < 0 \tag{7.72}$$

式中

$$\breve{\Sigma}_{1ij} = \begin{bmatrix} \tilde{\Omega}_{1ij}+\tilde{\Omega}_{1ji} & \tilde{\Gamma}_{1ij}+\tilde{\Gamma}_{1ji} & \tilde{\Gamma}_{2ij}+\tilde{\Gamma}_{2ji} \\ \tilde{\Gamma}_{1ij}+\tilde{\Gamma}_{1ji}^{\mathrm{T}} & \Gamma_{3i}+\Gamma_{3j} & \varepsilon\tilde{N}_{1i}^{\mathrm{T}}\tilde{N}_{2i}+\varepsilon\tilde{N}_{1j}^{\mathrm{T}}\tilde{N}_{2j} \\ \tilde{\Gamma}_{2ij}+\tilde{\Gamma}_{2ji}^{\mathrm{T}} & \varepsilon\tilde{N}_{2i}^{\mathrm{T}}\tilde{N}_{1i}+\varepsilon\tilde{N}_{2j}^{\mathrm{T}}\tilde{N}_{1j} & \Gamma_{4i}+\Gamma_{4j} \end{bmatrix}$$

$$\breve{\Sigma}_{2ij} = \begin{bmatrix} \tilde{P}(D_{ij}+D_{ji}) & E_{ij}^{\mathrm{T}} & E_{ji}^{\mathrm{T}} \\ 0 & 0 & 0 \\ 0 & 0 & 0 \end{bmatrix}, \quad \breve{\Sigma}_{3ij} = \begin{bmatrix} \tilde{P}\tilde{M}_{ij} & \tilde{P}\tilde{M}_{ji} & \tilde{N}_{ij}^{\mathrm{T}} & \tilde{N}_{ji}^{\mathrm{T}} \\ 0 & 0 & 0 & 0 \\ 0 & 0 & 0 & 0 \end{bmatrix}$$

进一步,利用 Schur 补引理,可得

$$\begin{bmatrix} \hat{\Xi}_{1ii} & \hat{\Xi}_{2ii} & \Xi_{3ii} & \hat{\Xi}_{4ii} \\ * & -\gamma^2 I & 0 & 0 \\ * & * & -I & 0 \\ * & * & * & -\varepsilon I \end{bmatrix} < 0, \quad 1 \leqslant i \leqslant r \tag{7.73}$$

$$\begin{bmatrix} \hat{\Xi}_{1ij}+\hat{\Xi}_{1ji} & \hat{\Xi}_{2ij}+\hat{\Xi}_{2ji} & \Xi_{3ij} & \Xi_{3ji} & \hat{\Xi}_{4ij} & \hat{\Xi}_{4ji} \\ * & -2\gamma^2 I & 0 & 0 & 0 & 0 \\ * & * & -I & 0 & 0 & 0 \\ * & * & * & -I & 0 & 0 \\ * & * & * & * & -\varepsilon I & 0 \\ * & * & * & * & * & -\varepsilon I \end{bmatrix} < 0, \quad 1 \leqslant i < j \leqslant r \tag{7.74}$$

式中

$$\hat{\Xi}_{1ij} = \begin{bmatrix} \widetilde{\Pi}_{1ij} & \widetilde{\Gamma}_{1ij} & \widetilde{\Gamma}_{2ij} \\ * & \Gamma_{3i} & \varepsilon \widetilde{N}_{1i}^{\mathrm{T}} \widetilde{N}_{2i} \\ * & * & \Gamma_{4i} \end{bmatrix}, \quad \hat{\Xi}_{2ij} = \begin{bmatrix} \widetilde{P} D_{ij} \\ 0 \\ 0 \end{bmatrix}$$

$$\hat{\Xi}_{4ij} = \begin{bmatrix} \widetilde{P} \widetilde{M}_{ij} \\ 0 \\ 0 \end{bmatrix}, \quad \widetilde{\Pi}_{1ij} = \Pi + \widetilde{P} A_{ij} + A_{ij}^{\mathrm{T}} \widetilde{P} + \varepsilon \widetilde{N}_{ij}^{\mathrm{T}} \widetilde{N}_{ij}$$

最后，由定理 7.1 可得，本章的鲁棒 H_∞ 输出反馈控制问题是可解的。证毕。

注 7.1　定理 7.2 为本章带有分布时滞的不确定 T-S 模糊系统的鲁棒 H_∞ 输出反馈控制问题提供了充分条件，值得指出的是，定理 7.2 的结果可以很容易推广至多时滞的情况。

7.3　H_∞ 滤波器设计

本节基于 LMI 的形式给出所给系统的鲁棒可解性的充分条件，首先给出分析结果。

7.3.1　滤波误差系统鲁棒稳定性分析

定理 7.3　如果存在矩阵 $P>0$，$Q_1>0$，$Q_2>0$ 和标量 $\varepsilon>0$，$\delta>0$，使得对所有的 $1 \leqslant i \leqslant j \leqslant r$，下面的矩阵不等式成立：

$$\begin{bmatrix} \Omega_{ij} & P(A_{dij}+A_{dji}) & P(A_{hij}+A_{hji}) & P(D_{ij}+D_{ji}) \\ * & -2(1-u_1)Q_1 & 0 & 0 \\ * & * & -2(1-u_2)Q_2 & 0 \\ * & * & * & -2\gamma^2 I \\ * & * & * & * \\ * & * & * & * \end{bmatrix}$$

$$\begin{matrix} (A_{ij}+A_{ji})^{\mathrm{T}}H^{\mathrm{T}}Q_2 & (L_{ij}+L_{ji})^{\mathrm{T}} \\ (A_{dij}+A_{dji})^{\mathrm{T}}H^{\mathrm{T}}Q_2 & 0 \\ (A_{hij}+A_{hji})^{\mathrm{T}}H^{\mathrm{T}}Q_2 & 0 \\ (D_{ij}+D_{ji})^{\mathrm{T}}H^{\mathrm{T}}Q_2 & 0 \\ -2Q_2 & 0 \\ * & -2I \end{matrix}\Bigg] < 0 \tag{7.75}$$

则滤波误差系统 $(\tilde{\Sigma}_7')$ 是渐近稳定且满足 H_∞ 性能要求。式中

$$\Omega_{ij}=P(A_{ij}+A_{ji})+(A_{ij}+A_{ji})^{\mathrm{T}}P+2H^{\mathrm{T}}Q_1H \tag{7.76}$$

证明 首先定义如下形式的 Lyapunov 候选函数：

$$V(t)=\xi(t)^{\mathrm{T}}P\xi(t)+\int_{t-\tau_1(t)}^{t}\xi(s)^{\mathrm{T}}H^{\mathrm{T}}Q_1\xi(s)\mathrm{d}s+\int_{t-\tau_2(t)}^{t}\dot{\xi}(s)^{\mathrm{T}}H^{\mathrm{T}}Q_1\dot{\xi}(s)\mathrm{d}s \tag{7.77}$$

则当 $w(t)=0$ 时，$V(t)$ 沿式(7.25)的轨迹对时间求导有

$$\begin{aligned}\dot{V}(t)=&\,2\sum_{i=1}^{r}\sum_{j=1}^{r}h_i(s(t))h_j(s(t))\xi(t)^{\mathrm{T}}P\\ &\cdot[A_{ij}\xi(t)+A_{dij}H\xi(t-\tau_1(t))+A_{hij}H\dot{\xi}(t-\tau_2(t))]\\ &+\xi(t)^{\mathrm{T}}H^{\mathrm{T}}Q_1H\xi(t)-(1-\dot{\tau}_1(T))\xi(t-\tau_1(t))^{\mathrm{T}}H^{\mathrm{T}}Q_1H\xi(t-\tau_1(t))\\ &+\dot{\xi}(t)^{\mathrm{T}}H^{\mathrm{T}}Q_2H\dot{\xi}(t)-(1-\dot{\tau}_2(T))\dot{\xi}(t-\tau_2(t))^{\mathrm{T}}H^{\mathrm{T}}Q_2H\dot{\xi}(t-\tau_2(t))\\ \leqslant&\,2\sum_{i=1}^{r}\sum_{j=1}^{r}h_i(s(t))h_j(s(t))\xi(t)^{\mathrm{T}}P\\ &\cdot[A_{ij}\xi(t)+A_{dij}H\xi(t-\tau_1(t))+A_{hij}H\dot{\xi}(t-\tau_2(t))]\\ &+\xi(t)^{\mathrm{T}}H^{\mathrm{T}}Q_1H\xi(t)-(1-u_1)\xi(t-\tau_1(t))^{\mathrm{T}}H^{\mathrm{T}}Q_1H\xi(t-\tau_1(t))\\ &+\dot{\xi}(t)^{\mathrm{T}}H^{\mathrm{T}}Q_2H\dot{\xi}(t)-(1-u_2)\dot{\xi}(t-\tau_2(t))^{\mathrm{T}}H^{\mathrm{T}}Q_2H\dot{\xi}(t-\tau_2(t))\\ =&\,v(t)^{\mathrm{T}}(\Gamma+\pi)v(t)\end{aligned} \tag{7.78}$$

式中

$$v=[\xi(t)^{\mathrm{T}}\quad x(t-\tau_1(t))^{\mathrm{T}}\quad \dot{x}(t-\tau_2(t))^{\mathrm{T}}]^{\mathrm{T}}$$

$$\Gamma=\sum_{i=1}^{r}\sum_{j=1}^{r}h_i(s(t))h_j(s(t))\begin{bmatrix}PA_{ij}+A_{ij}^{\mathrm{T}}P+H^{\mathrm{T}}Q_1H & PA_{dij} & PA_{hij}\\ * & -(1-u_1)Q_1 & 0\\ * & * & -(1-u_2)Q_2\end{bmatrix}$$

$$\pi=\left\{\sum_{i=1}^{r}\sum_{j=1}^{r}h_i(s(t))h_j(s(t))\begin{bmatrix}A_{ij}^{\mathrm{T}}H^{\mathrm{T}}\\ A_{dij}^{\mathrm{T}}H^{\mathrm{T}}\\ A_{hij}^{\mathrm{T}}H^{\mathrm{T}}\end{bmatrix}\right\}$$

$$\cdot Q_2\left\{\sum_{i=1}^{r}\sum_{j=1}^{r}h_i(s(t))h_j(s(t))\begin{bmatrix}HA_{ij} & HA_{dij} & HA_{hij}\end{bmatrix}\right\}$$

另外，由式(7.75)可以推出

$$\sum_{i=1}^{r}h_i(s(t))^2\begin{bmatrix}PA_{ii}+A_{ii}^{\mathrm{T}}P+H^{\mathrm{T}}Q_1H & PA_{dii} & PA_{hii} & A_{ii}^{\mathrm{T}}H^{\mathrm{T}}Q_2\\ * & -(1-u_1)Q_1 & 0 & A_{dii}^{\mathrm{T}}H^{\mathrm{T}}Q_2\\ * & * & -(1-u_2)Q_2 & A_{hii}^{\mathrm{T}}H^{\mathrm{T}}Q_2\\ * & * & * & -Q_2\end{bmatrix}<0$$

和

$$\sum_{i=1}^{r}\sum_{j>1}^{r}h_i(s(t))h_j(s(t))\begin{bmatrix}\Omega_{ij} & P(A_{dij}+A_{dji}) & P(A_{hij}+A_{hji}) & (A_{ij}+A_{ji})^{\mathrm{T}}H^{\mathrm{T}}Q_2\\ * & -2(1-u_1)Q_1 & 0 & (A_{dij}+A_{dji})^{\mathrm{T}}H^{\mathrm{T}}Q_2\\ * & * & -2(1-u_2)Q_2 & (A_{hij}+A_{hji})^{\mathrm{T}}H^{\mathrm{T}}Q_2\\ * & * & * & -2Q_2\end{bmatrix}<0$$

因此得到

$$\sum_{i=1}^{r}\sum_{j=1}^{r}h_i(s(t))h_j(s(t))\begin{bmatrix}PA_{ij}+A_{ji}^{\mathrm{T}}P+H^{\mathrm{T}}Q_1H & PA_{dij} & PA_{hij} & A_{ij}^{\mathrm{T}}H^{\mathrm{T}}Q_2\\ * & -(1-\mu_1)Q_1 & 0 & A_{dij}^{\mathrm{T}}H^{\mathrm{T}}Q_2\\ * & * & -(1-\mu_2)Q_2 & A_{hij}^{\mathrm{T}}H^{\mathrm{T}}Q_2\\ * & * & * & -Q_2\end{bmatrix}<0 \tag{7.79}$$

式(7.79)和式(7.80)是等价的：

$$\begin{bmatrix}\Gamma & \sum_{i=1}^{r}\sum_{j=1}^{r}h_i(s(t))h_j(s(t))\begin{bmatrix}A_{ij}^{\mathrm{T}}H^{\mathrm{T}}\\ A_{dij}^{\mathrm{T}}H^{\mathrm{T}}\\ A_{hij}^{\mathrm{T}}H^{\mathrm{T}}\end{bmatrix}Q_2\\ * & -Q_2\end{bmatrix}<0 \tag{7.80}$$

利用 Schur 补引理，可以得到

$$\Gamma+\pi<0$$

等价于对于任意 $v\neq0$：

$$\dot{V}(t)<0 \tag{7.81}$$

因此系统 $(\tilde{\Sigma}_7')$ 当 $w(t)=0$ 时是渐近稳定的。

下面推倒滤波误差系统满足 H_∞ 性能的充分条件分析。引入函数

$$J_T = \int_0^T [\tilde{z}(t)^{\mathrm{T}}\tilde{z}(t) - \gamma^2 w(t)^{\mathrm{T}} w(t)]\mathrm{d}t \tag{7.82}$$

式中，$T>0$。注意到零初始条件，可以得到对于任何非零 $w(t)\in L_2[0,\infty)$，$T>0$ 满足

$$\begin{aligned} J_T &= \int_0^T [\tilde{z}(t)^{\mathrm{T}}\tilde{z}(t) - \gamma^2 w(t)^{\mathrm{T}} w(t) + \dot{V}(t)]\mathrm{d}t - V(t) \\ &\leqslant \int_0^T [\tilde{z}(t)^{\mathrm{T}}\tilde{z}(t) - \gamma^2 w(t)^{\mathrm{T}} w(t) + \dot{V}(t)]\mathrm{d}t \end{aligned} \tag{7.83}$$

于是有

$$\begin{aligned} &\tilde{z}(t)^{\mathrm{T}}\tilde{z}(t) - \gamma^2 w(t)^{\mathrm{T}} w(t) + \dot{V}(t) \\ \leqslant &\sum_{i=1}^{r}\sum_{j=1}^{r} h_i(s(t))h_j(s(t))2\xi(t)^{\mathrm{T}} P[A_{ij}\xi(t) + A_{dij}H\xi(t-\tau_1(t)) \\ &+ A_{hij}H\dot{\xi}(t-\tau_2(t)) + D_{ij}w(t)] - \gamma^2 w(t)^{\mathrm{T}} w(t) \\ &+ \xi(t)^{\mathrm{T}}\Big[\sum_{i=1}^{r}\sum_{j=1}^{r} h_i(s(t))h_j(s(t))L_{ij}^{\mathrm{T}}\Big]\Big[\sum_{i=1}^{r}\sum_{j=1}^{r} h_i(s(t))h_j(s(t))L_{ij}\Big]\xi(t) \\ &+ \xi(t)^{\mathrm{T}} H^{\mathrm{T}} Q_1 H\xi(t) - (1-u_1)x(t-\tau_1(t))^{\mathrm{T}} Q_1 x(t-\tau_1(t)) \\ &+ \dot{\xi}(t)^{\mathrm{T}} H^{\mathrm{T}} Q_2 H\dot{\xi}(t) - (1-u_2)\dot{x}(t-\tau_2(t))^{\mathrm{T}} Q_2 \dot{x}(t-\tau_2(t)) \\ = &\tilde{v}(t)^{\mathrm{T}}(\tilde{\Gamma} + \tilde{\pi} + \Xi)\tilde{v}(t) \end{aligned} \tag{7.84}$$

式中

$$\tilde{v}(t) = [\xi(t)^{\mathrm{T}} \quad x(t-\tau_1(t))^{\mathrm{T}} \quad \dot{x}(t-\tau_2(t))^{\mathrm{T}} \quad w(t)^{\mathrm{T}}]^{\mathrm{T}}$$

$$\begin{aligned} \tilde{\Gamma} = &\sum_{i=1}^{r}\sum_{j=1}^{r} h_i(s(t))h_j(s(t)) \\ &\cdot \begin{bmatrix} PA_{ij} + A_{ij}^{\mathrm{T}}P + H^{\mathrm{T}}Q_1 H & PA_{dij} & PA_{hii} & PD_{ij} \\ * & -(1-u_1)Q_1 & 0 & 0 \\ * & * & -(1-u_2)Q_2 & 0 \\ * & * & * & -\gamma^2 I \end{bmatrix} \end{aligned}$$

$$\begin{aligned} \tilde{\pi} = &\left\{\sum_{i=1}^{r}\sum_{j=1}^{r} h_i(s(t))h_j(s(t)) \begin{bmatrix} A_{ij}^{\mathrm{T}}H^{\mathrm{T}} \\ A_{dij}^{\mathrm{T}}H^{\mathrm{T}} \\ A_{hij}^{\mathrm{T}}H^{\mathrm{T}} \\ D_{ij}^{\mathrm{T}}H^{\mathrm{T}} \end{bmatrix}\right\} \\ &\cdot Q_2\Big\{\sum_{i=1}^{r}\sum_{j=1}^{r} h_i(s(t))h_j(s(t))[HA_{ij} \quad HA_{dij} \quad HA_{hij} \quad HD_{ij}]\Big\} \end{aligned}$$

$$\Xi=\left\{\sum_{i=1}^{r}\sum_{j=1}^{r}h_i(s(t))h_j(s(t))\begin{bmatrix}L_{ij}^{\mathrm{T}}\\0\\0\\0\end{bmatrix}\right\}$$

$$\cdot\left\{\sum_{i=1}^{r}\sum_{j=1}^{r}h_i(s(t))h_j(s(t))\begin{bmatrix}L_{ij} & 0 & 0 & 0\end{bmatrix}\right\}$$

使用和式(7.79)相似的步骤，可以得到

$$\sum_{i=1}^{r}\sum_{j=1}^{r}h_i(s(t))h_j(s(t))$$

$$\cdot\begin{bmatrix}\Omega_{ij} & PA_{dij} & PA_{hij} & PD_{ij} & A_{ij}^{\mathrm{T}}H^{\mathrm{T}}Q_2 & L_{ij}^{\mathrm{T}}\\ * & -(1-u_1)Q_1 & 0 & 0 & A_{dij}^{\mathrm{T}}H^{\mathrm{T}}Q_2 & 0\\ * & * & -(1-u_2)Q_2 & 0 & A_{hij}^{\mathrm{T}}H^{\mathrm{T}}Q_2 & 0\\ * & * & * & -\gamma^2 I & D_{ij}^{\mathrm{T}}H^{\mathrm{T}}Q_2 & 0\\ * & * & * & * & -Q_2 & 0\\ * & * & * & * & * & -I\end{bmatrix}<0 \tag{7.85}$$

式(7.85)等价于

$$\begin{bmatrix}\widetilde{\Gamma} & \sum_{i=1}^{r}\sum_{j=1}^{r}h_i(s(t))h_j(s(t))\begin{bmatrix}A_{ij}^{\mathrm{T}}H^{\mathrm{T}}\\A_{dij}^{\mathrm{T}}H^{\mathrm{T}}\\A_{hij}^{\mathrm{T}}H^{\mathrm{T}}\\D_{ij}^{\mathrm{T}}H^{\mathrm{T}}\end{bmatrix}Q_2 & \sum_{i=1}^{r}\sum_{j=1}^{r}h_i(s(t))h_j(s(t))\begin{bmatrix}L_{ij}^{\mathrm{T}}\\0\\0\\0\end{bmatrix}\\ * & -Q_2 & 0\\ * & * & -I\end{bmatrix}<0 \tag{7.86}$$

同样可以得到

$$\widetilde{\Gamma}+\widetilde{\pi}+\Xi<0 \tag{7.87}$$

意味着

$$\tilde{z}(t)^{\mathrm{T}}\tilde{z}(t)-\gamma^2 w(t)^{\mathrm{T}}w(t)+\dot{V}(t)<0 \tag{7.88}$$

证毕。

7.3.2　模糊滤波器设计

本节给出本章所示变时滞 T-S 模糊中立型系统的 H_∞ 动态滤波器的设计结果。

定理 7.4　给定干扰抑制比 $\gamma>0$，如果存在矩阵 $X>0,Y>0,Q_1>0,Q_2>0,Z_i$、M_i、N_i，$1\leqslant i\leqslant j\leqslant r$，使得如下矩阵不等式成立：

$$\begin{bmatrix} \Phi_1 & \Upsilon_1 & \Upsilon_2 & \Upsilon_3 & \Upsilon_4 & \Upsilon_5 \\ * & -2(1-u_1)Q_1 & 0 & 0 & (A_{di}+A_{dj})^{\mathrm{T}}Q_2 & 0 \\ * & * & -2(1-u_2)Q_2 & 0 & (A_{hi}+A_{hj})^{\mathrm{T}}Q_2 & 0 \\ * & * & * & -2\gamma^2 I & (D_i+D_j)^{\mathrm{T}}Q_2 & 0 \\ * & * & * & * & -2Q_2 & 0 \\ * & * & * & * & * & -2I \end{bmatrix}<0 \tag{7.89}$$

$$X-Y>0 \tag{7.90}$$

则时变时滞 T-S 模糊中立型系统 $(\widetilde{\Sigma}_7)$ 的 H_∞ 滤波问题是可解的。式中

$$\Phi_1=\begin{bmatrix} \Phi_{11} & \Phi_{12} \\ \Phi_{12}^{\mathrm{T}} & \Phi_{22} \end{bmatrix},\quad \Phi_{11}=Y(A_i+A_j)+(A_j+A_i)^{\mathrm{T}}Y+2Q_1$$

$$\Phi_{12}=Y(A_i+A_j)+(A_j+A_i)^{\mathrm{T}}X+C_i^{\mathrm{T}}Z_j^{\mathrm{T}}+C_j^{\mathrm{T}}Z_i^{\mathrm{T}}+M_i^{\mathrm{T}}+M_j^{\mathrm{T}}+2Q_1$$

$$\Phi_{22}=X(A_i+A_j)+(A_j+A_i)^{\mathrm{T}}X+C_i^{\mathrm{T}}Z_j^{\mathrm{T}}+C_j^{\mathrm{T}}Z_i^{\mathrm{T}}+Z_jC_i+Z_iC_j+2Q_1$$

$$\Upsilon_1=\begin{bmatrix} Y(A_{di}+A_{dj}) \\ X(A_{di}+A_{dj})+Z_iC_{dj}+Z_jC_{di} \end{bmatrix},\quad \Upsilon_2=\begin{bmatrix} Y(A_{hi}+A_{hj}) \\ X(A_{hi}+A_{hj}) \end{bmatrix}$$

$$\Upsilon_3=\begin{bmatrix} Y(D_i+D_j) \\ X(D_i+D_j)+Z_jE_i+Z_iE_j \end{bmatrix},\quad \Upsilon_4=\begin{bmatrix} (A_{di}+A_{dj})^{\mathrm{T}}Q_2 \\ (A_{di}+A_{dj})^{\mathrm{T}}Q_2 \end{bmatrix}$$

$$\Upsilon_5=\begin{bmatrix} (L_i+L_j)^{\mathrm{T}}-(N_i+N_j)^{\mathrm{T}} \\ (L_i+L_j)^{\mathrm{T}} \end{bmatrix}$$

在这样的情况下,所设计滤波器有如下参数:

$$A_{fi}=S^{-1}M_iY^{-1}W^{-\mathrm{T}},\quad B_{fi}=S^{-1}Z_i,\quad L_{fi}=N_iY^{-1}W^{-\mathrm{T}},\quad i=1,\cdots,r \tag{7.91}$$

式中,S 和 W 都是非奇异矩阵满足

$$SW^{\mathrm{T}}=I-XY^{-1} \tag{7.92}$$

证明 从式(7.90)可知 $I-XY^{-1}$ 是非奇异的,因此,总是存在非奇异的 S 和 W 使得式(7.92)成立。

定义如下非奇异矩阵:

$$\Pi_1=\begin{bmatrix} \bar{Y} & I \\ W^{\mathrm{T}} & 0 \end{bmatrix},\quad \Pi_2=\begin{bmatrix} I & X \\ 0 & S^{\mathrm{T}} \end{bmatrix} \tag{7.93}$$

式中,$\bar{Y}=Y^{-1}>0$。设

$$\widetilde{P}=\Pi_2\Pi_1^{-1} \tag{7.94}$$

和文献[44]一样,可以看出 $\widetilde{P}>0$。在式(7.89)左边的矩阵左右两侧分别左乘

$\mathrm{diag}\{\bar{Y},I,I,I,I,I\}$和右乘其转置可得

$$\begin{bmatrix} \Pi_1^{\mathrm{T}}\Omega_{ij}\Pi_1 & * & * & * & * & * \\ (A_{dij}+A_{dji})^{\mathrm{T}}\widetilde{P}\Pi_1 & -2(1-u_1)Q_1 & * & * & * & * \\ (A_{hij}+A_{hji})^{\mathrm{T}}\widetilde{P}\Pi_1 & 0 & -2(1-u_2)Q_2 & * & * & * \\ (D_{ij}+D_{ji})^{\mathrm{T}}\widetilde{P}\Pi_1 & 0 & 0 & -2\gamma^2 I & * & * \\ HQ_2(A_{ij}+A_{ji})\Pi_1 & HQ_2(A_{dij}+A_{dji}) & HQ_2(A_{dij}+A_{dji}) & HQ_2(D_{ij}+D_{ji}) & -2Q_2 & * \\ (L_{ij}+L_{ji})\Pi_1 & 0 & 0 & 0 & 0 & -2I \end{bmatrix}<0$$

并将其中的 P 全部由 $\widetilde{P}$ 替代。而 A_{fi}、B_{fi}、L_{fi}则在式(7.91)中给出。

对上面所得结果的左右两端分别左乘 $\mathrm{diag}\{\Pi_1^{-\mathrm{T}},I,I,I,I,I\}$ 和右乘 $\mathrm{diag}\{\Pi_1^{-1},I,I,I,I,I\}$，并且利用 Schur 补引理，可以得到对于所有的 $1\leqslant i\leqslant j\leqslant r$，满足

$$\begin{bmatrix} \Omega_{ij} & P(A_{dij}+A_{dji}) & P(A_{hij}+A_{hji}) & P(D_{ij}+D_{ji}) & (A_{ij}+A_{ji})^{\mathrm{T}}H^{\mathrm{T}}Q_2 & (L_{ij}+L_{ji})^{\mathrm{T}} \\ * & -2(1-u_1)Q_1 & 0 & 0 & (A_{dij}+A_{dji})^{\mathrm{T}}H^{\mathrm{T}}Q_2 & 0 \\ * & * & -2(1-u_2)Q_2 & 0 & (A_{hij}+A_{hji})^{\mathrm{T}}H^{\mathrm{T}}Q_2 & 0 \\ * & * & * & -2\gamma^2 I & (D_{ij}+D_{ji})^{\mathrm{T}}H^{\mathrm{T}}Q_2 & 0 \\ * & * & * & * & -2Q_2 & 0 \\ * & * & * & * & * & -2I \end{bmatrix}<0$$

式中，Ω_{ij} 为式(7.76)的形式。证毕。

7.4 仿真算例

7.4.1 H_∞控制仿真算例

本节给出两个例子来说明提出的 H_∞输出反馈控制器设计方法的有效性。

例 7.1 考虑一个带有两条模糊规则的不确定 T-S 模糊时滞系统。

规则 1:IF $x_1(t)$ is μ_1 THEN

$$\begin{aligned}\dot{x}(t) &= [A_1 + \Delta A_1(t)]x(t) + [A_{11} + \Delta A_{11}(t)]x(t-0.1)\\ &\quad + [A_{21} + \Delta A_{21}(t)]\int_{t-0.1}^{t} x(s)\mathrm{d}s + [B_1 + \Delta B_1(t)]u(t) + D_{11}w(t)\\ y(t) &= [C_1 + \Delta C_1(t)]x(t) + D_{21}w(t)\\ z(t) &= E_1x(t) + G_1u(t)\end{aligned}$$

规则 2:IF $x_1(t)$ is μ_2 THEN

$$\begin{aligned}\dot{x}(t) &= [A_2 + \Delta A_2(t)]x(t) + [A_{12} + \Delta A_{12}(t)]x(t-0.1)\\ &\quad + [A_{22} + \Delta A_{22}(t)]\int_{t-0.1}^{t} x(s)\mathrm{d}s + [B_2 + \Delta B_2(t)]u(t) + D_{12}w(t)\\ y(t) &= [C_2 + \Delta C_2(t)]x(t) + D_{22}w(t)\\ z(t) &= E_2x(t) + G_2u(t)\end{aligned}$$

式中

$$A_1=\begin{bmatrix}0 & 0.5\\ -2 & 1\end{bmatrix},\quad A_{11}=\begin{bmatrix}-0.03 & 0.02\\ 0.04 & -0.03\end{bmatrix},\quad A_{21}=\begin{bmatrix}-0.5 & 0.2\\ 0.2 & -0.5\end{bmatrix}$$

$$B_1=\begin{bmatrix}0.3 & -0.8\\ 0.3 & 1\end{bmatrix},\quad C_1=\begin{bmatrix}-0.3 & -0.1\\ 0.2 & 2\end{bmatrix},\quad D_{11}=\begin{bmatrix}-0.5\\ 0\end{bmatrix}$$

$$D_{21}=\begin{bmatrix}0.5\\ 0\end{bmatrix},\quad E_1=\begin{bmatrix}-0.02 & 0\\ 0 & 0.1\end{bmatrix},\quad G_1=\begin{bmatrix}-0.1 & -2\\ 0.01 & 0.2\end{bmatrix}$$

$$A_2=\begin{bmatrix}-8 & 1.5\\ 1.3 & -8\end{bmatrix},\quad A_{12}=\begin{bmatrix}-0.05 & 0.01\\ 0.03 & -0.02\end{bmatrix},\quad A_{22}=\begin{bmatrix}-0.6 & 0.2\\ 0.1 & -0.2\end{bmatrix}$$

$$B_2=\begin{bmatrix}0.6 & -0.8\\ 0.2 & 0.1\end{bmatrix},\quad C_2=\begin{bmatrix}-0.3 & 0.2\\ 0.2 & 1.5\end{bmatrix},\quad D_{12}=D_{11}$$

$$D_{22}=D_{21},\quad E_2=\begin{bmatrix}-0.1 & 0\\ 0 & 0.2\end{bmatrix},\quad G_2=\begin{bmatrix}-0.5 & -1\\ 0 & 5\end{bmatrix}$$

时变的参数不确定矩阵 $\Delta A_1(t)$、$\Delta A_{21}(t)$、$\Delta B_1(t)$、$\Delta C_1(t)$和 $\Delta A_2(t)$、$\Delta A_{22}(t)$、$\Delta B_2(t)$、$\Delta C_2(t)$满足式(7.5)和式(7.6)以及

$$M_1=\begin{bmatrix}-0.1 & 0.2\\ 0.1 & -0.3\end{bmatrix},\quad N_{01}=\begin{bmatrix}-0.2 & 0.1\\ 0.1 & -0.3\end{bmatrix},\quad N_{21}=\begin{bmatrix}-0.2 & 0.2\\ 0.1 & -0.3\end{bmatrix}$$

$$N_{31}=\begin{bmatrix}-0.02 & 0.01\\ 0 & 0\end{bmatrix},\quad N_{41}=\begin{bmatrix}-0.02 & 0.01\\ 0 & 0.1\end{bmatrix}$$

$$M_2=\begin{bmatrix}-0.3 & 0.1\\ 0.1 & -0.2\end{bmatrix},\quad N_{02}=N_{01},\quad N_{22}=N_{21},\quad N_{32}=N_{31},\quad N_{42}=N_{41}$$

则最终的模糊系统表示为

$$\begin{aligned}\dot{x}(t) &= \sum_{i=1}^{2}h_i(s(t))\Big\{[A_i+\Delta A_i(t)]x(t)+[A_{1i}+\Delta A_{1i}(t)]x(t-0.1)\\ &\quad +[A_{2i}+\Delta A_{2i}(t)\int_{t-0.1}^{t}x(s)\mathrm{d}s]+[B_i+\Delta B_i(t)]u(t)+D_{1i}w(t)\Big\}\\ y(t) &= \sum_{i=1}^{2}h_i(s(t))\{[C_i+\Delta C_i(t)]x(t)+D_{2i}w(t)\}\\ z(t) &= \sum_{i=1}^{2}h_i(s(t))[E_ix(t)+G_iu(t)]\end{aligned}$$

式中,隶属度函数如下：

$$h_1(x_1(t))=\begin{cases}\dfrac{1}{3}, & x_1<-1\\ \dfrac{2}{3}+\dfrac{1}{3}x_1, & |x_1|\leqslant 1\\ 1, & x_1>1\end{cases},\quad h_2(x_1(t))=\begin{cases}\dfrac{2}{3}, & x_1<-1\\ \dfrac{1}{3}-\dfrac{1}{3}x_1, & |x_1|\leqslant 1\\ 0, & x_1>1\end{cases}$$

本例中,给定干扰抑制系数 $\gamma=2$。为了设计模糊 H_∞ 输出反馈控制器,选取

$$\varepsilon=1,\quad Q_1=\begin{bmatrix}0.05 & 0.1\\ 0.1 & 0.5\end{bmatrix},\quad Q_2=\begin{bmatrix}0.2 & 0\\ 0 & 0.2\end{bmatrix}$$

初始条件为 $x(0)=[0.8\quad -0.1]^{\mathrm{T}}$,假设外部干扰输入 $w(t)$ 为

$$w(t)=\frac{1}{t+0.1},\quad t\geqslant 0$$

利用 MATLAB LMI Control Toolbox 求解式(7.60)～式(7.62),可以得到

$$X=\begin{bmatrix}1.2318 & 0.5737\\ 0.5737 & 0.9309\end{bmatrix},\quad Y=\begin{bmatrix}5.4417 & -0.3225\\ -0.3225 & 3.0455\end{bmatrix}$$

$$\Omega_1=\begin{bmatrix}-1.5205 & -0.8070\\ 2.3976 & -3.2878\end{bmatrix},\quad \Omega_2=\begin{bmatrix}6.2459 & -2.4909\\ -2.6543 & 6.8288\end{bmatrix}$$

$$\Phi_1=\begin{bmatrix}2.7494 & 0.1621\\ 0.4377 & -1.2948\end{bmatrix},\quad \Phi_2=\begin{bmatrix}0.4658 & 0.0571\\ -0.4256 & -0.3130\end{bmatrix}$$

$$\psi_1=\begin{bmatrix}-30.2342 & 13.8632\\ -0.7095 & -26.1257\end{bmatrix},\quad \psi_2=\begin{bmatrix}-0.0511 & -18.2845\\ -37.6370 & -12.4733\end{bmatrix}$$

选取非奇异矩阵 S 和 W 为

$$S=\begin{bmatrix}0.1 & 0.1\\0.8 & 0.5\end{bmatrix},\quad W=\begin{bmatrix}-23.3941 & -31.7870\\-6.4615 & -7.0384\end{bmatrix}$$

容易验证选取的矩阵 S 和 W 满足式(7.65)。则由定理 7.2 可得如下模糊输出反馈控制器参数：

$$A_{k1}=\begin{bmatrix}87.3277 & -68.0397\\139.9266 & -107.2394\end{bmatrix},\quad A_{k2}=\begin{bmatrix}-24.9856 & 15.8880\\11.1983 & -12.2840\end{bmatrix}$$

$$B_{k1}=\begin{bmatrix}10.9115 & -0.3725\\16.5830 & 1.9936\end{bmatrix},\quad B_{k2}=\begin{bmatrix}1.4642 & -0.0212\\3.1940 & 0.5922\end{bmatrix}$$

$$C_{k1}=\begin{bmatrix}-16.0423 & 12.7577\\20.2647 & -14.8918\end{bmatrix},\quad C_{k2}=\begin{bmatrix}14.2596 & -10.4929\\3.2304 & -1.1934\end{bmatrix}$$

图 7.1～图 7.4 分别为闭环系统的状态响应、控制输入、测量输出和被控输出的仿真图。图 7.5 为 H_∞ 性能指标 γ 的仿真图形。从仿真结果可以看出，所设计的模糊输出反馈控制器满足所给的要求。

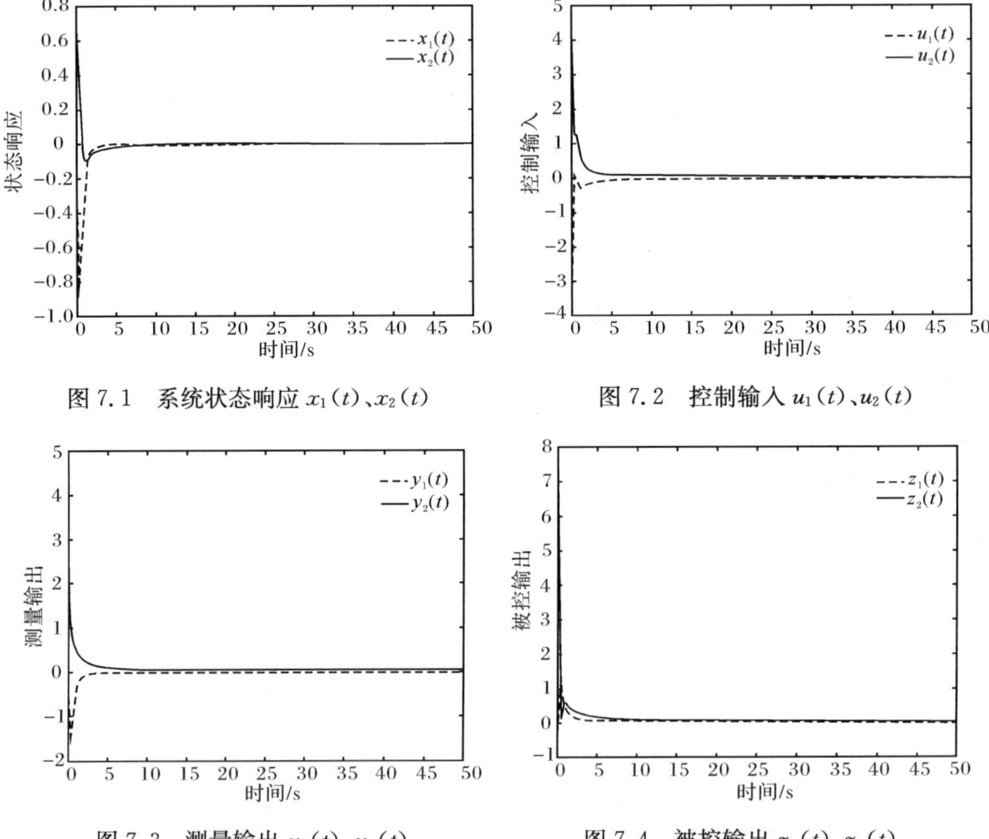

图 7.1 系统状态响应 $x_1(t)$、$x_2(t)$

图 7.2 控制输入 $u_1(t)$、$u_2(t)$

图 7.3 测量输出 $y_1(t)$、$y_2(t)$

图 7.4 被控输出 $z_1(t)$、$z_2(t)$

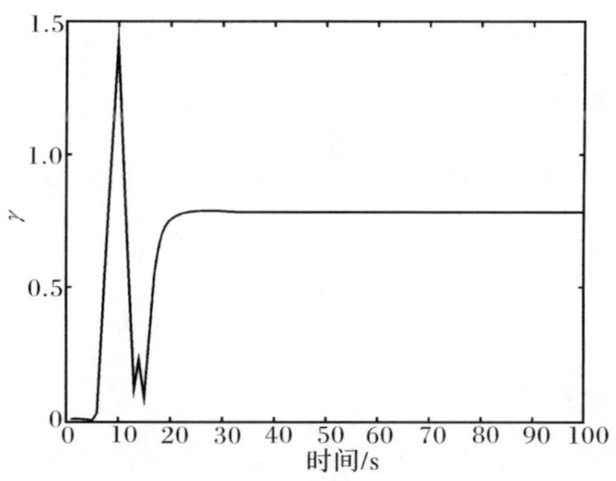

图 7.5　H_∞ 性能指标 γ

例 7.2　本例考虑一个简单的不确定非线性质量弹簧阻尼机械系统[45,46]，系统的动态方程如下：

$$\ddot{x}(t)=c(t)\dot{x}(t)-0.02x(t)-0.67x^3(t)+u(t)$$

假设 $x(t)\in[-1.5,1.5]$，$\dot{x}(t)\in[-1.5,1.5]$ 和 $c(t)\dot{x}(t)=-0.1\dot{x}^3(t)$。其中，$c(t)$ 代表不确定项，$c(t)\in[-0.225,0]$。

利用与文献[45]相似的步骤，非线性项 $-0.67x^3(t)$ 可以表示为

$$-0.67x^3(t)=h_1(x)\cdot 0\cdot x-h_2(x)\cdot 1.5075\cdot x$$

式中，$h_1(x)$，$h_2(x)\in[0,1]$；$h_1(x)+h_2(x)=1$。通过解方程，可得 $h_1(x)$ 和 $h_2(x)$ 为

$$h_1(x(t))=1-\frac{x^2(t)}{2.25},\quad h_2(x(t))=\frac{x^2(t)}{2.25}$$

式中，h_1、h_2 代表模糊集合的隶属度函数。由此，可以得到如下的模糊规则：

规则 1：IF $x(t)$ is $h_1(x)$ THEN

$$\begin{aligned}\dot{x}(t) &= [A_1+\Delta A_1(t)]x(t)+[A_{11}+\Delta A_{11}(t)]x(t-\tau)\\ &\quad +\left[A_{21}+\Delta A_{21}(t)\int_{t-0.8}^{t}x(s)\mathrm{d}s\right]+[B_1+\Delta B_1(t)]u(t)+D_{11}w(t)\\ y(t) &= [C_1+\Delta C_1(t)]x(t)+D_{21}w(t)\\ z(t) &= E_1x(t)+G_1u(t)\end{aligned}$$

规则 2：IF $x(t)$ is $h_2(x)$ THEN

$$\begin{aligned}\dot{x}(t) &= [A_2+\Delta A_2(t)]x(t)+[A_{12}+\Delta A_{12}(t)]x(t-\tau)\\ &\quad +\left[A_{22}+\Delta A_{22}(t)\int_{t-0.8}^{t}x(s)\mathrm{d}s\right]+[B_2+\Delta B_2(t)]u(t)+D_{12}w(t)\\ y(t) &= [C_2+\Delta C_2(t)]x(t)+D_{22}w(t)\\ z(t) &= E_2x(t)+G_2u(t)\end{aligned}$$

式中

$$A_1=\begin{bmatrix}-0.1125 & -0.02\\ 1 & 0\end{bmatrix},\quad A_{11}=A_{21}=0,\quad B_1=\begin{bmatrix}1 & 0\\ 0 & 0\end{bmatrix},\quad C_1=\begin{bmatrix}20 & 0\\ 0 & 20\end{bmatrix}$$

$$D_{11}=\begin{bmatrix}-0.5\\ 0\end{bmatrix},\quad D_{21}=\begin{bmatrix}0.5\\ 0\end{bmatrix},\quad E_1=\begin{bmatrix}0 & 0.01\\ 0 & 0\end{bmatrix},\quad G_1=\begin{bmatrix}0 & 0\\ 1 & 0\end{bmatrix}$$

$$A_2=\begin{bmatrix}-0.1125 & -1.527\\ 1 & 0\end{bmatrix},\quad A_{12}=A_{22}=0,\quad B_2=B_1,\quad C_2=C_1,\quad D_{12}=D_{11}$$

$$D_{22}=D_{21},\quad E_2=E_1,\quad G_2=G_1$$

参数不确定矩阵 $\Delta A_1(t)$、$\Delta A_{21}(t)$、$\Delta B_1(t)$、$\Delta C_1(t)$和 $\Delta A_2(t)$、$\Delta A_{22}(t)$、$\Delta B_2(t)$、$\Delta C_2(t)$满足式(7.5)和式(7.6)以及

$$M_1=\begin{bmatrix}-0.1125\\ 0\end{bmatrix},\quad N_{01}=\begin{bmatrix}1 & 0\\ 0 & 0\end{bmatrix},\quad N_{11}=N_{21}=N_{31}=N_{41}=0$$

$$M_2=M_1,\quad N_{02}=N_{01},\quad N_{12}=N_{22}=N_{32}=N_{42}=0$$

为了设计模糊输出反馈控制器,首先选取

$$\gamma=0.3,\quad \varepsilon=1,\quad Q_1=\begin{bmatrix}0.01 & 0\\ 0 & 0.01\end{bmatrix},\quad Q_2=\begin{bmatrix}0.02 & 0\\ 0 & 0.02\end{bmatrix}$$

初始条件为 $x(0)=[0.2\quad -0.1]^{\mathrm{T}}$,外部扰动输入 $w(t)=\dfrac{1}{t+0.1}(t\geqslant 0)$。

利用 MATLAB 解式(7.60)～式(7.62)可得

$$X=\begin{bmatrix}2.3256 & -0.0046\\ -0.0046 & 0.9731\end{bmatrix},\quad Y=\begin{bmatrix}3.8521 & -0.9469\\ -0.9469 & 3.0296\end{bmatrix}$$

$$\Omega_1=\begin{bmatrix}-6.8589 & 0.0891\\ -0.1053 & -0.0729\end{bmatrix},\quad \Omega_2=\begin{bmatrix}-6.8432 & 1.5923\\ -0.0986 & -0.0578\end{bmatrix}$$

$$\Phi_1=\begin{bmatrix}-1.2237 & -0.0430\\ 0.0037 & -1.0684\end{bmatrix},\quad \Phi_2=\begin{bmatrix}-1.2237 & 0.1322\\ 0.0039 & -1.0688\end{bmatrix}$$

$$\psi_1=\begin{bmatrix}-29.8185 & -0.1495\\ 0 & 0\end{bmatrix},\quad \psi_2=\begin{bmatrix}-31.3644 & 4.5261\\ 0 & 0\end{bmatrix}$$

同时可得本例中 H_∞ 性能指标 $\gamma_{\min}=0.03$。

现在选取

$$S=\begin{bmatrix}0.08 & 0.002\\ 0.003 & 0.09\end{bmatrix},\quad W=\begin{bmatrix}-99.8780 & 13.7618\\ 28.2646 & -22.6341\end{bmatrix}$$

很容易验证 S 和 W 满足式(7.65)。则根据定理 7.2,所设计的模糊输出反馈控制器参数如下:

$$A_{k1}=\begin{bmatrix}-21.8273 & -15.2628\\ -1.3426 & -34.3075\end{bmatrix},\quad A_{k2}=\begin{bmatrix}-21.5126 & -9.6935\\ -1.3551 & -34.5145\end{bmatrix}$$

$$B_{k1}=\begin{bmatrix}-15.3095 & -0.2411\\ 0.5519 & -11.8634\end{bmatrix},\quad B_{k2}=\begin{bmatrix}-15.3103 & 1.9505\\ 0.5531 & -11.9403\end{bmatrix}$$

$$C_{k1}=\begin{bmatrix}0.3617 & 0.4583\\ 0 & 0\end{bmatrix},\quad C_{k2}=\begin{bmatrix}0.3460 & 0.2321\\ 0 & 0\end{bmatrix}$$

则闭环系统的状态响应的仿真如图 7.6 所示。从仿真结果可以看出,所设计的模糊动态输出反馈控制器满足所给的要求。

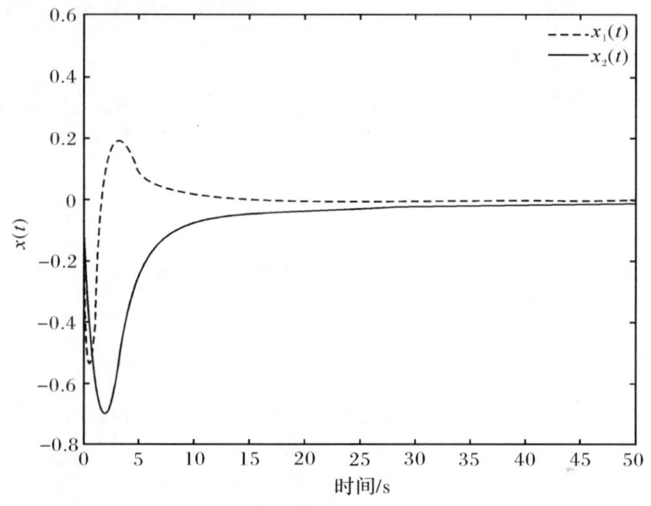

图 7.6　系统状态响应 $x(t)$

7.4.2　H_∞ 滤波仿真算例

本节采用并行分布补偿机制(PDC),利用一个数值算例来说明前面提出的 H_∞ 动态滤波器设计方法的有效性。

例 7.3　本例中的模糊规则如下:

规则 1:IF $x_1(t)$ is $h_1(x_1(t))$ THEN

$$\dot{x}(t)=A_1x(t)+A_{d1}x(t-\tau_1(t))+A_{h1}\dot{x}(t-\tau_2(t))+D_1w(t)$$
$$y(t)=C_1x(t)+C_{d1}x(t-\tau_1(t))+E_1w(t)$$
$$z(t)=L_1x(t)$$

规则 2:IF $x_1(t)$ is $h_2(x_1(t))$ THEN

$$\dot{x}(t)=A_2x(t)+A_{d2}x(t-\tau_1(t))+A_{h2}\dot{x}(t-\tau_2(t))+D_2w(t)$$
$$y(t)=C_2x(t)+C_{d2}x(t-\tau_1(t))+E_2w(t)$$
$$z(t)=L_2x(t)$$

式中

$$A_1=\begin{bmatrix}-57.4920 & 38.3280\\ 47.9100 & -43.1190\end{bmatrix},\quad A_2=\begin{bmatrix}-23.2830 & 8.9550\\ 12.5370 & -17.9100\end{bmatrix}$$

$$A_{d1}=\begin{bmatrix}0 & 0.25\\ 0 & 0.0112\end{bmatrix},\quad A_{d2}=\begin{bmatrix}0 & 0.25\\ 0 & 0.0112\end{bmatrix},A_{h1}=\begin{bmatrix}0 & 1\\ -0.1 & 0.3\end{bmatrix}$$

$$A_{h2}=\begin{bmatrix}0.3 & 0\\ 0 & -0.8\end{bmatrix},\quad D_1=\begin{bmatrix}1\\ -0.2\end{bmatrix},\quad D_2=\begin{bmatrix}-0.2\\ 0.637\end{bmatrix}$$

$$C_{d1}=[-0.8,0.6],\quad C_{d2}=[-0.2,1.0],\quad E_1=0.3,\quad E_2=-0.6$$

$$C_1=[-1,0],\quad C_2=[0.5,-0.6],\quad L_1=[-1.0,-0.5],\quad L_2=[0.2,0.3]$$

隶属度函数分别如下：

$$h_1(x_1(t))=\begin{cases}1, & x_1<-1\\ 0.5-0.5x_1^2+x_1, & |x_1|\leqslant 1\\ 0, & x_1>1\end{cases}$$

$$h_2(x_1(t))=\begin{cases}1, & x_1>1\\ 0.5+0.5x_1^2-x_1, & |x_1|\leqslant 1\\ 0, & x_1<-1\end{cases}$$

最终的模糊系统表示为

$$\dot{x}(t)=\sum_{i=1}^{2}h_i(x(t))[A_ix(t)+A_{di}x(t-\tau_1(t))+A_{hi}\dot{x}(t-\tau_2(t))+D_i(t)w(t)]$$

$$y(t)=\sum_{i=1}^{2}h_i(x(t))[C_ix(t)+C_{di}x(t-\tau_1(t))+E_iw(t)]$$

$$z(t)=\sum_{i=1}^{2}h_i(x(t))[L_ix(t)]$$

本章中，变时滞函数选择如下形式：

$$\tau_1=0.6\sin(t)+1.2,\quad \tau_2=0.8\sin(t)+1.2$$

则容易看出两个变时滞的上界分别为 1.8 和 2.0，而时滞倒数的上界则分别为 0.6 和 0.8，满足本章对变时滞的要求。

同时选择干扰抑制比 $\gamma=0.8$，使用 MATLAB 解式(7.89)和式(7.90)，可以得到

$$X=\begin{bmatrix}12.5005 & -6.7251\\ -6.7251 & 9.2657\end{bmatrix},\quad Y=\begin{bmatrix}9.6169 & -5.4327\\ -5.4327 & 7.7847\end{bmatrix}$$

$$M_1=\begin{bmatrix}325.8418 & -234.1318\\ -193.0858 & 157.8022\end{bmatrix},\quad M_2=\begin{bmatrix}318.0428 & -207.4326\\ -217.6251 & 185.7757\end{bmatrix}$$

$$Q_1=\begin{bmatrix}117.4880 & -70.5743\\ -70.5743 & 59.2761\end{bmatrix},\quad Q_2=\begin{bmatrix}0.0797 & 0.0024\\ 0.0024 & 0.4228\end{bmatrix}$$

$$N_1=[-1.0229\quad -0.4994],\quad N_2=[-0.1767\quad 0.3093]$$

$$Z_1=\begin{bmatrix}5.1565\\ 0.7131\end{bmatrix},\quad Z_2=\begin{bmatrix}-29.6560\\ 33.5587\end{bmatrix}$$

因此，由定理 7.3 和定理 7.4 可以得到 H_∞ 滤波问题是可解的。选取非奇异矩阵 S 和 W 为

$$S=\begin{bmatrix}1 & 0.5\\ -0.8 & 1\end{bmatrix},\quad W=\begin{bmatrix}-0.2271 & -0.1078\\ 0.2261 & -0.0730\end{bmatrix}$$

得到如下的滤波器规则：

滤波器规则 1：IF $x_1(t)$ is $h_1(x_1(t))$ THEN

$$\dot{\hat{x}}(t)=A_{f1}\hat{x}(t)+B_{f1}y(t)$$

$$\hat{z}(t)=L_{f1}\hat{x}(t)$$

滤波器规则 2：IF $x_1(t)$ is $h_2(x_1(t))$ THEN

$$\dot{\hat{x}}(t)=A_{f2}\hat{x}(t)+B_{f2}y(t)$$

$$\hat{z}(t)=L_{f2}\hat{x}(t)$$

式中

$$A_{f1}=\begin{bmatrix}-4.9357 & 60.6391\\ -27.7246 & -143.3041\end{bmatrix},\quad A_{f2}=\begin{bmatrix}-31.2999 & 38.6764\\ -21.6186 & -144.5941\end{bmatrix}$$

$$L_{f1}=[1.6806\quad 0.6468],\quad L_{f2}=[-0.2571\quad -0.2286]$$

$$B_{f1}=\begin{bmatrix}3.9379\\ -2.4372\end{bmatrix},\quad B_{f2}=\begin{bmatrix}-9.1976\\ 40.9168\end{bmatrix}$$

图 7.7～图 7.9 分别为原系统状态响应图、所设计 H_∞ 滤波系统状态响应图和滤波误差系统的观测信号图。从仿真结果可以看出，所设计 H_∞ 控制器满足所给的要求。

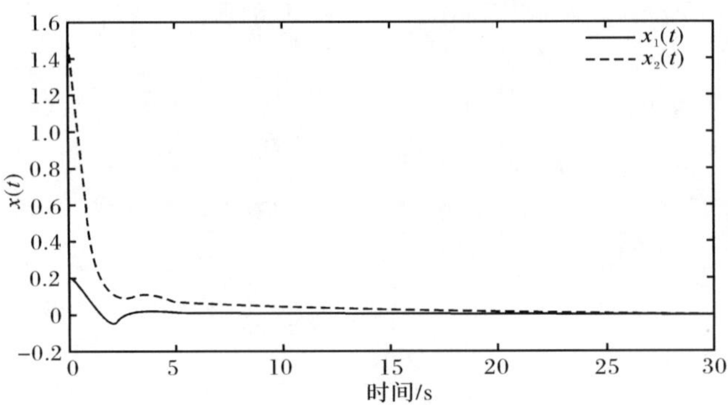

图 7.7　原系统状态响应

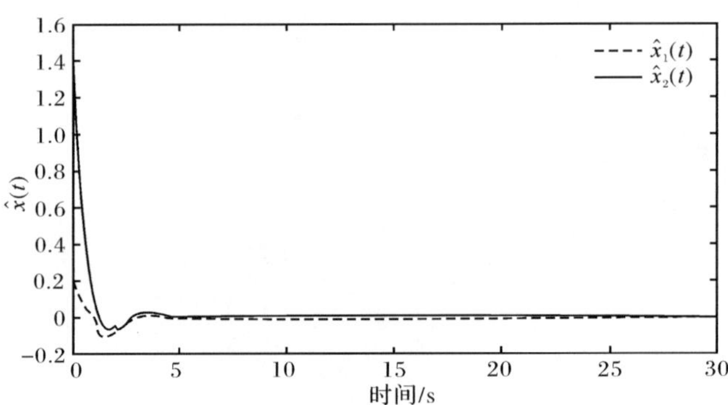

图 7.8　滤波系统状态响应

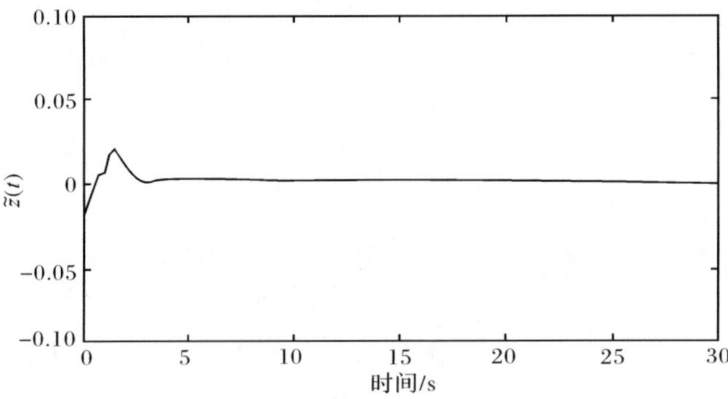

图 7.9　滤波误差系统观测信号响应

7.5 小　　结

本章针对一类带有参数不确定和分布时滞的连续时间 T-S 模糊系统，进行了鲁棒 H_∞ 性能分析和鲁棒 H_∞ 控制问题的研究。首先，针对带有状态时滞和分布时滞的 T-S 模糊系统，通过 LMI 方法，得到了一个既保证闭环系统鲁棒渐近稳定，又使系统具有指定的 H_∞ 抑制水平的全阶模糊动态输出反馈控制器存在的充分性条件，并给出了具体的设计方法。然后，针对一类连续时间时变时滞 T-S 模糊中立型系统，构造新的 Lyapunov 函数，进行鲁棒 H_∞ 滤波问题研究。通过 LMI 方法给出了滤波器存在的充分条件，并给出了设计方法。最后，用仿真算例对本章的结果进行仿真，验证了所设计的控制器和滤波器的有效性。

参考文献

[1] Zhou S，Li T. Robust stabilization for delayed discrete-time fuzzy systems via basis dependent Lyapunov-Krasovskii function [J]. Fuzzy Sets and Systems，2005，151(1)：139—153.

[2] Nguang S K，Shi P. Fuzzy H_∞ output feedback control of nonlinear systems under sampled measurements [J]. Automatica，2003，39(12)：2169—2174.

[3] Nguang S K，Shi P. Robust H_∞ output feedback control design for fuzzy dynamic systems with quadratic D stability constraints：An LMI approach [J]. Information Sciences，2006，176(15)：2161—2191.

[4] Niu Y，Lam J，Wang X，et al. Adaptive H_∞ control using backstepping and neural networks [J]. Journal of Dynamic Systems，Measurement，and Control，2005，127(3)：478—485.

[5] Khargonekar P P，Petersen I R，Zhou K. Robust stabilization of uncertain linear systems：Quadratic stabilizability and H_∞ control theory [J]. IEEE Transactions on Automatic Control，1990，35(3)：356—361.

[6] Zames G. Feedback and optimal sensitivity：Model reference transformations，multiplicative seminorms，and approximate inverses [J]. IEEE Transactions on Automatic Control，1981，26(1)：301—320.

[7] Doyle J C，Stein G. Multivariable feedback design：Concepts for a classical/modern synthesis [J]. IEEE Transactions on Automatic Control，1981，26(1)：4—16.

[8] Doyle J C，Francis B A，Tannenbaum A R. Feedback Control Theory [M]. New York：Macmilan Publishing Company，1992.

[9] Doyle J C，Glover K，Khargonekar P P. State-space solutions to standard H_2 and H_∞ control problems [J]. IEEE Transactions on Automatic Control，1989，34(8)：831—847.

[10] Zhou K，Doyle J C，Glover K. Robust and Optimal Control [M]. New Jersey：Prentice Hall，

1996.

[11] Skogestad S, Postlethwaite I. Multivariable Feedback Control: Analysis and Design [M]. England: John Wiley & Sons, 1996.

[12] William H J, James M R. Extending H_∞ control to nonlinear systems: Control of nonlinear systems to achieve performance objectives [C]. Society for Industrial and Applied Mathematics, Philadelphia, 1999.

[13] Isidori A, Kang W. H_∞ control via measurement feedback for general nonlinear systems [J]. IEEE Transactions on Automatic Control, 1995, 40(3): 466—472.

[14] der Schaft A V. L_2-gain analysis of nonlinear systems and nonlinear state-feedback H_∞ control [J]. IEEE Transactions on Automatic Control, 1992, 37(6): 770—784.

[15] der Schaft A V. L_2-Gain and Passivity Techniques in Nonlinear Control [M]. London: Springer-Verlag, 2000.

[16] Yang D D, Zhang H G. Robust H_∞ networked control for uncertain fuzzy systems with time-delay [J]. Acta Automatica Sinica, 2007, 33(7): 726—730.

[17] Liu X W. Delay-dependent H_∞ control for uncertain fuzzy systems with time-varying delays [J]. Nonlinear Analysis, 2008, 68(5): 1352—1361.

[18] Chen B S, Tseng C S, Uang H J. Mixed H_2/H_∞ fuzzy output feedback control design for nonlinear dynamic systems: An LMI approach [J]. IEEE Transactions on Fuzzy Systems, 2000, 8(3): 249—265.

[19] Lin C, Wang Q G, Lee T H, et al. Observer-based H_∞ fuzzy control design for T-S fuzzy systems with state delays [J]. Automatica, 2008, 44(3): 868—874.

[20] Ren J H. Delay-dependent fuzzy H_∞ filtering for a class of nonlinear systems with time delays [C]. IEEE International Conference on Control and Automation, Guangzhou, 2007: 1388—1393.

[21] Zhang B, Zhou S, Li T. A new approach to robust and non-fragile H_∞ control for uncertain fuzzy systems[J]. Information Sciences, 2007, 177(22): 5118—5133.

[22] Lin C, Wang Q G, Lee T H. Improvement on observer-based H_∞ control for T-S fuzzy systems [J]. Automatica, 2005, 41(9): 1651—1656.

[23] Cao Y Y, Frank P M. Robust H_∞ disturbance attenuation for a class of uncertain discrete-time fuzzy systems [J]. IEEE Transactions on Fuzzy Systems, 2002, 8(4): 406—415.

[24] Zhou S, Feng G, Lam J, et al. Robust H_∞ control for discrete-time fuzzy systems via basis-dependent Lyapunov functions [J]. Information Sciences, 2005, 174(3/4): 197—217.

[25] Lee K R, Jeung E T, Park H B. Robust fuzzy H_∞ control for uncertain nonlinear systems via state feedback: An LMI approach [J]. Fuzzy Sets and Systems, 2001, 120(1): 123—134.

[26] Lee K R, Kim J H, Jeung E T, et al. Output feedback robust H_∞ control of uncertain fuzzy dynamic systems with time-varying delay [J]. IEEE Transactions on Fuzzy Systems, 2000, 8 (6): 657—664.

[27] Xu S, Lam J. Robust H_∞ control for uncertain discrete-time-delay fuzzy system via output feedback controllers [J]. IEEE Transactions on Fuzzy Systems, 2005, 13(1): 82—93.

[28] Lam J, Zhou S. Dynamic output feedback H_∞ control of discrete-time fuzzy systems: A fuzzy-basis-dependent Lyapunov function approach [J]. International Journal of Systems Science, 2007, 38(1): 25—37.

[29] Shu H, Wei G. H_∞ analysis of nonlinear stochastic time-delay system [J]. Chaos, Solitons and Fractals, 2005, 26(2): 637—647.

[30] Gao H, Wang C, Wang J. On H_∞ performance analysis for continuous-time stochastic systems with polytopic uncertainties [J]. Circuits, Systems and Signal Processing, 2005, 24(4): 415—429.

[31] Gao J, Huang B, Wang Z. LMI-based robust H_∞ control of uncertain linear jump systems with time-delays [J]. Automatica, 2001, 37(7): 1141—1146.

[32] Xie L, Fridman E, Shaked U. Robust H_∞ control of distributed delay systems with application to the combustion control [J]. IEEE Transactions on Automatic Control, 2001, 46(12): 1930—1935.

[33] Xu S, Chen T. Robust H_∞ output feedback control for uncertain distributed delay systems [J]. European Journal of Control, 2003, 9(6): 566—574.

[34] Yue D, Han Q. Robust H_∞ non-fragile controller design for uncertain descriptor systems with time-varying discrete and distributed delays [J]. Developments in Chemical Engineering and Mineral Processing, 2005, 13(3/4): 341—350.

[35] Lin C, Wang Q G, Lee T H, et al. H_∞ filter design for nonlinear systems with time-delay through T-S fuzzy model approach [J]. IEEE Transactions on Fuzzy Systems, 2008, 16(3): 739—746.

[36] Feng G. Robust H_∞ filtering of fuzzy dynamics systems [J]. IEEE Transactions on Aerospace and Electronic Systems, 2005, 41(2): 658—670.

[37] de Souza C, Xie L, Wang Y. H_∞ filtering for a class of uncertain nonlinear systems [J]. Systems & Control Letter, 1993, 20(6): 419—426.

[38] Nguang S K, Shi P. Delay-dependent H_∞ filtering for uncertain time delay nonlinear systems: An LMI approach [J]. IET Control Theory & Applications, 2007, 1(1): 133—140.

[39] Shi P, Mahmoud M, Nguang S K, et al. Robust H_∞ filtering for jumping systems with mode-dependent delays [J]. Signal Processing, 2006, 86(1): 140—152.

[40] Xu S, Lam J, Zou Y. H_∞ filtering for singular systems [J]. IEEE Transactions on Automatic Control, 2003, 48(12): 2217—2222.

[41] Zhang B, Zhou S, Du D. Robust H_∞ filtering of delayed singular with linear fractional [J]. Circuit Systems and Signal Processing, 2006, 25(5): 627—647.

[42] Fridman E, Shaked U. An improved delay dependent H_∞ filtering of linear neutral systems

[J]. IEEE Transactions on Signal Processing, 2004, 52(3): 668—673.
[43] Xu S, Lam J. On filtering for a class of uncertain nonlinear neutral systems [J]. Circuits Systems Signal Processing, 2004, 23(3): 215—230.
[44] Xu S, Lam J. Exponential filter design for Takagi-Sugeno uncertain fuzzy systems with time delay [J]. Engineering Applications of Artificial Intelligence, 2004, 17(6): 645—659.
[45] Tanaka K, Ikeda T, Wang H O. Robust stabilization of a class of uncertain nonlinear systems via fuzzy control: Quadratic stabilizability, H_∞ control theory, and linear matrix inequalities [J]. IEEE Transactions on Fuzzy Systems, 1996, 4(1): 1—13.
[46] Wu H, Cai K. H_2 guaranteed cost fuzzy control for uncertain nonlinear systems via linear matrix inequalities [J]. Fuzzy Sets and Systems, 2004, 148(3): 411—429.

第 8 章　模糊时滞系统的 H_∞ 观测器型控制与滤波

第 7 章主要针对模糊时滞系统进行常规 H_∞ 控制器与滤波器设计，但是工业自动化控制的前提是工业系统所需的各种状态的准确测量。而如果仅靠传感器等测量手段来获取控制系统所需要的状态变量等信息，不但要增大系统的开支，还会增加硬件的复杂性。不仅如此，即使忽略使用复杂测量手段时所带来的额外开支，实际中系统状态也并不总是可以通过物理手段测量得到。状态观测器可根据系统的输入变量和输出变量的实测量值得出状态变量的估计值[1]。观测器的出现，为信息测量提供了一个有效的途径，且在工业控制等许多方面也得到了实际的应用，如状态反馈控制、故障诊断、信号处理等。

最早的状态观测器概念是由卡尔曼等提出的，他们构造出了第一个状态观测器。随后卡尔曼的构造方法就被研究人员大量地用来重构系统状态，解决了状态的不可测问题。但是卡尔曼滤波理论要求事先得知系统的输入的统计特性与方差，这在实际应用中是很难满足的。面对未知具体分布的扰动，H_∞ 滤波及 H_∞ 控制就可以发挥效用。目前，关于状态观测器的研究有很多：文献[1]对时滞系统设计了基于观测器的最优扰动抑制控制器；文献[2]则对切换模糊时滞系统，研究了基于观测器的反馈控制方法；文献[3]设计了不确定非线性系统的基于观测器鲁棒控制器；文献[4]研究了不确定时滞系统的基于观测器的鲁棒镇定问题；而文献[5]则是根据观测器，给出了时滞系统的输出反馈控制器设计方法。

从第 7 章的分析可知，模糊控制在工业领域上的迅猛发展，带动了理论上的长足进步。越来越多的研究人员将注意力转移到了模糊理论上来，尤其是 T-S 模糊模型的兴起，使得模糊理论的研究达到了前所未有的顶峰。T-S 模糊系统的稳定性分析、控制器设计、滤波器的设计问题有很多的研究结果。第 7 章已经分析过，中立型时滞的性质与状态都比一般的标准时滞更加复杂，而一般的时滞研究结果也很难应用到中立型时滞中，又由于其在实际工业系统中广泛存在，所以是一个很值得研究的问题。本章将对观测器进行控制与滤波如下方面的研究：①对于同时具有分布时滞及非线性项的 T-S 模糊系统进行了观测器型 H_∞ 输出反馈控制器设计，给出控制器存在的新结果，并提供期望控制器的设计方法；②针对一类非线性 T-S 模糊中立型系统，给出不显含时间及显含时间两种条件下的 H_∞ 观测器设计方法。从算例中验证显含时间即时滞相关的结果在时滞小时具有较好的保守性。

8.1 问题描述

8.1.1 H_∞控制问题描述

考虑如下一类带有分布时滞和非线性项的不确定 T-S 模糊系统，由如下 IF-THEN 规则表示。

规则 i：IF $s_1(t)$ is u_{i1} and … and $s_p(t)$ is u_{ip} THEN

$$\begin{aligned}\dot{x}(t)=&[A_i+\Delta A_i(t)]x(t)+[A_{1i}+\Delta A_{1i}(t)]x(t-\tau_1(t))\\&+A_{2i}\int_{t-\tau_2}^{t}x(s)\mathrm{d}s+B_iu(t)+D_ig(x(t))+D_{1i}w(t)\end{aligned}\tag{8.1}$$

$$y(t)=C_ix(t)+C_{1i}x(t-\tau_1(t))+D_{2i}v(t)\tag{8.2}$$

$$z(t)=E_ix(t)+G_iu(t)\tag{8.3}$$

$$x(t)=\phi(t),\quad \forall t\in[-\tau,0],\quad i=1,2,\cdots,r\tag{8.4}$$

式中，u_{ij}是模糊集；r 是 IF-THEN 模糊规则的数目；$s_1(t),\cdots,s_p(t)$表示前件变量；$x(t)\in\mathbb{R}^n$表示系统状态；$u(t)\in\mathbb{R}^m$为控制输入；$y(t)\in\mathbb{R}^s$表示测量输出；$z(t)\in\mathbb{R}^q$为被控输出；$w(t)\in\mathbb{R}^p$为任意的噪声信号；$v(t)\in\mathbb{R}^w$为任意的扰动信号；τ_1 和 τ_2 都是正的标量，代表模糊系统中各项的时滞参数，其中，$\tau_1(t)\leqslant\bar{\tau}_1$；$\phi(t)$是给定的在$[-\tau,0]$、$\tau=\max(\bar{\tau}_1,\tau_2)$上的连续可微初值函数；$A_i$、$A_{1i}$、$A_{2i}$、$B_i$、$C_i$、$C_{1i}$、$D_i$、$D_{1i}$、$D_{2i}$、$E_i$、$G_i$ 是已知的常数矩阵；$\Delta A_i(t)$、$\Delta A_{1i}(t)$是实值的未知矩阵，代表时变的参数不确定性，并且具有如下形式：

$$[\Delta A_i(t)\quad \Delta A_{1i}(t)]=M_iF_i(t)[N_{ai}\quad N_{a1i}],\quad i=1,2,\cdots,r\tag{8.5}$$

其中，M_i、N_{ai}、N_{a1i}是已知的常数矩阵；$F_i(\cdot):\mathbb{N}\to\mathbb{R}^{l_1\times l_2}$是未知的矩阵函数，满足

$$F_i(t)^{\mathrm{T}}F_i(t)\leqslant I,\quad \forall t\tag{8.6}$$

如果式(8.5)和式(8.6)都满足，不确定矩阵 $\Delta A_i(t)$、$\Delta A_{1i}(t)$被称为是容许的。

采用单点模糊化、乘积推理、中心加权平均解模糊，动态模糊模型式(8.1)～式(8.3)可以表示为 (Σ_8)

$$\begin{aligned}\dot{x}(t)=&\sum_{i=1}^{r}h_i(s(t))\Big\{[A_i+\Delta A_i(t)]x(t)+[A_{1i}+\Delta A_{1i}(t)]x(t-\tau_1(t))\\&+A_{2i}\int_{t-\tau_2}^{t}x(s)\mathrm{d}s+B_iu(t)+D_ig(x(t))+D_{1i}w(t)\Big\}\end{aligned}\tag{8.7}$$

$$y(t)=\sum_{i=1}^{r}h_i(s(t))\{C_ix(t)+C_{1i}x(t-\tau_1(t))+D_{2i}v(t)\}\tag{8.8}$$

$$z(t)=\sum_{i=1}^{r}h_i(s(t))[E_ix(t)+G_iu(t)] \tag{8.9}$$

式中,隶属度函数的表达和第 7 章中式(7.10)和式(7.14)相同。同样也具有式(7.15)和式(7.16)的特征。

在本章中,要用到如下假设。

非线性函数 $g(x(t))$ 满足:① $g(0)=0$;② $\|g(x)-g(y)\|\leqslant\|S_g(x-y)\|$。对于所有的 x、$y\in\mathbb{R}^n$,其中,S_g 是已知的实常矩阵。

现在,利用并行分布补偿机制,设计如下形式的模糊非线性观测器型输出反馈控制器:

$$\begin{aligned}\dot{\hat{x}}(t)=&\sum_{i=1}^{r}h_i(s(t))[A_i\hat{x}(t)+A_{1i}\hat{x}(t-\tau_1(t))+D_ig(\hat{x}(t))\\&+B_iu(t)+L_i(y(t)-\hat{y}(t))]\end{aligned} \tag{8.10}$$

$$\hat{y}(t)=\sum_{i=1}^{r}h_i(s(t))[C_i\hat{x}(t)+C_{1i}\hat{x}(t-\tau_1(t))] \tag{8.11}$$

$$u(t)=\sum_{i=1}^{r}h_i(s(t))[K_i\hat{x}(t)],\quad i=1,2,\cdots,r \tag{8.12}$$

式中,$\hat{x}(t)\in\mathbb{R}^n$ 表示控制器状态;L_i 和 K_i 分别为待定的观测器和控制器增益。

由此根据式(8.7)~式(8.9)、式(8.10)~式(8.12),闭环系统可以写为 (Σ_8')

$$\begin{aligned}\dot{\eta}(t)=&\sum_{i=1}^{r}\sum_{j=1}^{r}h_i(s(t))h_j(s(t))\Big\{A_{ij}(t)\eta(t)+\bar{A}_{1i}(t)\eta(t-\tau_1(t))\\&+\hat{A}_{2i}\int_{t-\tau_2}^{t}H\eta(s)\mathrm{d}s+\bar{D}_i\xi(x(t),\hat{x}(t))+\bar{D}_{1i}\bar{w}(t)\Big\}\end{aligned} \tag{8.13}$$

$$\hat{y}(t)=\sum_{i=1}^{r}\sum_{j=1}^{r}h_i(s(t))h_j(s(t))\hat{E}_{ij}\eta(t) \tag{8.14}$$

式中

$$\eta(t)=\begin{bmatrix}x(t)\\x(t)-\hat{x}(t)\end{bmatrix},\quad \xi(x(t),\hat{x}(t))=\begin{bmatrix}g(x(t))\\g(x(t))-g(\hat{x}(t))\end{bmatrix}$$

$$\bar{w}(t)=\begin{bmatrix}w(t)\\v(t)\end{bmatrix},\quad A_{ij}(t)=\hat{A}_{ij}+\Delta\hat{A}_i(t),\quad \bar{A}_{1i}(t)=\hat{A}_{1i}+\Delta\hat{A}_{1i}(t)$$

$$\hat{A}_{ij}=\begin{bmatrix}A_i+B_iK_j & -B_iK_j\\0 & A_i-L_iC_j\end{bmatrix},\quad \Delta\hat{A}_i(t)=\begin{bmatrix}\Delta A_i(t) & 0\\\Delta A_i(t) & 0\end{bmatrix}$$

$$\hat{A}_{1i}=\begin{bmatrix}A_{1i} & 0\\0 & A_{1i}-L_iC_{1j}\end{bmatrix},\quad \Delta\hat{A}_{1i}(t)=\begin{bmatrix}\Delta A_{1i}(t) & 0\\\Delta A_{1i}(t) & 0\end{bmatrix}$$

$$\hat{A}_{2i}=\begin{bmatrix}0\\A_{2i}\end{bmatrix},\quad \bar{D}_i=\begin{bmatrix}D_i & 0\\0 & D_i\end{bmatrix},\quad \bar{D}_{1i}=\begin{bmatrix}D_{1i} & 0\\D_{1i} & -L_iD_{2j}\end{bmatrix}$$

$$\hat{E}_{ij}=[E_i+G_iK_j\quad -G_iK_j],\quad H=[I\quad 0]$$

鲁棒 H_∞ 观测器型输出反馈控制问题可以表示如下：对于给定的带有分布时滞和非线性项的模糊系统 (Σ_8) 和一个给定的干扰抑制参数 $\gamma>0$，寻找一个形如式(8.10)中的观测器增益 L_i 和形如式(8.12)中的控制器增益 K_i，满足系统稳定的条件和如下 H_∞ 性能：

$$\|z\|_2<\gamma\|\bar{w}\|_2 \tag{8.15}$$

8.1.2　H_∞ 滤波问题描述

考虑如下一类带有非线性项的 T-S 模糊中立型系统，由如下 IF-THEN 规则表示：

规则 i：IF $s_1(t)$ is u_{i1} and $s_2(t)$ is u_{i2} and … and $s_g(t)$ is u_{ig} THEN

$$\dot{x}(t)=A_ix(t)+A_{di}x(t-\tau_1)+A_{hi}\dot{x}(t-\tau_2)+B_iw(t)+G_ig(x(t)) \tag{8.16}$$

$$y(t)=C_ix(t)+C_{di}x(t-\tau_1)+D_iw(t) \tag{8.17}$$

$$z(t)=L_ix(t) \tag{8.18}$$

$$x(t)=\phi(t),\quad t\in[-\tau,0],\quad i=1,2,\cdots,r \tag{8.19}$$

式中，u_{ij} 是模糊集；r 是 IF-THEN 模糊规则的数目；$x(t)\in\mathbb{R}^n$ 表示系统状态；$y(t)\in\mathbb{R}^m$ 为待测输出；$w(t)\in\mathbb{R}^s$ 为 $L_2[0,\infty)$ 上的任意噪声信号；$z(t)\in\mathbb{R}^l$ 是由系统状态线性组合成的观测输出；A_i、A_{di}、B_i、C_i、C_{di}、D_i、G_i 和 L_i 是已知的适当维数常矩阵，且中立项系数矩阵 A_{hi}，满足特征值绝对值均小于 1；$\tau_1>0$、$\tau_2>0$ 是时滞，在式(8.19)中，$\phi(t)$ 是给定的在 $[-\tau,0]$、$\tau=\max(\tau_1,\tau_2)$ 上的连续可微初值函数；$s_1(t),s_2(t),\cdots,s_g(t)$ 表示前件变量。

采用单点模糊化、乘积推理、中心加权平均解模糊，动态模糊模型式(8.16)～式(8.18)可以表示为 ($\tilde{\Sigma}_8$)

$$\dot{x}(t)=\sum_{i=1}^{r}h_i(s(t))[A_ix(t)+A_{di}x(t-\tau_1)+A_{hi}\dot{x}(t-\tau_2)+B_i(t)\omega(t)+G_ig(x(t))] \tag{8.20}$$

$$y(t)=\sum_{i=1}^{r}h_i(s(t))[C_ix(t)+C_{di}x(t-\tau_1)+D_iw(t)] \tag{8.21}$$

$$z(t)=\sum_{i=1}^{r}h_i(s(t))[L_ix(t)] \tag{8.22}$$

$$x(t)=\phi(t),\quad t\in[-\tau,0] \tag{8.23}$$

式中，隶属度函数的表达和第 7 章中式(7.10)和式(7.14)形式相同，同样也具有式(7.15)和式(7.16)的特征。

下面考虑用观测函数：

$$y_t=(y(\tau):0\leqslant\tau\leqslant t) \tag{8.24}$$

构造合适的非线性观测器 $(\widetilde{\Sigma}_f)$ 如下：

$$\begin{aligned}\dot{\hat{x}}(t)=&\sum_{i=1}^{r}\sum_{j=1}^{r}h_i(s(t))h_j(s(t))[A_i\hat{x}(t)+A_{di}\hat{x}(t-\tau_1)+A_{hi}\dot{\hat{x}}(t-\tau_2)\\&+G_ig(\hat{x}(t))+K_j(y(t)-C_i\hat{x}(t)-C_{di}\hat{x}(t-\tau_1))]\end{aligned} \tag{8.25}$$

$$\hat{z}(t)=\sum_{i=1}^{r}h_i(s(t))[L_i\hat{x}(t)] \tag{8.26}$$

定义观测器误差为

$$\widetilde{x}(t)=x(t)-\hat{x}(t) \tag{8.27}$$

接着就可以写出一个关于观测误差 $\widetilde{x}(t)$ 的表达式，即

$$\begin{aligned}\dot{\widetilde{x}}=&\sum_{i=1}^{r}\sum_{j=1}^{r}h_i(s(t))h_j(s(t))[(A_i-K_jC_i)\widetilde{x}(t)+(A_{di}-K_jC_{di})\widetilde{x}(t-\tau_1)\\&+A_{hi}\dot{\widetilde{x}}(t-\tau_2)+G_i(g(x(t))-g(\hat{x}(t)))+(B_i-K_jD_i)w(t)]\end{aligned} \tag{8.28}$$

设

$$\eta(t)=[x(t)^{\mathrm{T}}\quad \widetilde{x}(t)^{\mathrm{T}}]^{\mathrm{T}},\quad \widetilde{z}(t)=z(t)-\hat{z}(t) \tag{8.29}$$

由此根据式(8.16)和式(8.25)，一个增广系统 $(\widetilde{\Sigma}_8')$ 可以写为

$$\begin{aligned}\dot{\eta}(t)=&\sum_{i=1}^{r}\sum_{j=1}^{r}h_i(s(t))h_j(s(t))[A_{ij}\eta(t)+A_{dij}\eta(t-\tau_1)\\&+\hat{A}_{hi}\dot{\eta}(t-\tau_2)+\hat{G}_i\xi(x(t),\hat{x}(t))+B_{ij}w(t)]\end{aligned} \tag{8.30}$$

$$\widetilde{z}(t)=\sum_{i=1}^{r}h_i(s(t))[\hat{L}_i\eta(t)] \tag{8.31}$$

式中

$$A_{ij}=\begin{bmatrix}A_i & 0\\ 0 & A_i-K_jC_i\end{bmatrix},\quad A_{dij}=\begin{bmatrix}A_{di} & 0\\ 0 & A_{di}-K_jC_{di}\end{bmatrix}$$

$$A_{hi}=\begin{bmatrix}A_{hi} & 0\\ 0 & A_{hi}\end{bmatrix},\quad \xi(x(t),\hat{x}(t))=\begin{bmatrix}g(x(t))\\ g(x(t))-g(\hat{x}(t))\end{bmatrix}$$

$$\hat{G}_i=\begin{bmatrix}G_i & 0\\ 0 & G_i\end{bmatrix},\quad B_{ij}=\begin{bmatrix}B_i\\ B_i-K_jD_i\end{bmatrix},\quad \hat{L}_i=[0\quad L_i]$$

鲁棒 H_∞ 滤波问题可以表示如下：对于给定的模糊中立型系统 $(\widetilde{\Sigma}_8)$ 和一个给定的干扰抑制系数 $\gamma>0$，寻找一个形如式(8.25)中的 K_j 的观测器，满足稳定性条件和如下 H_∞ 性能：

$$\|\widetilde{z}(t)\|_2<\gamma\|w(t)\|_2$$

8.2　H_∞观测器型控制器设计

8.2.1　矩阵不等式方法

引理 8.1　给定常数 $r>0$，如果存在矩阵 $P>0, Q_2>0, X_{lk}$ 和对称的 $X_{ll}(l, k=1,2,3;k>l)$ 及标量 $\varepsilon_n>0(n=1,2,3)$，使得下面的不等式成立：

$$\begin{bmatrix} \pi_{1ij} & \pi_{2i} & \pi_{3ij} \\ * & -S_1 & 0 \\ * & * & -S_2 \end{bmatrix}<0, \quad 1\leqslant i\leqslant r \tag{8.32}$$

$$\begin{bmatrix} \pi_{1ij}+\pi_{1ji} & \pi_{2i}+\pi_{2j} & \pi_{3ij}+\pi_{3ji} \\ * & -2S_1 & 0 \\ * & * & -2S_2 \end{bmatrix}<0, \quad 1\leqslant i<j\leqslant r \tag{8.33}$$

$$\begin{bmatrix} X_{11} & X_{12} & X_{13} \\ * & X_{22} & X_{23} \\ * & * & X_{33} \end{bmatrix}>0 \tag{8.34}$$

则在假设的前提下，不确定模糊时滞系统 (Σ_8') 是渐近稳定且满足 H_∞ 性能的。式中

$$\pi_{1ij}=\begin{bmatrix} \pi_{0ij} & \pi_{4ij} & \hat{A}_{ij}^{\mathrm{T}}P \\ * & \pi_{5i} & \hat{A}_{1i}^{\mathrm{T}}P+P \\ * & * & -2P+\bar{\tau}X_{33} \end{bmatrix}, \quad \pi_{2i}=\begin{bmatrix} P\hat{A}_{2i} & P\bar{D}_{1i} & P\hat{M}_i & \hat{N}_{ai}^{\mathrm{T}} \\ -P\hat{A}_{2i} & -P\bar{D}_{1i} & -P\hat{M}_i & \hat{N}_{a1i}^{\mathrm{T}} \\ P\hat{A}_{2i} & P\bar{D}_{1i} & P\hat{M}_i & 0 \end{bmatrix}$$

$$\pi_{3ij}=\begin{bmatrix} \hat{E}_{ij}^{\mathrm{T}} & P\bar{D}_i & 0 & 0 \\ 0 & 0 & P\bar{D}_i & 0 \\ 0 & 0 & 0 & P\bar{D}_i \end{bmatrix}$$

$$S_1=\mathrm{diag}\{Q_2, \gamma^2 I, I, I\}, \quad S_2=\mathrm{diag}\{I, \varepsilon_1 I, \varepsilon_3 I, \varepsilon_2 I\}$$

$$\pi_{0ij}=P\hat{A}_{ij}+\hat{A}_{ij}^{\mathrm{T}}P+(\varepsilon_1+\varepsilon_2+\varepsilon_3)\hat{S}_g^{\mathrm{T}}\hat{S}_g+\bar{\tau}_1X_{11}+X_{13}+X_{13}^{\mathrm{T}}+\tau_2^2H^{\mathrm{T}}Q_2H$$

$$\pi_{4ij}=P\hat{A}_{1i}-\hat{A}_{ij}^{\mathrm{T}}P+\bar{\tau}_1X_{12}-X_{13}+X_{23}^{\mathrm{T}}$$

$$\pi_{5i}=-P\hat{A}_{1i}-\hat{A}_{1i}^{\mathrm{T}}P+\bar{\tau}_1X_{22}-X_{23}-X_{23}^{\mathrm{T}}$$

证明　首先证明当 $w(t)\equiv 0$ 时，系统 (Σ_8') 是鲁棒渐近稳定的。首先定义如下形式的 Lyapunov 候选函数：

$$V(t)=\eta(t)^{\mathrm{T}}P\eta(t)+V_1(t)+V_2(t)+V_3(t)+V_4(t) \tag{8.35}$$

式中

$$V_1(t)=\int_0^t\int_{\theta-\bar{\tau}_1}^{\theta}\begin{bmatrix}\eta(\theta)\\ \eta(\theta-\tau_1(t))\\ \dot{\eta}(s)\end{bmatrix}^{\mathrm{T}}\begin{bmatrix}X_{11} & X_{12} & X_{13}\\ X_{12}^{\mathrm{T}} & X_{22} & X_{23}\\ X_{13}^{\mathrm{T}} & X_{23}^{\mathrm{T}} & X_{33}\end{bmatrix}\begin{bmatrix}\eta(\theta)\\ \eta(\theta-\tau_1(t))\\ \dot{\eta}(s)\end{bmatrix}\mathrm{d}s$$

$$V_2(t)=\int_{-\bar{\tau}_1}^{0}\int_{t+\theta}^{t}\dot{\eta}(s)^{\mathrm{T}}X_{33}\dot{\eta}(s)\mathrm{d}s\mathrm{d}\theta$$

$$V_3(t)=\int_{t-\tau_2}^{t}\left[\int_s^t x(\theta)^{\mathrm{T}}\mathrm{d}\theta\right]Q_2\left[\int_s^t x(\theta)\mathrm{d}\theta\right]\mathrm{d}s$$

$$V_4(t)=\int_0^{\tau_2}\mathrm{d}s\int_{t-s}^{t}(\theta-t+s)x(\theta)^{\mathrm{T}}Q_2x(\theta)\mathrm{d}\theta$$

由引理 2.7 可得 $V(t)$ 沿系统 (Σ_8) 的轨线对时间求导有

$$\begin{aligned}
\dot{V}(t)= & 2\eta(t)^{\mathrm{T}}P\dot{\eta}(t)+\dot{V}_1(t)+\dot{V}_2(t)+\dot{V}_3(t)+\dot{V}_4(t)\\
& +2[\dot{\eta}(t)^{\mathrm{T}}-\eta(\theta-\tau_1(t))^{\mathrm{T}}]P\Big\{-\dot{\eta}(t)+\sum_{i=1}^{r}\sum_{j=1}^{r}h_i(s(t))h_j(s(t))\Big[A_{ij}(t)\eta(t)\\
& +\bar{A}_{1i}(t)\eta(t-\tau_1(t))+\hat{A}_{2i}\int_{t-\tau_2}^{t}H\eta(s)\mathrm{d}s+\bar{D}_i\xi(x(t),\hat{x}(t))+\bar{D}_{1i}\bar{w}(t)\Big]\Big\}\\
\leqslant & \sum_{i=1}^{r}\sum_{j=1}^{r}h_i(s(t))h_j(s(t))\{\eta(t)^{\mathrm{T}}[PA_{ij}(t)+A_{ji}(t)^{\mathrm{T}}P]\eta(t)\\
& +\eta(t)^{\mathrm{T}}P\bar{A}_{1i}(t)\eta(t-\tau_1(t))+\eta(t-\tau_1(t))^{\mathrm{T}}\bar{A}_{1i}(t)^{\mathrm{T}}P\eta(t)\\
& +\eta(t)^{\mathrm{T}}P\hat{A}_{2i}\alpha(t)+\alpha(t)^{\mathrm{T}}\hat{A}_{2i}^{\mathrm{T}}P\eta(t)\\
& +\varepsilon_1^{-1}\eta(t)^{\mathrm{T}}P\bar{D}_i\bar{D}_i^{\mathrm{T}}P\eta(t)+(\varepsilon_1+\varepsilon_2+\varepsilon_3)\eta(t)^{\mathrm{T}}\hat{S}_g^{\mathrm{T}}\hat{S}_g\eta(t)\\
& +\eta(t)^{\mathrm{T}}(\bar{\tau}_1X_{11}+X_{13}+X_{13}^{\mathrm{T}})\eta(t)+2\eta(t)^{\mathrm{T}}(\bar{\tau}_1X_{12}-X_{13}+X_{23}^{\mathrm{T}})\eta(t-\tau_1(t))\\
& +\eta(t-\tau_1(t))^{\mathrm{T}}(\bar{\tau}_1X_{22}-X_{23}-X_{23}^{\mathrm{T}})\eta(t-\tau_1(t))+\dot{\eta}(t)^{\mathrm{T}}(\bar{\tau}_1X_{33})\dot{\eta}(t)\\
& +2\dot{\eta}(t)PA_{ij}(t)\eta(t)+2\dot{\eta}(t)P\bar{A}_{1i}(t)\eta(t-\tau_1(t))+2\dot{\eta}(t)P\hat{A}_{2i}\alpha(t)\\
& -2\dot{\eta}(t)P\dot{\eta}(t)+\varepsilon_2^{-1}\dot{\eta}(t)^{\mathrm{T}}P\bar{D}_i\bar{D}_i^{\mathrm{T}}P\dot{\eta}(t)\\
& +\varepsilon_3^{-1}\eta(t-\tau_1(t))^{\mathrm{T}}P\bar{D}_i\bar{D}_i^{\mathrm{T}}P\eta(t-\tau_1(t))\\
& +2\eta(t-\tau_1(t))^{\mathrm{T}}P\dot{\eta}(t)-2\eta(t-\tau_1(t))^{\mathrm{T}}PA_{ij}(t)\eta(t)\\
& -2\eta(t-\tau_1(t))^{\mathrm{T}}P\bar{A}_{1i}(t)\eta(t-\tau_1(t))\\
& -2\eta(t-\tau_1(t))^{\mathrm{T}}P\hat{A}_{2i}\alpha(t)+\tau_2^2\eta(t)^{\mathrm{T}}H^{\mathrm{T}}Q_2H\eta(t)-\alpha(t)^{\mathrm{T}}Q_2\alpha(t)\}
\end{aligned}$$

于是可以得到

$$\dot{V}(t)\leqslant\sum_{i=1}^{r}\sum_{j=1}^{r}h_i(s(t))h_j(s(t))[\zeta(t)^{\mathrm{T}}\Pi_{ij}\zeta(t)]$$

$$
\begin{aligned}
&= \sum_{i=1}^{r} h_i(s(t))^2 [\zeta(t)^{\mathrm{T}} \Pi_{ii} \zeta(t)] \\
&\quad + 2 \sum_{i,j=1;i<j}^{r} h_i(s(t)) h_j(s(t)) \left[\zeta(t)^{\mathrm{T}} \frac{\Pi_{ij} + \Pi_{ji}}{2} \zeta(t) \right]
\end{aligned}
\tag{8.36}
$$

式中

$$
\zeta(t) = [\eta(t)^{\mathrm{T}} \quad \eta(t-\tau_1(t))^{\mathrm{T}} \quad \dot{\eta}(t)^{\mathrm{T}} \quad \alpha(t)^{\mathrm{T}}]^{\mathrm{T}}
$$

$$
\Pi_{ij} = \begin{bmatrix}
\Pi_{11ij} & \Pi_{12ij} & A_{ij}(t)^{\mathrm{T}} P & P\hat{A}_{2i} \\
* & \Pi_{22i} & \bar{A}_{1i}(t)^{\mathrm{T}} P + P & -P\hat{A}_{2i} \\
* & * & \Pi_{33i} & P\hat{A}_{2i} \\
* & * & * & -Q_2
\end{bmatrix}
$$

$$
\begin{aligned}
\Pi_{11ij} &= PA_{ij}(t) + A_{ij}(t)^{\mathrm{T}} P + \varepsilon_1^{-1} P\bar{D}_i \bar{D}_i^{\mathrm{T}} P + (\varepsilon_1 + \varepsilon_2 + \varepsilon_3) \hat{S}_g^{\mathrm{T}} \hat{S}_g \\
&\quad + \bar{\tau}_1 X_{11} + X_{13} + X_{13}^{\mathrm{T}} + \tau_2^2 H^{\mathrm{T}} Q_2 H \\
\Pi_{12ij} &= P\bar{A}_{1i}(t) + \bar{\tau}_1 X_{12} - X_{13} + X_{23}^{\mathrm{T}} - A_{ij}(t)^{\mathrm{T}} P \\
\Pi_{22i} &= -PA_{1i}(t) - \bar{A}_{1i}(t)^{\mathrm{T}} P + \varepsilon_3^{-1} P\bar{D}_i \bar{D}_i^{\mathrm{T}} P + \bar{\tau}_1 X_{22} - X_{23} - X_{23}^{\mathrm{T}} \\
\Pi_{33i} &= -2P + \bar{\tau}_1 X_{33} + \varepsilon_2^{-1} P\bar{D}_i \bar{D}_i^{\mathrm{T}} P
\end{aligned}
$$

另外,利用 Schur 补引理,由式(8.32)和式(8.33)可得

$$
\Pi_{ij} < 0, \quad 1 \leqslant i \leqslant j \leqslant r
$$

由上式和式(8.36),可得对于任意的 $\zeta(t) \neq 0, \dot{V}(t) < 0$。

因此,式(8.13)是鲁棒渐近稳定的。

下面推导闭环系统 (Σ_8') 满足 H_∞ 性能的充分条件。引入函数

$$
J(t) = \int_0^t [z(s)^{\mathrm{T}} z(s) - \gamma^2 \bar{w}(s)^{\mathrm{T}} \bar{w}(s)] \mathrm{d}s
$$

式中,$t>0$。

注意到零初始条件,可以得到对于任意非零 $w(t) \in L_2[0,\infty)$ 和 $t>0$,有

$$
\begin{aligned}
J(t) &= \int_0^t [z(s)^{\mathrm{T}} z(s) - \gamma^2 \bar{w}(s)^{\mathrm{T}} \bar{w}(s) + \dot{V}(s)] \mathrm{d}s - V(t) \\
&\leqslant \int_0^t [z(s)^{\mathrm{T}} z(s) - \gamma^2 \bar{w}(s)^{\mathrm{T}} \bar{w}(s) + \dot{V}(s)] \mathrm{d}s
\end{aligned}
\tag{8.37}
$$

式中,$V(s)$ 为式(8.35)的形式,则可以得到

$$
\begin{aligned}
&z(s)^{\mathrm{T}} z(s) - \gamma^2 w(s)^{\mathrm{T}} w(s) + \dot{V}(s) \\
&\leqslant \sum_{i=1}^{r} \sum_{j=1}^{r} h_i(s(s)) h_j(s(s)) \zeta(s)^{\mathrm{T}} \hat{\Pi}_{ij} \zeta(s), \quad 1 \leqslant i \leqslant j \leqslant r
\end{aligned}
\tag{8.38}
$$

式中

$$\zeta(s)=[\eta(s)^{\mathrm{T}}\quad \eta(s-\tau_1(s))^{\mathrm{T}}\quad \dot{\eta}(s)^{\mathrm{T}}\quad \alpha(s)^{\mathrm{T}}\quad \bar{w}(s)^{\mathrm{T}}]^{\mathrm{T}}$$

$$\hat{\Pi}_{ij}=\begin{bmatrix}\hat{\Pi}_{11ij} & \Pi_{12ij} & A_{ij}(t)^{\mathrm{T}}P & P\hat{A}_{2i} & P\bar{D}_{1i}\\ * & \Pi_{22i} & \bar{A}_{1i}(t)^{\mathrm{T}}P+P & -P\hat{A}_{2i} & -P\bar{D}_{1i}\\ * & * & \Pi_{33i} & P\hat{A}_{2i} & P\bar{D}_{1i}\\ * & * & * & -Q_2 & 0\\ * & * & * & * & -\gamma^2 I\end{bmatrix}$$

$$\hat{\Pi}_{11ij}=PA_{ij}(t)+A_{ij}(t)^{\mathrm{T}}P+\varepsilon_1^{-1}P\bar{D}_i\bar{D}_i^{\mathrm{T}}P+(\varepsilon_1+\varepsilon_2+\varepsilon_3)\hat{S}_g^{\mathrm{T}}\hat{S}_g$$
$$+\bar{\tau}_1 X_{11}+X_{13}+X_{13}^{\mathrm{T}}+\hat{E}_{ij}^{\mathrm{T}}\hat{E}_{ij}+\tau_2^2 H^{\mathrm{T}}Q_2 H$$

利用引理 2.7，并对式(8.32)和式(8.33)应用 Schur 补引理，可得$\hat{\Pi}_{ij}<0$ $(1\leqslant i\leqslant j\leqslant r)$。连同式(8.37)，对于任意非零的 $\bar{w}(t)\in L_2[0,\infty)$ 和 $t>0$ 可得 $J(t)<0$。因此，可得 $\|z\|_2<\gamma\|\bar{w}\|_2$。证毕。

下面在引理 8.2 中，将给出将非凸条件式(8.32)～式(8.34)转换成严格 LMI 条件的方法。

8.2.2　LMI 方法

引理 8.2　存在矩阵 $P>0, Q_2>0, K_i$、L_i、X_{lk} 及对称的 $X_u(1\leqslant l\leqslant k\leqslant 3)$，使得式(8.32)～式(8.34)成立，当且仅当给定 Q_2 和标量 $\varepsilon_n(n=1,2,3)$，存在矩阵 $\hat{P}_1>0, P_2>0, Z_m, W_m(m=1,2), \widetilde{X}_{lk}(1\leqslant l\leqslant k\leqslant 3)$，使得下面的线性矩阵不等式成立：

$$\begin{bmatrix}\phi_{1ii} & \phi_{2i} & \phi_{3ii}\\ * & -\widetilde{S}_1 & 0\\ * & * & -\widetilde{S}_2\end{bmatrix}<0,\quad 1\leqslant i\leqslant r \tag{8.39}$$

$$\begin{bmatrix}\psi_{1ii} & \psi_{2ii} & \psi_{3i}\\ * & -\widetilde{R}_1 & 0\\ * & * & -\widetilde{R}_2\end{bmatrix}<0,\quad 1\leqslant i\leqslant r \tag{8.40}$$

$$\begin{bmatrix}\phi_{1ij}+\phi_{1ji} & \phi_{2i}+\phi_{2j} & \phi_{3ij}+\phi_{3ji}\\ * & -2\widetilde{S}_1 & 0\\ * & * & -2\widetilde{S}_2\end{bmatrix}<0,\quad 1\leqslant i<j\leqslant r \tag{8.41}$$

$$\begin{bmatrix} \psi_{1ij}+\psi_{1ji} & \psi_{2ij}+\psi_{2ji} & \psi_{3i}+\psi_{3j} \\ * & -2\widetilde{R}_1 & 0 \\ * & * & -2\widetilde{R}_2 \end{bmatrix}<0,\quad 1\leqslant i\leqslant r \tag{8.42}$$

$$\chi=\begin{bmatrix} \widetilde{X}_{11} & \widetilde{X}_{12} & \widetilde{X}_{13} \\ * & \widetilde{X}_{22} & \widetilde{X}_{23} \\ * & * & \widetilde{X}_{33} \end{bmatrix}>0 \tag{8.43}$$

式中

$$\widetilde{X}_{lk}=\begin{bmatrix} \widetilde{X}_{lk}^{11} & \widetilde{X}_{lk}^{12} \\ \widetilde{X}_{lk}^{21} & \widetilde{X}_{lk}^{22} \end{bmatrix},\quad 1\leqslant l<k\leqslant 3,\quad \phi_{1ij}=\begin{bmatrix} \phi_{0ij} & \phi_{4ij} & \hat{P}A_i^{\mathrm{T}}+Z_j^{\mathrm{T}}B_i^{\mathrm{T}} \\ * & \phi_{5i} & \hat{P}A_{1i}^{\mathrm{T}}+\hat{P}_1 \\ * & * & -2\hat{P}_1+\bar{\tau}_1\widetilde{X}_{33}^{11} \end{bmatrix}$$

$$\phi_{2i}=\begin{bmatrix} D_{1i} & M_i & \hat{P}_1N_{ai}^{\mathrm{T}} & \hat{P}_1E_i^{\mathrm{T}}+Z_j^{\mathrm{T}}G_i^{\mathrm{T}} \\ -D_{1i} & -M_i & \hat{P}_1N_{a1i}^{\mathrm{T}} & 0 \\ D_{1i} & M_i & 0 & 0 \end{bmatrix},\quad \phi_{3ij}=\begin{bmatrix} D_i & 0 & 0 & \hat{P}_1S_g^{\mathrm{T}} & \tau_2\hat{P}_1 \\ 0 & D_i & 0 & 0 & 0 \\ 0 & 0 & D_i & 0 & 0 \end{bmatrix}$$

$$\phi_{0ij}=A_i\hat{P}_1+B_iZ_j+(A_i\hat{P}_1+B_iZ_j)^{\mathrm{T}}+\bar{\tau}_1\widetilde{X}_{11}^{11}+\widetilde{X}_{13}^{11}+(\widetilde{X}_{13}^{11})^{\mathrm{T}}$$

$$\phi_{4ij}=A_{1i}\hat{P}_1-\hat{P}_1A_i^{\mathrm{T}}-Z_j^{\mathrm{T}}B_i^{\mathrm{T}}+\bar{\tau}_1\widetilde{X}_{12}^{11}-\widetilde{X}_{13}^{11}+(X_{23}^{11})^{\mathrm{T}}$$

$$\phi_{5i}=-\hat{P}_1A_{1i}^{\mathrm{T}}-A_{1i}\hat{P}_1+\bar{\tau}_1\widetilde{X}_{22}^{11}-\widetilde{X}_{23}^{11}-(\widetilde{X}_{23}^{11})^{\mathrm{T}}$$

$$\widetilde{S}_1=\mathrm{diag}\{\gamma^2I,I,I,I\}$$

$$\widetilde{S}_2=\mathrm{diag}\{\varepsilon_1I,\varepsilon_3I,\varepsilon_2I,(\varepsilon_1+\varepsilon_2+\varepsilon_3)^{-1}I,Q_2^{-1}\}$$

$$\psi_{1ij}=\begin{bmatrix} \psi_{0ij} & \psi_{4ij} & A_i^{\mathrm{T}}P_2-C_j^{\mathrm{T}}W_i^{\mathrm{T}} \\ * & \psi_{5ij} & A_{1i}^{\mathrm{T}}P_2-C_{1j}^{\mathrm{T}}W_i^{\mathrm{T}}+P_2 \\ * & * & -2P_2+X_{33}^{22} \end{bmatrix}$$

$$\psi_{0ij}=P_2A_i-W_iC_j+(P_2A_i-W_iC_j)^{\mathrm{T}}+\bar{\tau}_1X_{11}^{22}+X_{13}^{22}+(X_{23}^{11})^{\mathrm{T}} \\ +(\varepsilon_1+\varepsilon_2+\varepsilon_3)S_g^{\mathrm{T}}S_g$$

$$\psi_{4ij}=-A_i^{\mathrm{T}}P_2+C_j^{\mathrm{T}}W_i^{\mathrm{T}}+\bar{\tau}_1X_{11}^{22}-X_{13}^{22}+(X_{23}^{22})^{\mathrm{T}}$$

$$\psi_{5ij}=-P_2A_{1i}+W_iC_{1j}+(W_iC_{1j}-P_2A_{1i})^{\mathrm{T}}+\bar{\tau}_1X_{22}^{22}-X_{23}^{22}-(X_{23}^{22})^{\mathrm{T}}$$

$$\widetilde{R}_1=\mathrm{diag}\{Q_2,\gamma^2I\},\quad \widetilde{R}_2=\mathrm{diag}\{\varepsilon_1I,\varepsilon_3I,\varepsilon_2I\}$$

在这样的情况下，所设计的基于观测器的 H_∞ 输出反馈控制器式(8.10)～式(8.12)有如下参数：

$$K_i=Z_i\hat{P}_1^{-1},\quad L_i=P_2^{-1}W_i,\quad 1\leqslant i\leqslant r \tag{8.44}$$

证明　必要性。假设存在矩阵 $P>0$，$Q_2>0$，K_i、L_i 和 X_{lk} 及对称的 X_{ll}（$1\leqslant l\leqslant k\leqslant 3$）使得式(8.32)～式(8.34)成立。划分 P 和 X_{lk} 如下：

$$P=\begin{bmatrix} P_1 & 0 \\ 0 & P_2 \end{bmatrix},\quad X_{lk}=\begin{bmatrix} X_{lk}^{11} & X_{lk}^{12} \\ X_{lk}^{21} & X_{lk}^{22} \end{bmatrix} \tag{8.45}$$

式中，$P_1>0$，$P_2>0$，X_{lk}^{11} 和 X_{lk}^{22} 是对称的。将式(8.45)代入式(8.32)，可得

$$\begin{bmatrix} \Theta_{11} & \Theta_{12} & \Theta_{13} & \Theta_{14} & \Theta_{15} & \Theta_{16} \\ * & \Theta_{22} & \Theta_{23} & \Theta_{24} & 0 & \Theta_{26} \\ * & * & -\Theta_{33} & 0 & 0 & 0 \\ * & * & * & -I & 0 & 0 \\ * & * & * & * & -\Theta_{55} & 0 \\ * & * & * & * & * & -\Theta_{66} \end{bmatrix}<0 \tag{8.46}$$

式中，记号⊗用来代替在接下来的证明中不需要的矩阵部分：

$$\Theta_{11}=\begin{bmatrix} \theta_{111} & \otimes & \theta_{112} \\ * & \otimes & \otimes \\ * & * & \theta_{113} \end{bmatrix},\quad \Theta_{12}=\begin{bmatrix} \otimes & \theta_{121} & \otimes \\ \otimes & \otimes & \otimes \\ \otimes & \theta_{122} & \otimes \end{bmatrix}$$

$$\Theta_{13}=\begin{bmatrix} \otimes & P_1D_{1i} & \otimes \\ \otimes & \otimes & \otimes \\ \otimes & -P_1D_{1i} & \otimes \end{bmatrix},\quad \Theta_{14}=\begin{bmatrix} P_1M_i & N_{ai}^{\mathrm{T}} & E_i^{\mathrm{T}}+K_j^{\mathrm{T}}G_i^{\mathrm{T}} \\ \otimes & \otimes & \otimes \\ -P_1M_i & N_{a1i}^{\mathrm{T}} & 0 \end{bmatrix}$$

$$\Theta_{15}=\begin{bmatrix} P_1D_i & \otimes & 0 \\ \otimes & \otimes & \otimes \\ 0 & \otimes & P_1D_i \end{bmatrix},\quad \Theta_{16}=\begin{bmatrix} \otimes & 0 & \otimes \\ \otimes & \otimes & \otimes \\ \otimes & 0 & \otimes \end{bmatrix}$$

$$\Theta_{22}=\begin{bmatrix} \otimes & \otimes & \otimes \\ * & -2P_1+\tau_1X_{33}^{11} & \otimes \\ * & * & \otimes \end{bmatrix},\quad \Theta_{23}=\begin{bmatrix} \otimes & \otimes & \otimes \\ \otimes & P_1D_{1i} & \otimes \\ \otimes & \otimes & \otimes \end{bmatrix}$$

$$\Theta_{24}=\begin{bmatrix} \otimes & \otimes & \otimes \\ P_1M_i & 0 & 0 \\ \otimes & \otimes & \otimes \end{bmatrix},\quad \Theta_{26}=\begin{bmatrix} \otimes & \otimes & \otimes \\ \otimes & P_1D_i & \otimes \\ \otimes & \otimes & \otimes \end{bmatrix}$$

$$\Theta_{33}=\mathrm{diag}\{Q_2,\gamma^2I,\gamma^2I\},\quad \Theta_{55}=\mathrm{diag}\{\varepsilon_1I,\varepsilon_3I,\varepsilon_2I\}$$

$$\Theta_{66}=\mathrm{diag}\{\varepsilon_1I,\varepsilon_3I,\varepsilon_2I\}$$

$$\theta_{111}=P_1A_i+P_1B_iK_j+(P_1A_i+P_1B_iK_j)^{\mathrm{T}}+(\varepsilon_1+\varepsilon_2+\varepsilon_3)S_g^{\mathrm{T}}S_g+\tau_1X_{11}^{11}+X_{13}^{11}+(X_{13}^{11})^{\mathrm{T}}+\tau_2^2Q_2$$

$$\theta_{112}=P_1A_{1i}-A_i^{\mathrm{T}}P_1-K_j^{\mathrm{T}}B_i^{\mathrm{T}}P_1+\bar{\tau}_1X_{12}^{11}-X_{13}^{11}+(X_{23}^{11})^{\mathrm{T}}$$

$$\theta_{113}=-P_1A_{1i}-A_{1i}^{\mathrm{T}}P_1+\bar{\tau}_1X_{22}^{11}-X_{23}^{11}-(X_{23}^{11})^{\mathrm{T}}$$

$$\Theta_{121}=A_i^{\mathrm{T}}P_1+K_j^{\mathrm{T}}B_i^{\mathrm{T}}P_1,\quad \Theta_{122}=A_{1i}^{\mathrm{T}}P_1+P_1$$

在式(8.46)的两侧分别左乘$\begin{bmatrix}\Xi_1 & 0 & 0\\ 0 & \Xi_2 & 0\\ 0 & 0 & \Xi_3\end{bmatrix}$和右乘其转置，其中

$$\Xi_1=\begin{bmatrix}P_1^{-1} & 0 & 0 & 0 & 0\\ 0 & 0 & P_1^{-1} & 0 & 0\\ 0 & 0 & 0 & 0 & P_1^{-1}\end{bmatrix},\quad \Xi_2=\begin{bmatrix}0 & 0 & I & 0 & 0 & 0\\ 0 & 0 & 0 & 0 & I & 0\\ 0 & 0 & 0 & 0 & 0 & I\end{bmatrix}$$

$$\Xi_3=\begin{bmatrix}I & 0 & 0 & 0 & 0 & 0 & 0\\ 0 & I & 0 & 0 & 0 & 0 & 0\\ 0 & 0 & 0 & I & 0 & 0 & 0\\ 0 & 0 & 0 & 0 & 0 & I & 0\end{bmatrix}$$

再设$\hat{P}_1=P_1^{-1}$，$\widetilde{X}_{kl}^{11}=P_1^{-1}X_{kl}^{11}P_1^{-1}(1\leqslant k<l\leqslant 3)$可得式(8.39)，$i=j$和$K_i=Z_iP_1=Z_i\hat{P}_1^{-1}$。利用同样的方法，可得式(8.41)。

为得到式(8.40)和式(8.42)，在矩阵(8.46)左侧，左乘$\begin{bmatrix}\hat{\Xi}_1 & 0 & 0\\ 0 & \hat{\Xi}_2 & 0\\ 0 & 0 & \hat{\Xi}_3\end{bmatrix}$和右乘其转置，其中

$$\hat{\Xi}_1=\begin{bmatrix}0 & I & 0 & 0 & 0 & 0\\ 0 & 0 & 0 & I & 0 & 0\\ 0 & 0 & 0 & 0 & 0 & I\end{bmatrix}$$

$$\hat{\Xi}_2=\begin{bmatrix}I & 0 & 0 & 0 & 0 & 0 & 0\\ 0 & 0 & I & 0 & 0 & 0 & 0\end{bmatrix}$$

$$\hat{\Xi}_3=\begin{bmatrix}I & 0 & 0 & 0 & 0\\ 0 & 0 & I & 0 & 0\\ 0 & 0 & 0 & 0 & I\end{bmatrix}$$

可得式(8.40)，$i=j$和$L_i=P_2^{-1}W_i$。类似地，可得式(8.42)和式(8.43)。必要性得证。

充分性。假设存在矩阵$\hat{P}_1>0$，$P_2>0$，Z_m、$W_m(m=1,2)$、$\widetilde{X}_{lk}(1\leqslant l\leqslant k\leqslant 3)$，使得式(8.39)～式(8.43)成立。令$K_i$和$L_i$如式(8.44)所示，$P_1=\hat{P}_1^{-1}$，由式(8.39)～式(8.42)可得

$$\widetilde{\Phi}_{ii}<0,\quad \widetilde{\Psi}_{ii}<0,\quad 1\leqslant i\leqslant r \tag{8.47}$$

$$\widetilde{\Phi}_{kl}+\widetilde{\Phi}_{lk}<0,\quad \widetilde{\Psi}_{kl}+\widetilde{\Psi}_{lk}<0,\quad 1\leqslant k<l\leqslant r \tag{8.48}$$

式中

$$\widetilde{\Phi}_{ii}=\begin{bmatrix}\Phi_{1ii} & \Phi_{2ii} & \Phi_{3ii}\\ * & -I & 0\\ * & * & -R_1\end{bmatrix}$$

$$\Phi_{1ij}=\begin{bmatrix}\Phi_{0ij} & \Phi_{4ij} & A_i^{\mathrm{T}}P_1+K_j^{\mathrm{T}}B_i^{\mathrm{T}}P_1\\ * & \Phi_{5ij} & A_{1i}^{\mathrm{T}}P_1+P_1\\ * & * & -2P_1+\bar{\tau}_1X_{33}^{11}\end{bmatrix}$$

$$\Phi_{2ij}=\begin{bmatrix}P_1D_{1i} & P_1M_i & N_{ai}^{\mathrm{T}} & E_i^{\mathrm{T}}+K_j^{\mathrm{T}}G_i^{\mathrm{T}}\\ -P_1D_{1i} & -P_1M_i & N_{a1i}^{\mathrm{T}} & 0\\ P_1D_{1i} & P_1M_i & 0 & 0\end{bmatrix}$$

$$\Phi_{3ij}=\begin{bmatrix}P_1D_i & 0 & 0 & S_g^{\mathrm{T}}\tau_2I\\ 0 & P_1D_i & 0 & 0\ 0\\ 0 & 0 & P_1D_i & 0\ 0\end{bmatrix}$$

$$\begin{aligned}\Phi_{0ij}&=P_1A_i+P_1B_iK_j+(P_1A_i+P_1B_iK_j)^{\mathrm{T}}\\&\quad+\bar{\tau}_1X_{11}^{11}+X_{13}^{11}+(X_{13}^{11})^{\mathrm{T}}\\ \Phi_{4ij}&=P_1A_{1i}-A_i^{\mathrm{T}}P_1-K_j^{\mathrm{T}}B_i^{\mathrm{T}}P_1+\bar{\tau}_1X_{12}^{11}-X_{13}^{11}+(X_{23}^{11})^{\mathrm{T}}\\ \Phi_{5ij}&=-P_1A_{1i}-A_{1i}^{\mathrm{T}}P_1+\bar{\tau}_1X_{22}^{11}-X_{23}^{11}-(X_{23}^{11})^{\mathrm{T}}\end{aligned}$$

$$\widetilde{\Psi}_{ii}=\begin{bmatrix}\psi_{1ii} & \psi_{2ii} & \psi_{3i}\\ * & -\widetilde{R}_1 & 0\\ * & * & -\widetilde{R}_2\end{bmatrix}$$

使用 Schur 补引理，由式(8.47)和式(8.48)可得

$$\begin{bmatrix}\widetilde{\Phi}_{ii} & \widetilde{\Gamma}_{ii}\\ * & \widetilde{\Psi}_{ii}\end{bmatrix}<0,\quad 1\leqslant i\leqslant r \tag{8.49}$$

$$\begin{bmatrix}\widetilde{\Phi}_{kl}+\widetilde{\Phi}_{lk} & \widetilde{\Gamma}_{kl}+\widetilde{\Gamma}_{lk}\\ * & \widetilde{\Phi}_{kl}+\widetilde{\Phi}_{lk}\end{bmatrix}<0,\quad 1\leqslant k<l\leqslant r \tag{8.50}$$

式中

$$\widetilde{\Gamma}_{ij}=\begin{bmatrix}\widetilde{\Gamma}_{2ij} & \widetilde{\Gamma}_{3i} & \widetilde{\Gamma}_{6i} & 0 & 0 & 0 & 0 & 0\end{bmatrix}$$

$$\widetilde{\Gamma}_{2ij}=\begin{bmatrix}\widetilde{\Gamma}_{0ij} & \widetilde{\Gamma}_{1ij} & -K_j^{\mathrm{T}}B_i^{\mathrm{T}}P_1 & 0 & P_2M_i & 0 & -K_j^{\mathrm{T}}G_i^{\mathrm{T}} & 0 & 0 & 0\end{bmatrix}^{\mathrm{T}}$$

$$\widetilde{\Gamma}_{3i}=\begin{bmatrix}\widetilde{\Gamma}_4 & \widetilde{\Gamma}_5 & 0 & 0 & -P_2M_i & 0 & 0 & 0 & 0 & 0\end{bmatrix}^{\mathrm{T}}$$

$$\widetilde{\Gamma}_{6i}=\begin{bmatrix}0 & 0 & (\bar{\tau}_1X_{33}^{12})^{\mathrm{T}} & 0 & P_2M_i & 0 & 0 & 0 & 0 & 0\end{bmatrix}^{\mathrm{T}}$$

$$\Gamma_{0ij}=-K_j^{\mathrm{T}}B_i^{\mathrm{T}}P_1+[\bar{\tau}_1X_{11}^{12}+X_{13}^{12}+(X_{13}^{21})^{\mathrm{T}}]^{\mathrm{T}}$$

$$\widetilde{\Gamma}_{1ij}=K_j^{\mathrm{T}}B_i^{\mathrm{T}}P_1+\bar{\tau}_1X_{12}^{21}-X_{13}^{21}+(X_{13}^{12})^{\mathrm{T}}$$

$$\widetilde{\Gamma}_4=[\bar{\tau}_1X_{12}^{12}-X_{13}^{12}+(X_{23}^{21})^{\mathrm{T}}]^{\mathrm{T}}$$

$$\widetilde{\Gamma}_5=[\bar{\tau}_1X_{22}^{12}-X_{23}^{12}-(X_{23}^{21})^{\mathrm{T}}]^{\mathrm{T}}$$

交换式(8.49)和式(8.50)的行和列，可得式(8.32)和式(8.33)，其中，$P>0$，以及

$$P=\begin{bmatrix}P_1 & 0\\ 0 & P_2\end{bmatrix},\quad X_{lk}=\begin{bmatrix}X_{lk}^{11} & X_{lk}^{12}\\ X_{lk}^{21} & X_{lk}^{22}\end{bmatrix},\quad 1\leqslant l\leqslant k\leqslant 3$$

证毕。

现在，给出本章所示带有分布时滞和非线性项的 T-S 模糊系统的鲁棒 H_∞ 观测器型输出反馈控制问题的可解性。

定理 8.1 如果存在矩阵 $\hat{P}_1>0,P_2>0,Z_m$、$W_m(m=1,2)$、$\widetilde{X}_{lk}(1\leqslant l\leqslant k\leqslant 3)$和标量 $\varepsilon_n(n=1,2,3)$，使得式(8.39)～式(8.43)成立，则存在模糊控制器式(8.10)～式(8.12)使得闭环模糊系统 (Σ_8') 渐近稳定并且满足 H_∞ 性能。在这种情况下，控制器增益 K_i 和观测器增益 L_i 在式(8.44)中给出。

证明 由引理 8.1 和引理 8.2，可得定理结果。证毕。

8.3 H_∞ 观测器型滤波器设计

8.3.1 时滞无关条件下滤波研究

本节基于 LMI 的形式给出所给系统的 H_∞ 滤波问题可解的充分条件，首先给出如下引理。

引理 8.3[6] 给定矩阵 $L_i\in\mathbb{R}^{n\times m}(i=1,2,\cdots,r)$和一个半正定矩阵 $P\in\mathbb{R}^{n\times n}$，则有如下结论：

$$\Big(\sum_{i=1}^{r}h_i(s(t))L_i\Big)^{\mathrm{T}}P\Big(\sum_{i=1}^{r}h_i(s(t))L_i\Big)\leqslant\sum_{i=1}^{r}h_i(s(t))L_i^{\mathrm{T}}PL_i$$

式中，$h(s(t))$为式(7.10)中的形式。

定理 8.2 如果存在矩阵 $P>0,Q_1>0,Q_2>0$ 和标量数 $\varepsilon>0,\delta>0$，使得对所有的 $1\leqslant i\leqslant j\leqslant r$，下面的矩阵不等式成立：

$$
\begin{bmatrix}
\Omega_{ij} & P(A_{dij}+A_{dji}) & P(\hat{A}_{hi}+\hat{A}_{hj}) & P(B_{ij}+B_{ji}) & (A_{ij}+A_{ji})^{\mathrm{T}} & P(\hat{G}_i+\hat{G}_j) \\
* & -2Q_1 & 0 & 0 & (A_{dij}+A_{dji})^{\mathrm{T}} & 0 \\
* & * & -2Q_2 & 0 & (\hat{A}_{hi}+\hat{A}_{hj})^{\mathrm{T}} & 0 \\
* & * & * & -2\gamma^2 I & (B_{ij}+B_{ji})^{\mathrm{T}} & 0 \\
* & * & * & * & -Q_2^{-1} & 0 \\
* & * & * & * & * & -\varepsilon I
\end{bmatrix}<0
\tag{8.51}
$$

$$
(\hat{G}_i+\hat{G}_j)^{\mathrm{T}}Q_2(\hat{G}_i+\hat{G}_j)\leqslant\delta I,\quad 1\leqslant i\leqslant j\leqslant r \tag{8.52}
$$

则在假设的前提下，增广系统 $(\tilde{\Sigma}_8')$ 是渐进稳定且满足 H_∞ 性能。式中

$$
\Omega_{ij}=\hat{L}_i^{\mathrm{T}}\hat{L}_i+P(A_{ij}+A_{ji})+(A_{ij}+A_{ji})^{\mathrm{T}}P+2Q_1+\varepsilon\hat{S}_g^{\mathrm{T}}\hat{S}_g+\delta\hat{S}_g^{\mathrm{T}}\hat{S}_g \tag{8.53}
$$

证明　在该定理条件下，首先证明当 $\omega(t)=0$ 时，系统 $(\tilde{\Sigma}_8')$ 是鲁棒渐近稳定的。首先定义如下形式的 Lyapunov 候选函数：

$$
V(t)=\eta(t)^{\mathrm{T}}P\eta(t)+\int_{t-\tau_1}^{t}\eta(s)^{\mathrm{T}}Q_1\eta(s)\mathrm{d}s+\int_{t-\tau_2}^{t}\dot{\eta}(s)^{\mathrm{T}}Q_2\dot{\eta}(s)\mathrm{d}s \tag{8.54}
$$

则 $V(t)$ 沿系统 $(\tilde{\Sigma}_8)$ 的轨线对时间求导有

$$
\begin{aligned}
\dot{V}(t)=&\ 2\sum_{i=1}^{r}\sum_{j=1}^{r}h_i(s(t))h_j(s(t))\eta(t)^{\mathrm{T}}P[A_{ij}\eta(t)+A_{dij}\eta(t-\tau_1)] \\
&+\hat{A}_{hi}\dot{\eta}(t-\tau_2)+\hat{G}_i\xi(x(t),\hat{x}(t))+\eta(t)^{\mathrm{T}}Q_1\eta(t)-\eta(t-\tau_1)^{\mathrm{T}}Q_1\eta(t-\tau_1) \\
&+\dot{\eta}(t)^{\mathrm{T}}Q_2\dot{\eta}(t)-\dot{\eta}(t-\tau_2)^{\mathrm{T}}Q_2\dot{\eta}(t-\tau_2) \\
=&\ \frac{1}{2}\sum_{i=1}^{r}\sum_{j=1}^{r}h_i(s(t))h_j(s(t))\{\eta(t)^{\mathrm{T}}[P(A_{ij}+A_{ji})+(A_{ij}+A_{ji})^{\mathrm{T}}P+2Q_1]\eta(t) \\
&+\eta(t)^{\mathrm{T}}P(A_{dij}+A_{dji})\eta(t-\tau_1)+\eta(t-\tau_1)^{\mathrm{T}}(A_{dij}+A_{dji})P\eta(t) \\
&+\eta(t)^{\mathrm{T}}p(\hat{A}_{hi}+\hat{A}_{hj})\dot{\eta}(t-\tau_2)+\dot{\eta}(t-\tau_2)^{\mathrm{T}}(\hat{A}_{hi}+\hat{A}_{hj})^{\mathrm{T}}P\eta(t) \\
&-\eta(t-\tau_1)^{\mathrm{T}}2Q_2\eta(t-\tau_1)-\dot{\eta}(t-\tau_2)^{\mathrm{T}}2Q_2\dot{\eta}(t-\tau_2) \\
&+\eta(t)^{\mathrm{T}}P(\hat{G}_i+\hat{G}_j)\xi(x(t),\hat{x}(t)) \\
&+\xi(x(t),\hat{x}(t))^{\mathrm{T}}(\hat{G}_i+\hat{G}_j)^{\mathrm{T}}P\eta(t)\}+\dot{\eta}(t)^{\mathrm{T}}Q_2\dot{\eta}(t)
\end{aligned}
\tag{8.55}
$$

利用引理 2.9，有

$$
\begin{aligned}
\dot{\eta}(t)^{\mathrm{T}}Q_2\dot{\eta}(t)=&\sum_{i=1}^{r}\sum_{j=1}^{r}\sum_{u=1}^{r}\sum_{v=1}^{r}h_i(s(t))h_j(s(t))h_u(s(t))h_v(s(t))[A_{ij}\eta(t) \\
&+A_{dij}\eta(t-\tau_1)+\hat{A}_{hi}\dot{\eta}(t-\tau_2)+\hat{G}_i\xi(x(t),\hat{x}(t))]^{\mathrm{T}}Q_2
\end{aligned}
$$

$$\cdot\left[A_{uv}\eta(t)+A_{duv}\eta(t-\tau_1)+\hat{A}_{hu}\dot{\eta}(t-\tau_2)+\hat{G}_u\xi(x(t),\hat{x}(t))\right]$$

$$\leqslant\frac{1}{2}\sum_{i=1}^{r}\sum_{j=1}^{r}h_i(s(t))h_j(s(t))\left[v(t)^{\mathrm{T}}\pi_{ij}v(t)\right.$$
$$\left.+\xi(x(t),\hat{x}(t))^{\mathrm{T}}(\hat{G}_i+\hat{G}_j)^{\mathrm{T}}\boldsymbol{Q}_2(\hat{G}_i+\hat{G}_j)\xi(x(t),\hat{x}(t))\right] \tag{8.56}$$

式中

$$v=\left[\eta(t)^{\mathrm{T}}\quad \eta(t-\tau_1)^{\mathrm{T}}\quad \dot{\eta}(t-\tau_2)^{\mathrm{T}}\right]^{\mathrm{T}}$$

$$\pi_{ij}=\begin{bmatrix}(A_{ij}+A_{ji})^{\mathrm{T}}\\(A_{dij}+A_{dji})^{\mathrm{T}}\\(\hat{A}_{hi}+\hat{A}_{hj})^{\mathrm{T}}\end{bmatrix}\boldsymbol{Q}_2\begin{bmatrix}(A_{ij}+A_{ji})^{\mathrm{T}}\\(A_{dij}+A_{dji})^{\mathrm{T}}\\(\hat{A}_{hi}+\hat{A}_{hj})^{\mathrm{T}}\end{bmatrix}^{\mathrm{T}}$$

由假设可得

$$\|\xi(x(t),\hat{x}(t))\|\leqslant\|\hat{S}_g\eta(t)\| \tag{8.57}$$

式中

$$\hat{S}_g=\begin{bmatrix}S_g & 0\\0 & S_g\end{bmatrix} \tag{8.58}$$

由式(8.52)、式(8.56)和式(8.57)可以得到

$$\dot{\eta}(t)^{\mathrm{T}}\boldsymbol{Q}_2\dot{\eta}(t)\leqslant\frac{1}{2}\delta\eta(t)^{\mathrm{T}}\hat{S}_g^{\mathrm{T}}\hat{S}_g\eta(t)+\frac{1}{2}\sum_{i=1}^{r}\sum_{j=1}^{r}h_i(s(t))h_j(s(t))v^{\mathrm{T}}\pi_{ij}v(t) \tag{8.59}$$

现在应用引理 8.1,可以得出对于所有的 $1\leqslant i\leqslant r,1\leqslant j\leqslant r$,有

$$\eta(t)^{\mathrm{T}}P(\hat{G}_i+\hat{G}_j)\xi(x(t),\hat{x}(t))+\xi(x(t),\hat{x}(t))^{\mathrm{T}}(\hat{G}_i+\hat{G}_j)^{\mathrm{T}}P\eta(t)$$
$$\leqslant\varepsilon^{-1}\eta(t)^{\mathrm{T}}P(\hat{G}_i+\hat{G}_j)(\hat{G}_i+\hat{G}_j)^{\mathrm{T}}P\eta(t)+\varepsilon\xi(x(t),\hat{x}(t))^{\mathrm{T}}\xi(x(t),\hat{x}(t))$$
$$\leqslant\varepsilon^{-1}\eta(t)^{\mathrm{T}}P(\hat{G}_i+\hat{G}_j)(\hat{G}_i+\hat{G}_j)^{\mathrm{T}}P\eta(t)+\varepsilon\eta(t)^{\mathrm{T}}\hat{S}_g^{\mathrm{T}}\hat{S}_g\eta(t) \tag{8.60}$$

由式(8.60)、式(8.54)、式(8.59)推出以下结果:

$$\dot{V}(t)\leqslant\frac{1}{2}v^{\mathrm{T}}\left[\frac{1}{2}\sum_{i=1}^{r}h_i(s(t))^2\Gamma_{ii}+\sum_{i=1}^{r-1}\sum_{j>i}^{r}h_i(s(t))h_j(s(t))\Gamma_{ij}\right]v(t) \tag{8.61}$$

式中

$$\Gamma_{ij}=\begin{bmatrix}\Lambda_{ij} & P(A_{dij}+A_{dji}) & P(\hat{A}_{hi}+\hat{A}_{hj})\\ * & -2\boldsymbol{Q}_1 & 0\\ * & * & -2\boldsymbol{Q}_2\end{bmatrix}+\pi_{ij}$$

$$\Lambda_{ij}=P(A_{ij}+A_{ji})+(A_{ij}+A_{ji})^{\mathrm{T}}P+2\boldsymbol{Q}_1+\varepsilon\hat{S}_g^{\mathrm{T}}\hat{S}_g$$
$$+\delta\hat{S}_g^{\mathrm{T}}\hat{S}_g+\varepsilon^{-1}P(\hat{G}_i+\hat{G}_j)(\hat{G}_i+\hat{G}_j)^{\mathrm{T}}P$$

对式(8.51)应用 Schur 补引理,可以得到对于所有的 $v(t)\neq 0$,都有

$$\Gamma_{ij}<0,\quad 1\leqslant i\leqslant j\leqslant r \tag{8.62}$$

由式(8.62)和式(8.52)可以很容易得到

$$\dot{V}(t)<0 \tag{8.63}$$

因此当 $w=0$ 时,系统 $(\tilde{\Sigma}_8')$ 是渐近稳定的。

下面我们来分析零初始条件下滤波误差系统 $(\tilde{\Sigma}_8')$ 的 H_∞ 性能。首先有

$$J_T=\int_0^T[\tilde{z}(t)^{\mathrm{T}}\tilde{z}(t)-\gamma^2 w(t)^{\mathrm{T}}w(t)]\mathrm{d}t \tag{8.64}$$

式中,$T>0$。注意到零初始条件,有

$$\begin{aligned}J_T&=\int_0^T[\tilde{z}(t)^{\mathrm{T}}\tilde{z}(t)-\gamma^2 w(t)^{\mathrm{T}}w(t)+\dot{V}(t)]\mathrm{d}t-V(T)\\&\leqslant\int_0^T[\tilde{z}(t)^{\mathrm{T}}\tilde{z}(t)-\gamma^2 w(t)^{\mathrm{T}}w(t)+\dot{V}(t)]\mathrm{d}t\end{aligned} \tag{8.65}$$

通过计算可以得到

$$\begin{aligned}&\tilde{z}(t)^{\mathrm{T}}\tilde{z}(t)-\gamma^2 w(t)^{\mathrm{T}}w(t)+\dot{V}(t)\\&=\sum_{i=1}^r\sum_{j=1}^r h_i(s(t))h_j(s(t))\{2\eta(t)^{\mathrm{T}}P[A_{ij}\eta(t)+A_{dij}\eta(t-\tau_1)\\&\quad+\hat{A}_{hi}\dot{\eta}(t-\tau_2)+\hat{G}_i\xi(x(t),\hat{x}(t))+B_{ij}w(t)]+\eta(t)^{\mathrm{T}}\hat{L}_i^{\mathrm{T}}\hat{L}_i\eta(t)\}\\&\quad+\eta(t)^{\mathrm{T}}Q_1\eta(t)-\eta(t-\tau_1)^{\mathrm{T}}Q_1\eta(t-\tau_1)+\dot{\eta}(t)^{\mathrm{T}}Q_2\dot{\eta}(t)\\&\quad-\dot{\eta}(t-\tau_2)^{\mathrm{T}}Q_2\dot{\eta}(t-\tau_2)-\gamma^2 w(t)^{\mathrm{T}}w(t)\\&\leqslant\sum_{i=1}^r h_i(s(t))\eta(t)^{\mathrm{T}}\hat{L}_i^{\mathrm{T}}\hat{L}_i\eta(t)-\gamma^2 w(t)^{\mathrm{T}}w(t)\\&\quad+\frac{1}{2}\sum_{i=1}^r\sum_{j=1}^r h_i(s(t))h_j(s(t))\{\eta(t)^{\mathrm{T}}[P(A_{ij}+A_{ji})+(A_{ij}+A_{ji})^{\mathrm{T}}P+2Q_1]\eta(t)\\&\quad+\eta(t)^{\mathrm{T}}P(A_{dij}+A_{dji})\eta(t-\tau_1)+\eta(t-\tau_1)^{\mathrm{T}}(A_{dij}+A_{dji})^{\mathrm{T}}P\eta(t)\\&\quad+\eta(t)^{\mathrm{T}}P(\hat{A}_{hi}+\hat{A}_{hj})\dot{\eta}(t-\tau_2)+\dot{\eta}(t-\tau_2)^{\mathrm{T}}(\hat{A}_{hi}+\hat{A}_{hj})^{\mathrm{T}}P\eta(t)\\&\quad+\eta(t)^{\mathrm{T}}P(\hat{B}_{ij}+\hat{B}_{ji})w(t)+w(t)^{\mathrm{T}}(\hat{B}_{ij}+\hat{B}_{ji})^{\mathrm{T}}P\eta(t)\\&\quad+\varepsilon^{-1}\eta(t)^{\mathrm{T}}P(\hat{G}_i+\hat{G}_j)(\hat{G}_i+\hat{G}_j)^{\mathrm{T}}P\eta(t)\}+\dot{\eta}(t)^{\mathrm{T}}Q_2\dot{\eta}(t)\\&\quad-\dot{\eta}(t-\tau_1)^{\mathrm{T}}Q_1\eta(t-\tau_1)-\dot{\eta}(t-\tau_2)^{\mathrm{T}}Q_2\dot{\eta}(t-\tau_2)+\varepsilon\eta(t)^{\mathrm{T}}\hat{S}_g^{\mathrm{T}}\hat{S}_g\eta(t)\end{aligned} \tag{8.66}$$

同样地

$$\begin{aligned}\dot{\eta}(t)^{\mathrm{T}}Q_2\dot{\eta}(t)=&\frac{1}{2}\sum_{i=1}^r\sum_{j=1}^r\sum_{u=1}^r\sum_{v=1}^r h_i(s(t))h_j(s(t))h_u(s(t))h_v(s(t))[A_{ij}\eta(t)\\&+A_{dij}\eta(t-\tau_1)+\hat{A}_{hi}\dot{\eta}(t-\tau_2)+\hat{G}_i\xi(x(t),\hat{x}(t))+B_{ij}w(t)]^{\mathrm{T}}Q_2\end{aligned}$$

$$
\begin{aligned}
&\cdot [A_{uv}\eta(t)+A_{duv}\eta(t-\tau_1) \\
&+\hat{A}_{hu}\dot{\eta}(t-\tau_2)+\hat{G}_u\xi(x(t),\hat{x}(t))+B_{uv}w(t)] \\
&\leqslant \sum_{i=1}^{r}\sum_{j=1}^{r}h_i(s(t))h_j(s(t))(\delta\eta(t)^{\mathrm{T}}\hat{S}_g^{\mathrm{T}}\hat{S}_g\eta(t)+\hat{v}\hat{\pi}_{ij}\hat{v})
\end{aligned}
\tag{8.67}
$$

式中

$$
\hat{v}=[\eta(t)^{\mathrm{T}}\quad \eta(t-\tau_1)^{\mathrm{T}}\quad \dot{\eta}(t-\tau_2)^{\mathrm{T}}\quad w(t)^{\mathrm{T}}]^{\mathrm{T}}
$$

$$
\hat{\pi}_{ij}=\begin{bmatrix}(A_{ij}+A_{ji})^{\mathrm{T}}\\(A_{dij}+A_{dji})^{\mathrm{T}}\\(\hat{A}_{hi}+\hat{A}_{hj})^{\mathrm{T}}\\(B_{ij}+B_{ji})^{\mathrm{T}}\end{bmatrix}\boldsymbol{Q}_2\begin{bmatrix}(A_{ij}+A_{ji})^{\mathrm{T}}\\(A_{dij}+A_{dji})^{\mathrm{T}}\\(\hat{A}_{hi}+\hat{A}_{hj})^{\mathrm{T}}\\(B_{ij}+B_{ji})^{\mathrm{T}}\end{bmatrix}^{\mathrm{T}}
$$

由式(8.66)和式(8.67)有

$$
\begin{aligned}
&z(t)^{\mathrm{T}}z(t)-\gamma^2w(t)^{\mathrm{T}}w(t)+\dot{V}(t) \\
&\leqslant \frac{1}{4}\sum_{i=1}^{r}h_i(s(t))^2\hat{v}^{\mathrm{T}}\widetilde{\Gamma}_{ii}\hat{v}+\frac{1}{2}\sum_{i=1}^{r-1}\sum_{j>i}^{r}h_i(s(t))h_j(s(t))\hat{v}^{\mathrm{T}}\widetilde{\Gamma}_{ij}\hat{v}
\end{aligned}
\tag{8.68}
$$

式中

$$
\widetilde{\Gamma}_{ij}=\begin{bmatrix}\Theta_{ij} & P(A_{dij}+A_{dji}) & P(\hat{A}_{hi}+\hat{A}_{hj}) & P(B_{ij}+B_{ji})\\ * & -2\boldsymbol{Q}_2 & 0 & 0\\ * & * & -2\boldsymbol{Q}_2 & 0\\ * & * & * & -2\gamma^2I\end{bmatrix}+\hat{\pi}_{ij}
$$

$$
\begin{aligned}
\Theta_{ij}=&\hat{L}_i^{\mathrm{T}}\hat{L}_i+P(A_{ij}+A_{ji})+(A_{ij}+A_{ji})^{\mathrm{T}}P+2\boldsymbol{Q}_1+\varepsilon\hat{S}_g^{\mathrm{T}}\hat{S}_g \\
&+\delta\hat{S}_g^{\mathrm{T}}\hat{S}_g+\varepsilon^{-1}\eta(t)^{\mathrm{T}}P(\hat{G}_i+\hat{G}_j)(\hat{G}_i+\hat{G}_j)^{\mathrm{T}}P\eta(t)
\end{aligned}
$$

对式(8.51)利用 Schur 引理，可以得到对所有 $1\leqslant i\leqslant j\leqslant r$，$\widetilde{\Gamma}_{ij}<0$。这和式(8.52)可以证明 H_∞ 性能是满足的。证毕。

现在，给出带有非线性项的 T-S 模糊中立型系统的 H_∞ 滤波器的设计结果。

定理 8.3　给定干扰抑制比 $\gamma>0$，如果存在矩阵 $P_1>0,P_2>0,\boldsymbol{Q}_{11}>0,\boldsymbol{Q}_{12}>0,\boldsymbol{Q}_{21}>0,\boldsymbol{Q}_{22}>0,z_i(i=1,2,\cdots,r)$和标量 $\varepsilon>0,\delta>0$，使得如下矩阵不等式成立：

$$
\begin{bmatrix}\Phi_1 & \Upsilon_1 & \Upsilon_2 & \Upsilon_4 & \Upsilon_5\\ * & \Phi_2 & 0 & \Xi & 0\\ * & * & -2\gamma^2I & \Upsilon_3 & 0\\ * & * & * & \Phi_3 & 0\\ * & * & * & * & \Phi_4\end{bmatrix}<0,\quad 1\leqslant i\leqslant j\leqslant r
\tag{8.69}
$$

$$
(\hat{G}_i+\hat{G}_j)^{\mathrm{T}}\boldsymbol{Q}_2(\hat{G}_i+\hat{G}_j)\leqslant\delta I,\quad 1\leqslant i\leqslant j\leqslant r
\tag{8.70}
$$

则在假设条件下，带有非线性项的模糊中立型系统（$\tilde{\Sigma}_8$）的 H_∞ 滤波问题是可解的。式中

$$\Phi_1=\text{diag}\{\Phi_{11},\Phi_{12}\},\quad \Phi_2=\text{diag}\{\Phi_{21},\Phi_{22}\}$$

$$\Phi_{11}=P_1A_i+A_i^{\mathrm T}P_1+P_1A_j+A_j^{\mathrm T}P_1+2Q_{11}+\varepsilon S_g^{\mathrm T}S_g+\delta S_g^{\mathrm T}S_g$$

$$\begin{aligned}\Phi_{12}=&L_i^{\mathrm T}L_i+P_2A_i+A_i^{\mathrm T}P_2+P_2A_j+A_j^{\mathrm T}P_2\\&-Z_jC_i-Z_iC_j-C_i^{\mathrm T}Z_j^{\mathrm T}-C_j^{\mathrm T}Z_i^{\mathrm T}+2Q_{12}+\delta S_g^{\mathrm T}S_g+\varepsilon S_g^{\mathrm T}S_g\end{aligned}$$

$$\Phi_{21}=\text{diag}\{-2Q_{11},-2Q_{12}\},\quad \Phi_{22}=\text{diag}\{-2Q_{21},-2Q_{22}\}$$

$$\Phi_3=\text{diag}\{-Q_{21}^{-1},-Q_{22}^{-1}\},\quad \Phi_4=\text{diag}\{-\varepsilon I,-\varepsilon I\}$$

$$\Upsilon_1=\begin{bmatrix}P_1A_{di}+P_1A_{dj} & 0 & P_1A_{hi}+P_1A_{hj} & 0\\ 0 & P_2A_{di}-Z_jC_{di}+P_2A_{dj}-Z_iC_{dj} & 0 & P_2A_{hi}+P_2A_{hj}\end{bmatrix}$$

$$\Upsilon_2=\begin{bmatrix}P_1B_i+P_1B_j\\ P_2B_i-Z_jD_i+P_2B_j-Z_iD_j\end{bmatrix}$$

$$\Upsilon_3=[B_i^{\mathrm T}+B_j^{\mathrm T}\quad B_i^{\mathrm T}-D_i^{\mathrm T}K_j+B_j^{\mathrm T}-D_j^{\mathrm T}K_i]$$

$$\Upsilon_4=\text{diag}\{A_i^{\mathrm T}+A_j^{\mathrm T},A_i^{\mathrm T}-C_iK_j+A_j^{\mathrm T}-C_j^{\mathrm T}K_i\}$$

$$\Upsilon_5=\text{diag}\{P_1G_i+P_1G_j,P_2G_i+P_2G_j\}$$

$$\Xi=\begin{bmatrix}A_{di}^{\mathrm T}+A_{dj}^{\mathrm T} & 0\\ 0 & A_{di}^{\mathrm T}-C_{di}^{\mathrm T}K_j+A_{dj}^{\mathrm T}-C_{dj}^{\mathrm T}K_i\\ A_{hi}^{\mathrm T}+A_{hj}^{\mathrm T} & 0\\ 0 & A_{hi}^{\mathrm T}+A_{hj}^{\mathrm T}\end{bmatrix}$$

在这样的情况下，所设计的滤波器参数为

$$K_i=P_2^{-1}Z_i,\quad i=1,\cdots,r \tag{8.71}$$

证明　令

$$P=\text{diag}\{P_1,P_2\},\quad Q_1=\text{diag}\{Q_{11},Q_{12}\},\quad Q_2=\text{diag}\{Q_{21},Q_{22}\} \tag{8.72}$$

计算可得

$$\begin{bmatrix}\Omega_{ij} & P(A_{dij}+A_{dji}) & P(\hat{A}_{hi}+\hat{A}_{hj}) & P(B_{ij}+B_{ji}) & (A_{ij}+A_{ji})^{\mathrm T} & P(\hat{G}_i+\hat{G}_j)\\ * & -2Q_1 & 0 & 0 & (A_{dij}+A_{dji})^{\mathrm T} & 0\\ * & * & -2Q_2 & 0 & (\hat{A}_{hi}+\hat{A}_{hj})^{\mathrm T} & 0\\ * & * & * & -2\gamma^2 I & (B_{ij}+B_{ji})^{\mathrm T} & 0\\ * & * & * & * & Q_2^{-1} & 0\\ * & * & * & * & * & -\varepsilon I\end{bmatrix}$$

$$
=\begin{bmatrix} \Phi_1 & \Upsilon_1 & \Upsilon_2 & \Upsilon_4 & \Upsilon_5 \\ * & \Phi_2 & 0 & \Xi & 0 \\ * & * & -2\gamma^2 I & \Upsilon_3 & 0 \\ * & * & * & \Phi_3 & 0 \\ * & * & * & * & \Phi_4 \end{bmatrix} < 0,\quad 1\leqslant i\leqslant j\leqslant r \tag{8.73}
$$

式中

$$
\Omega_{ij}=\hat{L}_i^{\mathrm{T}}\hat{L}_i+P(A_{ij}+A_{ji})+(A_{ij}+A_{ji})^{\mathrm{T}}P+2Q_1+\varepsilon\hat{S}_g^{\mathrm{T}}\hat{S}_g+\delta\hat{S}_g^{\mathrm{T}}\hat{S}_g
$$

根据式(8.73)、上式以及定理 8.2,观测器很容易得出,证毕。

8.3.2　时滞相关条件下滤波研究

很多研究工作证明当时滞较小的情况下,时滞相关结果比时滞无关结果的保守性更小,受时滞的影响更加敏感,因此时滞相关的滤波一直都是人们研究的重点。所以在本节中,我们将使用一个保守性较小的方法对本章提出的模糊中立型系统进行一个时滞相关的 H_∞ 滤波问题讨论。

定理 8.4　对于给定的干扰抑制比 γ,如果存在矩阵 $P>0$,X_{lk}、Y_{lk}($1\leqslant l\leqslant k\leqslant 3$)和标量 $\varepsilon_1>0$,$\varepsilon_2>0$,$\varepsilon_3>0$,满足如下的条件:

$$
X=\begin{bmatrix} X_{11} & X_{12} & X_{13} \\ * & X_{22} & X_{23} \\ * & * & X_{33} \end{bmatrix}>0 \tag{8.74}
$$

$$
Y=\begin{bmatrix} Y_{11} & Y_{12} & Y_{13} \\ * & Y_{22} & Y_{23} \\ * & * & Y_{33} \end{bmatrix}>0 \tag{8.75}
$$

$$
\Gamma_{ii}<0,\quad i=1,2,\cdots,r \tag{8.76}
$$

$$
\frac{1}{r-1}\Gamma_{ii}+\frac{1}{2}(\Gamma_{ij}+\Gamma_{ji})<0,\quad 1\leqslant i<j\leqslant r \tag{8.77}
$$

则增广系统 $(\tilde{\Sigma}_8')$ 是渐近稳定且满足 H_∞ 性能的。式中

$$
\Gamma_{ij}=\begin{bmatrix} \Gamma_{ij}^{11} & \Gamma_{ij}^{12} & \Gamma_{ij}^{13} & A_{ij}^{\mathrm{T}}P & P\hat{A}_{hi}-A_{ij}^{\mathrm{T}}P & PB_{ij} \\ * & \Gamma_{ij}^{22} & 0 & A_{dij}^{\mathrm{T}}P & -A_{dij}^{\mathrm{T}}P & 0 \\ * & * & \Gamma_{ij}^{33} & 0 & 0 & 0 \\ * & * & * & \Gamma_{ij}^{44} & P+P\hat{A}_{hi} & PB_{ij} \\ * & * & * & * & \Gamma_{ij}^{55} & -PB_{ij} \\ * & * & * & * & * & -\gamma^2 I \end{bmatrix}
$$

$$\Gamma_{ij}^{11}=PA_{ij}+A_{ij}^{\mathrm{T}}P+\varepsilon_1^{-1}P\hat{G}_i\hat{G}_i^{\mathrm{T}}P+(\varepsilon_1+\varepsilon_2+\varepsilon_3)\hat{S}_g^{\mathrm{T}}\hat{S}_g$$
$$+\tau_1X_{11}+X_{13}+X_{13}^{\mathrm{T}}+\tau_2Y_{11}+Y_{13}+Y_{13}^{\mathrm{T}}$$
$$\Gamma_{ij}^{22}=\tau_1X_{22}-X_{23}-X_{23}^{\mathrm{T}},\quad \Gamma_{ij}^{33}=\tau_2Y_{22}-Y_{23}-Y_{23}^{\mathrm{T}}$$
$$\Gamma_{ij}^{12}=PA_{dij}+\tau_1X_{12}-X_{13}+X_{23}^{\mathrm{T}},\quad \Gamma_{ij}^{13}=\tau_2Y_{12}-Y_{13}+Y_{23}^{\mathrm{T}}$$
$$\Gamma_{ij}^{44}=\tau_1X_{33}+\tau_2Y_{33}-2P+\varepsilon_2^{-1}P\hat{G}_i\hat{G}_i^{\mathrm{T}}P$$
$$\Gamma_{ij}^{55}=-P\hat{A}_{hi}-\hat{A}_{hi}^{\mathrm{T}}P+\varepsilon_3^{-1}P\hat{G}_i\hat{G}_i^{\mathrm{T}}P$$

证明　在本节的证明中，选取如下形式的 Lyapunov 候选函数：

$$\begin{aligned}V(t)&=\eta(t)^{\mathrm{T}}P\eta(t)\\&+\int_0^t\int_{\theta-\tau_2}^{\theta}\begin{bmatrix}\eta(\theta)\\\eta(\theta-\tau_1)\\\dot{\eta}(s)\end{bmatrix}^{\mathrm{T}}\begin{bmatrix}X_{11}&X_{12}&X_{13}\\ *&X_{22}&X_{23}\\ *&*&X_{33}\end{bmatrix}\begin{bmatrix}\eta(\theta)\\\eta(\theta-\tau_1)\\\dot{\eta}(s)\end{bmatrix}\mathrm{d}s\mathrm{d}\theta\\&+\int_0^t\int_{\theta-\tau_1}^{\theta}\begin{bmatrix}\eta(\theta)\\\eta(\theta-\tau_2)\\\dot{\eta}(s)\end{bmatrix}^{\mathrm{T}}\begin{bmatrix}Y_{11}&Y_{12}&Y_{13}\\ *&Y_{22}&Y_{23}\\ *&*&Y_{33}\end{bmatrix}\begin{bmatrix}\eta(\theta)\\\eta(\theta-\tau_2)\\\dot{\eta}(s)\end{bmatrix}\mathrm{d}s\mathrm{d}\theta\\&+\int_{-\tau_1}^0\int_{t+\theta}^t\dot{\eta}^{\mathrm{T}}X_{33}\dot{\eta}\mathrm{d}s\mathrm{d}\theta+\int_{-\tau_2}^0\int_{t+\theta}^t\dot{\eta}^{\mathrm{T}}Y_{33}\dot{\eta}\mathrm{d}s\mathrm{d}\theta\end{aligned}\tag{8.78}$$

因此应用引理 2.9 和 8.1.2 节中的假设有如下结果：

$$\begin{aligned}\dot{V}(t)&=\dot{V}(t)+[\dot{\eta}(t)^{\mathrm{T}}-\dot{\eta}(t-\tau_2)^{\mathrm{T}}]2P[-\dot{\eta}(t)+\sum_{i=1}^r\sum_{j=1}^r h_i(s(t))h_j(s(t))[A_{ij}\eta(t)\\&\quad+A_{dij}\eta(t-\tau_1)+\hat{A}_{hi}\dot{\eta}(t-\tau_2)+\hat{G}_i\xi(x(t),\hat{x}(t))+B_{ij}\omega(t)]\end{aligned}\tag{8.79}$$

$$\begin{aligned}&\leqslant\sum_{i=1}^r\sum_{j=1}^r[\eta(t)^{\mathrm{T}}(PA_{ij}+A_{ij}^{\mathrm{T}}P)\eta(t)+\eta(t)^{\mathrm{T}}PA_{dij}\eta(t-\tau_1)+\eta(t-\tau_1)^{\mathrm{T}}A_{dij}^{\mathrm{T}}P\eta(t)\\&\quad+\eta(t)^{\mathrm{T}}P\hat{A}_{hi}\dot{\eta}(t-\tau_2)+\dot{\eta}(t-\tau_2)^{\mathrm{T}}\hat{A}_{hi}^{\mathrm{T}}P\eta(t)\\&\quad+\eta(t)^{\mathrm{T}}PB_{ij}w(t)+w(t)^{\mathrm{T}}B_{ij}^{\mathrm{T}}P\eta(t)+\varepsilon_1^{-1}\eta(t)^{\mathrm{T}}P\hat{G}_i\hat{G}_i^{\mathrm{T}}P\eta(t)\\&\quad+(\varepsilon_1+\varepsilon_2+\varepsilon_3)\eta(t)^{\mathrm{T}}\hat{S}_g^{\mathrm{T}}\hat{S}_g\eta(t)+\eta(t)^{\mathrm{T}}(\tau_1X_{11}+X_{13}+X_{13}^{\mathrm{T}})\eta(t)\\&\quad+2\eta(t)^{\mathrm{T}}(\tau_1X_{12}-X_{13}+X_{23}^{\mathrm{T}})\eta(t-\tau_1)\\&\quad+\eta(t-\tau_1)^{\mathrm{T}}(\tau_1X_{22}-X_{23}-X_{23}^{\mathrm{T}})\eta(t-\tau_1)\\&\quad+\eta(t)^{\mathrm{T}}(\tau_2Y_{11}+Y_{13}+Y_{13}^{\mathrm{T}})\eta(t)+\dot{\eta}(t)^{\mathrm{T}}(\tau_1X_{33}+\tau_2Y_{33})\dot{\eta}(t)\\&\quad+2\eta(t)^{\mathrm{T}}(\tau_2Y_{12}-Y_{13}+Y_{23}^{\mathrm{T}})\eta(t-\tau_2)+\eta(t-\tau_2)^{\mathrm{T}}(\tau_2Y_{22}-Y_{23}-Y_{23}^{\mathrm{T}})\eta(t-\tau_2)\\&\quad+2\dot{\eta}(t)^{\mathrm{T}}PA_{ij}\eta(t)+2\dot{\eta}(t)^{\mathrm{T}}PA_{dij}\eta(t-\tau_1)+2\dot{\eta}(t)^{\mathrm{T}}P\hat{A}_{hi}\dot{\eta}(t-\tau_2)\\&\quad+\varepsilon_2^{-1}\dot{\eta}(t)^{\mathrm{T}}P\hat{G}_i\hat{G}_i^{\mathrm{T}}P\dot{\eta}(t)+\varepsilon_3^{-1}\dot{\eta}(t-\tau_2)^{\mathrm{T}}P\hat{G}_i\hat{G}_i^{\mathrm{T}}P\dot{\eta}(t-\tau_2)\end{aligned}$$

$$-2\dot{\eta}(t)^{\mathrm{T}}P\dot{\eta}(t)+2\dot{\eta}(t-\tau_2)^{\mathrm{T}}P\dot{\eta}(t)-2\dot{\eta}(t-\tau_2)^{\mathrm{T}}PA_{ij}\eta(t)$$
$$-2\dot{\eta}(t-\tau_2)^{\mathrm{T}}PA_{dij}\eta(t-\tau_1)-2\dot{\eta}(t-\tau_2)^{\mathrm{T}}P\hat{A}_{hi}\dot{\eta}(t-\tau_2)$$
$$+2\dot{\eta}(t)^{\mathrm{T}}PB_{ij}w(t)-2\dot{\eta}(t-\tau_2)^{\mathrm{T}}PB_{ij}w(t)] \tag{8.80}$$

因此有

$$\tilde{z}(t)^{\mathrm{T}}\tilde{z}(t)-\gamma^2 w(t)^{\mathrm{T}}w(t)+\dot{V}(T)\leqslant\sum_{i=1}^{r}\sum_{j=1}^{r}h_i(s(t))h_j(s(t))v(t)^{\mathrm{T}}\Gamma_{ij}v(t) \tag{8.81}$$

式中

$$v(t)=[\eta(t)^{\mathrm{T}}\quad \eta(t-\tau_1)^{\mathrm{T}}\quad \eta(t-\tau_2)^{\mathrm{T}}\quad \dot{\eta}(t)^{\mathrm{T}}\quad \dot{\eta}(t-\tau_2)^{\mathrm{T}}\quad w(t)^{\mathrm{T}}]^{\mathrm{T}}$$

当 $\omega=0$ 时，可以看出

$$\dot{V}(t)<0,\quad \forall\, v(t)\neq 0$$

引入函数：

$$J_T=\int_0^T[\tilde{z}(t)^{\mathrm{T}}\tilde{z}(t)-\gamma^2 w(t)^{\mathrm{T}}w(t)]\mathrm{d}t \tag{8.82}$$

式中，$T>0$。注意到零初始条件，可以得到对于任何非零 $w(t)\in L_2[0,\infty)$，$T>0$ 满足

$$\begin{aligned}J_T&=\int_0^T[\tilde{z}(t)^{\mathrm{T}}\tilde{z}(t)-\gamma^2 w(t)^{\mathrm{T}}w(t)+\dot{V}(t)]\mathrm{d}t-V(t)\\&\leqslant\int_0^T[\tilde{z}(t)^{\mathrm{T}}\tilde{z}(t)-\gamma^2 w(t)^{\mathrm{T}}w(t)+\dot{V}(t)]\mathrm{d}t<0\end{aligned} \tag{8.83}$$

证毕。

现在，给出本节所改进的观测器的设计结果。

定理 8.5 对于给定的干扰抑制比 $\gamma>0$，如果存在变量 $\varepsilon_1>0,\varepsilon_2>0,\varepsilon_3>0$ 和矩阵 $P_1>0,P_2>0,Z_i,\chi_{lk}(1\leqslant l\leqslant k\leqslant 3),\Upsilon_{lk}(1\leqslant l\leqslant k\leqslant 3)$，其中

$$\chi_{lk}=\begin{bmatrix}\chi_{lk}^{11} & \chi_{lk}^{12}\\ \chi_{lk}^{21} & \chi_{lk}^{22}\end{bmatrix},\quad 1\leqslant l\leqslant k\leqslant 3$$

$$\Upsilon_{lk}=\begin{bmatrix}\Upsilon_{lk}^{11} & \Upsilon_{lk}^{12}\\ \Upsilon_{lk}^{21} & \Upsilon_{lk}^{22}\end{bmatrix},\quad 1\leqslant l\leqslant k\leqslant 3$$

使得下面的矩阵不等式成立：

$$\chi=\begin{bmatrix}\chi_{11} & \chi_{12} & \chi_{13}\\ * & \chi_{22} & \chi_{23}\\ * & * & \chi_{33}\end{bmatrix}>0 \tag{8.84}$$

$$\varUpsilon=\begin{bmatrix}\varUpsilon_{11} & \varUpsilon_{12} & \varUpsilon_{12}\\ * & \varUpsilon_{22} & \varUpsilon_{23}\\ * & * & \varUpsilon_{33}\end{bmatrix}>0 \tag{8.85}$$

$$\varPi_{ii}<0,\quad i=1,2,\cdots,r \tag{8.86}$$

$$\frac{\varPi_{ii}}{r-1}+\frac{\varPi_{ij}+\varPi_{ji}}{2}<0,\quad 1\leqslant i<j\leqslant r \tag{8.87}$$

则所研究的非线性 T-S 模糊中立型系统的 H_∞ 观测器设计问题是可解的。式中

$$\varPi_{ij}=\begin{bmatrix}\varPi_{ij}^{11} & \cdots & \varPi_{ij}^{1,17}\\ \vdots & & \vdots\\ * & \cdots & \varPi_{ij}^{17,17}\end{bmatrix} \tag{8.88}$$

其中

$$\begin{aligned}\varPi_{ij}^{11}&=P_1A_i+A_i^{\mathrm{T}}P_1+(\varepsilon_1+\varepsilon_2+\varepsilon_3)S_g^{\mathrm{T}}S_g+\tau_1\chi_{11}^{11}\\&\quad+\chi_{13}^{11}+\left(\chi_{11}^{11}\right)^{\mathrm{T}}+\tau_2\varUpsilon_{11}^{11}+\varUpsilon_{13}^{11}+\varUpsilon_{13}^{11}+(\varUpsilon_{13}^{11})^{\mathrm{T}}\\
\varPi_{ij}^{12}&=\tau_1\chi_{11}^{12}+\chi_{13}^{12}+\left(\chi_{13}^{12}\right)^{\mathrm{T}}+\tau_2\varUpsilon_{11}^{12}+\varUpsilon_{13}^{12}+\varUpsilon_{13}^{12}+(\varUpsilon_{13}^{12})^{\mathrm{T}}\\
\varPi_{ij}^{22}&=P_2A_i+A_i^{\mathrm{T}}P_2-Z_jC_i-C_i^{\mathrm{T}}Z_j^{\mathrm{T}}+(\varepsilon_1+\varepsilon_2+\varepsilon_3)S_g^{\mathrm{T}}S_g+\tau_1\chi_{11}^{22}\\&\quad+\chi_{13}^{22}+\chi_{13}^{22}+\tau_2\varUpsilon_{11}^{22}+\varUpsilon_{13}^{22}+(\varUpsilon_{13}^{22})^{\mathrm{T}}+L_i^{\mathrm{T}}L_i\\
\varPi_{ij}^{13}&=P_1A_{di}+\tau_1\chi_{12}^{11}-\chi_{13}^{11}+(\chi_{23}^{11})^{\mathrm{T}}\\
\varPi_{ij}^{14}&=\tau_1\chi_{13}^{12}-\chi_{13}^{12}+(\chi_{23}^{12})^{\mathrm{T}}\\
\varPi_{ij}^{24}&=P_2A_{di}+Z_jC_{di}+\tau_1\chi_{12}^{22}-\chi_{13}^{22}+(\chi_{23}^{22})^{\mathrm{T}}\\
\varPi_{ij}^{15}&=\tau_2\varUpsilon_{12}^{11}-\varUpsilon_{13}^{11}+(\varUpsilon_{23}^{11})^{\mathrm{T}}\\
\varPi_{ij}^{16}&=\tau_2\varUpsilon_{12}^{12}-\varUpsilon_{13}^{12}+(\varUpsilon_{23}^{12})^{\mathrm{T}}\\
\varPi_{ij}^{26}&=\tau_2\varUpsilon_{12}^{22}-\varUpsilon_{13}^{22}+(\varUpsilon_{23}^{22})^{\mathrm{T}}\\
\varPi_{ij}^{17}&=A_{hi}^{\mathrm{T}}P_1,\quad \varPi_{ij}^{28}=A_{hi}^{\mathrm{T}}P_2\\
\varPi_{ij}^{19}&=P_1A_{hi}-A_i^{\mathrm{T}}P_1,\quad \varPi_{ij}^{1,10}=P_2A_{hi}-A_i^{\mathrm{T}}P_2+C_i^{\mathrm{T}}Z_j^{\mathrm{T}}\\
\varPi_{ij}^{1,11}&=P_1B_i,\quad \varPi_{ij}^{2,11}=P_2B_i-Z_jD_i\\
\varPi_{ij}^{1,12}&=P_1G_i,\quad \varPi_{ij}^{2,13}=P_2G_i\\
\varPi_{ij}^{33}&=\tau_1\chi_{22}^{11}-\chi_{23}^{11}-(\chi_{23}^{12})^{\mathrm{T}},\quad \varPi_{ij}^{34}=\tau_1\chi_{22}^{12}-\chi_{23}^{12}-(\chi_{23}^{12})^{\mathrm{T}}\\
\varPi_{ij}^{44}&=\tau_1\chi_{22}^{22}-\chi_{23}^{22}-(\chi_{23}^{22})^{\mathrm{T}},\quad \varPi_{ij}^{37}=A_{di}^{\mathrm{T}}P_1\\
\varPi_{ij}^{48}&=A_{di}^{\mathrm{T}}P_2-C_{di}^{\mathrm{T}}Z_j^{\mathrm{T}},\quad \varPi_{ij}^{39}=-A_{di}^{\mathrm{T}}P_1\\
\varPi_{ij}^{4,10}&=-A_{di}^{\mathrm{T}}P_2+C_{di}^{\mathrm{T}}Z_j^{\mathrm{T}},\quad \varPi_{ij}^{55}=\tau_2\varUpsilon_{22}^{11}-\varUpsilon_{23}^{11}-(\varUpsilon_{23}^{11})^{\mathrm{T}}\\
\varPi_{ij}^{56}&=\tau_2\varUpsilon_{22}^{12}-\varUpsilon_{23}^{12}-(\varUpsilon_{23}^{12})^{\mathrm{T}},\quad \varPi_{ij}^{66}=\tau_2\varUpsilon_{22}^{22}-\varUpsilon_{23}^{22}-(\varUpsilon_{23}^{22})^{\mathrm{T}}\\
\varPi_{ij}^{77}&=-2P_1+\tau_1\chi_{33}^{11}+\tau_2\varUpsilon_{33}^{11},\quad \varPi_{ij}^{78}=\tau_1\chi_{33}^{12}+\tau_2\varUpsilon_{33}^{12}\end{aligned}$$

$$\Pi_{ij}^{88}=-2P_2+\tau_1\chi_{33}^{22}+\tau_2\Upsilon_{33}^{22},\quad \Pi_{ij}^{79}=P_1+P_1A_{hi}$$
$$\Pi_{ij}^{8,10}=P_2+P_2A_{hi},\quad \Pi_{ij}^{7,11}=P_1B_i,\quad \Pi_{ij}^{8,11}=Z_jD_i$$
$$\Pi_{ij}^{7,14}=P_1G_i,\quad \Pi_{ij}^{8,15}=P_2G_i,\quad \Pi_{ij}^{99}=-P_1A_{hi}-A_{hi}^{\mathrm{T}}P_1$$
$$\Pi_{ij}^{10,10}=-P_2A_{hi}-A_{hi}^{\mathrm{T}}P_2,\quad \Pi_{ij}^{9,11}=-P_1B_i,\quad \Pi_{ij}^{10,11}=-Z_jD_i$$
$$\Pi_{ij}^{11,11}=-\gamma^2I,\quad \Pi_{ij}^{9,16}=P_1G_i,\quad \Pi_{ij}^{10,17}=P_2G_i$$
$$\Pi_{ij}^{12,12}=-\varepsilon_1I,\quad \Pi_{ij}^{13,13}=-\varepsilon_1I,\quad \Pi_{ij}^{14,14}=-\varepsilon_2I$$
$$\Pi_{ij}^{15,15}=-\varepsilon_2I,\quad \Pi_{ij}^{16,16}=-\varepsilon_3I,\quad \Pi_{ij}^{17,17}=-\varepsilon_3I$$

所得到的观测器表示为

$$K_i=P_2^{-1}Z_i,\quad i=1,2,\cdots,r \tag{8.89}$$

证明　令 $P=\mathrm{diag}\{P_1,P_2\}$,很容易就能从定理 8.5 得到定理 8.4,由于这一步推导过程比较简单,所以就不再详细写出。证毕。

8.4 仿真算例

8.4.1 H_∞观测器型控制器设计仿真算例

本节采用并行分布补偿机制,使用一个仿真算例来证明所设计的基于观测器的 H_∞输出反馈控制器的有效性。

例 8.1　本例中的模糊规则如下:

规则 1:IF $x_1(t)$ is u_1 THEN

$$\begin{aligned}\dot{x}(t)&=[A_1+\Delta A_1(t)]x(t)+[A_{11}+\Delta A_{11}(t)]x(t-\tau_1(t))\\&\quad+A_{21}\int_{t-\tau_2}^{t}x(s)\mathrm{d}s+B_1u(t)+D_1g(x(t))+D_{11}w(t)\\y(t)&=C_1x(t)+C_{11}x(t-\tau_1(t))+D_{21}v(t)\\z(t)&=E_1x(t)+G_1u(t)\end{aligned}$$

规则 2:IF $x_1(t)$ is u_2 THEN

$$\begin{aligned}\dot{x}(t)&=[A_2+\Delta A_2(t)]x(t)+[A_{12}+\Delta A_{12}(t)]x(t-\tau_1(t))\\&\quad+A_{22}\int_{t-\tau_2}^{t}x(s)\mathrm{d}s+B_2u(t)+D_2g(x(t))+D_{12}w(t)\\y(t)&=C_2x(t)+C_{12}x(t-\tau_1(t))+D_{22}v(t)\\z(t)&=E_2x(t)+G_2u(t)\end{aligned}$$

式中

$$A_1=\begin{bmatrix}0&0.5\\1&1\end{bmatrix},\quad A_{11}=\begin{bmatrix}-0.03&0.02\\0.04&-0.03\end{bmatrix},\quad A_{21}=\begin{bmatrix}-0.05&0.02\\0.02&-0.05\end{bmatrix}$$

$$B_1=\begin{bmatrix}0.3 & -0.8\\0.3 & 1\end{bmatrix},\quad C_1=[-0.1\quad 0.2],\quad C_{11}=[-1\quad 0.6],\quad D_1=\begin{bmatrix}0.01\\0.02\end{bmatrix}$$

$$D_{11}=\begin{bmatrix}-0.5\\0\end{bmatrix},\quad D_{21}=-0.2,\quad E_1=\begin{bmatrix}0 & 0.01\\0 & 0\end{bmatrix},\quad G_1=\begin{bmatrix}0 & 0\\1 & 0\end{bmatrix}$$

$$A_2=\begin{bmatrix}-8 & 0.15\\1.3 & 0.08\end{bmatrix},\quad A_{12}=\begin{bmatrix}-0.05 & 0.01\\0.03 & -0.02\end{bmatrix},\quad A_{22}=\begin{bmatrix}-0.06 & 0.02\\0.01 & -0.02\end{bmatrix}$$

$$B_2=\begin{bmatrix}0.6 & -0.8\\0.2 & 0.1\end{bmatrix},\quad C_2=[-0.3\quad 1.5],\quad C_{12}=[-0.3\quad 0],\quad D_2=\begin{bmatrix}0.02\\-0.03\end{bmatrix}$$

$$D_{12}=D_{11},\quad D_{22}=0.3,\quad E_2=E_1,\quad G_2=\begin{bmatrix}-0.5 & -1\\0 & 5\end{bmatrix}$$

参数不确定矩阵 $\Delta A_1(t)$、$\Delta A_{11}(t)$ 和 $\Delta A_2(t)$、$\Delta A_{12}(t)$ 满足式(8.5)和式(8.6)以及

$$M_1=\begin{bmatrix}-0.1 & 0.2\\0 & -0.3\end{bmatrix},\quad N_{ai}=0.02,\quad N_{a11}=0.01$$

$$M_1=\begin{bmatrix}-0.3 & 0.1\\0.1 & -0.2\end{bmatrix},\quad N_{22}=N_{21},\quad N_{a12}=N_{a11}$$

最终的模糊系统表示为

$$\begin{aligned}\dot{x}(t) &= \sum_{i=1}^{2}h_i(s(t))\Big\{[A_i+\Delta A_i(t)]x(t)+[A_{1i}+\Delta A_{1i}(t)]x(t-0.1)\\&\quad+\Big[A_{2i}+\Delta A_{2i}(t)\int_{t-0.1}^{t}x(s)\mathrm{d}s\Big]+[B_i+\Delta B_i(t)]u(t)+D_{1i}w(t)\Big\}\\y(t) &= \sum_{i=1}^{2}h_i(s(t))\{[C_i+\Delta C_i(t)]x(t)+D_{2i}w(t)\}\\z(t) &= \sum_{i=1}^{2}h_i(s(t))[E_ix(t)+G_iu(t)]\end{aligned}$$

式中

$$h_1(x_1(t))=\begin{cases}1, & x_1<-1\\0.1-0.1x_1^2, & |x_1|\leqslant 1\\0, & x_1>1\end{cases}$$

$$h_2(x_1(t))=\begin{cases}0, & x_1<-1\\0.9+0.1x_1^2, & |x_1|\leqslant 1\\1, & x_1>1\end{cases}$$

其中需要注意非线性函数，在实际系统中扰动多种多样，有些扰动不具有有界的能量，因此不能涵盖在能量有界的扰动 $\nu(t)$ 中。考虑这样的情况，使用一个非线性函数来表示这类并不具有有界的能量，而仅满足利普希茨条件的扰动。在本算例中，选择如下形式的非线性函数：

$$g(x(t))=\sin([0.3\quad 0.1]x(t))$$

并选择干扰抑制比 $\gamma=0.8$ 和

$$\varepsilon_1=\varepsilon_2=\varepsilon_3=1,\quad Q_2=\begin{bmatrix}0.2 & 0\\ 0 & 0.2\end{bmatrix},\quad S_g=\begin{bmatrix}1 & 1\\ 0 & 0\end{bmatrix}$$

利用 MATLAB 解式(8.39)～式(8.43)可以得到

$$W_1=\begin{bmatrix}0.8829\\ 0.8673\end{bmatrix},\quad W_2=\begin{bmatrix}0.8433\\ 0.6810\end{bmatrix}$$

$$Z_1=\begin{bmatrix}-1.1498 & -0.6405\\ 1.3574 & -1.0379\end{bmatrix},\quad Z_2=\begin{bmatrix}1.1834 & -2.5272\\ 2.5771 & -1.4938\end{bmatrix}$$

同时可解得

$$\bar{\tau}_{\max}=1$$

利用定理 8.1,所设计的基于观测器型模糊输出反馈控制器参数如下:

$$L_1=\begin{bmatrix}1.3722\\ 2.3794\end{bmatrix},\quad L_2=\begin{bmatrix}1.7233\\ 1.4483\end{bmatrix}$$

$$K_1=\begin{bmatrix}-1.2809 & -0.2684\\ 1.8750 & -1.0861\end{bmatrix},\quad K_2=\begin{bmatrix}1.9625 & -2.2157\\ 3.4633 & -1.6892\end{bmatrix}$$

当初始条件为 $x(0)=[1\quad -2]^{\mathrm{T}}$ 时,设外部干扰输入 $w(t)$ 具有如下形式:

$$w(t)=\frac{1}{t+0.1},\quad t\geqslant 0$$

由此,闭环系统的状态响应的仿真如图 8.1 所示。从仿真结果可以看出,所设计的基于观测器型模糊动态输出反馈控制器满足所给的要求。

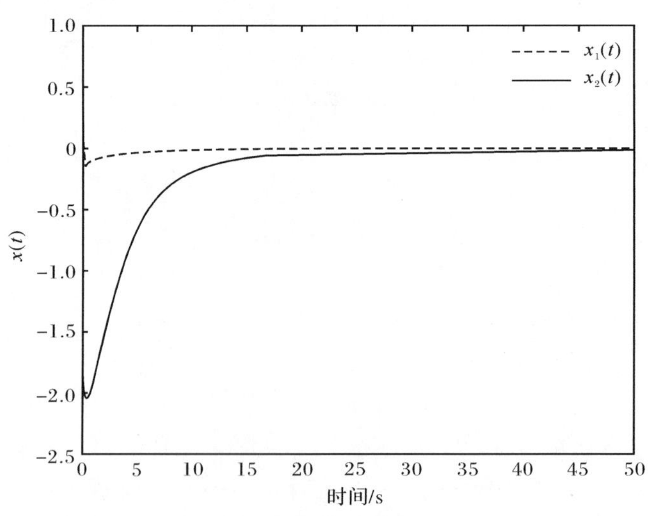

图 8.1　系统状态响应 $x(t)$

8.4.2　H_∞ 观测器型滤波器设计仿真算例

本节采用并行分布补偿机制，使用一个仿真算例来证明所设计的 H_∞ 观测器的有效性。可以从算例中看出，时滞相关的结果比时滞无关的结果在小时滞的情况下保守性要小。

例 8.2　本例中的模糊规则如下：

规则 1：IF $x_1(t)$ is $h_1(x_1(t))$ THEN

$$
\begin{aligned}
\dot{x}(t) &= A_1x(t) + A_{d1}x(t-0.8) \\
&\quad + A_{h1}\dot{x}(t-1) + G_1g(x(t)) + B_1w(t) \\
y(t) &= C_1x(t) + C_{d1}x(t-0.8) + D_1w(t) \\
z(t) &= L_1x(t)
\end{aligned}
$$

规则 2：IF $x_2(t)$ is $h_2(x_1(t))$ THEN

$$
\begin{aligned}
\dot{x}(t) &= A_2x(t) + A_{d2}x(t-0.8) \\
&\quad + A_{h2}\dot{x}(t-1) + G_2g(x(t)) + B_2w(t) \\
y(t) &= C_2x(t) + C_{d2}x(t-0.8) + D_2w(t) \\
z(t) &= L_2x(t)
\end{aligned}
$$

式中

$$
A_1=\begin{bmatrix}-1.8 & -1.2\\ 1.5 & -3.0\end{bmatrix},\quad A_{d1}=\begin{bmatrix}-1.0 & 0.2\\ 0.1 & -0.5\end{bmatrix},\quad A_{h1}=\begin{bmatrix}0.1 & 0.2\\ 0.5 & -0.1\end{bmatrix}
$$

$$
C_1=[0.5,-0.6],\quad L_1=[1,-0.5],\quad C_{d1}=[-1,0.6]
$$

$$
G_1=\begin{bmatrix}0.1\\ 0.2\end{bmatrix},\quad B_1=\begin{bmatrix}0.1\\ 0.3\end{bmatrix},\quad D_1=-0.2
$$

$$
A_2=\begin{bmatrix}-4 & 0.5\\ 1.75 & -2.5\end{bmatrix},\quad A_{d2}=\begin{bmatrix}-0.6 & 0.2\\ 0.5 & -0.8\end{bmatrix},\quad A_{h2}=\begin{bmatrix}0.2 & 0.3\\ 0.4 & -0.2\end{bmatrix}
$$

$$
C_2=[1,0],\quad L_2=[-0.2,0.1],\quad C_{d2}=[-0.3,0]
$$

$$
G_2=\begin{bmatrix}0.2\\ -0.3\end{bmatrix},\quad B_2=\begin{bmatrix}0\\ 0.2\end{bmatrix},\quad S_g=\begin{bmatrix}1 & 1\\ 0 & 0\end{bmatrix},\quad D_2=0.3
$$

隶属度函数如下：

$$
h_1(x_1(t))=\begin{cases}1, & x_1<-1\\ 0.1-6x_1^2, & |x_1|\leqslant 1\\ 0, & x_1>1\end{cases}
$$

$$
h_2(x_1(t))=\begin{cases}1, & x_1>1\\ 0.9+6x_1^2, & |x_1|\leqslant 1\\ 0, & x_1<-1\end{cases}
$$

最终的模糊系统表示为

$$\dot{x}(t)=\sum_{i=1}^{2}h_i(x_1(t))[A_ix(t)+A_{di}x(t-\tau_1)+A_{hi}\dot{x}(t-\tau_2)+B_i(t)w(t)+G_ig(x(t))]$$

$$y(t)=\sum_{i=1}^{2}h_i(x_1(t))[C_ix(t)+C_{di}x(t-\tau_1)+D_iw(t)]$$

$$z(t)=\sum_{i=1}^{2}h_i(x_1(t))[L_ix(t)]$$

其中需要注意非线性函数。在实际系统中扰动多种多样,有些扰动不具有有界的能量,因此不能涵盖在能量有界的扰动 $\omega(t)$ 中。考虑这样的情况,使用一个非线性函数来表示这类并不具有有界的能量,而仅满足利普希茨条件的扰动,在本算例中选择如下形式的非线性函数:

$$g(x(t))=\sin([0.3\quad 0.1]x(t))$$

并选择干扰抑制比 $\gamma=1$,对时滞相关与时滞无关的两类条件分别进行求解。

特别地,使用文献[7]、[8]中 CCL 的算法来解时滞无关的条件,矩阵中带有 Q 以及 Q^{-1} 的这种非线性矩阵不等式,这里的观测器型滤波器可以表示为

$$\begin{aligned}\dot{\hat{x}}(t)=&\sum_{i=1}^{2}\sum_{j=1}^{2}h_i(x_1(t))h_j(x_1(t))[A_i\hat{x}(t)+A_{di}\hat{x}(t-0.8)+A_{hi}\dot{\hat{x}}(t-1)\\&+G_ig(\hat{x}(t))+K_j(y(t)-C_i\hat{x}(t)-C_{di}\hat{x}(t-0.8))]\end{aligned}$$

$$\hat{z}(t)=\sum_{i=1}^{r}h_i(x_1(t))[L_i\hat{x}(t)]$$

解得时滞无关条件的滤波器结果为

$$K_1=\begin{bmatrix}-0.1027\\-0.5211\end{bmatrix},\quad K_2=\begin{bmatrix}-0.0139\\-0.1658\end{bmatrix}$$

而时滞相关条件的滤波器结果为

$$K_1=\begin{bmatrix}-0.0025\\-2.2333\end{bmatrix},\quad K_2=\begin{bmatrix}1.5469\\-0.0134\end{bmatrix}$$

经过仿真,针对上面的算例,可以求出时滞无关的最小干扰抑制比 $\gamma=0.38$。表 8.1 所示为在不同时滞情况下,时滞相关条件的最小 γ 值。

表 8.1　时滞相关最小 γ

τ_1	τ_2	干扰抑制比 γ
0	0.1	0.112
0.2	0.2	0.095
0.5	1.0	0.272
1.0	1.5	0.333
1.0	0.5	0.258

当 $\tau_1=0.5,\tau_2=0.8$ 时，设外部干扰输入 $w(t)\in L_2[0,\infty)$ 且 $w(t)=\frac{1}{2+t^2}(t\geqslant 0)$。时滞无关条件下原系统 x_1 及其观测 $\hat{x}_1$ 如图 8.2 所示；原系统 x_2 及其观测 $\hat{x}_2$ 如图 8.3 所示；时滞相关条件下原系统 x_1 及其观测 $\hat{x}_1$ 如图 8.4 所示；时滞相关条件下原系统 x_2 及其观测 $\hat{x}_2$ 如图 8.5 所示。

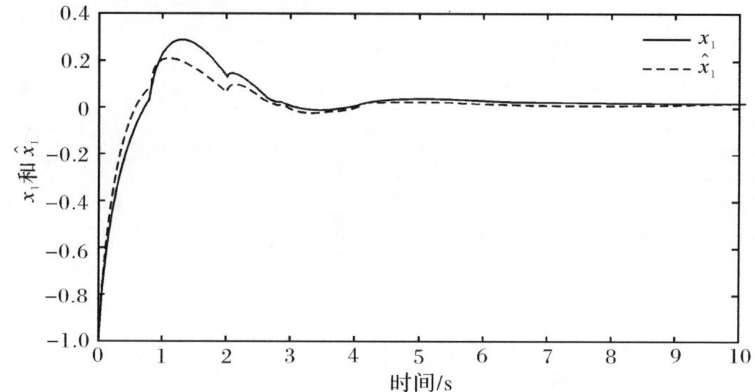

图 8.2　时滞无关条件下状态 x_1 及其观测 $\hat{x}_1$

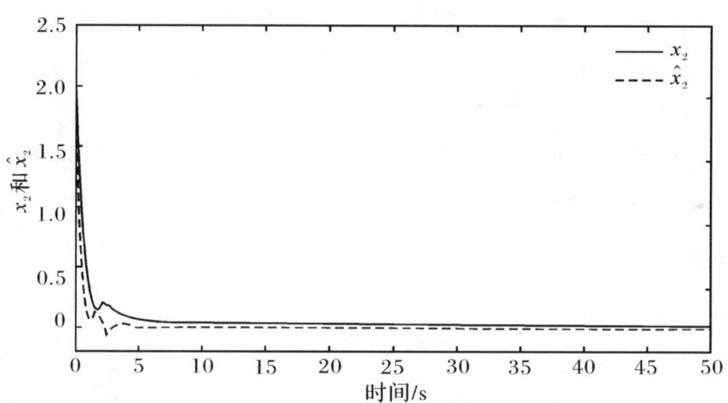

图 8.3　时滞无关条件下状态 x_2 及其观测 $\hat{x}_2$

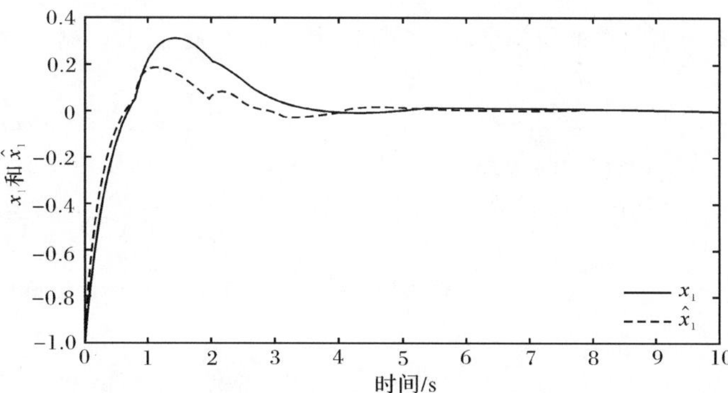

图 8.4　时滞相关条件下状态 x_1 及其观测 $\hat{x}_1$

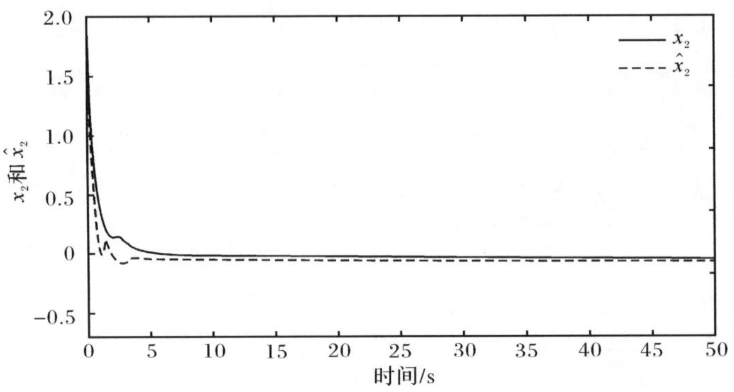

图 8.5　时滞相关条件下状态 x_2 及其观测 $\hat{x}_2$

8.5 小　结

本章对于同时具有分布时滞及非线性项的 T-S 模糊系统进行了观测器型 H_∞ 输出反馈控制器设计。首先，以矩阵不等式形式给出时滞相关的满足 H_∞ 性能指标的稳定性分析充分条件；其次，给出与所给稳定性条件等价的 LMI 条件；在此基础上，带有非线性项的观测器型 H_∞ 输出反馈控制问题可解的充分条件被给出；然后，针对一类非线性 T-S 模糊中立型系统，给出了不显含时间及显含时间两种条件下的 H_∞ 观测器设计方法。最后的数值仿真中，可以从算例中看出，显含时间即时滞相关的结果在时滞小时具有较好的保守性。

参考文献

[1] 唐功友，雷靖，孙亮. 控制时滞系统基于观测器的最优扰动抑制 [J]. 控制理论与应用，2009，26(2)：209—214.

[2] 刘毅，赵军. 基于观测器的切换模糊时滞系统的反馈控制 [J]. 控制理论与应用，2009，26(3)：274—276.

[3] Tong S C，Li H H. Observer-based robust fuzzy control of nonlinear systems with parametric uncertainties [J]. Fuzzy Sets and Systems，2002，131(2)：165—184.

[4] 张明君，程储望，孙优贤. 不确定时滞系统基于观测器的鲁棒镇定 [J]. 自动化学报，1998，24(4)：508—511.

[5] 胡中骥，施颂淑，翁正新. 时滞系统的状态反馈和基于观测器的输出反馈设计 [J]. 自动化学报，2000，26(2)：245—249.

[6] Cao Y Y，Lin Z，Yacov S. Set invariance analysis and gain-scheduling control for LPV systems subject to actuator saturation [C]. Proceedings of the 2002 American Control

Conference, Anchorage, 2002: 668—673.

[7] Moon Y S, Park P, Kwon W H, et al. Delay-dependent robust stabilization of uncertain state-delayed systems [J]. International Journal of Control, 2001, 74(14): 1447—1455.

[8] Ei G L, Oustry F, Ait R M. A cone complementary linearization algorithm for static output-feedback and related problems [J]. IEEE Transactions on Automat Control, 1997, 42(8): 1171—1176.

第 9 章　模糊时滞系统的无源控制与 L_2-L_∞ 滤波

9.1　无源控制概述

耗散性理论在系统稳定性研究中起着重要作用，其本质含义是耗散系统在任意时刻所具有的能量总是小于等于初始时刻系统的能量与外部提供的能量之和。耗散性理论在电路与机械系统分析、非线性系统和复杂网络的稳定性分析等方面获得了成功的应用[1,2]。其在控制领域里的应用起源于 Kalman、Popov、Yakubocich 和 Willems 等在超稳定性、正实性等方面开创性的工作，后经众多控制工作者的共同努力形成了系统的耗散性理论[3-5]。无源性作为耗散性的一个重要方面，它将输入输出的乘积作为能量的供给，体现了系统在有界输入条件下能量的衰减特性。无源性的概念最早来源于网络，早在 20 世纪 70 年代，人们就已经知道系统的无源性和稳定性之间存在着紧密的联系。无源性这个概念最初由 Lurie 和 Popov 引入控制界，后经 Yakubocich、Kalman、Zames、Willems 等的研究形成了现有的无源性理论。现今常讨论的无源性定义主要有两类。一是 Popov 在研究非线性系统的输入输出特性时，给出的基于输入输出的无源性，讨论了无源性与系统稳定性之间的关系，给出了著名的无源性定理，为基于输入输出的无源性设计打下了基础。Willems 等在研究系统的耗散性时，通过引入由系统状态描述的函数作为存储函数来描述系统储能，引入由输入输出描述的函数作为系统的输入能量，并称为供给率，由此定义了耗散性。而无源性定义的另一类正是在 Willems 等研究非线性系统的状态描述时，基于耗散概念提出的。在过去的 20 多年里，许多学者致力于各种不同结构动态系统的无源稳定性分析与控制问题的研究，取得了很多有意义的研究成果[6-9]。

特别地，对于 T-S 模糊系统，采用不同的方法得到了大量的关于无源控制问题的结果。例如，文献[10]、[11]讨论了连续时间 T-S 模糊系统的无源化控制问题，而其相应的离散时间系统的无源化控制问题在文献[12]、[13]中得到解决。但是上述所得结果，大部分都要求状态变量可测。在实际应用中，系统状态并不都可测，这时研究输出反馈控制方法就非常有意义，实际上很多控制系统都是输出反馈。现有文献中提到的输出反馈控制器主要分三种：第一种是动态输出反馈控制器；第二种是基于观测器的输出反馈控制器；第三种是静态输出反馈控制器。相对于前两种控制器，静态输出反馈控制器由于控制器结构简单，受到人们的广泛关注。对于 T-S 模糊系统，其离散时间系统的静态输出反馈控制问题在文献[14]、[15]中已被解决；而对于其连续时间系统，文献[16]研究了静态输出反馈控制器设计问题。值得一提的是，在过去几年里，带有时滞的控制方法得到了广泛的关注[17,18]，文献[19]就讨论了带有时滞的静态输出反馈控制器控制主从系统的问题。

综上所述，针对带有时变时滞的 T-S 模糊系统的无源动态输出反馈控制，以及对于同时具有多时变时滞及区间不确定参数的 T-S 模糊系统的带有时滞的无源静态输出反馈控制，都是有待解决的开放性问题。因此，在模糊时滞系统的无源化控制方面，本章主要研究以下问题：①针对带有时变时滞及范数有界的不确定 T-S 模糊时滞系统，研究无源动态输出反馈控制问题，构造合适的 Lyapunov-Krasovskii 泛函，推导控制器存在的时滞相关条件，并提供相应的设计方法；②针对同时具有多时变时滞及区间不确定参数的 T-S 模糊时滞系统，研究带有时滞的无源静态输出反馈控制问题。基于 Lyapunov-Krasovskii 泛函和 LMI 方法，给出时滞依赖的无源稳定性以及相应的静态输出反馈控制律存在的时滞相关结果，并提供相应的设计方法。

9.2　L_2-L_∞ 滤波概述

鲁棒 H_∞ 滤波器对于能量有界的噪声非常有效，这种滤波器使滤波误差系统的传递函数的 H_∞ 范数小于给定常数指标，是最常用的一种滤波器，因此也受到了很多研究者的关注。诸如 L_1、L_2-L_∞ 和混合 H_∞/H_2 等其他性能指标，研究结果并不多见。L_2-L_∞ 性能于 1989 年被 Wilson 提出[20]，这种指标所考虑的增益滤波中输入信号和输出信号分别假设为能量有界和峰值有界，也称为能量-峰值滤波。高会军在 L_2-L_∞ 性能的鲁棒滤波方面得到了很好的结果；在文献[21]～[24]中研究了不确定离散系统的鲁棒 L_2-L_∞ 滤波；文献[25]则针对不确定连续系统进行了鲁棒 L_2-L_∞ 滤波器设计。文献[26]研究了随机时滞系统的时滞依赖鲁棒 L_2-L_∞ 滤波器的设计方法。本章将在已有研究结果基础上，对一类 T-S 变时滞模糊系统设计时滞相关的鲁棒 L_2-L_∞ 滤波器。

另外，基于 LMI 方法，在鲁棒滤波器的设计问题上，很多学者都把注意力放在如何减少所得充分条件的保守性上。有的学者通过选取不同的 Lyapunov 函数方法，以减少结果的保守性。被广泛使用的全局 Lyapunov 函数是最普遍的一种形式[27-33]，其推导过程简单、成果众多，但当系统较为复杂时，全局 Lyapunov 函数的条件就很难得到满足，因此学者通过设置一种时变的 P 矩阵代替之前的固定 P 矩阵，以满足系统复杂性的要求。其主要方法有两种：分段二次 Lyapunov 函数[34-37]和模糊 Lyapunov 函数[38-42]。简单来说，分段 Lyapunov 函数方法的优点是保守性较小，缺点是其结果往往是双线性矩阵不等式，计算难度较大。而模糊Lyapunov函数可以得到线性矩阵不等式表达的结果，计算简单，但是对系统进行处理时，涉及要对隶属度函数的求导，隶属度函数的导数分析方法不同，所得的结果也保守性各异。

本章所设计的鲁棒 L_2-L_∞ 滤波器分别采用全局二次 Lyapunov 函数和模糊 Lyapunov 函数两种不同的方法，在仿真算例中，对比所设计两种滤波器的结果。从对比中可以明显看出，采用模糊加权 Lyapunov 函数设计的滤波器保守性小，在计算量没有增大的情况下结果更好。

9.3 无源控制

9.3.1 具有单个变时滞的模糊系统无源控制

1. 问题描述

考虑如下模糊规则。

设 R_i 为第 i 条模糊规则，则 T-S 模糊时变时滞系统模型如下：

R_i：IF $s_1(t)$ is θ_{i1} and … and $s_p(t)$ is θ_{ip} THEN

$$\begin{aligned}\dot{x}(t) = &[A_i + \Delta A_i(t)]x(t) + [A_{di} + \Delta A_{di}(t)]x(t-\tau(t)) \\ &+ [B_i + \Delta B_i(t)]u(t) + D_{1i}w(t)\end{aligned} \tag{9.1}$$

$$y(t) = [C_i + \Delta C_i(t)]x(t) + D_{2i}w(t) \tag{9.2}$$

$$z(t) = E_i x(t) + E_{di}x(t-\tau(t)) + G_i w(t) \tag{9.3}$$

$$x(t) = \phi(t), \quad \forall t \in [-\bar{\tau}, 0], \quad i = 1,2,\cdots,r \tag{9.4}$$

式中，θ_{ij} 是模糊集合；r 是 IF-THEN 模糊规则的数目；$s_1(t),\cdots,s_p(t)$ 表示前件变量；$x(t)\in\mathbb{R}^n$ 为系统状态向量；$y(t)\in\mathbb{R}^s$ 为系统量测输出；$z(t)\in\mathbb{R}^q$ 为系统被控输出；$u(t)\in\mathbb{R}^m$ 为系统控制输入；$w(t)$ 为噪声信号；$\tau(t)$ 为时变时滞，满足

$$0\leqslant\tau(t)\leqslant\bar{\tau}, \quad 0\leqslant\dot{\tau}(t)\leqslant d<1 \tag{9.5}$$

其中，$\bar{\tau}$ 和 d 都是正的常数；$\phi(t)$ 是给定的在 $[-\bar{\tau},0]$ 范围上的连续可微初值函数；A_i、A_{di}、D_{1i}、D_{2i}、B_i、C_i、E_i、E_{di} 和 G_i 都是已知实常矩阵；$\Delta A_i(t)$、$\Delta A_{di}(t)$、$\Delta B_i(t)$、$\Delta C_i(t)$ 是时变不确定矩阵并假设满足如下关系：

$$\begin{aligned}&[\Delta A_i(t) \quad \Delta A_{di}(t) \quad \Delta B_i(t) \quad \Delta C_i(t)] \\ &= M_i F_i(t)[N_{ai} \quad N_{di} \quad N_{bi} \quad N_{ci}], \quad i = 1,2,\cdots,r\end{aligned} \tag{9.6}$$

其中，M_i、N_{ai}、N_{bi}、N_{ci} 和 N_{di} 是实常矩阵；$F_i(t)$ 是时变不确定矩阵且满足 $F_i(t)^{\mathrm{T}}F_i(t)\leqslant I$。

那么，由单点模糊化、乘积推理和加权平均解模糊化的推理方法可得全局 T-S

模糊模型为(Σ_9)

$$\begin{aligned}\dot{x}(t) = \sum_{i=1}^{r} h_i(s(t))\{&[A_i + \Delta A_i(t)]x(t) \\ &+ [A_{di} + \Delta A_{di}(t)]x(t-\tau(t)) \\ &+ [B_i + \Delta B_i(t)]u(t) + D_{1i}w(t)\}\end{aligned} \tag{9.7}$$

$$y(t) = \sum_{i=1}^{r} h_i(s(t))\{[C_i + \Delta C_i(t)]x(t) + D_{2i}w(t)\} \tag{9.8}$$

$$z(t) = \sum_{i=1}^{r} h_i(s(t))\{E_i x(t) + E_{di}x(t-\tau(t)) + G_i w(t)\} \tag{9.9}$$

其中隶属度函数的表达和式(7.10)、式(7.14)相同。同样也具有式(7.15)和式(7.16)的特征。

下面给出 T-S 模糊系统无源性的定义。

定义 9.1[43]　对于系统(Σ_9),如果存在一个常数 $\alpha\geqslant0$,使得对于具有零初始条件的每一个解,无源不等式:

$$2\int_0^t w(t)^{\mathrm{T}}z(t)\mathrm{d}t \geqslant -\alpha\int_0^t w(s)^{\mathrm{T}}w(s)\mathrm{d}s \tag{9.10}$$

对于所有的正常数 t 均成立,则称系统(Σ_9)是无源的。

现在考虑如下形式的输出反馈控制器:

$$\dot{\hat{x}}(t) = \sum_{i=1}^{r} h_i(s(t))[A_{ki}\hat{x}(t) + B_{ki}y(t)] \tag{9.11}$$

$$u(t) = \sum_{i=1}^{r} h_i(s(t))C_{ki}\hat{x}(t) \tag{9.12}$$

式中,$\hat{x}(t)\in\mathbb{R}^n$ 为控制器状态向量;A_{ki}、B_{ki} 和 C_{ki} 为待定矩阵。

本章的目的是设计形如式(9.11)和式(9.12)的输出反馈控制器,使得如下闭环系统(Σ_9')达到鲁棒稳定且满足无源性,闭环系统(Σ_9')为

$$\begin{aligned}\dot{e}(t) = \sum_{i=1}^{r}\sum_{j=1}^{r} h_i(s(t))h_j(s(t))\{&[A_{ij} + \Delta A_{kij}(t)]e(t) \\ &+ [\bar{A}_{di} + \Delta\bar{A}_{di}(t)]He(t-\tau(t)) + B_{kij}\omega(t)\}\end{aligned} \tag{9.13}$$

式中

$$A_{ij} = \begin{bmatrix} A_i & B_iC_{kj} \\ B_{kj}C_i & A_{kj} \end{bmatrix},\quad \Delta A_{kij}(t) = \begin{bmatrix} \Delta A_i(t) & \Delta B_i(t)C_{kj} \\ B_{kj}\Delta C_i(t) & 0 \end{bmatrix}$$

$$\bar{A}_{di} = \begin{bmatrix} A_{di} \\ 0 \end{bmatrix},\quad \Delta\bar{A}_{di}(t) = \begin{bmatrix} \Delta A_{di}(t) \\ 0 \end{bmatrix},\quad B_{kij} = \begin{bmatrix} D_{1i} \\ B_{kj}D_{2i} \end{bmatrix},\quad H = [I\quad 0]$$

2. 无源动态输出反馈控制

本节基于 LMI 的形式给出所给系统无源动态输出反馈控制的可解条件，首先给出系统鲁棒稳定且满足无源性的分析结果。

1) 无源性分析

定理 9.1 如果存在正定矩阵 $P>0,Q>0,R>0$ 和 $\varepsilon>0$，使得下面的矩阵不等式成立：

$$\begin{bmatrix} \Lambda_{1ii} & \Lambda_{2ii} & \Lambda_{3i} \\ * & -R_1 & 0 \\ * & * & -R_2 \end{bmatrix} < 0, \quad 1 \leqslant i \leqslant r \tag{9.14}$$

$$\begin{bmatrix} \Lambda_{1ii}+\Lambda_{1ji} & \Lambda_{2ij}+\Lambda_{2ji} & \Lambda_{4ij} & \Lambda_{5ij} \\ * & -2R_1 & 0 & 0 \\ * & * & -R_2 & 0 \\ * & * & * & -R_2 \end{bmatrix} < 0, \quad 1 \leqslant i < j \leqslant r \tag{9.15}$$

则系统（Σ_9'）鲁棒稳定且满足无源性。式中

$$\Lambda_{1ij} = \begin{bmatrix} \Omega_{ij} & P\bar{A}_{di} \\ * & -Q_d \end{bmatrix}, \quad \Lambda_{2ij} = \begin{bmatrix} 0 & PB_{kij} - H^{\mathrm{T}}E_i^{\mathrm{T}} \\ 0 & -H^{\mathrm{T}}E_{di}^{\mathrm{T}} \end{bmatrix}$$

$$\Lambda_{3i} = \begin{bmatrix} PM_{ii} & \varepsilon N_{ii}^{\mathrm{T}} \\ 0 & \varepsilon \bar{N}_{di}^{\mathrm{T}} \end{bmatrix}, \quad \Lambda_{4ij} = \begin{bmatrix} PM_{ij} & PM_{ji} \\ 0 & 0 \end{bmatrix}$$

$$\Lambda_{5ij} = \begin{bmatrix} \varepsilon N_{ij}^{\mathrm{T}} & \varepsilon N_{ji}^{\mathrm{T}} \\ \varepsilon \bar{N}_{di}^{\mathrm{T}} & \varepsilon \bar{N}_{di}^{\mathrm{T}} \end{bmatrix}, \quad R_1 = \mathrm{diag}\{R_d, G_\alpha\}, \quad R_2 = \mathrm{diag}\{\varepsilon I, \varepsilon I\}$$

$$M_{ij} = \begin{bmatrix} M_i & 0 \\ 0 & B_{kj}M_i \end{bmatrix}, \quad N_{ij} = \begin{bmatrix} N_{ai} & N_{bi}C_{kj} \\ N_{ci} & 0 \end{bmatrix}, \quad \bar{N}_{di} = \begin{bmatrix} N_{di} & 0 \\ 0 & 0 \end{bmatrix}$$

$$\Omega_{ij} = PA_{ij} + A_{ij}^{\mathrm{T}}P + H^{\mathrm{T}}QH + \mu\bar{\tau}H^{\mathrm{T}}RH, \quad R_d = \mu\bar{\tau}(1-d)Q$$

$$Q_d = (1-d)Q, \quad G_\alpha = G_i + G_i^{\mathrm{T}} + \alpha$$

证明 在定理 9.1 所给条件下，证明系统(Σ_9')鲁棒稳定。构造 Lyapunov 泛函如下：

$$\begin{aligned} V(t) = & e(t)^{\mathrm{T}}Pe(t) + \int_{t-\tau(t)}^{t} e(s)^{\mathrm{T}}H^{\mathrm{T}}QHe(s)\mathrm{d}s \\ & + \mu\int_{-\tau(t)}^{0}\int_{t+s}^{t} e(\beta)^{\mathrm{T}}H^{\mathrm{T}}RHe(\beta)\mathrm{d}\beta\mathrm{d}s \end{aligned}$$

对 $V(t)$ 求导，由 $0\leqslant\tau(t)\leqslant\bar{\tau}, 0\leqslant\dot{\tau}\leqslant d<1$，可得

$$\dot{V}(t) \leqslant 2\sum_{i=1}^{r}\sum_{j=1}^{r} h_i(s(t))h_j(s(t))e(t)P\{[A_{ij}+\Delta A_{kij}(t)]e(t)^{\mathrm{T}}$$

$$
\begin{aligned}
&+[\bar{A}_{di}+\Delta\bar{A}_{di}(t)]He(t-\tau(t))+B_{kij}w(t)\}+e(t)^{\mathrm{T}}H^{\mathrm{T}}QHe(t)\\
&-(1-d)e(t-\tau(t))^{\mathrm{T}}H^{\mathrm{T}}QHe(t-\tau(t))+\mu\bar{\tau}e(t)^{\mathrm{T}}H^{\mathrm{T}}RHe(t)\\
&-\mu(1-d)\int_{t-\tau(t)}^{t}e(s)^{\mathrm{T}}H^{\mathrm{T}}QHe(s)\mathrm{d}s
\end{aligned}
\tag{9.16}
$$

注意到

$$
\begin{aligned}
&2e(t)^{\mathrm{T}}P[\Delta A_{kij}(t)e(t)+\Delta\bar{A}_{di}(t)e(t-\tau(t))]\\
&\leqslant \varepsilon^{-1}e(t)^{\mathrm{T}}PM_{ij}M_{ij}^{\mathrm{T}}Pe(t)+\varepsilon\xi(t)^{\mathrm{T}}\bar{N}_{ij}^{\mathrm{T}}\bar{N}_{ij}\xi(t)
\end{aligned}
\tag{9.17}
$$

式中，$\xi(t,s)=[e(t)^{\mathrm{T}}\quad He(t-\tau(t))^{\mathrm{T}}\quad e(s)^{\mathrm{T}}\quad w(t)^{\mathrm{T}}]^{\mathrm{T}}$；$\bar{N}_{ij}=[N_{ij}\quad \bar{N}_{di}\quad 0\quad 0]$。

由式(9.16)和式(9.17)可得

$$
\begin{aligned}
&\dot{V}(t)-2z(t)^{\mathrm{T}}w(t)-\alpha w(t)^{\mathrm{T}}w(t)\\
&\leqslant \frac{1}{\bar{\tau}}\sum_{i=1}^{r}\sum_{j=1}^{r}h_i(s(t))h_j(s(t))\int_{t-\tau(t)}^{t}\xi(t,s)^{\mathrm{T}}\Phi_{ij}\xi(t,s)\mathrm{d}s\\
&=\frac{1}{\bar{\tau}}\sum_{i=1}^{r}h_i^2(s(t))\int_{t-\tau(t)}^{t}\xi(t,s)^{\mathrm{T}}\Phi_{ii}\xi(t,s)\mathrm{d}s\\
&\quad+\frac{1}{\bar{\tau}}\sum_{i,j=1,i<j}^{r}h_i(s(t))h_j(s(t))\int_{t-\tau(t)}^{t}\xi(t,s)^{\mathrm{T}}\frac{\Phi_{ij}+\Phi_{ji}}{2}\xi(t,s)\mathrm{d}s
\end{aligned}
$$

式中

$$
\Phi_{ij}=\begin{bmatrix}\bar{\Omega}_{1ij} & P\bar{A}_{di} & 0 & PB_{kij}-H^{\mathrm{T}}E_i^{\mathrm{T}}\\ * & -Q_d & 0 & -H^{\mathrm{T}}E_{di}^{\mathrm{T}}\\ * & * & -R_d & 0\\ * & * & * & -G_\alpha\end{bmatrix}+\varepsilon\bar{N}_{ij}^{\mathrm{T}}\bar{N}_{ij}
$$

$$
\bar{\Omega}_{1ij}=PA_{ij}+A_{ij}^{\mathrm{T}}P+H^{\mathrm{T}}QH+\mu\bar{\tau}H^{\mathrm{T}}RH+\varepsilon^{-1}PM_{ij}M_{ij}^{\mathrm{T}}P
$$

如果 $\Phi_{ii}<0,\Phi_{ij}+\Phi_{ji}<0$，可得 $\dot{V}(t)-2z(t)^{\mathrm{T}}w(t)-\alpha w(t)^{\mathrm{T}}w(t)<0$，进而得到式(9.10)；另外，对式(9.14)和式(9.15)运用 Schur 补引理，可以得到 $\Phi_{ii}<0$，$\Phi_{ij}+\Phi_{ji}<0$。由定义 9.1 可知，系统(Σ_9')鲁棒稳定且满足无源性。证毕。

2) 无源动态输出反馈控制器设计

现在，给出本章所示时变不确定 T-S 模糊系统的无源动态输出反馈控制问题的可解性。

定理 9.2　如果存在矩阵 $X>0,Y>0,Q>0,R>0,\Omega_i,\Psi_i,\Phi_i(1\leqslant i\leqslant r)$ 和标量 $\varepsilon>0$，使得下面的矩阵不等式成立：

$$
\begin{bmatrix}-Y & -I\\ -I & -X\end{bmatrix}<0 \tag{9.18}
$$

$$\begin{bmatrix} Z_{1i} & Z_{2i} & Z_{3i} & \Upsilon_6 \\ * & -R_1 & 0 & 0 \\ * & * & -R_2 & 0 \\ * & * & * & -\Upsilon_8 \end{bmatrix} < 0, \quad 1 \leqslant i \leqslant r \tag{9.19}$$

$$\begin{bmatrix} Z_{4ij} & Z_{5ij} & Z_{6ij} & Z_{7ij} & Z_{8ij} & \Upsilon_6 \\ * & -2R_1 & 0 & 0 & 0 & 0 \\ * & * & -R_2 & 0 & 0 & 0 \\ * & * & * & -R_2 & 0 & 0 \\ * & * & * & * & -I & 0 \\ * & * & * & * & * & -\frac{1}{2}\Upsilon_8 \end{bmatrix} < 0, \quad 1 \leqslant i < j \leqslant r \tag{9.20}$$

则由不确定 T-S 模糊系统(Σ_9)及控制器式(9.11)和式(9.12)组成的闭环系统鲁棒稳定且满足无源性。式中

$$Z_{1i} = \begin{bmatrix} \Upsilon_{1ii} + \Upsilon_{1ii}^{\mathrm{T}} & \Upsilon_{2i} \\ * & -Q_d \end{bmatrix}, \quad Z_{2i} = \begin{bmatrix} 0 & \Upsilon_{3ii} \\ 0 & -\Upsilon_{7i} \end{bmatrix}, \quad Z_{3i} = \begin{bmatrix} \Upsilon_{4ii} & \Upsilon_{5ii} \\ 0 & \Upsilon_{11i} \end{bmatrix}$$

$$Z_{4ij} = \begin{bmatrix} \bar{\Upsilon}_{1ij} & \Upsilon_{2ij} \\ * & -2Q_d \end{bmatrix}, \quad Z_{5ij} = \begin{bmatrix} 0 & \bar{\Upsilon}_{3ij} \\ 0 & -2\Upsilon_{7i} \end{bmatrix}, \quad Z_{6ij} = \begin{bmatrix} \Upsilon_{4ij} & \Upsilon_{4ji} \\ 0 & 0 \end{bmatrix}$$

$$Z_{7ij} = \begin{bmatrix} \Upsilon_{5ij} & \Upsilon_{5ij} \\ \Upsilon_{11i} & \Upsilon_{11j} \end{bmatrix}, \quad Z_{8ij} = \begin{bmatrix} \Upsilon_{9ij} & \Upsilon_{10ij} \\ 0 & 0 \end{bmatrix}$$

$$\Upsilon_{1ij} = \begin{bmatrix} A_iY + B_i\Psi_j & A_i \\ \Omega_i & XA_i + \Phi_jC_i \end{bmatrix}, \quad \Upsilon_{2i} = \begin{bmatrix} A_{di} \\ XA_{di} \end{bmatrix}$$

$$\Upsilon_{3ij} = \begin{bmatrix} D_{1i} - YE_i^{\mathrm{T}} \\ XD_{1i} + \Phi_jD_{2i} - E_i^{\mathrm{T}} \end{bmatrix}, \quad \Upsilon_{4ij} = \begin{bmatrix} M_i & 0 \\ XM_i & \Phi_jM_i \end{bmatrix}$$

$$\Upsilon_{5ij} = \begin{bmatrix} \varepsilon YN_{ai}^{\mathrm{T}} + \varepsilon\Psi_j^{\mathrm{T}}N_{bi}^{\mathrm{T}} & \varepsilon YN_{ci}^{\mathrm{T}} \\ \varepsilon N_{ai}^{\mathrm{T}} & \varepsilon N_{ci}^{\mathrm{T}} \end{bmatrix}, \quad \Upsilon_6 = \begin{bmatrix} Y & \mu\bar{\tau}Y \\ I & \mu\bar{\tau}I \end{bmatrix}, \quad \Upsilon_{7i} = \begin{bmatrix} E_{di}^{\mathrm{T}} \\ 0 \end{bmatrix}$$

$$\Upsilon_8 = \begin{bmatrix} Q^{-1} & 0 \\ 0 & \mu\bar{\tau}R^{-1} \end{bmatrix}, \quad \Upsilon_{9ij} = \begin{bmatrix} Y(C_i - C_j)^{\mathrm{T}} & (\Psi_j - \Psi_i)^{\mathrm{T}} \\ 0 & 0 \end{bmatrix}$$

$$\Upsilon_{10ij} = \begin{bmatrix} 0 & 0 \\ \Phi_j - \Phi_i & X(B_i - B_j) \end{bmatrix}, \quad \Upsilon_{11i} = \begin{bmatrix} \varepsilon N_{di}^{\mathrm{T}} & 0 \\ 0 & 0 \end{bmatrix}$$

$$\bar{\Upsilon}_{1ij} = \Upsilon_{1ij} + \Upsilon_{1ij}^{\mathrm{T}} + \Upsilon_{1ji} + \Upsilon_{1ji}^{\mathrm{T}}, \quad \Upsilon_{2ij} = \Upsilon_{2i} + \Upsilon_{2j}, \quad \bar{\Upsilon}_{3ij} = \Upsilon_{3ij} + \Upsilon_{3ji}$$

在此情况下,动态输出反馈控制器式(9.11)和式(9.12)的系数矩阵分别为

$$A_{ki} = S^{-1}(\Omega_i - XA_iY - XB_i\Psi_i - \Phi_iC_iY)W^{-\mathrm{T}}$$

$$B_{ki} = S^{-1}\Phi_i, \quad C_{ki} = \Psi_iW^{-\mathrm{T}}, \quad 1 \leqslant i \leqslant r$$

式中,S 和 W 为任意非奇异矩阵,满足

$$SW^{\mathrm{T}}=I-XY \tag{9.21}$$

证明　对式(9.19)和式(9.20)运用 Schur 补引理，再通过不等式放大，可得下列不等式：

$$\begin{bmatrix} Z_{1i}+\bar{\Upsilon}_{13} & Z_{2i} & Z_{3i} \\ * & -R_1 & 0 \\ * & * & -R_2 \end{bmatrix}<0,\quad 1\leqslant i\leqslant r \tag{9.22}$$

$$\begin{bmatrix} \bar{Z}_{4ij} & Z_{5ij} & Z_{6ij} & Z_{7ij} \\ * & -2R_1 & 0 & 0 \\ * & * & -R_2 & 0 \\ * & * & * & -R_2 \end{bmatrix}<0,\quad 1\leqslant i<j\leqslant r \tag{9.23}$$

式中

$$\bar{\Upsilon}_{13}=\begin{bmatrix} \Upsilon_{13} & 0 \\ 0 & 0 \end{bmatrix},\quad \bar{Z}_{4ij}=\begin{bmatrix} \Upsilon_{14ij} & \Upsilon_{2ij} \\ * & -2Q_d \end{bmatrix}$$

$$\Upsilon_{14ij}=\Upsilon_{12ij}+\Upsilon_{12ij}^{\mathrm{T}}+2\Upsilon_{13},\quad \Upsilon_{13}=\begin{bmatrix} Y \\ I \end{bmatrix}(Q+\mu\bar{\tau}R)\begin{bmatrix} Y \\ I \end{bmatrix}^{\mathrm{T}}$$

$$\Upsilon_{12ij}=\begin{bmatrix} A_iY+B_i\Psi_j+A_jY+B_j\Psi_i & A_i+A_j \\ \Omega_{ij} & XA_i+\Phi_jC_i+XA_j+\Phi_iC_j \end{bmatrix}$$

$$\Omega_{ij}=\Omega_i+\Omega_j+(\Phi_j-\Phi_i)(C_i-C_j)Y+X(B_i-B_j)(\Psi_j-\Psi_i)$$

由式(9.18)可知，$I-XY$ 为非奇异矩阵，则总可以存在非奇异矩阵 S 和 W，使得式(9.21)成立。选取

$$\Pi_1=\begin{bmatrix} Y & I \\ W^{\mathrm{T}} & 0 \end{bmatrix},\quad \Pi_2=\begin{bmatrix} I & X \\ 0 & S^{\mathrm{T}} \end{bmatrix}$$

令 $\tilde{P}=\Pi_2\Pi_1^{-1}$，经过计算可得 $\tilde{P}>0$。将 $\tilde{P}$ 代入式(9.22)和式(9.23)，则不等式可重新改写。再对改写后的不等式两边左乘适当维数矩阵 $\mathrm{diag}\{\Pi_1^{-\mathrm{T}},I,\cdots,I\}$ 和右乘适当维数矩阵 $\mathrm{diag}\{\Pi_1^{-1},I,\cdots,I\}$，可得式(9.14)和式(9.15)，再由定理9.1可知，闭环系统(Σ_9')鲁棒稳定且式(9.10)成立。证毕。

9.3.2　具有多个变时滞的模糊系统无源控制

1. 问题描述

考虑如下带有多时滞和区间参数不确定的 T-S 模糊系统，第 i 个模糊规则如下。

规则 i：IF $s_1(t)$ is u_{i1} and $\cdots$ and $s_p(t)$ is u_{ip} THEN

$$\dot{x}(t)=A_ix(t)+A_{di}x(t-\tau_1(t)-\tau_2(t))+B_iu(t)+D_{1i}w(t) \tag{9.24}$$

$$y(t)=C_ix(t) \tag{9.25}$$

$$z(t)=E_ix(t)+D_{2i}w(t)+E_{1i}u(t) \tag{9.26}$$

$$x(t)=\phi(t),\quad \forall t\in[-\bar{\tau}_{12},0],\quad i=1,2,\cdots,r \tag{9.27}$$

式中，u_{ij}是模糊集合；r是IF-THEN模糊规则的数目；$s_1(t),\cdots,s_p(t)$表示前件变量；$x(t)\in\mathbb{R}^n$表示状态；$u(t)\in\mathbb{R}^m$为控制输入；$y(t)\in\mathbb{R}^s$表示测量输出；$z(t)\in\mathbb{R}^q$为被控输出；$w(t)\in\mathbb{R}^p$为任意的噪声信号；$\tau_i(t)$是定常或时变的状态时滞，满足$0\leqslant\tau_i(t)\leqslant\bar{\tau}_i$，$0\leqslant\dot{\tau}_i(t)\leqslant d_i(i=1,2)$，其中，$\bar{\tau}_i$和$d_i$都是常数，为表示方便，设$\bar{\tau}_{12}=\bar{\tau}_1+\bar{\tau}_2$，$d_{12}=d_1+d_2$；$\phi(t)$是给定在$[-\bar{\tau}_{12},0]$上的连续可微初值函数。

对于$\underline{A}_i=[\underline{a}_i^{pq}]$，$\bar{A}_i=[\bar{a}_i^{pq}]$，$\underline{A}_{di}=[\underline{a}_{di}^{pq}]$，$\bar{A}_{di}=[\bar{a}_{di}^{pq}]$，$\underline{B}_i=[\underline{b}_i^{pk}]$，$\bar{B}_i=[\bar{b}_i^{pk}]$，$1\leqslant p,q\leqslant n$，$1\leqslant k\leqslant n_B$，定义如下区间不确定矩阵：

$$\mathcal{A}_i=\{[a_i^{pq}]_{n\times n}:\underline{a}_i^{pq}\leqslant a_i^{pq}\leqslant\bar{a}_i^{pq},1\leqslant p,q\leqslant n\}$$

$$\mathcal{A}_{di}=\{[a_{di}^{pq}]_{n\times n}:\underline{a}_{di}^{pq}\leqslant a_{di}^{pq}\leqslant\bar{a}_{di}^{pq},1\leqslant p,q\leqslant n\}$$

$$\mathcal{B}_i=\{[b_i^{pk}]_{n\times n}:\underline{b}_i^{pk}\leqslant b_i^{pk}\leqslant\bar{b}_i^{pk},1\leqslant p\leqslant n,1\leqslant k\leqslant n_B\}$$

同时令$A_i\in\mathcal{A}_i$，$A_{di}\in\mathcal{A}_{di}$，$B_i\in\mathcal{B}_i(i=1,2,\cdots,r)$。令

$$A_{0i}=\frac{1}{2}(\underline{A}_i+\bar{A}_i),\quad \Delta A_i=\frac{1}{2}(\bar{A}_i-\underline{A}_i)$$

$$A_{d0i}=\frac{1}{2}(\underline{A}_{di}+\bar{A}_{di}),\quad \Delta A_{di}=\frac{1}{2}(\bar{A}_{di}-\underline{A}_{di})$$

$$B_{0i}=\frac{1}{2}(\underline{B}_i+\bar{B}_i),\quad \Delta B_i=\frac{1}{2}(\bar{B}_i-\underline{B}_i)$$

则式(9.24)中的A_i、A_{di}和B_i可以改写为

$$A_i=A_{0i}+\sum_{p,q=1}^{n}e_p\,|g_{a_i}^{pq}|\,e_q^{\mathrm{T}}$$

$$A_{di}=A_{d0i}+\sum_{p,q=1}^{n}e_p\,|g_{a_{di}}^{pq}|\,e_q^{\mathrm{T}}$$

$$B_i=B_{0i}+\sum_{p=1}^{n}\sum_{k=1}^{n_B}e_p\,|g_{b_i}^{pk}|\,e_k^{\mathrm{T}}$$

式中，$\sum\limits_{p,q=1}^{n}e_p\,|g_{a_i}^{pq}|\,e_q^{\mathrm{T}}$、$\sum\limits_{p,q=1}^{n}e_p\,|g_{a_{di}}^{pq}|\,e_q^{\mathrm{T}}$、$\sum\limits_{p=1}^{n}\sum\limits_{k=1}^{n_B}e_p\,|g_{b_i}^{pk}|\,e_k^{\mathrm{T}}$代表区间不确定参数；$e_p$，$e_q\in\mathbb{R}^n$和$e_k\in\mathbb{R}^{n_B}$都是列向量，其中，第$p,q,k$列的向量元素为1，其他的向量元素均为0；$g_{a_i}^{pq}$、$g_{a_{di}}^{pq}$和$g_{b_i}^{pk}$是不确定参数，分别满足$|g_{a_i}^{pq}|\leqslant\Delta a_i^{pq}$，$|g_{a_{di}}^{pq}|\leqslant\Delta a_{di}^{pq}$和$|g_{b_i}^{pk}|\leqslant\Delta b_i^{pk}$。

采用单点模糊化、乘积推理、中心加权平均解模糊，动态模糊模型式(9.24)～式(9.26)可以表示为($\tilde{\Sigma}_9$)

$$\dot{x}(t)=\sum_{i=1}^{r}h_i(s(t))[A_ix(t)+A_{di}x(t-\tau_1(t)-\tau_2(t))+B_iu(t)+D_{1i}w(t)] \tag{9.28}$$

$$y(t)=\sum_{i=1}^{r}h_i(s(t))[C_ix(t)] \tag{9.29}$$

$$z(t)=\sum_{i=1}^{r}h_i(s(t))[E_ix(t)+D_{2i}w(t)+E_{1i}u(t)] \tag{9.30}$$

式中，隶属度函数的表达和式(7.10)、式(7.14)形式相同。也具有式(7.15)和式(7.16)的特征。

现在，利用并行分布补偿机制，设计如下形式的带有时滞的模糊静态输出反馈控制器：

$$u(t)=\sum_{i=1}^{r}h_i(s(t))[K_iy(t-\tau)] \tag{9.31}$$

式中，K_i 为待定系数；τ 是给定的常数。

由此根据式(9.28)～式(9.31)，闭环系统可以写为($\tilde{\Sigma}'_9$)

$$\begin{aligned}\dot{x}(t)=&\sum_{i=1}^{r}\sum_{j=1}^{r}\sum_{l=1}^{r}h_i(s(t))h_j(s(t))h_l(s(t))[A_ix(t)+B_iK_jC_lx(t-\tau)\\&+A_{di}x(t-\tau_1(t)-\tau_2(t))+D_{1i}w(t)]\end{aligned} \tag{9.32}$$

$$z(t)=\sum_{i=1}^{r}\sum_{j=1}^{r}\sum_{l=1}^{r}h_i(s(t))h_j(s(t))[E_ix(t)+E_{1i}K_jC_lx(t-\tau)+D_{3i}w(t)] \tag{9.33}$$

本章的目的是设计形如式(9.31)的带有时滞的静态输出反馈控制器，使得闭环系统($\tilde{\Sigma}'_9$)达到鲁棒稳定且满足无源性。

2. 带有时滞的无源静态输出反馈控制

本节基于 LMI 的形式给出式(9.28)～式(9.30)所示系统的带有时滞的模糊无源静态输出反馈控制可解性的充分条件，首先给出无源性分析结果。

1) 无源性分析

定理 9.3　对于带有区间不确定参数及多时滞的模糊系统($\tilde{\Sigma}_9$)，假设控制器式(9.31)的参数给定。在给定正常数 Υ、d_1、d_{12}、$\bar{\tau}_1$、$\bar{\tau}_2$ 和 $\bar{\tau}_{12}$ 的条件下，如果存在矩阵 $P>0,Q>0,R_i>0,Z_i>0,M_i>0,S$ 和正常数 ε_{1ijpq}、ε_{2ijpq}、ε_{3ijpq}、ε_{4ijpq}、ε_{5ijpq}、ε_{6ijpq}($p,q=1,\cdots,n;k=1,\cdots,n_B$)，使得下面的线性矩阵不等式成立：

$$\Psi_{iil}<0,\quad i,l=1,\cdots,r \tag{9.34}$$

$$\Psi_{ijl}+\Psi_{jil}<0,\quad 1\leqslant i\leqslant j\leqslant r;l=1,\cdots,r \tag{9.35}$$

$$M_k < Z_k, \quad k = 1,2,3 \tag{9.36}$$

则闭环系统$(\tilde{\Sigma}_9')$是无源的。式中

$$\Psi_{ijl} = \begin{bmatrix} \Omega_{ijl} & \Omega_s & \Omega_s & \Delta_{a_i}^{pq}\Omega_e & \Delta_{a_{di}}^{pq}\Omega_e & \Delta_{b_i}^{pk}\Omega_e \\ * & -\Omega_{\varepsilon 1ij}-\Omega_{\varepsilon 2ij} & 0 & 0 & 0 & 0 \\ * & * & -\Omega_{\varepsilon 5ijB} & 0 & 0 & 0 \\ * & * & * & -\Omega_{\varepsilon 3ij} & 0 & 0 \\ * & * & * & * & -\Omega_{\varepsilon 4ij} & 0 \\ * & * & * & * & * & -\Omega_{\varepsilon 6ijB} \end{bmatrix}$$

$$\Omega_{ijl} = \Phi_{0ijl} + \sum_{p,q=1}^{n}\left[(\varepsilon_{1ijpq}\Delta_{a_i}^{pq^2} + \varepsilon_{3ijpq})W_{eq1}^{\mathrm{T}}W_{eq1} + (\varepsilon_{2ijpq}\Delta_{a_{di}}^{pq^2} + \varepsilon_{4ijpq})W_{eq2}^{\mathrm{T}}W_{eq2}\right]$$

$$+ \sum_{p=1}^{n}\sum_{k=1}^{n_B}(\varepsilon_{5ijpk}\Delta_{b_i}^{pk^2} + \varepsilon_{6ijpk})W_{ek1}^{\mathrm{T}}W_{ek1}$$

$$W_{eq1} = \begin{bmatrix} e_q^{\mathrm{T}} & 0_{1,(m+3)n} \end{bmatrix}, \quad W_{ek1} = \begin{bmatrix} 0_{1,n} & e_k^{\mathrm{T}}K_jC_l & 0_{1,(m+2)n} \end{bmatrix}$$

$$W_{eq2} = \begin{bmatrix} 0_{1,3n} & e_q^{\mathrm{T}} & 0_{1,mn} \end{bmatrix}, \quad \Omega_s = \begin{bmatrix} \bar{S}e_1 & \cdots & \bar{S}e_n \end{bmatrix}$$

$$\Omega_e = \begin{bmatrix} \bar{e}_1S^{\mathrm{T}} & \cdots & \bar{e}_nS^{\mathrm{T}} \end{bmatrix}, \quad \bar{e}_pS = \begin{bmatrix} 0_{1,mn} & e_q^{\mathrm{T}}S^{\mathrm{T}} & 0_{1,3n} \end{bmatrix}$$

$$\bar{S}e_p = \begin{bmatrix} Se_p \\ 0_{(m+3)n,1} \end{bmatrix}, \quad \Omega_{\varepsilon nij} = \begin{bmatrix} \varepsilon_{nij11} & 0 & 0 \\ * & & 0 \\ * & * & \varepsilon_{nijnn} \end{bmatrix}$$

$$\Omega_{\varepsilon mijB} = \begin{bmatrix} \varepsilon_{mij11} & 0 & 0 \\ * & & 0 \\ * & * & \varepsilon_{mijnnB} \end{bmatrix}, \quad \Phi_{0ijl} = \begin{bmatrix} \Sigma_{01ijl} & \Sigma_{02ijl} & \Sigma_4 \\ * & \Sigma_{03i} & \Sigma_5 \\ * & * & -\Sigma_6 \end{bmatrix}$$

$$\Sigma_{01ijl} = \begin{bmatrix} Q_{A0i} & SB_{0i}K_jC_l + L_{12}^{\mathrm{T}} + L_{32}^{\mathrm{T}} & L_{21} - L_{11} + L_{13}^{\mathrm{T}} + L_{33}^{\mathrm{T}} \\ * & -Q & L_{22} - L_{12} \\ * & * & (d_1 - 1)R_1 + R_2 + \mathrm{Sym}\{L_{23} - L_{13}\} \end{bmatrix}$$

$$\Sigma_{02ijl} = \begin{bmatrix} SA_{d0i} + \hat{L}_{21} & SD_{1i} - E_i^{\mathrm{T}} + L_{15}^{\mathrm{T}} + L_{35}^{\mathrm{T}} & P - S + A_{0i}^{\mathrm{T}}S^{\mathrm{T}} + L_{16}^{\mathrm{T}} + L_{36}^{\mathrm{T}} \\ -L_{22} - L_{32} & -C_l^{\mathrm{T}}K_j^{\mathrm{T}}E_{1i}^{\mathrm{T}} & C_l^{\mathrm{T}}K_j^{\mathrm{T}}B_{0i}^{\mathrm{T}}S^{\mathrm{T}} \\ \hat{L}_{23} & L_{25}^{\mathrm{T}} - L_{15}^{\mathrm{T}} & L_{26}^{\mathrm{T}} - L_{16}^{\mathrm{T}} \end{bmatrix}$$

$$\Sigma_{03i} = \begin{bmatrix} \begin{matrix}(d_2 - 1)(R_2 + R_3) \\ + \mathrm{Sym}\{-L_{24} - L_{34}\}\end{matrix} & -L_{25}^{\mathrm{T}} - L_{36}^{\mathrm{T}} & A_{d0i}^{\mathrm{T}}S^{\mathrm{T}} - L_{26}^{\mathrm{T}} - L_{36}^{\mathrm{T}} \\ * & -D_{3i} - D_{3i}^{\mathrm{T}} - \Upsilon & D_{1i}^{\mathrm{T}}S^{\mathrm{T}} \\ * & * & \hat{Z}_s \end{bmatrix}$$

$$\Sigma_4 = \begin{bmatrix} \bar{\tau}_1 L_{11} & \bar{\tau}_2 L_{21} & \bar{\tau}_{12} L_{31} \\ \bar{\tau}_1 L_{12} & \bar{\tau}_2 L_{22} & \bar{\tau}_{12} L_{32} \\ \bar{\tau}_1 L_{13} & \bar{\tau}_2 L_{23} & \bar{\tau}_{12} L_{33} \end{bmatrix}, \quad \Sigma_5 = \begin{bmatrix} \bar{\tau}_1 L_{14} & \bar{\tau}_2 L_{24} & \bar{\tau}_{12} L_{34} \\ \bar{\tau}_1 L_{15} & \bar{\tau}_2 L_{25} & \bar{\tau}_{12} L_{35} \\ \bar{\tau}_1 L_{16} & \bar{\tau}_2 L_{26} & \bar{\tau}_{12} L_{36} \end{bmatrix}$$

$$\Sigma_6 = \mathrm{diag}\{\bar{\tau}_1 M_1, \bar{\tau}_2 M_2, \bar{\tau}_{12} M_3\}$$

$$Q_{A0i} = SA_{0i} + A_{0i}^{\mathrm{T}} S^{\mathrm{T}} + Q + R_1 + R_3 + \mathrm{Sym}\{L_{11} + L_{31}\}$$

$$\hat{L}_{21} = -L_{21} - L_{31} + L_{14}^{\mathrm{T}} + L_{34}^{\mathrm{T}}, \quad \hat{L}_{23} = -L_{23} - L_{33} + L_{24}^{\mathrm{T}} - L_{14}^{\mathrm{T}}$$

$$\hat{Z}_s = \bar{\tau}_1 Z_1 + \bar{\tau}_2 Z_2 + \bar{\tau}_{12} Z_{13} - S - S^{\mathrm{T}}$$

证明　对于闭环系统($\tilde{\Sigma}_9'$),定义如下的 Lyapunov 候选函数:

$$V(t) = x(t)^{\mathrm{T}} P x(t) + V_1(t) + V_2(t) + V_3(t) \tag{9.37}$$

式中

$$V_1(t) = \int_{t-\tau}^{t} x(s)^{\mathrm{T}} Q x(s) \mathrm{d}s$$

$$V_2(t) = \int_{t-\tau_1(t)}^{t} x(s)^{\mathrm{T}} R_1 x(t) \mathrm{d}s + \int_{t-\tau_1(t)-\tau_2(t)}^{t-\tau_1(t)} x(s)^{\mathrm{T}} R_2 x(s) \mathrm{d}s + \int_{t-\tau_1(t)-\tau_2(t)}^{t} x(s)^{\mathrm{T}} R_3 x(s) \mathrm{d}s$$

$$V_3(t) = \int_{t-\bar{\tau}_1}^{t} \mathrm{d}\theta \int_{\theta}^{t} \dot{x}(s)^{\mathrm{T}} Z_1 \dot{x}(s) \mathrm{d}s + \int_{t-\bar{\tau}_{12}}^{t-\bar{\tau}_1} \mathrm{d}\theta \int_{\theta}^{t} \dot{x}(s)^{\mathrm{T}} Z_2 \dot{x}(s) \mathrm{d}s + \int_{t-\bar{\tau}_{12}}^{t} \mathrm{d}\theta \int_{\theta}^{t} \dot{x}(s)^{\mathrm{T}} Z_3 \dot{x}(s) \mathrm{d}s$$

对 $V(t)$ 求导,可得

$$\dot{V}(t) = 2x(t)^{\mathrm{T}} P \dot{x}(t) + \dot{V}_1(t) + \dot{V}_2(t) + \dot{V}_3(t)$$

式中

$$\dot{V}_1(t) = x(t)^{\mathrm{T}} Q x(t) - x(t-\tau)^{\mathrm{T}} Q x(t-\tau) \tag{9.38}$$

$$\begin{aligned} \dot{V}_2(t) &= x(t)^{\mathrm{T}}(R_1 + R_3)x(t) - (1 - \dot{\tau}_1(t))x(t-\tau_1(t))^{\mathrm{T}}(R_1 - R_2)x(t-\tau_1(t)) \\ &\quad - (1 - \dot{\tau}_1(t) - \dot{\tau}_2(t))x(t-\tau_1(t)-\tau_2(t))^{\mathrm{T}}(R_2 + R_3)x(t-\tau_1(t)-\tau_2(t)) \\ &\leqslant x(t)^{\mathrm{T}}(R_1 + R_3)x(t) - x(t-\tau_1(t))^{\mathrm{T}}[(1-d_1)R_1 - R_2]x(t-\tau_1(t)) \\ &\quad - (1-d_{12})x(t-\tau_1(t)-\tau_2(t))^{\mathrm{T}}(R_2 + R_3)x(t-\tau_1(t)-\tau_2(t)) \end{aligned} \tag{9.39}$$

$$\begin{aligned} \dot{V}_3(t) &= \dot{x}(t)^{\mathrm{T}}(\bar{\tau}_1 Z_1 + \bar{\tau}_2 Z_2 + \bar{\tau}_{12} Z_3)\dot{x}(t) - \int_{t-\bar{\tau}_1}^{t} \dot{x}(t)^{\mathrm{T}} Z_1 \dot{x}(s) \mathrm{d}s \\ &\quad - \int_{t-\bar{\tau}_{12}}^{t-\bar{\tau}_1} \dot{x}(t)^{\mathrm{T}} Z_2 \dot{x}(s) \mathrm{d}s - \int_{t-\bar{\tau}_{12}}^{t} \dot{x}(t)^{\mathrm{T}} Z_3 \dot{x}(s) \mathrm{d}s \\ &\leqslant \dot{x}(t)^{\mathrm{T}}(\bar{\tau}_1 Z_1 + \bar{\tau}_2 Z_2 + \bar{\tau}_{12} Z_3)\dot{x}(t) - \int_{t-\tau_1(t)}^{t} \dot{x}(t)^{\mathrm{T}} Z_1 \dot{x}(s) \mathrm{d}s \end{aligned}$$

$$-\int_{t-\tau_1(t)-\tau_2(t)}^{t-\tau_1(t)} \dot{x}(t)^{\mathrm{T}} Z_2 \dot{x}(s) \mathrm{d}s - \int_{t-\tau_1(t)-\tau_2(t)}^{t} \dot{x}(t)^{\mathrm{T}} Z_3 \dot{x}(s) \mathrm{d}s \quad (9.40)$$

应用牛顿-莱布尼茨公式，对于任意适当维数矩阵 $L_i(i=1,2,3)$，可得

$$\Lambda_1 = 2\xi(t)^{\mathrm{T}} L_1 \left[x(t) - x(t-\tau_1(t)) - \int_{t-\tau_1(t)}^{t} \dot{x}(s) \mathrm{d}s \right] = 0 \quad (9.41)$$

$$\Lambda_2 = 2\xi(t)^{\mathrm{T}} L_2 \left[x(t-\tau_1(t)) - x(t-\tau_1(t)-\tau_2(t)) - \int_{t-\tau_1(t)-\tau_2(t)}^{t-\tau_1(t)} \dot{x}(s) \mathrm{d}s \right] = 0 \quad (9.42)$$

$$\Lambda_1 = 2\xi(t)^{\mathrm{T}} L_3 \left[x(t) - x(t-\tau_1(t)-\tau_2(t)) - \int_{t-\tau_1(t)-\tau_2(t)}^{t} \dot{x}(s) \mathrm{d}s \right] = 0 \quad (9.43)$$

式中

$$\xi(t) = [x(t)^{\mathrm{T}} \quad x(t-\tau)^{\mathrm{T}} \quad x(t-\tau_1(t))^{\mathrm{T}} \quad x(t-\tau_{12}(t))^{\mathrm{T}} \quad w(t)^{\mathrm{T}} \quad \dot{x}(t)^{\mathrm{T}}]^{\mathrm{T}}$$

另外，对于满足式 $M_1 < Z_1, M_2 < Z_2, M_3 < Z_3$ 的矩阵 $Z_j = Z_j^{\mathrm{T}}(j=1,2,3)$，可得

$$\Upsilon_1 = \tau_1(t)\xi(t)^{\mathrm{T}} L_1 M_1^{-1} L_1^{\mathrm{T}} \xi(t) - \int_{t-\tau_1(t)}^{t} \xi(t)^{\mathrm{T}} L_1 Z_1^{-1} L_1^{\mathrm{T}} \xi(t) \mathrm{d}s > 0 \quad (9.44)$$

$$\Upsilon_2 = \tau_1(t)\xi(t)^{\mathrm{T}} L_1 M_1^{-1} L_1^{\mathrm{T}} \xi(t) - \int_{t-\tau_1(t)}^{t} \xi(t)^{\mathrm{T}} L_1 Z_1^{-1} L_1^{\mathrm{T}} \xi(t) \mathrm{d}s > 0 \quad (9.45)$$

$$\Upsilon_3 = \tau_1(t)\xi(t)^{\mathrm{T}} L_1 M_1^{-1} L_1^{\mathrm{T}} \xi(t) - \int_{t-\tau_1(t)}^{t} \xi(t)^{\mathrm{T}} L_1 Z_1^{-1} L_1^{\mathrm{T}} \xi(t) \mathrm{d}s > 0 \quad (9.46)$$

则由式(9.38)～式(9.46)可得

$$\begin{aligned}
\dot{V}(t) \leqslant & \sum_{i=1}^{r} \sum_{j=1}^{r} \sum_{l=1}^{r} h_i(s(t)) h_j(s(t)) h_l(s(t)) \{ 2x(t)^{\mathrm{T}} P \dot{x}(t) + x(t)^{\mathrm{T}} Q x(t) \\
& - x(t-\tau)^{\mathrm{T}} Q x(t-\tau) + x(t)^{\mathrm{T}} (R_1 + R_3) x(t) \\
& - x(t-\tau_1(t))^{\mathrm{T}} [(1-d_1) R_1 - R_2] x(t-\tau_1(t)) \\
& - (1-d_{12}) x(t-\tau_{12}(t))^{\mathrm{T}} (R_2 + R_3) x(t-\tau_{12}(t)) \\
& + \dot{x}(t)^{\mathrm{T}} (\bar{\tau}_1 Z_1 + \bar{\tau}_2 Z_2 + \bar{\tau}_{12} Z_3) \dot{x}(t) - \int_{t-\tau_1(t)}^{t} \dot{x}(t)^{\mathrm{T}} Z_1 \dot{x}(s) \mathrm{d}s \\
& - \int_{t-\tau_{12}(t)}^{t-\tau_1(t)} \dot{x}(t)^{\mathrm{T}} Z_2 \dot{x}(s) \mathrm{d}s - \int_{t-\tau_1(t)}^{t} \dot{x}(t)^{\mathrm{T}} Z_3 \dot{x}(s) \mathrm{d}s \\
& + 2\xi(t)^{\mathrm{T}} \bar{S} [A_i x(t) + A_{di} x(t-\tau_1(t)-\tau_2(t)) + B_i u(t) + D_{1i} w(t) - \dot{x}(t)] \\
& + \Lambda_1 + \Lambda_2 + \Lambda_3 + \Upsilon_1 + \Upsilon_2 + \Upsilon_3 \}
\end{aligned}$$

式中

$$\bar{S} = [S^{\mathrm{T}} \quad 0 \quad \cdots \quad 0 \quad S^{\mathrm{T}}]^{\mathrm{T}}$$

进一步可得

$$\dot{V}(t) \leqslant \sum_{i=1}^{r} \sum_{j=1}^{r} \sum_{l=1}^{r} h_i(s(t)) h_j(s(t)) h_l(s(t)) \{ \xi(t)^{\mathrm{T}} \Theta_{ijl} \xi(t) + \bar{\tau}_1 \xi(t)^{\mathrm{T}} L_1 M_1^{-1} L_1^{\mathrm{T}} \xi(t)$$

$$
\begin{aligned}
&+\bar{\tau}_2\xi(t)^{\mathrm{T}}L_2M_2^{-1}L_2^{\mathrm{T}}\xi(t)+\bar{\tau}_{12}\xi(t)^{\mathrm{T}}L_3M_3^{-1}L_3^{\mathrm{T}}\xi(t)\\
&-\int_{t-\tau_1(t)}^{t}[\xi(t)^{\mathrm{T}}L_1+\dot{x}(s)^{\mathrm{T}}Z_1]Z_1^{-1}[L_1^{\mathrm{T}}\xi(t)+Z_1\dot{x}(s)]\mathrm{d}s\\
&-\int_{t-\tau_{12}(t)}^{t-\tau_1(t)}[\xi(t)^{\mathrm{T}}L_2+\dot{x}(s)^{\mathrm{T}}Z_2]Z_2^{-1}[L_2^{\mathrm{T}}\xi(t)+Z_2\dot{x}(s)]\mathrm{d}s\\
&-\int_{t-\tau_{12}(t)}^{t}[\xi(t)^{\mathrm{T}}L_3+\dot{x}(s)^{\mathrm{T}}Z_3]Z_3^{-1}[L_3^{\mathrm{T}}\xi(t)+Z_3\dot{x}(s)]\mathrm{d}s
\end{aligned}
\tag{9.47}
$$

式中

$$
\Theta_{ijl}=\begin{bmatrix}\Sigma_{1ijl} & \Sigma_{2ijl}\\ * & \Sigma_{3i}\end{bmatrix}
$$

$$
\Sigma_{1ijl}=\begin{bmatrix}Q_{Ai} & SB_iK_jC_l+L_{12}^{\mathrm{T}}+L_{32}^{\mathrm{T}} & L_{21}-L_{11}+L_{13}^{\mathrm{T}}+L_{33}^{\mathrm{T}}\\ * & -Q & L_{22}-L_{12}\\ * & * & (d_1-1)R_1+R_2+\mathrm{Sym}\{L_{23}-L_{13}\}\end{bmatrix}
$$

$$
\Sigma_{2ijl}=\begin{bmatrix}SA_{di}+\hat{L}_{21} & SD_{1i}+L_{15}^{\mathrm{T}}+L_{35}^{\mathrm{T}} & P-S+A_i^{\mathrm{T}}S^{\mathrm{T}}+L_{16}^{\mathrm{T}}+L_{36}^{\mathrm{T}}\\ -L_{22}-L_{32} & 0 & C_l^{\mathrm{T}}K_j^{\mathrm{T}}B_i^{\mathrm{T}}S^{\mathrm{T}}\\ \hat{L}_{23} & L_{25}^{\mathrm{T}}-L_{15}^{\mathrm{T}} & L_{26}^{\mathrm{T}}-L_{16}^{\mathrm{T}}\end{bmatrix}
$$

$$
\Sigma_{3i}=\begin{bmatrix}\begin{matrix}(d_2-1)(R_2+R_3)\\+\mathrm{Sym}\{-L_{24}-L_{34}\}\end{matrix} & -L_{25}^{\mathrm{T}}-L_{36}^{\mathrm{T}} & A_{di}^{\mathrm{T}}S^{\mathrm{T}}-L_{26}^{\mathrm{T}}-L_{36}^{\mathrm{T}}\\ * & 0 & D_{1i}^{\mathrm{T}}S^{\mathrm{T}}\\ * & * & \hat{Z}_s\end{bmatrix}
$$

因为 $Z_j>0(j=1,2,3)$，所以式(9.24)的最后三项全部小于 0。由此，可以得到

$$
\begin{aligned}
&\dot{V}(t)-2z(t)^{\mathrm{T}}w(t)-\Upsilon w(t)^{\mathrm{T}}w(t)\\
&\leqslant\sum_{i=1}^{r}\sum_{j=1}^{r}\sum_{l=1}^{r}h_i(s(t))h_j(s(t))h_l(s(t))\{\xi(t)^{\mathrm{T}}\Phi_{ijl}\xi(t)\}
\end{aligned}
\tag{9.48}
$$

式中

$$
\Phi_{ijl}=\begin{bmatrix}\Sigma_{1ijl} & \hat{\Sigma}_{2ijl} & \Sigma_4\\ * & \hat{\Sigma}_{2ijl} & \Sigma_5\\ * & * & -\Sigma_6\end{bmatrix}
$$

$$
\hat{\Sigma}_{2ijl}=\begin{bmatrix}SA_{di}+\hat{L}_{21} & SD_{1i}-E_i^{\mathrm{T}}+L_{15}^{\mathrm{T}}+L_{35}^{\mathrm{T}} & P-S+A_i^{\mathrm{T}}S^{\mathrm{T}}+L_{16}^{\mathrm{T}}+L_{36}^{\mathrm{T}}\\ -L_{22}-L_{32} & -C_l^{\mathrm{T}}K_j^{\mathrm{T}}E_{1i}^{\mathrm{T}} & C_l^{\mathrm{T}}K_j^{\mathrm{T}}B_i^{\mathrm{T}}S^{\mathrm{T}}\\ \hat{L}_{23} & L_{25}^{\mathrm{T}}-L_{15}^{\mathrm{T}} & L_{26}^{\mathrm{T}}-L_{16}^{\mathrm{T}}\end{bmatrix}
$$

$$\hat{\Sigma}_{3i}=\begin{bmatrix} (d_2-1)(R_2+R_3) \\ +\mathrm{Sym}\{-L_{24}-L_{34}\} & -L_{25}^{\mathrm{T}}-L_{36}^{\mathrm{T}} & A_{di}^{\mathrm{T}}S^{\mathrm{T}}-L_{26}^{\mathrm{T}}-L_{36}^{\mathrm{T}} \\ * & -D_{3i}-D_{3i}^{\mathrm{T}}-\Upsilon & D_{1i}^{\mathrm{T}}S^{\mathrm{T}} \\ * & * & \hat{Z}_s \end{bmatrix}$$

将式(9.48)中 Φ_{ijl} 中的 A_i、A_{di}、B_i 分别替换为

$$A_i=A_{oi}+\sum_{p,q=1}^{n}e_p\,|\,g_{a_i}^{pq}\,|\,e_q^{\mathrm{T}}$$

$$A_{di}=A_{doi}+\sum_{p,q=1}^{n}e_p\,|\,g_{a_{di}}^{pq}\,|\,e_q^{\mathrm{T}}$$

$$B_i=B_{oi}+\sum_{p=1}^{n}\sum_{k=1}^{n_B}e_p\,|\,g_{b_i}^{pk}\,|\,e_k^{\mathrm{T}}$$

可得

$$\begin{aligned}
&\dot{V}(t)-2z(t)^{\mathrm{T}}w(t)-\Upsilon w(t)^{\mathrm{T}}w(t)\\
&\leqslant\sum_{i=1}^{r}\sum_{j=1}^{r}\sum_{l=1}^{r}h_i(s(t))h_j(s(t))h_l(s(t))\{\xi(t)^{\mathrm{T}}\Psi_{ijl}\xi(t)\}\\
&=\sum_{i=1}^{r}\sum_{l=1}^{r}h_i^2(s(t))h_l(s(t))\xi(t)^{\mathrm{T}}\Psi_{iil}\xi(t)\\
&\quad+2\sum_{i=1,i<j}^{r}\sum_{l=1}^{r}h_i(s(t))h_j(s(t))h_l(s(t))\xi(t)^{\mathrm{T}}\frac{\Psi_{ijl}+\Psi_{jil}}{2}\xi(t)
\end{aligned}$$

由式(9.34)和式(9.35)可得 $\Psi_{iil}<0$，$\Psi_{ijl}+\Psi_{jil}<0$。进而可得无源不等式(9.33)。证毕。

2) 带有时滞的无源静态输出反馈控制器设计

现在，给出本章所示带有区间不确定参数及多时滞 T-S 模糊系统的带有时滞的无源静态输出反馈控制问题的可解性。

定理 9.4　给定正标量 d_1、d_{12}、$\bar{\tau}_1$、$\bar{\tau}_2$、$\bar{\tau}_{12}$ 和 Υ，如果存在矩阵 $\tilde{P}>0$，$\tilde{Q}>0$，$\tilde{R}_i>0$，$\tilde{Z}_i>0$，$\tilde{M}_i>0$，X 和正常数 $\hat{\varepsilon}_{1ijpq}$、$\hat{\varepsilon}_{2ijpq}$、$\hat{\varepsilon}_{3ijpq}$、$\hat{\varepsilon}_{4ijpq}$、$\hat{\varepsilon}_{5ijpq}$、$\hat{\varepsilon}_{6ijpq}$，其中，$p,q=1,\cdots,n$，$k=1,\cdots,n_B$，使得下面的线性矩阵不等式和等式约束成立：

$$J_{iil}<0,\quad i,l=1,\cdots,r \tag{9.49}$$

$$J_{ijl}+J_{jil}<0,\quad 1\leqslant i\leqslant j\leqslant r,\quad l=1,\cdots,r \tag{9.50}$$

$$\tilde{M}_k<\tilde{Z}_k,\quad k=1,2,3 \tag{9.51}$$

$$MC_l=C_lX \tag{9.52}$$

则带有区间不确定参数及多时滞的模糊系统($\tilde{\Sigma}_9'$)的无源控制问题是可解的。式中

$$J_{ijl}=\begin{bmatrix} H_{ijl} & \Omega_{eq1} & \Omega_{eq2} & \hat{W}_{eq1}^{\mathrm{T}} & \hat{W}_{eq2}^{\mathrm{T}} & \Omega_{ek1} & \hat{W}_{ek1}^{\mathrm{T}} \\ * & -\hat{\Omega}_{\varepsilon 1ij} & 0 & 0 & 0 & 0 & 0 \\ * & * & -\hat{\Omega}_{\varepsilon 2ij} & 0 & 0 & 0 & 0 \\ * & * & * & -\hat{\Omega}_{\varepsilon 3ij} & 0 & 0 & 0 \\ * & * & * & * & -\hat{\Omega}_{\varepsilon 4ij} & 0 & 0 \\ * & * & * & * & * & -\hat{\Omega}_{\varepsilon 5ijB} & 0 \\ * & * & * & * & * & * & -\hat{\Omega}_{\varepsilon 6ijB} \end{bmatrix}$$

$$H_{ijl}=F_{0ijl}+\sum_{p,q=1}^{n}\left[(\hat{\varepsilon}_{1ijpq}+\hat{\varepsilon}_{2ijpq})\bar{e}_p\bar{e}_p^{\mathrm{T}}+(\varepsilon_{3ijpq}\Delta_{a_i}^{pq^2}+\varepsilon_{4ijpq}\Delta_{a_{di}}^{pq^2})\hat{e}_p^{\mathrm{T}}\hat{e}_p\right]$$

$$+\sum_{p=1}^{n}\sum_{k=1}^{n_B}(\varepsilon_{5ijpk}\bar{e}_p\bar{e}_p^{\mathrm{T}}+\varepsilon_{6ijpk}\Delta_{b_i}^{pk^2}\hat{e}_p^{\mathrm{T}}\hat{e}_p)$$

$$\hat{W}_{eq1}=[e_q^{\mathrm{T}}X \quad 0_{1,(m+3)n}],\quad \hat{W}_{ek1}=[0_{1,n} \quad e_k^{\mathrm{T}}N_jC_l \quad 0_{1,(m+2)n}]$$

$$\hat{W}_{eq2}=[0_{1,3n} \quad e_q^{\mathrm{T}}X \quad 0_{1,mn}],\quad \Omega_{eq1}=\left[\Delta_{a_i}^{11}\hat{W}_{eq1}^{\mathrm{T}} \quad \cdots \quad \Delta_{a_{di}}^{nn}\hat{W}_{eq1}^{\mathrm{T}}\right]$$

$$\Omega_{eq2}=\left[\Delta_{a_{di}}^{11}\hat{W}_{eq2}^{\mathrm{T}} \quad \cdots \quad \Delta_{a_{di}}^{nn}\hat{W}_{eq2}^{\mathrm{T}}\right],\quad \Omega_{ek1}=\left[\Delta_{b_i}^{11}\hat{W}_{ek1}^{\mathrm{T}} \quad \cdots \quad \Delta_{b_i}^{nn}\hat{W}_{ek1}^{\mathrm{T}}\right]$$

$$\bar{e}_p=\begin{bmatrix} e_p \\ 0_{(m+3)n,1}\end{bmatrix},\quad \hat{e}_p=[0_{1,mn} \quad e_q^{\mathrm{T}} \quad 0_{1,3n}]$$

$$\hat{\Omega}_{\varepsilon nij}=\begin{bmatrix}\hat{\varepsilon}_{nij11} & 0 & 0 \\ * & & 0 \\ * & * & \hat{\varepsilon}_{nijnn}\end{bmatrix},\quad \hat{\Omega}_{\varepsilon mijB}=\begin{bmatrix}\hat{\varepsilon}_{mij11} & 0 & 0 \\ * & & 0 \\ * & * & \hat{\varepsilon}_{mijnnB}\end{bmatrix}$$

$$F_{0ijl}=\begin{bmatrix} g_{01ijl} & g_{02ijl} & g_4 \\ * & g_{03i} & g_5 \\ * & * & -g_6\end{bmatrix}$$

$$g_{01ijl}=\begin{bmatrix}\tilde{Q}_{A0i} & B_{0i}K_jC_l+\tilde{L}_{12}^{\mathrm{T}}+\tilde{L}_{32}^{\mathrm{T}} & \tilde{L}_{21}-\tilde{L}_{11}+\tilde{L}_{13}^{\mathrm{T}}+\tilde{L}_{33}^{\mathrm{T}} \\ * & -\tilde{Q} & \tilde{L}_{22}-\tilde{L}_{12} \\ * & * & (d_1-1)\tilde{R}_1+\tilde{R}_2+\mathrm{Sym}\{\tilde{L}_{23}-\tilde{L}_{13}\}\end{bmatrix}$$

$$g_{02ijl}=\begin{bmatrix} A_{d0i}+\vec{L}_{21} & D_{1i}-X^{\mathrm{T}}E_i^{\mathrm{T}}+\widetilde{L}_{15}^{\mathrm{T}}+\widetilde{L}_{35}^{\mathrm{T}} & P-X+X^{\mathrm{T}}A_{0i}^{\mathrm{T}}+\widetilde{L}_{16}^{\mathrm{T}}+\widetilde{L}_{36}^{\mathrm{T}} \\ -L_{22}-L_{32} & -C_l^{\mathrm{T}}K_j^{\mathrm{T}}E_{1i}^{\mathrm{T}} & C_l^{\mathrm{T}}K_j^{\mathrm{T}}B_{0i}^{\mathrm{T}} \\ \vec{L}_{23} & \widetilde{L}_{25}^{\mathrm{T}}-\widetilde{L}_{15}^{\mathrm{T}} & \widetilde{L}_{26}^{\mathrm{T}}-\widetilde{L}_{16}^{\mathrm{T}} \end{bmatrix}$$

$$g_{03i}=\begin{bmatrix} \begin{matrix}(d_{12}-1)(\widetilde{R}_2+\widetilde{R}_3)\\ +\mathrm{Sym}\{-\widetilde{L}_{24}-\widetilde{L}_{34}\}\end{matrix} & -\widetilde{L}_{25}^{\mathrm{T}}-\widetilde{L}_{36}^{\mathrm{T}} & X^{\mathrm{T}}A_{d0i}^{\mathrm{T}}-\widetilde{L}_{26}^{\mathrm{T}}-\widetilde{L}_{36}^{\mathrm{T}} \\ * & -D_{3i}-D_{3i}^{\mathrm{T}}-\Upsilon & D_{1i}^{\mathrm{T}}S^{\mathrm{T}} \\ * & * & \vec{Z}_x \end{bmatrix}$$

$$g_4=\begin{bmatrix} \bar{\tau}_1L_{11} & \bar{\tau}_2L_{21} & \bar{\tau}_{12}L_{31} \\ \bar{\tau}_1L_{12} & \bar{\tau}_2L_{22} & \bar{\tau}_{12}L_{32} \\ \bar{\tau}_1L_{13} & \bar{\tau}_2L_{23} & \bar{\tau}_{12}L_{33} \end{bmatrix},\quad g_5=\begin{bmatrix} \bar{\tau}_1\widetilde{L}_{14} & \bar{\tau}_2\widetilde{L}_{24} & \bar{\tau}_{12}\widetilde{L}_{34} \\ \bar{\tau}_1\widetilde{L}_{15} & \bar{\tau}_2\widetilde{L}_{25} & \bar{\tau}_{12}\widetilde{L}_{35} \\ \bar{\tau}_1\widetilde{L}_{16} & \bar{\tau}_2\widetilde{L}_{26} & \bar{\tau}_{12}\widetilde{L}_{36} \end{bmatrix}$$

$$g_6=\mathrm{diag}\{\bar{\tau}_1\widetilde{M}_1,\bar{\tau}_2\widetilde{M}_2,\bar{\tau}_{12}\widetilde{M}_3\}$$

$$\widetilde{Q}_{A0i}=A_{0i}X+X^{\mathrm{T}}A_{0i}^{\mathrm{T}}+\widetilde{Q}+\widetilde{R}_1+\widetilde{R}_3+\mathrm{Sym}\{\widetilde{L}_{11}+\widetilde{L}_{31}\}$$

$$\vec{L}_{21}=-\widetilde{L}_{21}-\widetilde{L}_{31}+\widetilde{L}_{14}^{\mathrm{T}}+\widetilde{L}_{34}^{\mathrm{T}},\quad \vec{L}_{23}=-\widetilde{L}_{23}-\widetilde{L}_{33}+\widetilde{L}_{24}^{\mathrm{T}}-\widetilde{L}_{14}^{\mathrm{T}}$$

$$\vec{Z}_x=\bar{\tau}_1\widetilde{Z}_1+\bar{\tau}_2\widetilde{Z}_2+\bar{\tau}_{12}\widetilde{Z}_{13}-X-X^{\mathrm{T}}$$

在这样的情况下，所设计的带有时滞的无源静态输出反馈控制器式(9.31)有如下参数：

$$K_i=N_iM^{-1},\quad 1\leqslant i\leqslant r \tag{9.53}$$

证明 假设存在矩阵 $\widetilde{Q}$、$\widetilde{P}$、$\widetilde{R}_i$、$\widetilde{Z}_j$、$\widetilde{M}_i(i,j=1,2,3)$和 X 满足式(9.49)～式(9.52)。对式(9.49)使用 Schur 补引理，可得

$$\begin{aligned}&F_{0ijl}+\sum_{p,q=1}^{n}\Big[(\hat{\varepsilon}_{1ijpq}+\hat{\varepsilon}_{2ijpq})\bar{e}_p\bar{e}_p^{\mathrm{T}}+(\varepsilon_{3ijpq}\Delta_{a_i}^{pq^2}+\varepsilon_{4ijpq}\Delta_{a_{di}}^{pq^2})\hat{e}_p^{\mathrm{T}}\hat{e}_p\\&+\hat{W}_{eq1}^{\mathrm{T}}\hat{\Omega}_{\varepsilon 1ij}^{-1}\Delta_{a_i}^{pq^2}\hat{W}_{eq1}+\hat{W}_{eq2}^{\mathrm{T}}\hat{\Omega}_{\varepsilon 2ij}^{-1}\Delta_{a_{di}}^{pq^2}\hat{W}_{eq2}+\hat{W}_{eq1}^{\mathrm{T}}\hat{\Omega}_{\varepsilon 3ij}^{-1}\hat{W}_{eq1}+\hat{W}_{eq2}^{\mathrm{T}}\hat{\Omega}_{\varepsilon 4ij}^{-1}\hat{W}_{eq2}\Big]\\&+\sum_{p=1}^{n}\sum_{k=1}^{n_B}(\varepsilon_{5ijpk}\bar{e}_p\bar{e}_p^{\mathrm{T}}+\varepsilon_{6ijpk}\Delta_{b_i}^{pk^2}\hat{e}_p^{\mathrm{T}}\hat{e}_p+\hat{W}_{ek1}^{\mathrm{T}}\hat{\Omega}_{\varepsilon 5ijB}^{-1}\Delta_{b_i}^{pk^2}\hat{W}_{ek1}+\hat{W}_{ek1}^{\mathrm{T}}\hat{\Omega}_{\varepsilon 6ijB}^{-1}\hat{W}_{ek1})<0\end{aligned}$$

然后，由引理 2.9 容易得到

$$\begin{aligned}&F_{0ijl}+\mathrm{Sym}\Big\{\sum_{p,q=1}^{n}\Big[\bar{e}_p\,|f_{A_i}^{pq}|\,\hat{W}_{eq1}+\bar{e}_p\,|f_{A_{di}}^{pq}|\,\hat{W}_{eq2}+\hat{W}_{eq1}^{\mathrm{T}}\,|f_{A_i}^{pq}|^{\mathrm{T}}\hat{e}_p\\&+\hat{W}_{eq2}^{\mathrm{T}}\,|f_{A_{di}}^{pq}|^{\mathrm{T}}\hat{e}_p\Big]+\sum_{p=1}^{n}\sum_{k=1}^{n_B}\Big[\bar{e}_p\,|f_{B_i}^{pk}|\,\hat{W}_{ek1}+\hat{W}_{ek1}^{\mathrm{T}}\,|f_{B_i}^{pk}|^{\mathrm{T}}\hat{e}_p\Big]\Big\}<0\end{aligned}$$

将上述两个不等式中的 $A_i = A_{0i} + \sum_{p,q=1}^{n} e_p \mid g_{a_i}^{pq} \mid e_q^{\mathrm{T}}$，$A_{di} = A_{d0i} + \sum_{p,q=1}^{n} e_p \mid g_{a_{di}}^{pq} \mid e_q^{\mathrm{T}}$ 和 $B_i = B_{0i} + \sum_{p=1}^{n}\sum_{k=1}^{n_B} e_p \mid g_{b_i}^{pk} \mid e_k^{\mathrm{T}}$，分别替换为 A_i、A_{di}、B_i，可得

$$\begin{bmatrix} g_{1ijl} & g_{2ijl} & g_4 \\ * & g_{3i} & g_5 \\ * & * & -g_6 \end{bmatrix} < 0 \tag{9.54}$$

式中

$$g_{1ijl} = \begin{bmatrix} \tilde{Q}_{Ai} & B_iK_jC_l + \tilde{L}_{12}^{\mathrm{T}} + \tilde{L}_{32}^{\mathrm{T}} & \tilde{L}_{21} - \tilde{L}_{11} + \tilde{L}_{13}^{\mathrm{T}} + \tilde{L}_{33}^{\mathrm{T}} \\ * & -\tilde{Q} & \tilde{L}_{22} - \tilde{L}_{12} \\ * & * & (d_1 - 1)\tilde{R}_1 + \tilde{R}_2 + \mathrm{Sym}\{\tilde{L}_{23} - \tilde{L}_{13}\} \end{bmatrix}$$

$$g_{2ijl} = \begin{bmatrix} A_{di} + \vec{L}_{21} & D_{1i} - X^{\mathrm{T}}E_i^{\mathrm{T}} + \tilde{L}_{15}^{\mathrm{T}} + \tilde{L}_{35}^{\mathrm{T}} & P - X + X^{\mathrm{T}}A_i^{\mathrm{T}} + \tilde{L}_{16}^{\mathrm{T}} + \tilde{L}_{36}^{\mathrm{T}} \\ -L_{22} - L_{32} & -C_l^{\mathrm{T}}K_j^{\mathrm{T}}E_{1i}^{\mathrm{T}} & C_l^{\mathrm{T}}K_j^{\mathrm{T}}B_i^{\mathrm{T}} \\ \vec{L}_{23} & \tilde{L}_{25}^{\mathrm{T}} - \tilde{L}_{15}^{\mathrm{T}} & \tilde{L}_{26}^{\mathrm{T}} - \tilde{L}_{16}^{\mathrm{T}} \end{bmatrix}$$

$$g_{3i} = \begin{bmatrix} \begin{array}{l} (d_{12} - 1)(\tilde{R}_2 + \tilde{R}_3) \\ + \mathrm{Sym}\{-\tilde{L}_{24} - \tilde{L}_{34}\} \end{array} & -\tilde{L}_{25}^{\mathrm{T}} - \tilde{L}_{36}^{\mathrm{T}} & X^{\mathrm{T}}A_{di}^{\mathrm{T}} - \tilde{L}_{26}^{\mathrm{T}} - \tilde{L}_{36}^{\mathrm{T}} \\ * & -D_{3i} - D_{3i}^{\mathrm{T}} - \Upsilon & D_{1i}^{\mathrm{T}}S^{\mathrm{T}} \\ * & * & \vec{Z}_x \end{bmatrix}$$

设存在一个非奇异矩阵 S 满足

$$S = X^{-\mathrm{T}}$$

不失一般性，定义

$$\tilde{L}_{1j} = X^{\mathrm{T}}L_{1j}X,\quad \tilde{L}_{2j} = X^{\mathrm{T}}L_{2j}X,\quad \tilde{L}_{3j} = X^{\mathrm{T}}L_{3j}X,\quad j = 1,2,3,4,6$$

$$\tilde{Q} = X^{\mathrm{T}}QX,\quad \tilde{P} = X^{\mathrm{T}}PX,\quad \tilde{R}_i = X^{\mathrm{T}}R_iX$$

$$\tilde{Z}_j = X^{\mathrm{T}}Z_jX,\quad \tilde{M}_i = X^{\mathrm{T}}M_iX,\quad \tilde{L}_{i5} = L_{i5}X,\quad i,j = 1,2,3$$

接着，在式(9.54)两侧分别左乘 $\mathrm{diag}\{S,S,S,S,I,S,\cdots,S\}$ 和右乘其转置，可得 $\Phi_{ijl} < 0$。根据 Schur 补引理，进一步可得 $\Psi_{ijl} < 0$。采用相似的方法，由式(9.50)可得 $\Psi_{ijl} + \Psi_{jil} < 0$。在式(9.51)两侧分别左乘 S 和右乘 S^{T}，可得式(9.36)。综上，可得式(9.34)～式(9.36)。最后，根据定理 9.3，闭环系统($\tilde{\Sigma}_9'$)满足无源性。证毕。

注 9.1　由定理 9.4 可以看出，静态输出反馈控制器设计问题就是带有等式约束式(9.52)的线性矩阵不等式(9.49)～式(9.51)的可解性问题。此类问题已

在文献[44]中通过遗传算法和文献[45]中基于 LMI 的方法解决。本章的解决方法是依据文献[46]将等式约束问题转换成 LMI 问题。

9.4　L_2-L_∞ 滤波

9.4.1　问题描述

考虑如下带有不确定项的变时滞 T-S 模糊系统，由如下 IF-THEN 规则表示：

规则 i：IF $s_1(t)$ is u_{i1} and $s_2(t)$ is u_{i2} and $\cdots$ and $s_g(t)$ is u_{ig} THEN

$$\dot{x}(t)=[A_i+\Delta A_i(t)]x(t)+[A_{di}+\Delta A_{di}(t)]x(t-\tau(t))+[B_i+\Delta B_i(t)]w(t) \tag{9.55}$$

$$y(t)=C_ix(t)+C_{di}x(t-\tau(t))+D_iw(t) \tag{9.56}$$

$$z(t)=L_ix(t)+L_{di}x(t-\tau(t)) \tag{9.57}$$

$$x(t)=\phi(t),\quad t\in[-h_2,0],\quad i=1,2,\cdots,r \tag{9.58}$$

式中，u_{ij} 是模糊集；r 是 IF-THEN 模糊规则的数目；$x(t)\in\mathbb{R}^n$表示系统状态；$y(t)\in\mathbb{R}^m$为待测输出；$w(t)\in\mathbb{R}^s$为$L_2[0,\infty)$上的任意噪声信号；$z(t)\in\mathbb{R}^l$是由系统状态线性组合成的观测输出；A_i、A_{di}、B_i、C_i、C_{di}、D_i、L_i 和 L_{di} 是已知的适当维数的常矩阵；$\Delta A_i(t)$、$\Delta A_{di}(t)$、$\Delta B_i(t)$是代表时变的参数不确定性的实值未知矩阵，具有如下形式：

$$[\Delta A_i(t)\quad \Delta A_{di}(t)\quad \Delta B_i(t)]=M_{1i}F_i(t)[N_{1i}\quad N_{2i}\quad N_{3i}] \tag{9.59}$$

其中，M_{1i}、N_{1i}、N_{2i}和 N_{3i}是已知的常数矩阵；$F_i(\cdot):\mathbb{R}\mapsto\mathbb{R}^{k\times l}$是未知的矩阵函数满足

$$F_i(t)^{\mathrm{T}}F_i(t)\leqslant I \tag{9.60}$$

在上述系统中，$\tau(t)$表示时变时滞的连续可微函数，对于所有的 $t\geqslant 0$ 满足

$$h_1\leqslant\tau(t)\leqslant h_2,\quad h_1\neq h_2,\quad \dot{\tau}(t)\leqslant u<1 \tag{9.61}$$

在式(9.58)中，$\phi(t)$是给定的在$[-h_2,0]$上的连续可微初值函数。$s_1(t)$，$s_2(t)$，$\cdots$，$s_g(t)$表示前件变量，并且假设前件变量是不依赖于输入变量和扰动的。

采用单点模糊化，乘积推理，中心加权平均解模糊，动态模型式(9.55)～式(9.57)可以表示为($\hat{\Sigma}_9$)

$$\begin{aligned}\dot{x}(t)=&\sum_{i=1}^{r}h_i(s(t))[(A_i+\Delta A_i(t))x(t)+(A_{di}+\Delta A_{di}(t))x(t-\tau(t))\\&+(B_i(t)+\Delta B_i(t))w(t)]\end{aligned} \tag{9.62}$$

$$y(t)=\sum_{i=1}^{r}h_i(s(t))[C_ix(t)+C_{di}x(t-\tau(t))+D_iw(t)] \tag{9.63}$$

$$z(t) = \sum_{i=1}^{r} h_i(s(t))[L_i x(t) + L_{di} x(t-\tau(t))] \tag{9.64}$$

$$x(t) = \phi(t), \quad t \in [-h_2, 0] \tag{9.65}$$

式中，隶属度函数的表达和式(7.10)、式(7.14)相同。同样也具有式(7.15)和式(7.16)的特征。

下面考虑如下的模糊滤波器。

规则 i：IF $s_1(t)$ is u_{i1} and $s_2(t)$ is u_{i2} and … and $s_g(t)$ is u_{ig} THEN

$$\dot{\hat{x}}(t) = A_{fi}\hat{x}(t) + B_{fi}y(t) \tag{9.66}$$

$$z(t) = L_{fi}\hat{x}(t), \quad i = 1,2,\cdots,r \tag{9.67}$$

式中，$\hat{x}(t) \in \mathbb{R}^n$ 且 $\hat{z}(t) \in \mathbb{R}^p$；$A_{fi}$、$B_{fi}$、$L_{fi}$ 是待决定的未知矩阵。由此全局模糊滤波器可以表示为

$$\begin{aligned} \dot{\hat{x}}(t) &= \sum_{i=1}^{r} h_i(s(t))[A_{fi}\hat{x}(t) + B_{fi}y(t)] \\ \hat{z}(t) &= \sum_{i=1}^{r} h_i(s(t))[L_{fi}\hat{x}(t)] \end{aligned} \tag{9.68}$$

设定 $\xi(t) = [x(t)^{\mathrm{T}} \quad \hat{x}(t)^{\mathrm{T}}]^{\mathrm{T}}$，$e(t) = z(t) - \hat{z}(t)$。则滤波动态误差系统可以写为 $(\hat{\Sigma}_9')$

$$\dot{\xi}(t) = (\tilde{A} + \Delta\tilde{A}(t))\xi(t) + (\tilde{A}_d + \Delta\tilde{A}_d(t))H\xi(t-\tau(t)) + (\tilde{B} + \Delta\tilde{B}(t))w(t) \tag{9.69}$$

$$e(t) = \tilde{L}\xi + \bar{L}_d^{\mathrm{T}} H\xi(t-\tau(t)) \tag{9.70}$$

式中

$$\tilde{A} = \begin{bmatrix} \hat{A} & 0 \\ \hat{B}_f\hat{C} & \hat{A}_f \end{bmatrix}, \quad \tilde{A}_d = \begin{bmatrix} \hat{A}_d \\ \hat{B}_f\hat{C}_d \end{bmatrix}, \quad \tilde{B} = \begin{bmatrix} \hat{B} \\ \hat{B}_f\hat{D} \end{bmatrix}$$

$$\Delta\tilde{A}(t) = \begin{bmatrix} \Delta\hat{A}(t) & 0 \\ 0 & 0 \end{bmatrix}, \quad \Delta\tilde{A}_d(t) = \begin{bmatrix} \Delta\hat{A}_d(t) \\ 0 \end{bmatrix}, \quad \Delta\tilde{B}(t) = \begin{bmatrix} \Delta\hat{B}(t) \\ 0 \end{bmatrix}$$

$$\tilde{L} = [\hat{L}, -\hat{L}_f], \quad H = [I, 0]$$

$$\hat{A} = \sum_{i=1}^{r} h_i(s(t))A_i, \quad \hat{A}_d = \sum_{i=1}^{r} h_i(s(t))A_{di}$$

$$\hat{B} = \sum_{i=1}^{r} h_i(s(t))B_i, \quad \hat{C} = \sum_{i=1}^{r} h_i(s(t))C_i$$

$$\hat{C}_d = \sum_{i=1}^{r} h_i(s(t))C_{di}, \quad \hat{D} = \sum_{i=1}^{r} h_i(s(t))D_i$$

$$\hat{A}_f = \sum_{i=1}^{r} h_i(s(t))A_{fi}, \quad \hat{B}_f = \sum_{i=1}^{r} h_i(s(t))b_{fi}$$

$$\hat{L}_f = \sum_{i=1}^{r} h_i(s(t))L_{fi}, \quad \hat{L} = \sum_{i=1}^{r} h_i(s(t))L_i$$

$$\bar{L}_d = \sum_{i=1}^{r} h_i(s(t))L_{di}, \quad \Delta\hat{A}(t) = \sum_{i=1}^{r} h_i(s(t))\Delta A_i(t)$$

$$\Delta\hat{A}_d(t) = \sum_{i=1}^{r} h_i(s(t))\Delta A_{di}(t), \quad \Delta\hat{B}(t) = \sum_{i=1}^{r} h_i(s(t))\Delta B_i$$

鲁棒 L_2-L_∞ 滤波问题可以表示如下：对于给定的模糊时滞系统($\hat{\Sigma}_9$)，给定参数 $h_1 \geqslant 0, h_2 \geqslant 0, u < 1$ 以及 $\Upsilon > 0$，设计一个形如式(9.68)的滤波器，使得对于任意满足式(9.61)的时变时滞 $\tau(t)$，滤波误差系统($\hat{\Sigma}'_9$)满足如下条件：

(1) $w(t)=0$ 时，滤波误差系统($\hat{\Sigma}'_9$)是渐近稳定的；

(2) 在零初始条件下，误差系统($\hat{\Sigma}'_9$)对于任何非零 $w(t) \in L_2[0,\infty)$满足

$$\| e \|_\infty < \Upsilon \| w \|_2 \tag{9.71}$$

式中，$\| e \|_\infty^2 := \sup_t e(t)^{\mathrm{T}} e(t)$。

9.4.2 鲁棒 L_2-L_∞ 滤波

1. 滤波误差系统鲁棒稳定性分析

定理 9.5 如果存在矩阵 $P=P^{\mathrm{T}}>0, Q_i=Q_i^{\mathrm{T}}>0 (i=1,\cdots,5), Z_j=Z_j^{\mathrm{T}}>0 (j=1,2,3)$，$T_i$、$S_i$、$K_i (i=1,2,3,4)$，使得下面的矩阵不等式成立：

$$\begin{bmatrix}
\Omega(t)_{11} & \Omega(t)_{12} & 0 & \Omega(t)_{14} & \Omega(t)_{15} & \Omega_{16} \\
* & \Omega(t)_{22} & Q_4 & 0 & \Omega(t)_{25} & \Omega_{26} \\
* & * & \Omega(t)_{33} & 0 & 0 & 0 \\
* & * & * & -I & 0 & 0 \\
* & * & * & * & \Omega(t)_{55} & \Omega(t)_{56} \\
* & * & * & * & * & \Omega(t)_{66} \\
* & * & * & * & * & * \\
* & * & * & * & * & * \\
* & * & * & * & * & * \\
* & * & * & * & * & *
\end{bmatrix}$$

$$\begin{bmatrix} \cdots & h_2 H^{\mathrm{T}} T_1 & h_{12} H^{\mathrm{T}} S_1 & h_{12} H^{\mathrm{T}} K_1 & \Omega(t)_{100} \\ \cdots & h_2 T_2 & h_{12} S_2 & h_{12} K_2 & \Omega(t)_{210} \\ \cdots & 0 & 0 & 0 & 0 \\ \cdots & 0 & 0 & 0 & \Omega(t)_{410} \\ \cdots & h_2 T_3 & h_{12} S_3 & h_{12} K_3 & 0 \\ \cdots & h_2 T_4 & h_{12} S_4 & h_{12} K_4 & 0 \\ \cdots & \Omega_{77} & 0 & 0 & 0 \\ \cdots & * & \Omega_{88} & 0 & 0 \\ \cdots & * & * & \Omega_{99} & 0 \\ \cdots & * & * & * & -U \end{bmatrix} < 0 \tag{9.72}$$

$$\begin{bmatrix} P & 0 & \widetilde{L}^{\mathrm{T}} \\ * & Q_4 & \bar{L}_d \\ * & * & \Upsilon^2 I \end{bmatrix} > 0 \tag{9.73}$$

则滤波误差系统($\hat{\Sigma}'_9$)对于给定的任意 $h_1 \geqslant 0$ 和 $h_2 \geqslant 0$ 是渐近稳定的且满足式(9.71)。式中

$$\Omega(t)_{11} = P(\widetilde{A} + \Delta\widetilde{A}(t)) + (\widetilde{A} + \Delta\widetilde{A}(t))^{\mathrm{T}} P + H^{\mathrm{T}}(Q_1 + Q_2 + Q_3 + T_1 + T_1^{\mathrm{T}})H$$

$$\Omega(t)_{12} = P(\widetilde{A}_d + \Delta\widetilde{A}_d(t)) + H^{\mathrm{T}}(S_1 - T_1 - K_1 + T_2^{\mathrm{T}})$$

$$\Omega(t)_{22} = -(1-u)Q_3 + S_2 + S_2^{\mathrm{T}} - T_2 - T_2^{\mathrm{T}} - K_2 - K_2^{\mathrm{T}}$$

$$\Omega(t)_{33} = -(1-u)Q_5, \quad \Omega(t)_{14} = P(\widetilde{B} + \Delta\widetilde{B}(t))$$

$$\Omega(t)_{15} = H^{\mathrm{T}}(T_3^{\mathrm{T}} + K_1), \quad \Omega(t)_{25} = S_3^{\mathrm{T}} - T_3^{\mathrm{T}} - K + K_2$$

$$\Omega(t)_{55} = -Q_1 + K_3 + K_3^{\mathrm{T}}, \quad \Omega(t)_{16} = H(T_4^{\mathrm{T}} - S_1)$$

$$\Omega(t)_{26} = S_4^{\mathrm{T}} - S_2 - T_4^{\mathrm{T}} - K_4^{\mathrm{T}}, \quad \Omega(t)_{56} = -S_3 + K_4^{\mathrm{T}}$$

$$\Omega(t)_{66} = -Q_2 - S_4 - S_4^{\mathrm{T}}, \quad \Omega(t)_{77} = -h_2(Z_1 + Z_3)$$

$$\Omega(t)_{88} = -h_{12}(Z_1 + Z_2), \quad \Omega(t)_{99} = -h_{12}(Z_2 - Z_3)$$

$$\Omega(t)_{110} = (\widetilde{A} + \Delta\widetilde{A}(t))^{\mathrm{T}} H^{\mathrm{T}} U, \quad \Omega(t)_{210} = (\widetilde{A}_d + \Delta\widetilde{A}_d(t))^{\mathrm{T}} H^{\mathrm{T}} U$$

$$\Omega(t)_{310} = (\widetilde{B} + \Delta\widetilde{B}(t))^{\mathrm{T}} H^{\mathrm{T}} U, \quad U = h_2 Z_1 + h_{12} Z_2 + h_1 Z_3 + Q_5, \quad h_{12} = h_2 - h_1$$

证明　根据牛顿-莱布尼茨公式：

$$\xi(t - \tau(t)) = \xi(t) - \int_{t-\tau(t)}^{t} \dot{\xi}(s)\mathrm{d}s$$

可以得到关于矩阵 T_i、S_i、$K_i(i=1,2,3,4)$的如下形式等式：

$$2\eta(t)^{\mathrm{T}} T\left[H\xi(t) - H\xi(t - \tau(t)) - H\int_{t-\tau(t)}^{t} \dot{\xi}(s)\mathrm{d}s\right] = 0 \tag{9.74}$$

$$2\eta(t)^{\mathrm{T}}S\left[H\xi(t-\tau(t))-H\xi(t-h_2)-H\int_{t-h_2}^{t-\tau(t)}\dot{\xi}(s)\mathrm{d}s\right]=0 \tag{9.75}$$

$$2\eta(t)^{\mathrm{T}}K\left[H\xi(t-h_1)-H\xi(t-\tau(t))-H\int_{t-\tau(t)}^{t-h_1}\dot{\xi}(s)\mathrm{d}s\right]=0 \tag{9.76}$$

式中

$$\begin{aligned}
\eta(t)=&[\xi(t)^{\mathrm{T}}\quad (H\xi(t-\tau(t)))^{\mathrm{T}}\quad (H\dot{\xi}(t-\tau(t)))^{\mathrm{T}}\\
&(H\xi(t-h_1))^{\mathrm{T}}\quad (H\xi(t-h_2))^{\mathrm{T}}]^{\mathrm{T}}\\
T=&[T_1^{\mathrm{T}}H\quad T_2^{\mathrm{T}}\quad 0\quad T_3^{\mathrm{T}}\quad T_4^{\mathrm{T}}]^{\mathrm{T}}\\
S=&[S_1^{\mathrm{T}}H\quad S_2^{\mathrm{T}}\quad 0\quad S_3^{\mathrm{T}}\quad S_4^{\mathrm{T}}]^{\mathrm{T}}\\
K=&[K_1^{\mathrm{T}}H\quad K_2^{\mathrm{T}}\quad 0\quad K_3^{\mathrm{T}}\quad K_4^{\mathrm{T}}]^{\mathrm{T}}
\end{aligned}$$

下面证明当 $w=0$ 时，系统 $(\hat{\Sigma}_9')$ 是鲁棒渐近稳定的。定义如下形式的 Lyapunov 候选函数：

$$\begin{aligned}
V(t)=&\xi(t)^{\mathrm{T}}P\xi(t)+\sum_{i=1}^{2}\int_{t-h_i}^{t}\xi(s)^{\mathrm{T}}H^{\mathrm{T}}Q_iH\xi(s)\mathrm{d}s\\
&+\int_{t-\tau(t)}^{t}\xi(s)^{\mathrm{T}}H^{\mathrm{T}}Q_3H\xi(s)\mathrm{d}s+\xi(t-\tau(t))^{\mathrm{T}}H^{\mathrm{T}}Q_4H\xi(t-\tau(t))\\
&+\int_{t-\tau(t)}^{t}\dot{\xi}(s)^{\mathrm{T}}H^{\mathrm{T}}Q_5H\dot{\xi}(s)\mathrm{d}s+\int_{-h_2}^{0}\int_{t+\theta}^{t}\dot{\xi}(s)^{\mathrm{T}}H^{\mathrm{T}}Z_1H\dot{\xi}(s)\mathrm{d}s\mathrm{d}\theta\\
&+\int_{-h_2}^{-h_1}\int_{t+\theta}^{t}\dot{\xi}(s)^{\mathrm{T}}H^{\mathrm{T}}Z_2H\dot{\xi}(s)\mathrm{d}s\mathrm{d}\theta\\
&+\int_{-h_1}^{0}\int_{t+\theta}^{t}\dot{\xi}(s)^{\mathrm{T}}H^{\mathrm{T}}Z_3H\dot{\xi}(s)\mathrm{d}s\mathrm{d}\theta
\end{aligned} \tag{9.77}$$

则 $V(t)$ 沿系统 $(\hat{\Sigma}_9')$ 的轨迹对时间求导有

$$\begin{aligned}
\dot{V}(t)=&2\xi(t)^{\mathrm{T}}P\dot{\xi}(t)+\sum_{i=1}^{2}[\xi(t)H^{\mathrm{T}}Q_iH\xi(t)-\xi(t-h_i)^{\mathrm{T}}H^{\mathrm{T}}Q_iH\xi(t-h_i)]\\
&+\xi(t)^{\mathrm{T}}H^{\mathrm{T}}Q_3H\xi(t)-(1-\dot{\tau}(t))^{\mathrm{T}}\xi(t-\tau(t))^{\mathrm{T}}H^{\mathrm{T}}Q_3H\xi(t-\tau(t))\\
&+\dot{\xi}(t-\tau(t))^{\mathrm{T}}H^{\mathrm{T}}Q_4H\xi(t-\tau(t))+\xi(t-\tau(t))^{\mathrm{T}}H^{\mathrm{T}}Q_4H\dot{\xi}(t-\tau(t))\\
&-(1-\dot{\tau}(t))\dot{\xi}(t-\tau(t))^{\mathrm{T}}H^{\mathrm{T}}Q_5H\dot{\xi}(t-\tau(t))\\
&+\dot{\xi}(t)^{\mathrm{T}}H^{\mathrm{T}}(h_2Z_1+h_{12}Z_2+h_1Z_3+Q_5)H\dot{\xi}(t)-\int_{t-h_2}^{t}\dot{\xi}(s)^{\mathrm{T}}H^{\mathrm{T}}Z_1H\dot{\xi}(s)\mathrm{d}s\\
&-\int_{t-h_2}^{t-h_1}\dot{\xi}(s)^{\mathrm{T}}H^{\mathrm{T}}Z_2H\dot{\xi}(s)\mathrm{d}s-\int_{t-h_1}^{t}\dot{\xi}(s)^{\mathrm{T}}H^{\mathrm{T}}Z_3H\dot{\xi}(s)\mathrm{d}s\\
&+2\eta(t)^{\mathrm{T}}T\left[H\xi(t)-H\xi(t-\tau(t))-H\int_{t-\tau(t)}^{t}\dot{\xi}(s)\mathrm{d}s\right]\\
&+2\eta(t)^{\mathrm{T}}S\left[H\xi(t-\tau(t))-H\xi(t-h_2)-H\int_{t-h_2}^{t-\tau(t)}\dot{\xi}(s)\mathrm{d}s\right]
\end{aligned}$$

$$
\begin{aligned}
&+2\eta(t)^{\mathrm{T}}K\Big[H\xi(t-h_1)-H\xi(t-\tau(t))-H\int_{t-\tau(t)}^{t-h_1}\dot{\xi}(s)\mathrm{d}s\Big]\\
\leqslant\ &\eta(t)^{\mathrm{T}}[\Omega(t)+\pi(t)+h_2T(Z_1+Z_3)^{-1}T^{\mathrm{T}}\\
&+h_{12}S(Z_1+Z_2)^{-1}S^{\mathrm{T}}+h_{12}K(Z_2-Z_3)^{-1}K^{\mathrm{T}}]\eta(t)\\
&-\int_{t-\tau(t)}^{t}[\eta(t)^{\mathrm{T}}T+\dot{\xi}(s)^{\mathrm{T}}(Z_1+Z_3)](Z_1+Z_3)^{-1}[T^{\mathrm{T}}\eta(t)+(Z_1+Z_3)\dot{\xi}(s)]\mathrm{d}s\\
&-\int_{t-h_2}^{t-\tau(t)}[\eta(t)^{\mathrm{T}}S+\dot{\xi}(s)^{\mathrm{T}}(Z_1+Z_2)](Z_1+Z_2)^{-1}[S^{\mathrm{T}}\eta(t)+(Z_1+Z_2)\dot{\xi}(s)]\mathrm{d}s\\
&-\int_{t-\tau(t)}^{t-h_1}[\eta(t)^{\mathrm{T}}K+\dot{\xi}(s)^{\mathrm{T}}(Z_2-Z_3)](Z_2-Z_3)^{-1}[K^{\mathrm{T}}\eta(t)+(Z_2-Z_3)\dot{\xi}(s)]\mathrm{d}s
\end{aligned}
\tag{9.78}
$$

式中

$$
\Omega(t)=\begin{bmatrix}
\Omega(t)_{11} & \Omega(t)_{12} & 0 & \Omega(t)_{15} & \Omega(t)_{16}\\
* & \Omega(t)_{22} & \Omega(t)_{24} & \Omega(t)_{25} & 0\\
* & * & \Omega(t)_{33} & 0 & 0\\
* & * & * & \Omega(t)_{55} & \Omega(t)_{56}\\
* & * & * & * & \Omega(t)_{66}
\end{bmatrix}
$$

$$
\pi(t)=\begin{bmatrix}
(\tilde{A}+\Delta\tilde{A}(t))^{\mathrm{T}}H^{\mathrm{T}}\\
(\tilde{A}_d+\Delta\tilde{A}_d(t))^{\mathrm{T}}H^{\mathrm{T}}\\
0\\
0\\
0
\end{bmatrix}U\begin{bmatrix}
(\tilde{A}+\Delta\tilde{A}(t))^{\mathrm{T}}H^{\mathrm{T}}\\
(\tilde{A}_d+\Delta\tilde{A}_d(t))^{\mathrm{T}}H^{\mathrm{T}}\\
0\\
0\\
0
\end{bmatrix}^{\mathrm{T}}
$$

由于 $Z_i>0(i=1,2,3)$，式(9.78)的最后三部分均小于 0，接着对式(9.72)应用 Schur 补引理可以得到

$$
\Omega(t)+\pi(t)+h_2T(Z_1+Z_3)^{-1}T^{\mathrm{T}}+h_{12}S(Z_1+Z_2)^{-1}S^{\mathrm{T}}+h_{12}K(Z_2-Z_3)^{-1}K^{\mathrm{T}}<0
\tag{9.79}
$$

容易得出对于所有 $\eta(t)\neq 0$ 有

$$
\dot{V}(t)<0
\tag{9.80}
$$

因此当 $w=0$ 时，对于任意 $\tau(t)$ 满足 $h_1\leqslant\tau(t)\leqslant h_2$ 系统($\hat{\Sigma}'_9$)都是渐近稳定的。

下面来分析零初始条件下滤波误差系统($\hat{\Sigma}'_9$)的 L_2-L_∞ 性能，下面定义函数 J_T 为

$$
J_T=\int_0^T[\dot{V}(t)-w(t)^{\mathrm{T}}w(t)]\mathrm{d}t
\tag{9.81}
$$

式中，参数 $T>0$，$V(t)$定义如式(9.77)中的形式。计算可得

$$
\begin{aligned}
&\dot{V}(t)-w(t)^{\mathrm{T}}w(t)\\
\leqslant\ &\bar{\eta}(t)^{\mathrm{T}}[\bar{\Omega}(t)+\bar{\pi}(t)+h_2\bar{T}(Z_1+Z_3)^{-1}\bar{T}^{\mathrm{T}}+h_{12}\bar{S}(Z_1+Z_2)^{-1}\bar{S}^{\mathrm{T}}\\
&+h_{12}\bar{K}(Z_2-Z_3)^{-1}\bar{K}^{\mathrm{T}}]\bar{\eta}(t)\\
&-\int_{t-\tau(t)}^{t}[\bar{\eta}^{\mathrm{T}}\bar{T}+\dot{\xi}(s)^{\mathrm{T}}(Z_1+Z_3)](Z_1+Z_3)^{-1}[\bar{T}^{\mathrm{T}}\bar{\eta}(t)+(Z_1+Z_3)\dot{\xi}(s)]\mathrm{d}s\\
&-\int_{t-h_2}^{t-\tau(t)}[\eta(t)^{\mathrm{T}}\bar{S}+\dot{\xi}(s)^{\mathrm{T}}(Z_1+Z_2)](Z_1+Z_2)^{-1}[\bar{S}^{\mathrm{T}}\bar{\eta}(t)+(Z_1+Z_2)\dot{\xi}(s)]\mathrm{d}s\\
&-\int_{t-\tau(t)}^{t-h_1}[\bar{\eta}^{\mathrm{T}}\bar{K}+\dot{\xi}(s)^{\mathrm{T}}(Z_2-Z_3)](Z_2-Z_3)^{-1}[\bar{K}^{\mathrm{T}}\bar{\eta}(t)+(Z_2-Z_3)\dot{\xi}(s)]\mathrm{d}s
\end{aligned}
\tag{9.82}
$$

式中

$$
\begin{aligned}
\bar{\eta}(t)=[&\xi(t)^{\mathrm{T}}\quad (H\xi(t-\tau(t)))^{\mathrm{T}}\quad (H\dot{\xi}(t-\tau(t)))^{\mathrm{T}}\\
&w(t)^{\mathrm{T}}\quad (H\xi(t-h_1))^{\mathrm{T}}\quad (H\xi(t-h_2))^{\mathrm{T}}]^{\mathrm{T}}
\end{aligned}
$$

$$
\bar{\Omega}(t)=\begin{bmatrix}
\Omega(t)_{11} & \Omega(t)_{12} & 0 & \Omega(t)_{14} & \Omega(t)_{15} & \Omega(t)_{16}\\
* & \Omega(t)_{22} & Q_4 & 0 & \Omega(t)_{25} & \Omega(t)_{26}\\
* & * & \Omega(t)_{33} & 0 & 0 & 0\\
* & * & * & -I & 0 & 0\\
* & * & * & * & \Omega(t)_{55} & \Omega(t)_{56}\\
* & * & * & * & * & \Omega(t)_{66}
\end{bmatrix}
$$

$$
\bar{\pi}(t)=\begin{bmatrix}
(\tilde{A}+\Delta\tilde{A}(t))^{\mathrm{T}}H^{\mathrm{T}}\\
(\tilde{A}_d+\Delta\tilde{A}_d(t))^{\mathrm{T}}H^{\mathrm{T}}\\
0\\
(\tilde{B}+\Delta\tilde{B}(t))^{\mathrm{T}}H^{\mathrm{T}}\\
0\\
0
\end{bmatrix}U\begin{bmatrix}
(\tilde{A}+\Delta\tilde{A}(t))^{\mathrm{T}}H^{\mathrm{T}}\\
(\tilde{A}_d+\Delta\tilde{A}_d(t))^{\mathrm{T}}H^{\mathrm{T}}\\
0\\
(\tilde{B}+\Delta\tilde{B}(t))^{\mathrm{T}}H^{\mathrm{T}}\\
0\\
0
\end{bmatrix}^{\mathrm{T}}
$$

$$\bar{T}=[T_1^{\mathrm{T}}H\quad T_2^{\mathrm{T}}\quad 0\quad 0\quad T_3^{\mathrm{T}}\quad T_4^{\mathrm{T}}]^{\mathrm{T}}$$

$$\bar{S}=[S_1^{\mathrm{T}}H\quad S_2^{\mathrm{T}}\quad 0\quad 0\quad S_3^{\mathrm{T}}\quad S_4^{\mathrm{T}}]^{\mathrm{T}}$$

$$\bar{K}=[K_1^{\mathrm{T}}H\quad K_2^{\mathrm{T}}\quad 0\quad 0\quad K_3^{\mathrm{T}}\quad K_4^{\mathrm{T}}]^{\mathrm{T}}$$

类似于式(9.78),可以得出

$$\bar{\Omega}(t)+\bar{\pi}(t)+h_2\bar{T}(Z_1+Z_3)^{-1}\bar{T}^{\mathrm{T}}+h_{12}\bar{S}(Z_1+Z_2)^{-1}\bar{S}^{\mathrm{T}}+h_{12}\bar{K}(Z_2-Z_3)^{-1}\bar{K}^{\mathrm{T}}<0$$

因此对于所有的 $\eta(t)\neq 0$ 都有

$$\dot{V}(t)-w(t)^{\mathrm{T}}w(t)<0$$

从而

$$\xi(t)^{\mathrm{T}}P(t)\xi(t)+\xi(t-\tau(t))^{\mathrm{T}}H^{\mathrm{T}}Q_4\xi(t-\tau(t))\leqslant V(t)\leqslant\int_0^t w(s)^{\mathrm{T}}w(s)\mathrm{d}s \tag{9.83}$$

使用 Schur 补引理,从式(9.73)中可以看出

$$\begin{bmatrix}\widetilde{L}^{\mathrm{T}}\\ \bar{L}_d^{\mathrm{T}}\end{bmatrix}\begin{bmatrix}\widetilde{L} & \bar{L}_d\end{bmatrix}<\Upsilon^2\begin{bmatrix}P & 0\\ 0 & Q_4\end{bmatrix} \tag{9.84}$$

由此可以很容易得到

$$\begin{aligned}e(t)^{\mathrm{T}}e(t)=&\ \xi(t)^{\mathrm{T}}\widetilde{L}^{\mathrm{T}}\widetilde{L}\xi(t)+2\xi(t-\tau(t))^{\mathrm{T}}H^{\mathrm{T}}\bar{L}_d^{\mathrm{T}}\widetilde{L}\xi(t)\\ &+\xi(t-\tau(t))^{\mathrm{T}}H^{\mathrm{T}}\bar{L}_d^{\mathrm{T}}\bar{L}_dH\xi(t-\tau(t))\\ &<\Upsilon^2\xi(t)^{\mathrm{T}}P(t)\xi(t)+\Upsilon^2\xi(t-\tau(t))^{\mathrm{T}}H^{\mathrm{T}}Q_4H\xi(t-\tau(t))\\ &<\Upsilon^2\int_0^t w(s)^{\mathrm{T}}w(s)\mathrm{d}s\leqslant\Upsilon^2\int_0^\infty w(s)^{\mathrm{T}}w(s)\mathrm{d}s\end{aligned} \tag{9.85}$$

因此对于任意的非零 $w(t)\in L_2[0,\infty)$ 有

$$\|e\|_\infty<\Upsilon\|w\|_2$$

2. 模糊滤波器的设计

定理 9.6　给定干扰抑制比 $\Upsilon>0$,如果存在矩阵 $R>0,X>0,Q_i>0(i=1,\cdots,5)$,$T_i$、$S_i$、$K_i(i=1,2,3,4)$,$Y_i$、$W_{2i}$、$W_{3i}(1\leqslant i\leqslant r)$,$\Upsilon_i=\Upsilon_i^{\mathrm{T}}(1\leqslant i\leqslant r)$,$A_{ij}(1\leqslant i<j\leqslant r)$,标量 ε_i,使得如下线性矩阵不等式满足:

$$\begin{bmatrix}\Upsilon_1 & A_{12} & \cdots & A_{1r}\\ * & \Upsilon_2 & \cdots & A_{2r}\\ \vdots & \vdots & & \vdots\\ * & * & \cdots & \Upsilon_r\end{bmatrix}<0 \tag{9.86}$$

$$\begin{bmatrix}\Gamma_{ii}-\Upsilon_i+\varepsilon_i\Xi_i\Xi_i^{\mathrm{T}} & \Theta_i\\ * & -\varepsilon_iI\end{bmatrix}<0,\quad 1\leqslant i\leqslant r \tag{9.87}$$

$$\begin{bmatrix}\Gamma_{ij}+\Gamma_{ij}-A_{ij}-A_{ij}^{\mathrm{T}}+\varepsilon_i\Xi_i\Xi_i^{\mathrm{T}}+\varepsilon_j\Xi_j\Xi_j^{\mathrm{T}} & \Theta_i & \Theta_j\\ * & -\varepsilon_iI & 0\\ * & * & -\varepsilon_jI\end{bmatrix}<0,\quad 1\leqslant i<j\leqslant r \tag{9.88}$$

$$\begin{bmatrix}R & R & 0 & L_j^{\mathrm{T}}-W_{2i}^{\mathrm{T}}\\ * & X & 0 & L_j^{\mathrm{T}}\\ * & * & Q_4 & L_{dj}^{\mathrm{T}}\\ * & * & * & \Upsilon^2I\end{bmatrix}>0,\quad 1\leqslant i\leqslant r \tag{9.89}$$

$$X-R>0 \tag{9.90}$$

则模糊变时滞系统($\hat{\Sigma}_9$)的鲁棒 L_2-L_∞ 滤波问题是可解的。式中

$$\Xi_i=[N_{1i}\quad 0\quad N_{2i}\quad N_{3i}\quad 0\quad 0\quad 0\quad 0\quad 0\quad 0]^{\mathrm{T}}$$

$$\Theta_i=[M_{1i}^{\mathrm{T}}R^{\mathrm{T}}\quad M_{1i}^{\mathrm{T}}X^{\mathrm{T}}\quad 0\quad 0\quad 0\quad 0\quad 0\quad 0\quad 0\quad UM_{1i}^{\mathrm{T}}]^{\mathrm{T}}$$

$$\Gamma_{ij}=\begin{bmatrix}\Psi_{11} & \Psi_{12} & \Psi_{13} & 0 & \Psi_{15} & \Psi_{16} & \Psi_{17} & h_2T_1 & h_{12}S_1 & H_{12}K_1 & A_i^{\mathrm{T}}U\\ * & \Psi_{22} & \Psi_{23} & 0 & \Psi_{25} & \Psi_{26} & \Psi_{27} & h_2T_1 & h_{12}S_1 & H_{12}K_1 & A_i^{\mathrm{T}}U\\ * & * & \Psi_{33} & Q_4 & 0 & \Psi_{36} & \Psi_{37} & h_2T_2 & h_{12}S_2 & h_{12}K_2 & A_{di}^{\mathrm{T}}U\\ * & * & * & \Psi_{44} & 0 & 0 & 0 & 0 & 0 & 0 & 0\\ * & * & * & * & -I & 0 & 0 & 0 & 0 & 0 & B_i^{\mathrm{T}}U\\ * & * & * & * & * & \Psi_{66} & \Psi_{67} & h_2T_3 & h_{12}S_3 & h_{12}K_3 & 0\\ * & * & * & * & * & * & \Psi_{77} & h_2T_4 & h_{12}S_4 & h_{12}K_4 & 0\\ * & * & * & * & * & * & * & \Psi_{88} & 0 & 0 & 0\\ * & * & * & * & * & * & * & * & \Psi_{99} & 0 & 0\\ * & * & * & * & * & * & * & * & * & \Psi_{1010} & 0\\ * & * & * & * & * & * & * & * & * & * & -U\end{bmatrix}$$

$$\Psi_{11}=RA_i+A_i^{\mathrm{T}}R+T_1+T_1^{\mathrm{T}}+\sum_{i=1}^{3}Q_i$$

$$\Psi_{12}=RA_i+A_i^{\mathrm{T}}X+C_i^{\mathrm{T}}Y_i^{\mathrm{T}}+W_{3i}^{\mathrm{T}}+\sum_{i=1}^{3}Q_i+T_1+T_1^{\mathrm{T}}$$

$$\Psi_{22}=XA_i+A_i^{\mathrm{T}}X+C_i^{\mathrm{T}}Y_i^{\mathrm{T}}+Y_iC_j+\sum_{i=1}^{3}Q_i+T_1+T_1^{\mathrm{T}}$$

$$\Psi_{13}=RA_{di}+S_1-T_1-K_1+T_2^{\mathrm{T}}$$

$$\Psi_{23}=XA_{di}+Y_iC_{di}S_1-T_1-K_1+T_2^{\mathrm{T}}$$

$$\Psi_{33}=-(1-u)Q_3+S_2+S_2^{\mathrm{T}}-K_2-K_2^{\mathrm{T}}-T_2-T_2^{\mathrm{T}}$$

$$\Psi_{44}=-(1-u)Q_5,\quad \Psi_{15}=RB_i,\quad \Psi_{25}=XB_i+Y_{1i}D_j,\quad \Psi_{16}=T_3^{\mathrm{T}}+K_1$$

$$\Psi_{26}=T_3^{\mathrm{T}}+K_1,\quad \Psi_{36}=S_3^{\mathrm{T}}-T_3^{\mathrm{T}}-K_3^{\mathrm{T}}+K_2,\quad \Psi_{66}=-Q_1+K_3+K_3^{\mathrm{T}}$$

$$\Psi_{17}=T_4-S_1,\quad \Psi_{27}=T_4-S_1,\quad \Psi_{37}=S_4^{\mathrm{T}}-S_2-K_4^{\mathrm{T}}-T_4^{\mathrm{T}}$$

$$\Psi_{67}=-S_3+K_4^{\mathrm{T}},\quad \Psi_{77}=-Q_2-S_4-S_4^{\mathrm{T}},\quad \Psi_{88}=-h_2(Z_1+Z_3)$$

$$\Psi_{99}=-h_{12}(Z_1+Z_2),\quad \Psi_{1010}=-h_2(Z_2-Z_3)$$

在这样的情况下,所设计的滤波器如下:

$$A_{fi}=G^{-1}W_{3i}R^{-1}Z^{-\mathrm{T}},\quad B_{fi}=G^{-1}Y_i,\quad L_{fi}=W_{2i}R^{-1}Z^{-\mathrm{T}},\quad i=1,\cdots,r \tag{9.91}$$

式中,G、Z 都是非奇异矩阵满足

$$GZ^{\mathrm{T}}=I-XR^{-1} \tag{9.92}$$

证明　从文献[45]的说明可知，式(9.90)保证了 $I-XR^{-1}$ 是非奇异的。因此，总是存在非奇异的 G、Z 使得式(9.92)成立。现在定义下面的非奇异矩阵：

$$\Pi_1=\begin{bmatrix}\bar{R} & I\\ Z^{\mathrm{T}} & 0\end{bmatrix},\quad \Pi_2=\begin{bmatrix}I & X\\ O & G^{\mathrm{T}}\end{bmatrix} \tag{9.93}$$

式中，$\bar{R}=R^{-1}>0$。设

$$\widetilde{P}=\Pi_2\Pi_1^{-1} \tag{9.94}$$

因此有

$$\widetilde{P}=\begin{bmatrix}X & G\\ G^{\mathrm{T}} & \Psi\end{bmatrix} \tag{9.95}$$

式中

$$\Psi=Z^{-1}\bar{R}(X-R)\bar{R}Z^{-\mathrm{T}}>0 \tag{9.96}$$

这意味着 $\widetilde{P}>0$。定义

$$\Phi_{ij}=\Gamma_{ij}+\varepsilon_i\Xi_i\Xi_i^{\mathrm{T}}+\varepsilon_i^{-1}\Theta_i\Theta_i^{\mathrm{T}} \tag{9.97}$$

对式(9.87)和式(9.88)使用 Schur 补引理，可得

$$\Phi_{ii}<\Upsilon_i,\quad 1\leqslant i\leqslant r$$

$$\Phi_{ij}+\Phi_{ji}<A_{ij}+A_{ij}^{\mathrm{T}},\quad 1\leqslant i<j\leqslant r$$

设

$$\widetilde{\Phi}_{ij}=\Gamma_{ij}+\Theta_iF_i(t)\Xi_i^{\mathrm{T}}+\Xi_iF_i(t)\Theta_i^{\mathrm{T}} \tag{9.98}$$

由此，对于每一个 i 和 j 都有

$$\begin{aligned}0&\leqslant\varepsilon_i[\varepsilon_i^{-1}\Theta_i-\Xi_iF_i(t)^{\mathrm{T}}][\varepsilon_i^{-1}\Theta_i^{\mathrm{T}}-F_i(t)\Xi_i^{\mathrm{T}}]\\&=\varepsilon_i^{-1}\Theta_i\Theta_i^{\mathrm{T}}+\varepsilon_i\Xi_iF_i(t)^{\mathrm{T}}F_i(t)\Xi_i^{\mathrm{T}}-\Theta_iF_i(t)\Xi_i^{\mathrm{T}}-\Xi_iF_i(t)^{\mathrm{T}}\Theta_i^{\mathrm{T}}\\&\leqslant\varepsilon_i^{-1}\Theta_i\Theta_i^{\mathrm{T}}+\varepsilon_i\Xi_i\Xi_i^{\mathrm{T}}-\Theta_iF_i(t)\Xi_i^{\mathrm{T}}-\Xi_iF_i(t)^{\mathrm{T}}\Theta_i^{\mathrm{T}}\end{aligned}$$

即

$$\Theta_iF_i(t)\Xi_i^{\mathrm{T}}+\Xi_iF_i(t)^{\mathrm{T}}\Theta_i^{\mathrm{T}}\leqslant\varepsilon_i^{-1}\Theta_i\Theta_i^{\mathrm{T}}+\varepsilon_i\Xi_i\Xi_i^{\mathrm{T}} \tag{9.99}$$

因此有

$$\widetilde{\Phi}_{ii}\leqslant\Phi_{ii}<\Upsilon_i,\quad 1\leqslant i\leqslant r$$

$$\widetilde{\Phi}_{ij}+\widetilde{\Phi}_{ji}\leqslant\Phi_{ij}+\Phi_{ji}<A_{ij}+A_{ij}^{\mathrm{T}},\quad 1\leqslant i<j\leqslant r$$

可得

$$\begin{aligned}\widetilde{\Phi}(t)&=\sum_{i=1}^{r}h_i^2(s(t))\widetilde{\Phi}_{ii}+\sum_{i=1}^{r-1}\sum_{j>1}^{r}h_i(s(t))h_j(s(t))(\widetilde{\Phi}_{ij}+\widetilde{\Phi}_{ji})\\&<\sum_{i=1}^{r}h_i^2(s(t))\Upsilon_i+\sum_{i=1}^{r}\sum_{j>1}^{r-1}h_i(s(t))h_j(s(t))(A_{ij}+A_{ij}^{\mathrm{T}})\end{aligned}$$

$$
=\begin{bmatrix} h_1(s(t))I \\ h_2(s(t))I \\ \vdots \\ h_r(s(t))I \end{bmatrix}^{\mathrm{T}} \begin{bmatrix} \Upsilon_1 & A_{12} & \cdots & A_{1r} \\ * & \Upsilon_2 & \cdots & A_{2r} \\ \vdots & \vdots & & \vdots \\ * & * & \cdots & \Upsilon_r \end{bmatrix} \begin{bmatrix} h_1(s(t))I \\ h_2(s(t))I \\ \vdots \\ h_r(s(t))I \end{bmatrix} < 0 \tag{9.100}
$$

对式(9.100)中 $\widetilde{\Phi}(t)$ 左右两端分别左乘 $\mathrm{diag}\left\{\Pi_1^{-\mathrm{T}}\begin{bmatrix} \bar{R} & 0 \\ 0 & I \end{bmatrix}, I, I, I, I, I, I, I, I\right\}$ 和右乘其转置，接着将所得矩阵中的 P 都用 $\widetilde{P}$ 替代，且 A_{fi}、B_{fi}、L_{fi} 为式(9.91)中的形式，容易看出

$$
\left[\mathrm{diag}\left\{\Pi_1^{-\mathrm{T}}\begin{bmatrix} \bar{R} & 0 \\ 0 & I \end{bmatrix}, I, I, I, I, I, I, I, I\right\}\right]\widetilde{\Phi}(t)\left[\mathrm{diag}\left\{\begin{bmatrix} \bar{R} & 0 \\ 0 & I \end{bmatrix}\Pi_1^{-1}, I, I, I, I, I, I, I, I\right\}\right]
$$

$$
=\begin{bmatrix}
\Omega(t)_{11} & \Omega(t)_{12} & 0 & \Omega(t)_{14} & \Omega(t)_{15} & \Omega_{16} & h_{12}H^{\mathrm{T}}T_1 & h_{12}H^{\mathrm{T}}S_1 & h_{12}H^{\mathrm{T}}K_1 & \Omega(t)_{110} \\
* & \Omega(t)_{22} & Q_4 & 0 & \Omega(t)_{25} & \Omega_{26} & h_2T_2 & h_{12}S_2 & h_{12}K_2 & \Omega(t)_{210} \\
* & * & \Omega(t)_{33} & 0 & 0 & 0 & 0 & 0 & 0 & 0 \\
* & * & * & -I & 0 & 0 & 0 & 0 & 0 & \Omega(t)_{410} \\
* & * & * & * & \Omega(t)_{55} & \Omega(t)_{56} & h_2T_3 & h_{12}S_3 & h_{12}K_3 & 0 \\
* & * & * & * & * & \Omega(t)_{66} & h_2T_4 & h_{12}S_4 & h_{12}K_4 & 0 \\
* & * & * & * & * & * & \Omega_{77} & 0 & 0 & 0 \\
* & * & * & * & * & * & * & \Omega_{88} & 0 & 0 \\
* & * & * & * & * & * & * & * & \Omega_{99} & 0 \\
* & * & * & * & * & * & * & * & * & -U
\end{bmatrix} < 0
$$

所得形式与式(9.72)的 LMI 一致，由此得式(9.72)和式(9.73)等价与式(9.86)～式(9.89)。证毕。

9.4.3　模糊加权 Lyapunov 函数方法的鲁棒 L_2-L_∞ 滤波

1. 滤波误差系统鲁棒稳定性分析

定理 9.7　如果存在矩阵 $P_j=P_j^{\mathrm{T}}>0(j=1,2,\cdots,r)$，其中，$r$ 是模糊规则数，$Q_j=Q_j^{\mathrm{T}}>0(i=1,2,3)$，$Z_j=Z_j^{\mathrm{T}}>0(j=1,2)$，$T_i$、$S_i$、$K_i$，使得如下线性矩阵不等式成立：

$$\begin{bmatrix} \Omega(t)_{11} & \Omega(t)_{12} & \Omega(t)_{13} & \Omega(t)_{14} & \Omega(t)_{15} & h_{12}H^{\mathrm{T}}T_1 & h_{12}H^{\mathrm{T}}S_1 & h_{12}H^{\mathrm{T}}K_1 & \Omega(t)_{19} \\ * & \Omega(t)_{22} & 0 & \Omega(t)_{24} & \Omega(t)_{25} & h_2T_2 & h_{12}S_2 & h_{12}K_2 & \Omega(t)_{29} \\ * & * & -I & 0 & 0 & 0 & 0 & 0 & \Omega(t)_{39} \\ * & * & * & \Omega(t)_{44} & \Omega(t)_{45} & h_2T_3 & h_{12}S_3 & h_{12}K_3 & 0 \\ * & * & * & * & \Omega(t)_{55} & h_2T_4 & h_{12}S_4 & h_{12}K_4 & 0 \\ * & * & * & * & * & -h_2Z_1 & 0 & 0 & 0 \\ * & * & * & * & * & * & -h_{12}(Z_1+Z_2) & 0 & 0 \\ * & * & * & * & * & * & * & -h_{12}Z_2 & 0 \\ * & * & * & * & * & * & * & * & -U \end{bmatrix}<0 \tag{9.101}$$

$$\begin{bmatrix} P(t) & \widetilde{L}^{\mathrm{T}} \\ \widetilde{L} & \Upsilon^2 I \end{bmatrix}>0 \tag{9.102}$$

则滤波误差系统($\hat{\Sigma}'_9$)对于任意给定的 $h_1\geqslant 0$ 和 $h_2\geqslant 0$ 是渐近稳定的且满足式(9.71)。式中

$$P(t)=\sum_{i=1}^{r}h_i(s(t))P_i$$

$$\begin{aligned}\Omega(t)_{11}=&\dot{P}(t)+P(t)(\widetilde{A}+\Delta\widetilde{A}(t))+(\widetilde{A}+\Delta\widetilde{A}(t))^{\mathrm{T}}P(t)\\&+H^{\mathrm{T}}(Q_1+Q_2+Q_3+T_1+T_1^{\mathrm{T}})H\end{aligned}$$

$$\Omega(t)_{12}=P(t)(\widetilde{A}_d+\Delta\widetilde{A}_d(t))+H^{\mathrm{T}}(S_1-T_1-K_1+T_2^{\mathrm{T}})$$

$$\Omega(t)_{22}=-(1-u)Q_3+S_2+S_2^{\mathrm{T}}-T_2-T_2^{\mathrm{T}}-K_2-K_2^{\mathrm{T}}$$

$$\Omega(t)_{13}=P(t)(\widetilde{B}+\Delta\widetilde{B}(t)),\quad \Omega(t)_{14}=H^{\mathrm{T}}(T_3^{\mathrm{T}}+K_1)$$

$$\Omega(t)_{24}=S_3^{\mathrm{T}}-T_3^{\mathrm{T}}-K_3^{\mathrm{T}}+K_2,\quad \Omega(t)_{44}=-Q_1+K_3+K_3^{\mathrm{T}}$$

$$\Omega(t)_{15}=H(T_4^{\mathrm{T}}-S_1),\quad \Omega(t)_{25}=S_4^{\mathrm{T}}-S_2-T_4^{\mathrm{T}}-K_4^{\mathrm{T}}$$

$$\Omega(t)_{45}=-S_3+K_4^{\mathrm{T}},\quad \Omega(t)_{55}=-Q_2-S_4-S_4^{\mathrm{T}}$$

$$\Omega(t)_{19}=(\widetilde{A}+\Delta\widetilde{A}(t))^{\mathrm{T}}H^{\mathrm{T}}U,\quad \Omega(t)_{29}=(\widetilde{A}_d+\Delta\widetilde{A}_d(t))^{\mathrm{T}}H^{\mathrm{T}}U$$

$$\Omega(t)_{39}=(\widetilde{B}+\Delta\widetilde{B}(t))^{\mathrm{T}}H^{\mathrm{T}}U,\quad U=h_2Z_1+h_{12}Z_2,\quad h_{12}=h_2-h_1$$

证明　在 9.4.2 节的基础上，在所给系统中 $\bar{L}_d=0$ 的情况下进行研究。$\bar{L}_d\neq 0$ 的情况也可以由全局 Lyapunov 函数的结果简单推导出。

首先给出如下形式的 Lyapunov 函数：

$$\begin{aligned}V(t)=&\xi(t)^{\mathrm{T}}P(t)\xi(t)+\sum_{i=1}^{2}\int_{t-h_i}^{t}\xi(s)^{\mathrm{T}}H^{\mathrm{T}}Q_iH\xi(s)\mathrm{d}s\\&+\int_{t-\tau(t)}^{t}\xi(s)^{\mathrm{T}}H^{\mathrm{T}}Q_3H\xi(s)\mathrm{d}s+\int_{-h_2}^{0}\int_{t+\theta}^{t}\dot{\xi}(s)^{\mathrm{T}}H^{\mathrm{T}}Z_1H\dot{\xi}(s)\mathrm{d}s\,\mathrm{d}\theta\\&+\int_{-h_2}^{-h_1}\int_{t+\theta}^{t}\dot{\xi}(s)^{\mathrm{T}}H^{\mathrm{T}}Z_2H\dot{\xi}(s)\mathrm{d}s\,\mathrm{d}\theta\end{aligned}\tag{9.103}$$

注意到模糊加权矩阵 $P(t)$ 的引入。根据牛顿-莱布尼茨公式，可以得到关于矩阵 T_i、S_i、$K_i(i=1,2,3,4)$ 如下形式的等式：

$$2\eta(t)^{\mathrm{T}}T\left[H\xi(t)-H\xi(t-\tau(t))-H\int_{t-\tau(t)}^{t}\dot{\xi}(s)\mathrm{d}s\right]=0\tag{9.104}$$

$$2\eta(t)^{\mathrm{T}}S\left[H\xi(t-\tau(t))-H\xi(t-h_2)-H\int_{t-h_2}^{t-\tau(t)}\dot{\xi}(s)\mathrm{d}s\right]=0\tag{9.105}$$

$$2\eta(t)^{\mathrm{T}}K\left[H\xi(t-h_1)-H\xi(t-\tau(t))-H\int_{t-\tau(t)}^{t-h_1}\dot{\xi}(s)\mathrm{d}s\right]=0\tag{9.106}$$

式中

$$T=[T_1^{\mathrm{T}}H\quad T_2^{\mathrm{T}}\quad T_3^{\mathrm{T}}\quad T_4^{\mathrm{T}}]^{\mathrm{T}}$$

$$S=[S_1^{\mathrm{T}}H\quad S_2^{\mathrm{T}}\quad S_3^{\mathrm{T}}\quad S_4^{\mathrm{T}}]^{\mathrm{T}}$$

$$K=[K_1^{\mathrm{T}}H\quad K_2^{\mathrm{T}}\quad K_3^{\mathrm{T}}\quad K_4^{\mathrm{T}}]^{\mathrm{T}}$$

则 $V(t)$ 沿系统 $(\hat{\Sigma}_9')$ 的轨线对时间求导数可以得到

$$\begin{aligned}\dot{V}(t)\leqslant&\eta(t)^{\mathrm{T}}[\Omega(t)+\pi(t)+h_2TZ_1^{-1}T^{\mathrm{T}}+h_{12}S(Z_1+Z_2)^{-1}S^{\mathrm{T}}\\&+h_{12}KZ_2^{-1}K^{\mathrm{T}}]\eta(t)-\int_{t-\tau(t)}^{t}[\eta(t)^{\mathrm{T}}T+\dot{\xi}(s)Z_1]Z_1^{-1}[T^{\mathrm{T}}\eta(t)+Z_1\dot{\xi}(s)]\mathrm{d}s\\&-\int_{t-h_2}^{t-\tau(t)}[\eta(t)^{\mathrm{T}}S+\dot{\xi}(s)(Z_1+Z_2)](Z_1+Z_2)^{-1}[S^{\mathrm{T}}\eta(t)+(Z_1+Z_2)\dot{\xi}(s)]\mathrm{d}s\end{aligned}$$

$$-\int_{t-\tau(t)}^{t-h_1}[\eta(t)^{\mathrm{T}}K+\dot{\xi}(s)Z_2]Z_2^{-1}[K^{\mathrm{T}}\eta(t)+Z_2\dot{\xi}(s)]\mathrm{d}s \tag{9.107}$$

式中

$$\eta(t)=[\xi(t)^{\mathrm{T}}\quad (H\xi(t-\tau(t)))^{\mathrm{T}}\quad (H\xi(t-h_1))^{\mathrm{T}}\quad (H\xi(t-h_2))^{\mathrm{T}}]^{\mathrm{T}}$$

$$\Omega(t)=\begin{bmatrix}\Omega(t)_{11} & \Omega(t)_{12} & \Omega(t)_{14} & \Omega(t)_{15}\\ * & \Omega(t)_{22} & \Omega(t)_{24} & \Omega(t)_{25}\\ * & * & \Omega(t)_{44} & \Omega(t)_{45}\\ * & * & * & \Omega(t)_{55}\end{bmatrix}$$

$$\pi(t)=\begin{bmatrix}(\tilde{A}+\Delta\tilde{A}(t))^{\mathrm{T}}H^{\mathrm{T}}\\ (\tilde{A}_d+\Delta\tilde{A}_d(t))^{\mathrm{T}}H^{\mathrm{T}}\\ 0\\ 0\end{bmatrix}U\begin{bmatrix}(\tilde{A}+\Delta\tilde{A}(t))^{\mathrm{T}}H^{\mathrm{T}}\\ (\tilde{A}_d+\Delta\tilde{A}_d(t))^{\mathrm{T}}H^{\mathrm{T}}\\ 0\\ 0\end{bmatrix}^{\mathrm{T}}$$

在式(9.101)中保证了 $Z_i>0(i=1,2)$，所以式(9.107)的最后三部分均小于 0。

对式(9.101)应用 Schur 补引理可以得到

$$\Omega(t)+\pi(t)+h_2TZ_1^{-1}T^{\mathrm{T}}+h_{12}S(Z_1+Z_2)^{-1}S^{\mathrm{T}}+h_{12}KZ_2^{-1}K^{\mathrm{T}}<0 \tag{9.108}$$

因此可以很容易得出对于所有 $\eta(t)\neq0$ 均有

$$\dot{V}(t)<0 \tag{9.109}$$

因此当 $w=0$ 时，对于任意 $\tau(t)$ 满足 $h_1\leqslant\tau(t)\leqslant h_2$ 系统($\hat{\Sigma}'_9$)都是渐近稳定的。

类似于 9.4.2 节中分析零初始条件下滤波误差系统($\hat{\Sigma}'_9$)的 L_2-L_∞ 性能。可以得到对于所有的 $\eta(t)\neq0$ 都有

$$\dot{V}(t)-w(t)^{\mathrm{T}}w(t)\leqslant0$$

即

$$\xi(t)^{\mathrm{T}}P(t)\xi(t)\leqslant V(t)\leqslant\int_0^t w(s)^{\mathrm{T}}w(s)\mathrm{d}s \tag{9.110}$$

利用 Schur 补引理，从式(9.102)可以看出

$$\tilde{L}^{\mathrm{T}}\tilde{L}<\Upsilon^2P(t) \tag{9.111}$$

由此可以很容易得到

$$\begin{aligned}e(t)^{\mathrm{T}}e(t)&=\xi(t)^{\mathrm{T}}\tilde{L}^{\mathrm{T}}\tilde{L}\xi(t)<\xi(t)^{\mathrm{T}}\Upsilon^2P(t)\xi(t)\\&<\Upsilon^2\int_0^t w(s)^{\mathrm{T}}w(s)\mathrm{d}s\leqslant\int_0^\infty w(s)^{\mathrm{T}}w(s)\mathrm{d}s\end{aligned} \tag{9.112}$$

因此对于任意的非零 $w(t)\in L_2[0,\infty)$ 有

$$\|e\|_\infty<\Upsilon\|w\|_2$$

2. 模糊滤波器的设计

下面,给出模糊加权 Lyapunov 函数下的鲁棒 L_2-L_∞滤波器的设计结果。

定理 9.8 给定干扰抑制比 $\Upsilon>0$,如果存在矩阵 $\varphi_i>0(i=1,2,\cdots,r)$,$Q_i>0$ $(i=1,2,3)$,$F>0$,$Z_j=Z_j^{\mathrm{T}}>0(j=1,2)$,$T_i$、$S_i$、$K_i(i=1,2,3,4)$,$\hat{A}_{fi}$、$\hat{B}_{fi}$、$\hat{L}_{fi}(1\leqslant i\leqslant r)$,$\Upsilon_i=\Upsilon_i^{\mathrm{T}}(1\leqslant i\leqslant r)$,$A_{ij}(1\leqslant i<j\leqslant r)$和标量 $\varepsilon_{ij}>0$,使得如下线性矩阵不等式满足:

$$\begin{bmatrix}\Upsilon_1 & A_{12} & \cdots & A_{1r}\\ * & \Upsilon_2 & \cdots & A_{2r}\\ \vdots & \vdots & & \vdots\\ * & * & \cdots & \Upsilon_r\end{bmatrix}<0 \tag{9.113}$$

$$\begin{bmatrix}\Gamma_{ii}-\Upsilon_i+\varepsilon_{ii}\Xi_i\Xi_i^{\mathrm{T}} & \Theta_{ii}\\ * & -\varepsilon_{ii}I\end{bmatrix}<0,\quad 1\leqslant i\leqslant r \tag{9.114}$$

$$\begin{bmatrix}\Gamma_{ij}+\Gamma_{ij}-A_{ij}-A_{ij}^{\mathrm{T}}+\varepsilon_{ij}\Xi_i\Xi_i^{\mathrm{T}}+\varepsilon_{ji}\Xi_j\Xi_j^{\mathrm{T}} & \Theta_{ij} & \Theta_{ji}\\ * & -\varepsilon_{ij}I & 0\\ * & * & -\varepsilon_{ji}I\end{bmatrix}<0,\quad 1\leqslant i<j\leqslant r \tag{9.115}$$

$$\begin{bmatrix}\varphi_i & F & L_i^{\mathrm{T}}\\ * & F & -\hat{L}_{fi}^{\mathrm{T}}\\ * & * & \Upsilon^2 I\end{bmatrix}>0,\quad 1\leqslant i\leqslant r \tag{9.116}$$

则模糊变时滞系统($\hat{\Sigma}_9$)的鲁棒 L_2-L_∞滤波问题是可解的。式中

$$\Xi_i=[N_{1i}\quad 0\quad N_{2i}\quad N_{3i}\quad 0\quad 0\quad 0\quad 0\quad 0\quad 0]^{\mathrm{T}} \tag{9.117}$$

$$\Theta_{ij}=[M_{1i}^{\mathrm{T}}\varphi_i^{\mathrm{T}}\quad M_{1i}^{\mathrm{T}}F^{\mathrm{T}}\quad 0\quad 0\quad 0\quad 0\quad 0\quad 0\quad 0\quad UM_{1i}^{\mathrm{T}}]^{\mathrm{T}} \tag{9.118}$$

$$\Gamma_{ij}=\begin{bmatrix}\Psi_{11} & \Psi_{12} & \Psi_{13} & \Psi_{14} & \Psi_{15} & \Psi_{16} & h_2T_1 & h_{12}S_1 & H_{12}K_1 & A_i^{\mathrm{T}}U\\ * & \Psi_{22} & \Psi_{23} & \Psi_{24} & 0 & 0 & 0 & 0 & 0 & 0\\ * & * & \Psi_{33} & 0 & \Psi_{35} & \Psi_{36} & h_2T_2 & h_{12}S_2 & h_{12}K_2 & A_{di}^{\mathrm{T}}U\\ * & * & * & -I & 0 & 0 & 0 & 0 & 0 & B_i^{\mathrm{T}}U\\ * & * & * & * & \Psi_{55} & \Psi_{56} & h_2T_3 & h_{12}S_3 & h_{12}K_3 & 0\\ * & * & * & * & * & \Psi_{66} & h_2T_4 & h_{12}S_4 & h_{12}K_4 & 0\\ * & * & * & * & * & * & \Psi_{77} & 0 & 0 & 0\\ * & * & * & * & * & * & * & \Psi_{88} & 0 & 0\\ * & * & * & * & * & * & * & * & \Psi_{99} & 0\\ * & * & * & * & * & * & * & * & * & -U\end{bmatrix}$$

$$\Psi_{11}=\sum_{i=1}^{r-1}\beta_k(\varphi_k-\varphi_r)+\varphi_j A_i+A_i^{\mathrm{T}}\varphi_j^{\mathrm{T}}+\hat{B}_{fi}C_j+C_j^{\mathrm{T}}\hat{B}_{fi}^{\mathrm{T}}+T_1+T_1^{\mathrm{T}}+\sum_{i=1}^{3}Q_i$$

$$\Psi_{12}=\hat{A}_{fi}^{\mathrm{T}}+A_i^{\mathrm{T}}F+C_j^{\mathrm{T}}\hat{B}_{fi}^{\mathrm{T}},\quad \Psi_{22}=\hat{A}_{fi}+\hat{A}_{fi}^{\mathrm{T}}$$

$$\Psi_{13}=\varphi_i A_{dj}+\hat{B}_{fi}^{\mathrm{T}}C_{dj}+S_1-T_1-K_1+T_2^{\mathrm{T}}$$

$$\Psi_{23}=FA_{di}+\hat{B}_{fi}C_{dj},\quad \Psi_{33}=-(1-u)Q_3+S_2+S_2^{\mathrm{T}}-K_2-K_2^{\mathrm{T}}-T_2-T_2^{\mathrm{T}}$$

$$\Psi_{14}=\varphi_i B_j+\hat{B}_{fi}D_j,\quad \Psi_{24}=FB_i+\hat{B}_{fi}D_j,\quad \Psi_{15}=T_3^{\mathrm{T}}+K_1$$

$$\Psi_{35}=S_3^{\mathrm{T}}-T_3^{\mathrm{T}}-K_3^{\mathrm{T}}+K_2,\quad \Psi_{55}=-Q_1+K_3+K_3^{\mathrm{T}},\quad \Psi_{16}=T_4-S_1$$

$$\Psi_{36}=S_4^{\mathrm{T}}-S_2-K_4^{\mathrm{T}}-T_4^{\mathrm{T}},\quad \Psi_{56}=-S_3+K_4^{\mathrm{T}},\quad \Psi_{66}=-Q_2-S_4-S_4^{\mathrm{T}}$$

$$\Psi_{77}=-h_2Z_1,\quad \Psi_{88}=-h_2(Z_1+Z_2),\quad \Psi_{99}=-h_{12}Z_2$$

在这种情况下，所设计的滤波器如下：

$$A_{fi}=F^{-1}\hat{A}_{fi},\quad B_{fi}=F^{-1}\hat{B}_{fi},\quad L_{fi}=\hat{L}_{fi},\quad i=1,\cdots,r \tag{9.119}$$

证明　对 $P(t)$进行分块：

$$P(t)=\sum_{i=1}^{r}h_i(s(t))P_i=\sum_{i=1}^{r}h_i(s(t))\begin{bmatrix}\varphi_i & S\\ S^{\mathrm{T}} & W\end{bmatrix} \tag{9.120}$$

式中，$\varphi_i>0$；$W>0$ 且 S 是可逆的；$F=SW^{-1}S^{\mathrm{T}}$。接着定义

$$\widetilde{H}=\begin{bmatrix}I & 0\\ 0 & SW^{-1}\end{bmatrix}$$

对式(9.114)左右分别左乘 $\mathrm{diag}\{H^{-1},I,I,I,I,I,I,I,I,I,I\}$和右乘其转置。滤波器的最终设计结果为

$$A_{fi}=S^{-1}\hat{A}_{fi}S^{-\mathrm{T}}W,\quad B_{fi}=S^{-1}\hat{B}_{fi},\quad L_{fi}=\hat{L}_{fi}S^{-\mathrm{T}}W \tag{9.121}$$

$$\Phi(t)=\begin{bmatrix}\Omega(t)_{11} & \Omega(t)_{12} & \Omega(t)_{13} & \Omega(t)_{14} & \Omega(t)_{15}\\ * & \Omega(t)_{22} & 0 & \Omega(t)_{24} & \Omega(t)_{25}\\ * & * & -I & 0 & 0\\ * & * & * & \Omega(t)_{44} & \Omega(t)_{45}\\ * & * & * & * & \Omega(t)_{55}\\ * & * & * & * & *\\ * & * & * & * & *\\ * & * & * & * & *\\ * & * & * & * & *\end{bmatrix}$$

$$\begin{matrix} h_{12}H^{\mathrm{T}}T_1 & h_{12}H^{\mathrm{T}}S_1 & h_{12}H^{\mathrm{T}}K_1 & \Omega(t)_{19} \\ h_2T_2 & h_{12}S_2 & h_{12}K_2 & \Omega(t)_{29} \\ 0 & 0 & 0 & \Omega(t)_{39} \\ h_2T_3 & h_{12}S_3 & h_{12}K_3 & 0 \\ h_2T_4 & h_{12}S_4 & h_{12}K_4 & 0 \\ -h_2Z_1 & 0 & 0 & 0 \\ * & -h_{12}(Z_1+Z_2) & 0 & 0 \\ * & * & -h_{12}Z_2 & 0 \\ * & * & * & -U \end{matrix}\right]$$

$$=\sum_{i=1}^{r}h_i(s(t))\sum_{j=1}^{r}h_i(s(t))(\Gamma_{ij}+\Theta_{ij}F_i(t)\Xi_i^{\mathrm{T}}+\Xi_iF_i(t)\Theta_{ij}^{\mathrm{T}}),\quad 1\leqslant i\leqslant j\leqslant r \tag{9.122}$$

接着,可以得到

$$\Phi(t)\leqslant\sum_{i=1}^{r}\sum_{i=1}^{r}(\Gamma_{ij}+\varepsilon_{ij}^{-1}\Theta_{ij}\Theta_{ij}^{\mathrm{T}}+\varepsilon_{ij}\Xi_i\Xi_i^{\mathrm{T}}) \tag{9.123}$$

对式(9.114)和式(9.115)分别利用 Schur 补引理,可以得到

$$\Gamma_{ii}-\Upsilon_i+\varepsilon_{ij}\,\Xi_i\,\Xi_i^{\mathrm{T}}+\varepsilon_{ii}^{-1}\,\Theta_{ii}\,\Theta_{ii}^{\mathrm{T}}<0,\quad 1\leqslant i\leqslant r \tag{9.124}$$

和

$$\begin{aligned}&\Gamma_{ij}+\Gamma_{ji}-A_{ij}-A_{ij}^{\mathrm{T}}+\varepsilon_{ij}\,\Xi_i\Xi_i^{\mathrm{T}}+\varepsilon_{iji}\,\Xi_j\,\Xi_j^{\mathrm{T}}\\&+\varepsilon_{ij}^{-1}\Theta_{ij}\Theta_{ij}^{\mathrm{T}}+\varepsilon_{ji}^{-1}\Theta_{ji}\Theta_{ji}^{\mathrm{T}}<0,\quad 1\leqslant i\leqslant j\leqslant r\end{aligned} \tag{9.125}$$

由式(9.123)~式(9.125)可得

$$\begin{aligned}\Phi(t)&<\sum_{i=1}^{r}h_i^2(s(t))\Upsilon_i+\sum_{i=1}^{r-1}\sum_{j>1}^{r}h_i(s(t))h_j(s(t))(A_{ij}+A_{ij}^{\mathrm{T}})\\&=\begin{bmatrix}h_1(s(t))I\\h_2(s(t))I\\\vdots\\h_r(s(t))I\end{bmatrix}^{\mathrm{T}}\begin{bmatrix}\Upsilon_1 & A_{12} & \cdots & A_{1r}\\ * & \Upsilon_2 & \cdots & A_{2r}\\ \vdots & \vdots & & \vdots\\ * & * & \cdots & \Upsilon_r\end{bmatrix}\begin{bmatrix}h_1(s(t))I\\h_2(s(t))I\\\vdots\\h_r(s(t))I\end{bmatrix}<0\end{aligned} \tag{9.126}$$

这和式(9.101)是一样的。所以对式(9.113)~式(9.116)进行整合就可以得到式(9.101)和式(9.102)。

接着就可以得到所要设计的滤波器的表示形式,对于 $i=1,\cdots,r$,有

$$A_{fi}=S^{-\mathrm{T}}W(S^{-1}\hat{A}_{fi}S^{-\mathrm{T}}W)W^{-1}S^{\mathrm{T}}=F^{-1}\hat{A}_{fi}$$

$$B_{fi}=S^{-\mathrm{T}}W(S^{-1}\hat{B}_{fi})=F^{-1}\hat{B}_{fi},\quad L_{fi}=(\hat{L}_{fi}S^{-\mathrm{T}}W)W^{-1}S^{\mathrm{T}}=\hat{L}_{fi}$$

因此所设计的滤波器最终为式(9.119)的形式。由上面的证明可以看出,定理 9.7 中的滤波误差系统是具有 L_2-L_∞ 性能指标的渐近稳定系统。证毕。

9.5 仿真算例

9.5.1 具有单个变时滞的模糊系统无源控制仿真算例

例 9.1 考虑如下 T-S 模糊系统：

IF $x_1(t)$ is θ_{i1} THEN

$$\begin{aligned}\dot{x}(t) &= [A_i+\Delta A_i(t)]x(t)+[A_{di}+\Delta A_{di}(t)]x(t-\tau(t))\\&\quad+[B_i+\Delta B_i(t)]u(t)+D_{1i}w(t)\\y(t) &= [C_i+\Delta C_i(t)]x(t)+D_{2i}w(t)\\z(t) &= E_ix(t)+E_{di}x(t-\tau(t))+G_iw(t),\quad i=1,2\end{aligned}$$

系统各参数为

$$A_1=\begin{bmatrix}-8 & 0.3\\3 & 1\end{bmatrix},\quad A_{d1}=\begin{bmatrix}0.2 & -0.4\\0.3 & 0.4\end{bmatrix},\quad B_1=\begin{bmatrix}0.1 & 0.3\\0.3 & 0.1\end{bmatrix}$$

$$C_1=\begin{bmatrix}-0.4 & 0.1\\0.1 & 0.4\end{bmatrix},\quad D_{11}=\begin{bmatrix}0.3\\0.3\end{bmatrix},\quad D_{21}=\begin{bmatrix}0.5\\0\end{bmatrix}$$

$$E_1=[-0.4\quad 0.1],\quad E_{d1}=[0.1\quad 0.2],\quad G_1=0.2$$

$$A_2=\begin{bmatrix}-6 & 0.3\\2 & 1\end{bmatrix},\quad A_{d2}=\begin{bmatrix}0.3 & -0.3\\0.3 & 0.5\end{bmatrix},\quad B_2=\begin{bmatrix}0.12 & 0.2\\0.3 & 0.13\end{bmatrix}$$

$$C_2=\begin{bmatrix}-0.3 & 0.2\\0.2 & 0.3\end{bmatrix},\quad D_{12}=\begin{bmatrix}0.5\\0\end{bmatrix},\quad D_{22}=\begin{bmatrix}-0.5\\0\end{bmatrix}$$

$$E_2=[0.1\quad 0.4],\quad E_{d2}=[0.2\quad 0.1],\quad G_2=0.3$$

时变的参数不确定矩阵 $\Delta A_1(t)$、$\Delta A_{d1}(t)$、$\Delta B_1(t)$、$\Delta C_1(t)$ 和 $\Delta A_2(t)$、$\Delta A_{d2}(t)$、$\Delta B_2(t)$、$\Delta C_2(t)$ 满足式(9.6)，参数如下：

$$M_1=\begin{bmatrix}0.2 & 0\\0 & 0.2\end{bmatrix},\quad N_{a1}=N_{b1}=N_{c1}=N_{d1}=0.1I$$

$$M_2=\begin{bmatrix}0.2 & -0.1\\0 & 0.2\end{bmatrix},\quad N_{a2}=0.01I,\quad N_{b2}=0.02I,\quad N_{c2}=N_{d2}=0.2I$$

则模糊系统的全局模型为

$$\begin{aligned}\dot{x}(t) &= \sum_{i=1}^{2}h_i(s(t))\{[A_i+\Delta A_i(t)]x(t)+[A_{di}+\Delta A_{di}(t)]x(t-\tau(t))\\&\quad+[B_i+\Delta B_i(t)]u(t)+D_{1i}w(t)\}\\y(t) &= \sum_{i=1}^{2}h_i(s(t))\{[C_i+\Delta C_i(t)]x(t)+D_{2i}w(t)\}\end{aligned}$$

$$z(t) = \sum_{i=1}^{2} h_i(s(t))\{E_i x(t) + E_{di} x(t-\tau(t)) + G_i w(t)\}$$

式中,隶属度函数分别如下:

$$h_1(x_1(t))=\begin{cases}\frac{1}{3}, & x_1<-1\\ \frac{2}{3}+\frac{1}{3}x_1, & |x_1|\leqslant 1,\\ 1, & x_1>1\end{cases}\quad h_2(x_1(t))=\begin{cases}\frac{2}{3}, & x_1<-1\\ \frac{1}{3}-\frac{1}{3}x_1, & |x_1|\leqslant 1\\ 0, & x_1>1\end{cases}$$

本例中,令 $d=0.5$,$u=0.5$,$\alpha=0.5$,$\varepsilon=1$,$Q=\begin{bmatrix}0.5 & 0\\ 0 & 1\end{bmatrix}$,$R=\begin{bmatrix}1.5 & 0\\ 0 & 2\end{bmatrix}$。根据定理 9.2,利用 MATLAB LMI 工具箱求解式(9.18)~式(9.20)可得相应的控制器参数如下:

$$A_{k1}=10^5\begin{bmatrix}-6.2072 & 3.7802\\ -9.5101 & 5.7917\end{bmatrix},\quad A_{k2}=10^6\begin{bmatrix}-0.7824 & 0.4765\\ -1.2197 & 0.7428\end{bmatrix}$$

$$B_{k1}=\begin{bmatrix}-4.0334 & -14.1886\\ -3.8792 & -4.2698\end{bmatrix},\quad B_{k2}=\begin{bmatrix}-8.2435 & -15.2159\\ -9.7356 & -7.2554\end{bmatrix}$$

$$C_{k1}=10^5\begin{bmatrix}2.5771 & -1.5695\\ 0.4725 & -0.2878\end{bmatrix},\quad C_{k2}=10^5\begin{bmatrix}2.6799 & -1.6321\\ 1.3576 & -0.8268\end{bmatrix}$$

在这种情况下,可得时滞的最大值 $\bar{\tau}=1.52$。

利用所设计的输出反馈控制器控制所得闭环系统,系统的状态响应仿真结果如图 9.1 所示。从图中可以看出,本章所设计的模糊动态输出反馈控制器能够保证闭环系统是鲁棒渐近稳定的。

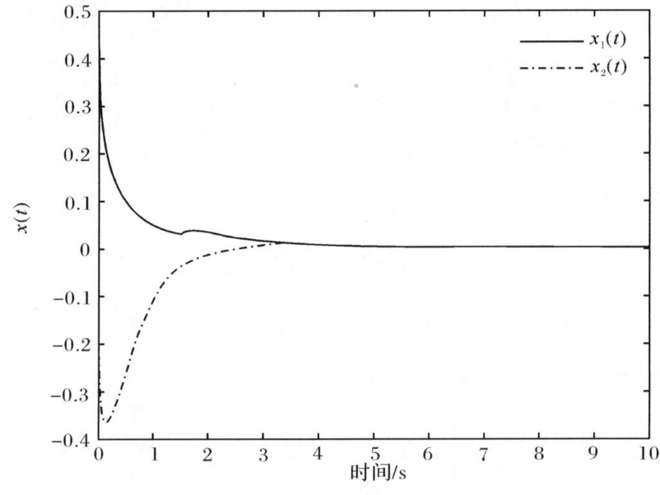

图 9.1 系统状态响应 $x(t)$

例 9.2 本节使用所设计的模糊动态输出反馈控制方法研究具有时滞现象的卡车拖车系统。考虑带有时变时滞的卡车—拖车模型[47]：

$$\dot{x}_1(t)=-\frac{av\bar{t}}{Lt_0}x_1(t)-\frac{a_1v\bar{t}}{Lt_0}x_1(t-\tau(t))+\frac{v\bar{t}}{lt_0}u(t)$$

$$\dot{x}_2(t)=\frac{av\bar{t}}{Lt_0}x_1(t)+\frac{a_1v\bar{t}}{Lt_0}x_1(t-\tau(t))$$

$$\dot{x}_3(t)=\frac{v\bar{t}}{t_0}\sin\left(x_2(t)+\frac{av\bar{t}}{2L}x_1(t)+\frac{a_1v\bar{t}}{2L}x_1(t-\tau(t))\right)$$

式中，l 为卡车长度；L 为拖车长度；v 为固定的倒车速度；$\tau(t)$是满足式(4.5)的时变时滞。该模型中的参数设定为 $l=2.8,L=5.5,v=-1.0,\bar{t}=2.0,t_0=0.5,a=0.9,a_1=1-a$。该系统模型可以描述为如下的带有时变时滞的 T-S 模糊系统。

规则 1：IF $\theta(t)=x_2(t)+\frac{av\bar{t}}{2L}x_1(t)+\frac{a_1v\bar{t}}{2L}x_1(t-\tau(t))$ is about 0 THEN

$$\dot{x}(t)=A_1x(t)+A_{d1}x(t-\tau(t))+B_1u(t) \tag{9.127}$$

规则 2：IF $\theta(t)=x_2(t)+\frac{av\bar{t}}{2L}x_1(t)+\frac{a_1v\bar{t}}{2L}x_1(t-\tau(t))$ is about π or $-\pi$

THEN

$$\dot{x}(t)=A_2x(t)+A_{d2}x(t-\tau(t))+B_2u(t) \tag{9.128}$$

式中

$$A_1=\begin{bmatrix}-\frac{av\bar{t}}{Lt_0} & 0 & 0\\ \frac{av\bar{t}}{Lt_0} & 0 & 0\\ \frac{av^2\bar{t}^2}{2Lt_0} & \frac{v\bar{t}}{t_0} & 0\end{bmatrix},\quad A_2=\begin{bmatrix}-\frac{av\bar{t}}{Lt_0} & 0 & 0\\ \frac{av\bar{t}}{Lt_0} & 0 & 0\\ \frac{abv^2\bar{t}^2}{2Lt_0} & \frac{bv\bar{t}}{t_0} & 0\end{bmatrix}$$

$$A_{d1}=\begin{bmatrix}-\frac{a_1v\bar{t}}{Lt_0} & 0 & 0\\ \frac{a_1v\bar{t}}{Lt_0} & 0 & 0\\ \frac{a_1v^2\bar{t}^2}{2Lt_0} & 0 & 0\end{bmatrix},\quad A_{d2}=\begin{bmatrix}-\frac{a_1v\bar{t}}{Lt_0} & 0 & 0\\ \frac{a_1v\bar{t}}{Lt_0} & 0 & 0\\ \frac{a_1bv^2\bar{t}^2}{2Lt_0} & 0 & 0\end{bmatrix}$$

$$B_1=\begin{bmatrix}\frac{v\bar{t}}{lt_0}\\ 0\\ 0\end{bmatrix},\quad B_2=\begin{bmatrix}\frac{v\bar{t}}{lt_0}\\ 0\\ 0\end{bmatrix}$$

设 $b=10t_0/\pi$，隶属度函数选取为

$$h_1(\theta)=\left[1-\frac{1}{1+\exp(-3(\theta(t)-0.5\pi))}\right]\left[\frac{1}{1+\exp(-3(\theta(t)-0.5\pi))}\right]$$

$$h_2(\theta)=1-h_1(\theta)$$

为了应用上述系统来验证定理 9.2 中提出的设计方法，假设式(9.127)和式(9.128)中含有扰动输入，其系数为

$$D_{11}=D_{12}=[0.1\quad 0.1\quad 0.1]^{\mathrm{T}}$$

此外，式(9.127)和式(9.128)中其他参数选取为

$$C_1=C_2=I,\quad D_{11}=D_{22}=[0.1\quad 0\quad 0]^{\mathrm{T}}$$

$$E_1=[-0.4\quad 0.1\quad 0.2],\quad E_2=[0.1\quad 0.4\quad 0.2]$$

$$E_{d1}=[0.1\quad 0.2\quad 0.1],\quad E_{d2}=[0.2\quad 0.1\quad 0.1]$$

$$G_1=0.2,\quad G_2=0.3,\quad M_1=M_2=0$$

$$N_{ai}=N_{bi}=N_{ci}=N_{di}=0$$

取时滞 $\tau(t)$ 为 $\tau(t)=2+2\sin(0.25t)$。容易验证 $0\leqslant\tau(t)\leqslant 4$ 和 $\dot{\tau}(t)\leqslant 0.5$。取 $\bar{\tau}=4, d=0.5, u=0.5, \alpha=2$，则式(9.18)～式(9.20)是可行的，使用 MATLAB LMI Control Toolbox 求解式(9.18)～式(9.20)，可以得到一组解如下：

$$X=\begin{bmatrix}169.6233 & 88.1545 & -32.5832\\ 88.1545 & 163.6991 & 30.4007\\ -32.5832 & 30.4007 & 78.6077\end{bmatrix}$$

$$Y=\begin{bmatrix}5.4929 & 0.1734 & -0.1838\\ 0.1734 & 0.0547 & 0.0829\\ -0.1838 & 0.0829 & 0.3549\end{bmatrix}$$

$$\Omega_1=\begin{bmatrix}-23.4194 & 0.3192 & -0.9939\\ 0.8670 & -1.1876 & -0.0647\\ -0.9502 & 4.5057 & -1.2920\end{bmatrix}$$

$$\Omega_2=\begin{bmatrix}-19.6461 & -0.5244 & -0.8517\\ 0.5738 & -0.8100 & 1.1181\\ -1.3523 & 6.8805 & -3.1269\end{bmatrix}$$

$$\Phi_1=\begin{bmatrix}-188.3307 & 205.9543 & 12.6665\\ -297.7969 & -9.5869 & 207.5406\\ -53.1397 & 211.4204 & -162.4472\end{bmatrix}$$

$$\Phi_2=\begin{bmatrix}-188.0339 & 205.4151 & 12.4304\\ -298.3254 & -8.8056 & 208.4492\\ -53.2246 & 212.3604 & -162.7584\end{bmatrix}$$

$$\psi_1=[127.7374\quad -0.0831\quad -0.1858]$$

$$\psi_2=[127.7203\quad -0.0839\quad -0.1750]$$

选取非奇异矩阵 S 和 W 为

$$S=\begin{bmatrix} 0.1 & 0.1 & 0 \\ 0 & 0.8 & -0.5 \\ 0 & 0.1 & 0.1 \end{bmatrix},\quad W=10^3\begin{bmatrix} -9.8537 & 0.3337 & 1.5479 \\ -0.2858 & -0.0295 & 0.0043 \\ 0.4969 & -0.1425 & -0.2116 \end{bmatrix}$$

容易验证选取的矩阵 S 和 W 满足式(9.21)，则由定理 9.2 可得如下模糊输出反馈控制器参数：

$$A_{k1}=10^4\begin{bmatrix} -0.1698 & 1.4460 & -1.3714 \\ 0.0057 & -0.0486 & 0.0459 \\ 0.0260 & -0.2222 & 0.2104 \end{bmatrix}$$

$$A_{k2}=10^4\begin{bmatrix} -0.1706 & 1.4528 & -1.3778 \\ 0.0060 & -0.0517 & 0.0488 \\ 0.0266 & -0.2267 & 0.2147 \end{bmatrix}$$

$$B_{k1}=10^3\begin{bmatrix} -1.4498 & 1.2538 & 0.5918 \\ -0.4335 & 0.8058 & -0.4652 \\ -0.0979 & 1.3084 & -1.1593 \end{bmatrix}$$

$$B_{k2}=10^3\begin{bmatrix} -1.4461 & 1.2442 & 0.5900 \\ -0.4342 & 0.8100 & -0.4656 \\ -0.0981 & 1.3136 & -1.1619 \end{bmatrix}$$

$$C_{k1}=\begin{bmatrix} -0.6735 & 5.7349 & -5.4408 \end{bmatrix}$$

$$C_{k2}=\begin{bmatrix} -0.6738 & 5.7382 & -5.4440 \end{bmatrix}$$

下面给出仿真结果。首先设初始条件为 $x(0)=[0.1\quad -0.1\quad 0.2]^{\mathrm{T}}$，扰动输入为 $w(t)=\dfrac{1}{t+0.1}$。图 9.2 所示为开环系统状态轨迹曲线。该图表明开环系统是不稳定的。图 9.3 所示为闭环系统状态轨迹曲线。该图表明闭环系统是稳定的。定义

$$v(t)=2\int_0^t w(t)^{\mathrm{T}}z(t)\mathrm{d}t+\alpha\int_0^t w(s)^{\mathrm{T}}w(s)\mathrm{d}s$$

图 9.4 所示为 $v(t)$ 的轨迹曲线。从图中可以看出，存在 $\alpha\geqslant 0$ 使得式(9.10)成立。因此，闭环系统是无源的。这些仿真结果表明，本例中所设计的动态输出反馈控制器是符合设计要求的。

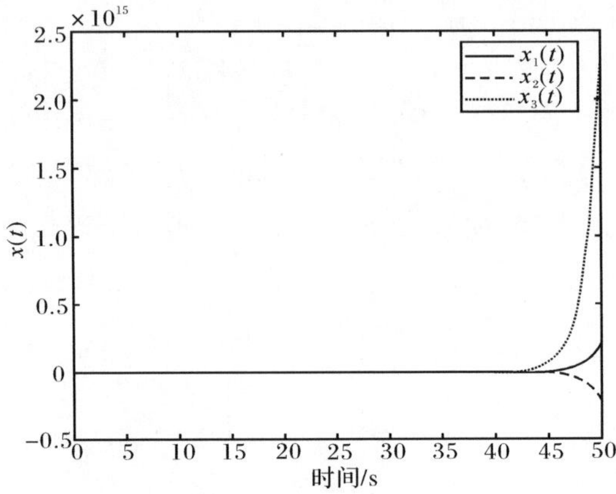

图 9.2　开环系统状态响应 $x(t)$

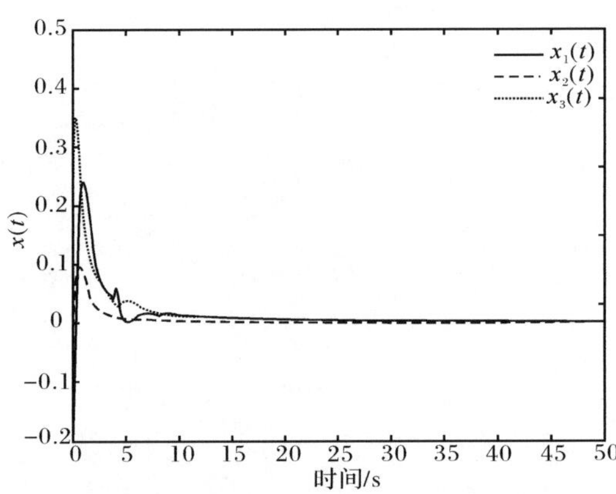

图 9.3　闭环系统状态响应 $x(t)$

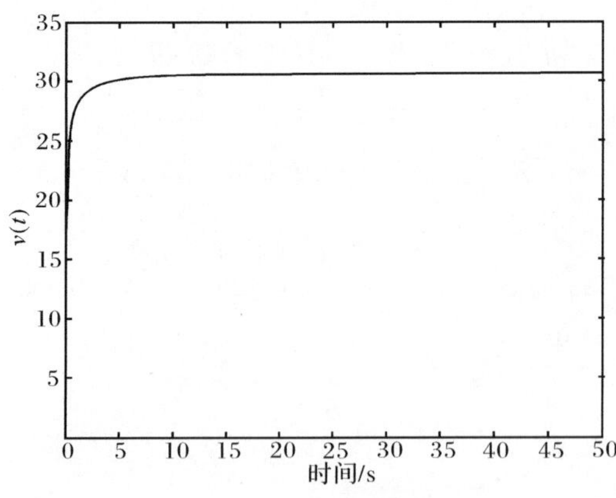

图 9.4　$v(t)$的轨线

9.5.2 具有多个变时滞的模糊系统无源控制仿真算例

例 9.3 本例使用仿真算例来说明上述所设计的无源输出反馈控制器的有效性。不确定 T-S 模糊系统描述如下：

$$\dot{x}(t)=\sum_{i=1}^{2}h_i(s(t))[A_ix(t)+A_{di}x(t-\tau_1(t)-\tau_2(t))+B_iu(t)+D_{1i}w(t)]$$

$$y(t)=\sum_{i=1}^{2}h_i(s(t))[C_ix(t)]$$

$$z(t)=\sum_{i=1}^{2}h_i(s(t))[E_ix(t)+D_{2i}w(t)+E_{1i}u(t)]$$

式中

$$A_{01}=\begin{bmatrix}-5 & 0.2\\ 0 & 0.01\end{bmatrix},\quad A_{d01}=\begin{bmatrix}-0.1 & 0\\ 0.1 & -0.1\end{bmatrix},\quad B_{01}=\begin{bmatrix}1 & 3\\ 2 & 1\end{bmatrix}$$

$$C_1=\begin{bmatrix}0.2 & 0.1\\ 0.1 & 1\end{bmatrix},\quad D_{11}=\begin{bmatrix}0.3\\ 0.3\end{bmatrix},\quad D_{31}=0.2$$

$$E_1=[-0.4\quad 0.1],\quad E_{11}=[0.1\quad 0.2]$$

$$A_{02}=\begin{bmatrix}-6 & 0\\ 0.1 & 0.05\end{bmatrix},\quad A_{d02}=\begin{bmatrix}-0.2 & 0.1\\ 0.1 & -0.2\end{bmatrix},\quad B_{02}=\begin{bmatrix}1 & 4\\ 2 & 4\end{bmatrix}$$

$$C_2=C_1,\quad D_{12}=D_{11},\quad D_{32}=0.3$$

$$E_2=[0.1\quad 0.4],\quad E_{12}=[0.2\quad 0.1]$$

$$\Delta a_i^{pq}=0.001I,\quad \Delta a_{di}^{pq}=0.002I,\quad \Delta b_i^{pk}=0.001I$$

隶属度函数为

$$h_1(x_1(t))=\begin{cases}\dfrac{1}{3}, & x_1<-1\\ \dfrac{2}{3}+\dfrac{1}{3}x_1, & |x_1|\leqslant 1\\ 1, & x_1>1\end{cases}$$

$$h_2(x_1(t))=\begin{cases}\dfrac{2}{3}, & x_1<-1\\ \dfrac{1}{3}-\dfrac{1}{3}x_1, & |x_1|\leqslant 1\\ 0, & x_1>1\end{cases}$$

本例中，给定 $\tau=0.1$，$\bar{\tau}_1=0.4$，$\bar{\tau}_2$ 的最大值为 3；而当给定 $\tau=0.1$，$\bar{\tau}_2=0.1$，$\bar{\tau}_1$ 的最大值为 3。为了设计模糊无源静态输出反馈控制器，首先选取

$$\tau=0.1,\quad \bar{\tau}_1=0.1,\quad \bar{\tau}_2=0.1,\quad d_1=0.1,\quad d_{12}=0.8,\quad \gamma=0.5$$

初始条件 $x(0)=[0.1\quad -0.8]^{\mathrm{T}}$，外部扰动 $w(t)$ 设为

$$w(t)=\frac{1}{t+0.1},\quad t\geqslant 0$$

然后，解式(9.49)～式(9.51)和式(9.52)可得如下一组解：

$$N_1=\begin{bmatrix}0.1060 & -0.0538\\ -0.0488 & 0.0746\end{bmatrix},\quad N_2=\begin{bmatrix}0.4842 & -0.2166\\ -1829 & 0.1025\end{bmatrix}$$

进而可解得带有时滞的模糊无源静态输出反馈控制器增益如下：

$$K_1=\begin{bmatrix}2.2558 & -0.3342\\ -0.6589 & 0.2232\end{bmatrix},\quad K_2=\begin{bmatrix}10.8439 & -2.4939\\ -3.9293 & 0.9533\end{bmatrix}$$

图 9.5～图 9.8 依次为闭环系统的状态响应、控制输入、测量输出和被控输出的仿真图。定义 $v(t)=2\int_0^t w(t)^{\mathrm{T}}z(t)\mathrm{d}t+\alpha\int_0^t w(s)^{\mathrm{T}}w(s)\mathrm{d}s$ 。图 9.9 给出了 $v(t)$ 的轨迹曲线。从仿真结果可以看出，所设计的带有时滞的模糊无源静态输出反馈控制器能够使闭环系统($\tilde{\Sigma}'_9$)稳定且满足无源性。

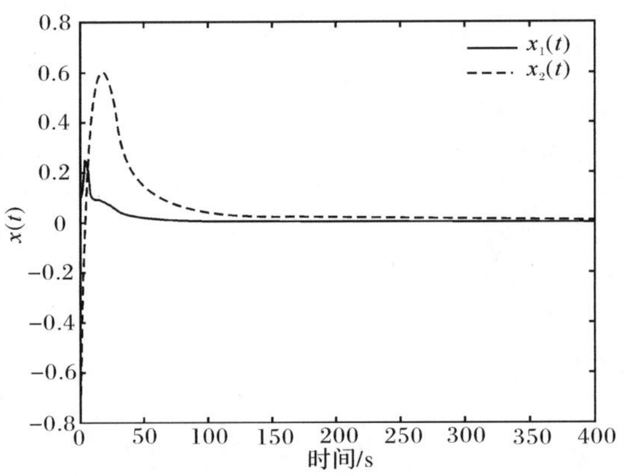

图 9.5 系统状态响应 $x(t)$

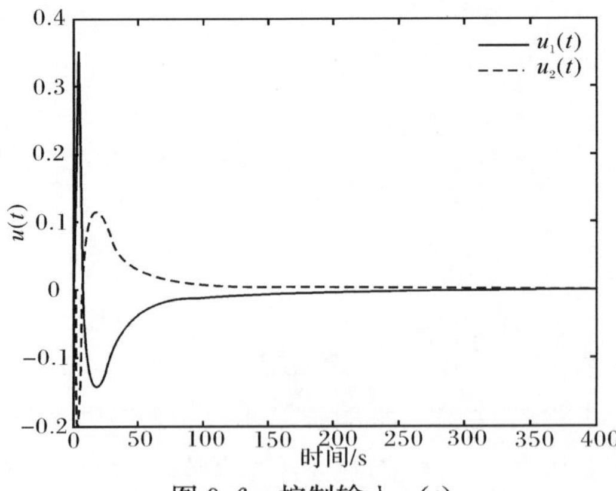

图 9.6 控制输入 $u(t)$

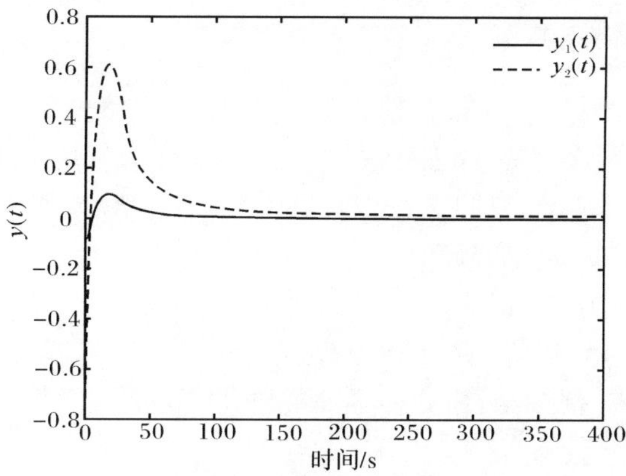

图 9.7　测量输出 $y(t)$

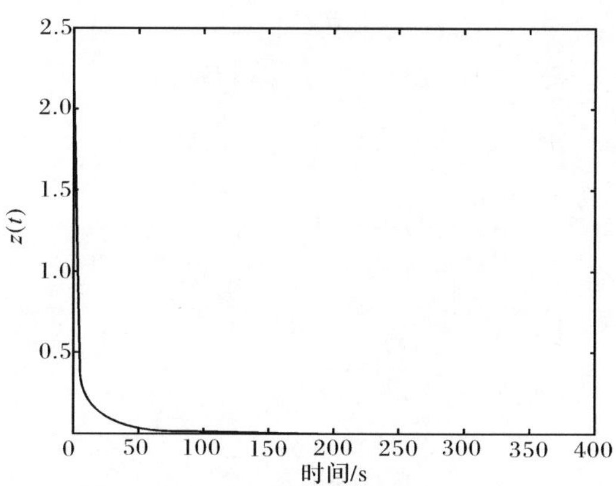

图 9.8　被控输出 $z(t)$

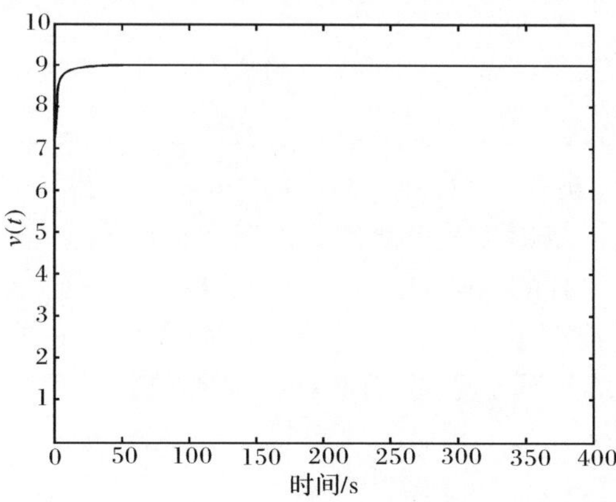

图 9.9　$v(t)$的轨迹曲线

9.5.3 L_2-L_∞滤波仿真算例

例 9.4 本节采用并行分布补偿机制，利用文献[48]中的系统来验证所设计的鲁棒 L_2-L_∞ 滤波器设计方法的有效性，由于文献[48]所研究的是 H_∞ 滤波，所以不能与该文献进行对比，我们只对比两种不同 Lyapunov 函数下的结果。

规则 1：IF $x_1(t)$ is u_1 THEN

$$\begin{aligned}\dot{x}(t) &= [A_1 + \Delta A_1(t)]x(t) + [A_{d1} + \Delta A_{d1}(t)]x(t-\tau(t)) \\ &\quad + [B_1 + \Delta B_1(t)]w(t) \\ y(t) &= C_1 x(t) + C_{d1} x(t-\tau(t)) + D_1 w(t) \\ z(t) &= L_1 x(t)\end{aligned}$$

规则 2：IF $x_1(t)$ is u_2 THEN

$$\begin{aligned}\dot{x}(t) &= [A_2 + \Delta A_2(t)]x(t) + [A_{d2} + \Delta A_{d2}(t)]x(t-\tau(t)) \\ &\quad + [B_2 + \Delta B_2(t)]w(t) \\ y(t) &= C_2 x(t) + C_{d2} x(t-\tau(t)) + D_2 w(t) \\ z(t) &= L_2 x(t)\end{aligned}$$

式中

$$A_1 = \begin{bmatrix} -2.1 & 0.1 \\ 1.0 & -2.0 \end{bmatrix}, \quad A_{d1} = \begin{bmatrix} -1.1 & 0.1 \\ -0.8 & -0.9 \end{bmatrix}, \quad B_1 = \begin{bmatrix} 1 \\ -0.2 \end{bmatrix}$$

$$C_1 = [8 \quad 0], \quad L_1 = [1.0 \quad -0.5], \quad C_{d1} = [-6.4 \quad 0], \quad D_1 = 0.3$$

$$M_{11} = \begin{bmatrix} 0.2 \\ 0.1 \end{bmatrix}, \quad N_{11} = [-0.5 \quad 0.2], \quad N_{21} = [0.4 \quad 0.2], \quad N_{31} = -0.4$$

$$A_2 = \begin{bmatrix} -1.9 & 0 \\ -0.2 & -1.1 \end{bmatrix}, \quad A_{d2} = \begin{bmatrix} -0.9 & 0 \\ -1.1 & -1.2 \end{bmatrix}, \quad B_2 = \begin{bmatrix} 0.3 \\ 0.3 \end{bmatrix}$$

$$C_1 = [4 \quad -4.8], \quad L_1 = [-0.2 \quad 0.3], \quad C_{d1} = [-1.6 \quad 8], \quad D_2 = -0.6$$

$$M_{12} = \begin{bmatrix} 0.4 \\ -0.1 \end{bmatrix}, \quad N_{12} = [0 \quad -0.2], \quad N_{22} = [-0.1 \quad -0.2], \quad N_{32} = 0.2$$

隶属度函数 u_1 和 u_2 为

$$u_1 = \sin^2(x_1(t)), \quad u_2 = \cos^2(x_1(t))$$

首先给出要设计滤波器的原系统的状态响应如图 9.10 所示。

通过使用 MATLAB 的 LMI 控制模块，可以看出两种方法下的线性矩阵不等式都是可解的。然后给定干扰抑制水平 $\gamma = 0.4$，可以通过求解得到对于任意的 $\tau(t) = 0.05\sin(t) + 0.45$，基于全局 Lyapunov 函数方法的鲁棒 L_2-L_∞ 模糊滤波器如下：

$$A_{f1} = \begin{bmatrix} -1.6001 & 0.0933 \\ 1.6169 & -2.6051 \end{bmatrix}, \quad A_{f2} = \begin{bmatrix} -0.5625 & -0.0171 \\ 5.9756 & -1.8728 \end{bmatrix}$$

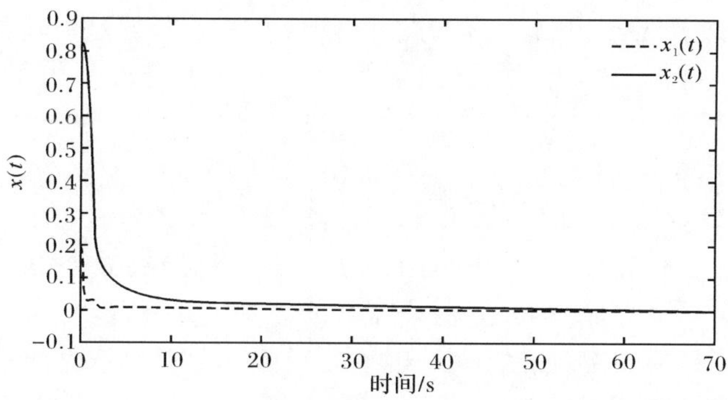

图 9.10　原系统状态响应

$$B_{f1}=\begin{bmatrix}0.0025\\-1.0102\end{bmatrix},\quad B_{f2}=\begin{bmatrix}0.0034\\-1.0050\end{bmatrix}$$

$$L_{f1}=[-4.7998\quad -2.0166],\quad L_{f2}=[-4.6404\quad -2.0355]$$

图 9.11 和图 9.12 是上述滤波系统状态响应图和滤波误差系统的观测信号观测输出图。从仿真结果可以看出，所设计的 L_2-L_∞ 控制器满足所给的要求。

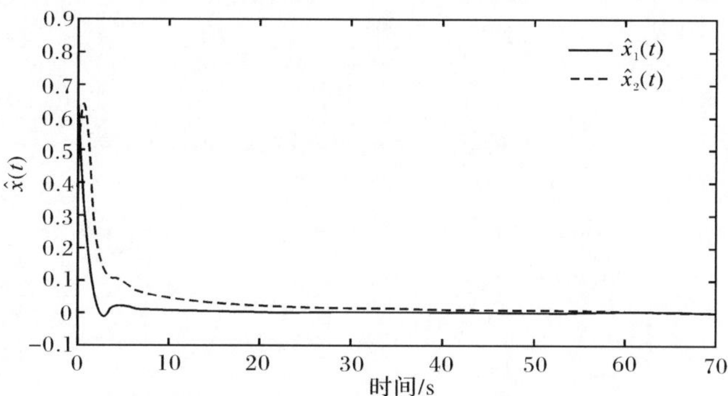

图 9.11　滤波系统状态响应

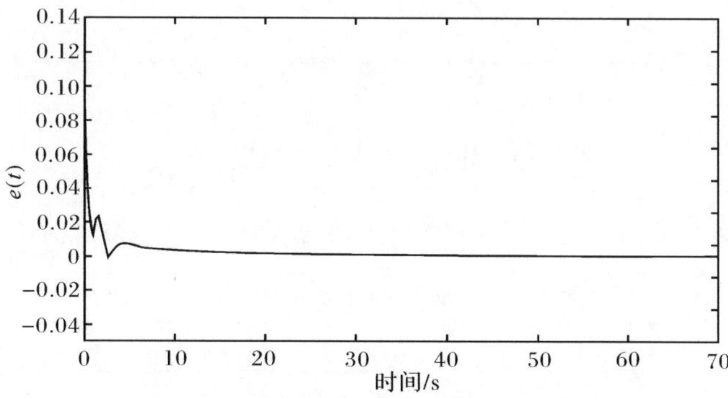

图 9.12　滤波误差系统观测信号响应

同样，基于模糊 Lyapunov 函数方法的鲁棒 L_2-L_∞ 模糊滤波器如下：

$$A_{f1}=\begin{bmatrix}-0.7866 & -0.0564\\ 0.3434 & -1.7651\end{bmatrix},\quad A_{f2}=\begin{bmatrix}-1.4582 & 0.0054\\ 0.8934 & -2.9813\end{bmatrix}$$

$$B_{f1}=\begin{bmatrix}0.0034\\ -0.9895\end{bmatrix},\quad B_{f2}=\begin{bmatrix}0.0102\\ -1.7820\end{bmatrix}$$

$$L_{f1}=\begin{bmatrix}-4.5642 & -1.9864\end{bmatrix},\quad L_{f2}=\begin{bmatrix}-4.7650 & -2.1001\end{bmatrix}$$

下面给出采用模糊加权 Lyapunov 函数所得到的滤波器状态响应图和滤波误差系统的观测信号响应图，如图 9.13 和图 9.14 所示。从仿真结果也可以看出，所设计的滤波器满足所给的要求。

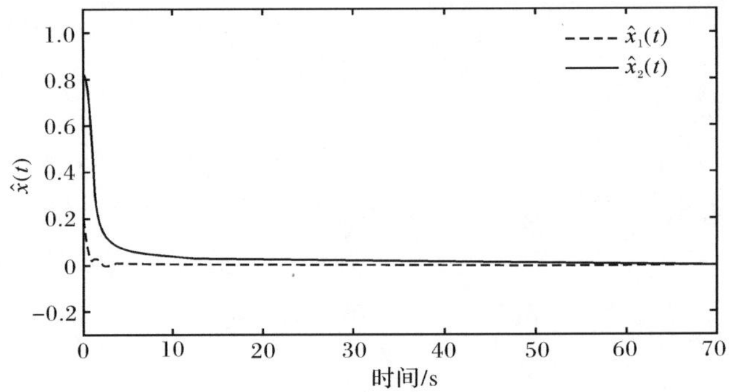

图 9.13　滤波系统状态响应

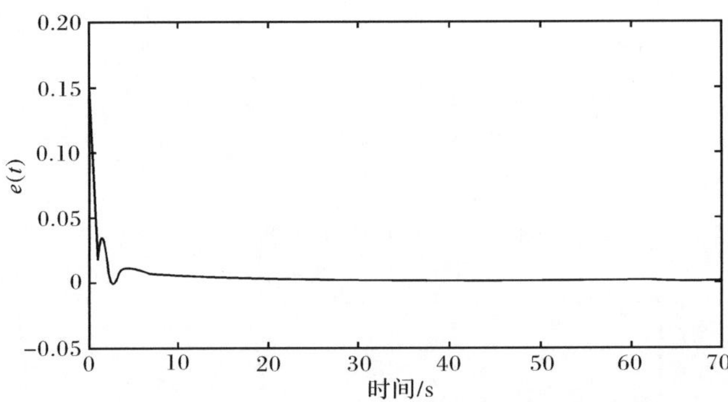

图 9.14　滤波误差系统观测信号响应

由本章不同方法所得到的干扰抑制比最小量的对比结果如表 9.1 所示。

表 9.1　不同方法下最小 Υ 值对比

h_2	0.9	0.9	0.8	0.7	0.6	0.5
h_1	0.1	0.2	0.2	0.3	0.3	0.4

续表

全局 Lyapunov 函数方法的最小 Υ	0.44	0.42	0.40	0.40	0.38	0.38
模糊 Lyapunov 函数方法的最小 Υ	0.36	0.40	0.36	0.34	0.33	0.31

可以看到,模糊加权 Lyapunov 函数的选取比全局 Lyapunov 函数确实具有更小的保守性。由于本章所得的两种滤波器都尽可能地减小结果的保守性,选用新的自由加权矩阵,且在得到结果的推导中尽量避免了不等式的放大,在时滞项的考虑上,也在 Lyapunov 函数中加入了新部分,使得时滞的信息没有遗漏,进一步减小了结果的保守性。此外,由于所研究的模糊系统中存在范数有界的参数不确定项,所以针对这种系统所设计出的滤波器能够适应系统参数在一定范围内的范数变化,也就是滤波器具有鲁棒性。特别地,当这些范数有界不确定项全部为 0 时,所设计的滤波器也满足条件。

9.6 小　　结

本章对一类带有时变时滞的不确定 T-S 模糊系统进行了无源动态输出反馈控制问题研究。首先,给出了适合时变时滞模糊系统的 Lyapunov-Krasovskii 泛函,然后以 LMI 的形式给出了闭环系统满足无源性的时滞相关的稳定性分析结果。在此基础上,设计了使得闭环系统满足无源性的模糊动态输出反馈控制器。然后,针对一类带有区间不确定参数和多时变时滞的连续时间 T-S 模糊系统,设计了带有时滞的模糊无源静态输出反馈控制器,得到了一个满足无源性的带有时滞的模糊无源静态输出反馈控制器存在的充分条件,并给出了具体的设计方法。提供的数值算例验证了所设计的带有时滞的模糊无源静态输出反馈控制器的有效性。最后,针对一类连续时间的变时滞不确定 T-S 模糊系统,基于不同的 Lyapunov 函数选取方法设计了两类鲁棒 L_2-L_∞ 滤波器。推导得到了滤波器存在的充分条件,并给出了设计方法。模糊加权 Lyapunov 函数是减小系统保守性的一个被广泛采纳的方法,经过仿真算例的演示,可以看出基于模糊加权 Lyapunov 函数的滤波器确实优于基于全局 Lyapunov 函数的结果,具有较小的保守性。

参 考 文 献

[1] Lozano R, Brogliato B, Egeland O, et al. Dissipative Systems Analysis and Control: Theory and Applications. 2nd Edition [M]. London: Springer-Verlag, 2007.

[2] 李桂芳. 不确定系统的耗散性与无源性问题研究 [D]. 南京:南京理工大学,2006.

[3] Vidyasagar M. L_2-stability of interconnected systems using a reformulation of passivity theorem [J]. IEEE Transactions on Circuits and Systems, 1977, 24(11): 637—645.

[4] Willems J C. Dissipative dynamical systems part Ⅰ:general theory [J]. Archive for Rational Mechanics and Analysis,1972,45(5):321—351.

[5] Willems J C. Dissipative dynamical systems part Ⅱ:Linear systems with quadratic supply rates [J]. Archive for Rational Mechanics and Analysis,1971,45(5):352—393.

[6] Niculescu S I,Lozano R. On the passivity of linear delay systems [J]. IEEE Transactions on Automatic Control,2001,46(3):460—464.

[7] Psillakis H E,Alexandridis A T. A simple nonlinear adaptive-fuzzy passivity-based control of power systems [J]. Nonlinear Dynamics and Systems Theory,2007,7(1):51—67.

[8] Wang C,Yao X,Wu L,et al. On passivity and passification of Markovian jump systems [C]. Proceedings of 48th IEEE Conference on Decision and Control,Shanghai,2009:7145—7150.

[9] Wu L,Zheng W. Passivity-based sliding mode control of uncertain singular time-delay systems [J]. Automatica,2009,45(9):2120—2127.

[10] Li Y,Fu Y,Duan G. Robust passive control for T-S fuzzy systems [J]. Computational Intelligence,2006,4114:146—151.

[11] Zhang B,Zheng W,Xu S. On passive analysis of fuzzy time-varying delayed systems [C]. Proceedings of the 7th Asian Control Conference,Hong Kong,2009:1034—1039.

[12] Chang W J,Ku F C,Ku C C. Fuzzy control for discrete passive affine T-S fuzzy systems with observer feedback [J]. Communications in Computer and Information Science,2007,2:623—631.

[13] Zhang H, Yu J. Passivity and passification of uncertain discrete-time fuzzy systems [C]. Proceedings of International Conference on Communications,Circuits and Systems,Chengdu,2008:1010—1014.

[14] Chen S S,Chang Y C,Su S F,et al. Robust static output-feedback stabilization for nonlinear discrete-time systems with time delay via fuzzy control approach [J]. IEEE Transactions on Fuzzy Systems,2005,13(2):263—272.

[15] Dong J,Yang G H. Static output feedback control synthesis for discrete-time T-S fuzzy systems [J]. International Journal of Control,Automation,and Systems,2007,5(3):349—354.

[16] Du H,Zhang N. Static output feedback control for electro hydraulic active suspensions via T-S fuzzy model approach [J]. Journal of Dynamic Systems,Measurement,and Control,2009,131(5):2120—2127.

[17] Park J H,Kwon O. On guaranteed cost control of neutral systems by retarded integral state feedback [J]. Applied Mathematics and Computation,2005,165(2):393—404.

[18] Pyragas K. Continuous control of chaos by self-controlling feedback [J]. Physics Letters A,1992,170(6):421—428.

[19] Karimi H,Gao H. LMI-based H_∞ synchronization of second-order neutral master-slave systems using delayed output feedback control [J]. International Journal of Control,Automation and Systems,2009,7(3):371—380.

[20] Wilson D A. Convolution and Hankel operator norms for linear systems [J]. IEEE Transac-

tions on Automatic Control,1989,34(1):94—97.

[21] Gao H J,Wang C H. New approach to robust L_2-L_∞ and filtering for uncertain discrete systems [J]. Science in China,2003,36(5):851—858.

[22] Gao H J,Wang C H. New approach to robust L_2-L_∞ filter design for uncertain continuous-time systems [J]. Acta Automatica Sinica,2003,29(6):809—813.

[23] Gao H J,Wang C H. Delay-dependent robust H_∞ and L_2-L_∞ filtering for a class of uncertain nonlinear time-delay systems [J]. IEEE Transactions on Automatic Control, 2003, 48(9):1661—1666.

[24] 高会军,王常红. 不确定离散系统的鲁棒 L_2-L_∞ 滤波与 H_∞ 滤波新方法 [J]. 中国科学, 2003,33(8):696—704.

[25] Gao H J,Wang C H. Robust L_2-L_∞ filtering for uncertain systems with multiple time-varying delays [J]. IEEE Transactions on Circuits and Systems,2003,50(4):594—599.

[26] Yang R,Gao H,Shi P. Delay-dependent L_2-L_∞ filter design for stochastic time-delay systems [J]. IET Control Theory & Applications,2011,5(1):1—8.

[27] Wang H O,Tanaka K,Griffin M F. An approach to fuzzy control of nonlinear systems:Stability and design issues [J]. IEEE Transactions on Fuzzy System,1996,4(1):14—23.

[28] Tanaka K, Ikede T, Wang H O. Fuzzy regulators and fuzzy observers: Relaxed stability conditions and LMI-based designs [J]. IEEE Transactions on Fuzzy Systems,1998,6(2): 250—265.

[29] Kim E,Lee H. New approaches to relaxed quadratic stability condition of fuzzy control systems [J]. IEEE Transactions on Fuzzy Systems,2000,8(5):523—534.

[30] Liu X D,Zhang Q L. Approaches to quadratic stability conditions and H_∞ control designs for T-S fuzzy systems [J]. IEEE Transactions on Fuzzy System,2003,11(6):830—839.

[31] Tanaka K,Ikeda T,Wang H O. Robust stabilization of a class of uncertain nonlinear systems via fuzzy control:Quadratic stabilizability,control theory,and linear matrix inequalities [J]. IEEE Transactions on Fuzzy Systems,1996,4(1):1—13.

[32] 孙增圻. 基于模糊状态模型的连续系统控制律设计和稳定性分析 [J]. 自动化学报,1998, 24(2):212—216.

[33] 肖晓明,蔡自兴. 基于动态全局模型的模糊控制系统稳定性分析 [J]. 中南工业大学学报, 2001,32(2):200—203.

[34] Cao S G,Rees N W,Feng G. Analysis and design for a class of complex control systems part II [J]. Automatica,1997,33(6):1029—1039

[35] Cao S G,Rees N W,Feng G. Quadratic stability analysis and design of continuous-time fuzzy control systems [J]. International Journal of System Science,1996,27(2):193—203.

[36] Cao S G,Rees N W,Feng G. Further results about quadratic stability of continuous-time fuzzy control systems [J]. International Journal of System Science,1997,28(4):397—404.

[37] Feng G. Robust H_∞ filtering of fuzzy dynamics systems [J]. IEEE Transactions on Aerospace and Electronic systems,2005,41(2):658—670.

[38] Chen C, Chiang W, Tsai C, et al. Fuzzy Lyapunov method for stability conditions of nonlinear systems [J]. International Journal on Artificial Intelligence Tools, 2006, 15 (2): 163—172.

[39] Tanaka K, Hori T, Wang H. A multiple Lyapunov function approach to stabilization of fuzzy control systems [J]. IEEE Transactions on Fuzzy Systems, 2003, 11(4): 582—589.

[40] Tanaka K, Hori T, Wang H. A fuzzy Lyapunov approach to fuzzy control system design [C]. Proceedings of American Control Conference, New York, 2001: 4790—4795.

[41] Tanaka K, Ohtake H, Wang H. A description system approach to fuzzy control system designs using fuzzy Lyapunov function [C]. Proceedings of the 2006 American Control Conference, Minneapolis, 2006: 4367—4372.

[42] 王岩，张庆灵，孙增圻，等. 离散模糊系统分析与设计的模糊 Lyapunov 方法 [J]. 自动化学报，2004，30(2)：255—260.

[43] Fridman E, Shaked U. On delay-dependent passivity [J]. IEEE Transactions on Automatic Control, 2002, 47(4): 664—669.

[44] Du H, Lam J, Sze K Y. Non-fragile output feedback H_∞ vehicle suspension control using genetic algorithm [J]. Engineering Applications of Artificial Intelligence, 2003, 16(7/8): 667—680.

[45] Ho D W C, Niu Y. Robust fuzzy design for nonlinear uncertain stochastic systems via sliding mode control [J]. IEEE Transactions on Fuzzy Systems, 2007, 15(3): 350—358.

[46] Du H, Zhang N. Static output feedback control for electro-hydraulic active suspensions via T-S fuzzy model approach [J]. Journal of Dynamic Systems, Measurement, and Control, 2009, 131(5): 2120—2127.

[47] Cao Y Y, Frank P M. Stability analysis and synthesis of nonlinear time-delay systems via linear Takagi-Sugeno fuzzy models [J]. Fuzzy Sets and Systems, 2001, 124(2): 213—229.

[48] Lin C, Wang Q G, Lee T H, et al. H_∞ filter design for nonlinear systems with time-delay through T-S fuzzy model approach [J]. IEEE Transactions on Fuzzy Systems, 2008, 16(3): 739—746.

第 10 章　模糊时滞系统的抗饱和控制

第 7～9 章针对模糊时滞系统进行的相关控制与滤波问题研究，都是基于控制输入不存在饱和现象进行的。但是几乎所有实际控制系统中的执行器件都存在幅值饱和或幅度约束问题，并且有时出于可靠性考虑，还人为地对控制器输出进行幅度限制[1]。另一方面，在很多控制系统中，输入饱和现象的存在往往会衰减闭环系统的性能，甚至导致闭环系统不稳定[2]。因此，带有饱和输入系统的提出具有深刻的工程实际背景。近 20 年来，很多学者对带有饱和输入系统的分析和综合进行了深入广泛的研究[3-12]。带有输入饱和的时滞系统及模糊系统也同样引起了人们的研究兴趣，文献[13]和[14]分别对以上两种系统进行了抗饱和控制研究。总体而言，在处理系统中带有饱和非线性问题时，主要有两种途径。第一种途径称为 one-step 方法。正如其名，这种方法在控制器设计方面采用一次成型的方式。所设计的控制器试图在考虑执行器饱和限制存在的情况下，保证闭环系统稳定及其他性能指标要求。尽管这种方法原则上是令人满意的，同时也有很多研究倾注其上，但是该方法还是存在不足。one-step 方法的保守性比较大，缺少可调部件，而且对于很多实际系统缺乏实用性。针对 one-step 方法，一种替换的方法为抗饱和补偿器(anti-windup compensator)。这种补偿器通常的处理方法是对带有输入饱和的系统设计一个抗饱和补偿器以减小饱和非线性的影响。其设计思路如下：在不考虑饱和的情况下，按照线性控制理论对系统设计一个控制器，以达到闭环系统稳定及其他的性能指标要求。然后再设计一个抗饱和补偿器，这个补偿器的作用在于尽可能地减少甚至消除当饱和发生时对系统带来的负面影响。值得指出的是，在控制系统设计中，还有很多其他方法可以用来处理饱和非线性。而且在一些特定的情况下，这些处理方法可能比抗饱和控制策略更有效。其他的处理方法介绍见文献[5]、[8]、[15]～[17]及其所列参考文献。

利用抗饱和技术对带有输入饱和的控制系统进行分析及综合的研究，主要有两种方法。第一种方法是静态抗饱和补偿器设计，另一种为动态抗饱和补偿器设计。与静态抗饱和补偿器相比，动态抗饱和补偿器在综合过程中可以提供更大的自由度，进而对于闭环系统的性能改善具有较小的保守性[18]。查阅大量文献发现，大部分抗饱和结果主要集中在带有输入饱和的非时滞系统上[11,19]。对于带有输入饱和的时滞系统的抗饱和补偿器设计，可见文献[20]～[24]及其所列参考文献。在文献[21]、[23]中，对于带有输入饱和时滞系统，研究了静态抗饱和补偿器设计问题；而对于上述系统的动态抗饱和补偿器设计问题，在文献[22]、[24]中得到了解决。更进一步，文献[20]讨论了对于带有输入饱和时滞系统的带有时滞的抗饱和补偿器设计问题，但是这种结构的补偿器不适用于实际的应用。近来，对于带有输入饱和的 T-S 模糊系统的控制器设计问题引起了控制界的广泛关注，很多学者对上述问题进行了讨论[25-27]。特别地，对于带有时变时滞及输入饱和的连续时间 T-S 模糊系统，文献[27]研究了其静态抗饱和控制器设计问题。因此在模糊时滞系统的输入饱和控制方面，本章主要研究如下问题：①针对同时具有时变时滞及输入饱和的连续时间 T-S 模糊系统，基于抗饱和技术，设计动态抗饱和补偿器，使得闭环系统在存在饱和限制的情况下是渐近稳定的；②针对同时具有时变时滞及输入饱和的离散时间 T-S 模糊系统，基于抗饱和技术，分别设计静态和动态抗饱和补偿器，使得闭环系统在存在饱和限制的情况下是渐近稳定的。最后给出期望控制器存在的设计算法。

10.1 连续时间系统控制器设计

10.1.1 问题描述

考虑一类带有时变时滞和输入饱和的不确定 T-S 模糊系统，由如下 IF-THEN 规则表示。

规则 i：IF $s_1(t)$ is u_{i1} and $\cdots$ and $s_p(t)$ is u_{ip} THEN

$$\begin{aligned}\dot{x}(t) &= [A_i + \Delta A_i(t)]x(t) + [A_{di} + \Delta A_{di}(t)]x(t-h(t)) \\ &\quad + [B_i + \Delta B_i(t)]v(t) \end{aligned} \tag{10.1}$$

$$y(t) = C_i x_i(t) \tag{10.2}$$

$$x(t) = \phi(t), \quad \forall t \in [-\tau, 0], \quad i = 1,2,\cdots,r \tag{10.3}$$

式中，u_{ij} 是模糊集；r 是 IF-THEN 模糊规则的数目；$s_1(t),\cdots,s_p(t)$ 表示前件变量；$x(t)\in\mathbb{R}^n$ 表示系统状态；$v(t)\in\mathbb{R}^m$ 为控制输入；$y(t)\in\mathbb{R}^p$ 表示测量输出；时变时滞 $h(t)$ 满足 $h(t)\leqslant\tau$，其中，τ 是正常数，代表时变时滞的上界；同时，$h(t)$ 的导数是有界的，满足 $\dot{h}(t)\leqslant d<1$；$\phi(t)$ 是给定的在 $[-\tau,0]$ 上的连续可微初值函数；A_i、A_{di}、B_i、C_i 是已知的常数矩阵；$\Delta A_i(t)$、$\Delta A_{di}(t)$ 和 $\Delta B_i(t)$ 是实值的未知矩阵，代表时变的参数不确定性，并且具有如下形式：

$$[\Delta A_i(t) \quad \Delta A_{di}(t) \quad \Delta B_i(t)] = M_i F_i(t) [N_{ai} \quad N_{adi} \quad N_{bi}], \quad i=1,2,\cdots,r \tag{10.4}$$

其中，M_i、N_{ai}、N_{adi}、N_{bi} 是已知的常数矩阵；$F_i(\cdot):\mathbb{N}\rightarrow\mathbb{R}^{l_1\times l_2}$ 是未知的矩阵函数，满足

$$F_i(t)^{\mathrm{T}} F_i(t) \leqslant I, \quad \forall t \tag{10.5}$$

如果式(10.4)和式(10.5)都满足，不确定矩阵 $\Delta A_i(t)$、$\Delta A_{di}(t)$和 $\Delta B_i(t)$则称为是允许的。

采用单点模糊化、乘积推理、中心加权平均解模糊，动态模糊模型式(10.1)～式(10.3)可以表示为(Σ_{10})

$$\dot{x}(t)=\sum_{i=1}^{r}h_i(s(t))\{[A_i+\Delta A_i(t)]x(t)+[A_{di}+\Delta A_{di}(t)]x(t-h(t))\\+[B_i+\Delta B_i(t)]v(t)\}\tag{10.6}$$

$$y(t)=\sum_{i=1}^{r}h_i(s(t))C_ix(t)\tag{10.7}$$

式中，隶属度函数的表达和式(7.10)、式(7.14)相同。同样也具有式(7.15)和式(7.16)的特征。

现在，利用并行分布补偿机制，设计如下形式的模糊动态输出反馈控制器：

$$\dot{x}_c(t)=\sum_{i=1}^{r}h_i(s(t))[A_{ci}x_c(t)+B_{ci}y(t)]\tag{10.8}$$

$$u(t)=\sum_{i=1}^{r}h_i(s(t))[C_{ci}x_c(t)+D_{ci}y(t)]\tag{10.9}$$

式中，$x_c(t)\in\mathbb{R}^{n_c}$、$y(t)\in\mathbb{R}^{p}$、$u(t)\in\mathbb{R}^{m}$分别表示控制器的状态、输入和输出；矩阵 A_{ci}、B_{ci}、C_{ci}和 D_{ci}是适当维数的常矩阵。

系统输入满足如下假设：$-v_{0_{(i)}}\leqslant v_{(i)}\leqslant v_{0_{(i)}}\ (i=1,\cdots,m)$。考虑到控制输入是有界的，实际输入到系统中的控制信号为

$$v(t)=\mathrm{sat}(u(t))$$

假设在没有输入饱和的情况下，控制器式(10.8)和式(10.9)可以镇定系统式(10.6)和式(10.7)。为了处理饱和现象，根据并行分布补偿机制设计如下形式的抗饱和补偿器，以减小饱和对于闭环系统性能的影响：

$$\dot{x}_a(t)=\sum_{i=1}^{r}h_i(s(t))[A_{ai}x_a(t)+B_{ai}\psi(u(t))]\tag{10.10}$$

$$u_a(t)=\sum_{i=1}^{r}h_i(s(t))[C_{ai}x_a(t)+D_{ai}\psi(u(t))]\tag{10.11}$$

式中，$x_a(t)\in\mathbb{R}^{n+n_c}$和 $\psi(u(t))\stackrel{\mathrm{def}}{=}\mathrm{sat}(u(t))-u(t)\in\mathbb{R}^{m}$分别为抗饱和补偿器的状态和输入向量；矩阵 A_{ai}、B_{ai}、C_{ai}和 D_{ai}是适当维数的实常矩阵；向量 $u_a(t)\in\mathbb{R}^{n_c}$是动态控制器的修正信号。

因此，补偿后的控制器式(10.8)和式(10.9)为

$$\dot{x}_c(t)=\sum_{i=1}^{r}h_i(s(t))[A_{ci}x_c(t)+B_{ci}y(t)+u_a(t)]\tag{10.12}$$

$$u(t)=\sum_{i=1}^{r}h_i(s(t))[C_{ci}x_c(t)+D_{ci}y(t)] \tag{10.13}$$

定义向量 $\xi(t)=[x(t)^{\mathrm{T}}\quad x_c(t)^{\mathrm{T}}\quad x_a(t)^{\mathrm{T}}]^{\mathrm{T}}$，则闭环系统为($\Sigma'_{10}$)

$$\begin{aligned}\dot{\xi}(t)=&\sum_{i=1}^{r}\sum_{j=1}^{r}\sum_{l=1}^{r}h_i(s(t))h_j(s(t))h_l(s(t))\{[\hat{A}_{ijl}+\Delta\hat{A}_{ijl}(t)]\xi(t)\\&+[\hat{A}_{di}+\Delta\hat{A}_{di}(t)]\xi(t-h(t))+[\hat{B}_i+\Delta\hat{B}_i(t)]\psi(u(t))\}\end{aligned} \tag{10.14}$$

式中

$$\hat{A}_{ijl}=\begin{bmatrix}A_{ijl} & \bar{I}C_{al}\\ 0 & A_{al}\end{bmatrix},\quad \Delta\hat{A}_{ijl}(t)=\begin{bmatrix}\Delta A_{ijl}(t) & 0\\ 0 & 0\end{bmatrix},\quad \hat{A}_{di}=\begin{bmatrix}\bar{A}_{di} & 0\\ 0 & 0\end{bmatrix}$$

$$\Delta\hat{A}_{di}=\begin{bmatrix}\Delta\bar{A}_{di} & 0\\ 0 & 0\end{bmatrix},\quad \hat{B}_i=\begin{bmatrix}\bar{B}_i+\bar{I}D_{al}\\ B_{al}\end{bmatrix},\quad \Delta\hat{B}_i=\begin{bmatrix}\Delta\bar{B}_i(t)\\ 0\end{bmatrix}$$

$$A_{ijl}=\begin{bmatrix}A_i+B_iD_{cj}C_l & B_iC_{cj}\\ B_{ci}C_j & A_{ci}\end{bmatrix},\quad \Delta A_{ijl}(t)=\begin{bmatrix}\Delta A_i(t)+\Delta B_i(t)D_{cj}C_l & \Delta B_i(t)C_{cj}\\ 0 & 0\end{bmatrix}$$

$$\bar{A}_{di}=\begin{bmatrix}A_{di} & 0\\ 0 & 0\end{bmatrix},\quad \Delta\bar{A}_{di}=\begin{bmatrix}\Delta A_{di}(t) & 0\\ 0 & 0\end{bmatrix},\quad \bar{B}_i=\begin{bmatrix}B_i\\ 0\end{bmatrix}$$

$$\Delta\bar{B}_i(t)=\begin{bmatrix}\Delta B_i(t)\\ 0\end{bmatrix},\quad \bar{I}=\begin{bmatrix}0\\ I\end{bmatrix}$$

初始条件为

$$\begin{aligned}\phi_{\xi}(\theta)&=[x(t_0+\theta)^{\mathrm{T}}\quad x_c(t_0+\theta)^{\mathrm{T}}\quad x_a(t_0+\theta)^{\mathrm{T}}]^{\mathrm{T}}\\&=[\phi_x(\theta)^{\mathrm{T}}\quad \phi_{x_c}(\theta)^{\mathrm{T}}\quad \phi_{x_a}(\theta)^{\mathrm{T}}]^{\mathrm{T}}\end{aligned}$$

$$\forall\theta\in[-\tau,0],\quad (t_0,\phi_x)\in\mathbb{R}^{+}\times C_{\tau}^{v}$$

控制器输出可以表示为

$$u(t)=\sum_{i=1}^{r}\sum_{j=1}^{r}h_i(s(t))h_j(s(t))K_{ij}\xi(t) \tag{10.15}$$

式中

$$K_{ij}=[D_{ci}C_j\quad C_{ci}\quad 0]$$

10.1.2　动态抗饱和输出反馈控制

本节基于 LMI 的形式给出所给系统的时滞无关和时滞相关条件下动态抗饱和控制器的设计结果。为方便定理的证明，首先给出以下引理。

引理 10.1　对于式(10.15)中的矩阵 K_{ij} $(i,j=1,\cdots,r)$，给定相应的矩阵 $L_i\in\mathbb{R}^{m\times 2(n+n_c)}$，如果向量 $\xi(t)$ 属于多面体集 $D(u_0)$，其中，$D(u_0)$定义如下：

$$D(u_0)\overset{\text{def}}{=}\{\xi(t)\in\mathbb{R}^{2(n+n_c)};-u_{0(k)}\leqslant(K_{ij(k)}-L_{i(k)})\xi(t)\leqslant u_{0(k)}$$

$$u_{0(k)} > 0, i, j = 1, \cdots, r, k = 1, \cdots, m\} \tag{10.16}$$

则对于任意正定的对角矩阵 $\Gamma \in \mathbb{R}^{m \times m}$，下面的关系成立：

$$\psi(u(t))^{\mathrm{T}} \Gamma \Big(\psi(u(t)) - \sum_{i=1}^{r} h_i(s(t)) L_i \xi(t)\Big) \leqslant 0 \tag{10.17}$$

证明　根据文献[11]，考虑如下三种情况：

(1) $-u_{0(k)} \leqslant \sum_{i,j=1}^{r} h_i h_j K_{ij(k)} \leqslant u_{0(k)}$；

(2) $\sum_{i,j=1}^{r} h_i h_j K_{ij(k)} > u_{0(k)}$；

(3) $\sum_{i,j=1}^{r} h_i h_j K_{ij(k)} < -u_{0(k)}$。

根据以上三种情况，只要 $\xi(t) \in D(u_0)$，由式(10.17)可得

$$\psi\Big(\sum_{i,j=1}^{r} h_i h_j K_{ij(k)} \xi(t)\Big)^{\mathrm{T}} \Gamma_{(k,k)} \Big[\psi\Big(\sum_{i,j=1}^{r} h_i h_j K_{ij(k)} \xi(t)\Big) - \sum_{i=1}^{r} h_i(s(t)) L_i \xi(t)\Big] \leqslant 0$$
$$\forall \Gamma_{(k,k)} > 0; \forall i, j = 1, \cdots, r; k = 1, \cdots, m$$

1. 时滞无关条件下动态抗饱和控制研究

定理 10.1　给定 d 和控制输入的上下限 u_0，如果存在正定的对称矩阵 X、Y、S、R_1、$\bar{R}_3$，任意矩阵 $\bar{R}_2$、Z_{1i}、$\widetilde{Z}_{2i}$ 和标量 $\varepsilon > 0$，使得如下线性矩阵不等式成立：

$$\Delta_{1iil} < 0, \quad \Delta_{2iil} < 0, \quad 1 \leqslant i \leqslant r \tag{10.18}$$

$$\Delta_{1iil} + \Delta_{1jil} < 0, \quad \Delta_{2ijl} + \Delta_{2jil} < 0, \quad 1 \leqslant i < j \leqslant r \tag{10.19}$$

$$\begin{bmatrix} X & * & * \\ 0 & Y - X & * \\ K_{ij(k)} X + Z_{1i(k)} + \widetilde{Z}_{2i(k)} & K_{ij(k)}(X - Y) + \widetilde{Z}_{2i(k)} & u_{0(k)}^2 \end{bmatrix} > 0 \tag{10.20}$$
$$i, j = 1, \cdots, r; k = 1, \cdots, m$$

则对于初始状态始于椭圆 $\varepsilon(P,1)$ 的闭环系统(Σ_{10}')是渐近稳定的。式中

$$\Delta_{1ijl} = \begin{bmatrix} N_a^{\mathrm{T}}(\hat{\Pi}_{1ijl} + R_1) N_a & * & * & * & * \\ X \bar{A}_{di}^{\mathrm{T}} N_a & -(1-d)\hat{R} & * & * & * \\ (X - Y)\bar{A}_{di}^{\mathrm{T}} N_a & -(1-d)(\bar{R}_2 + \bar{R}_3) & -(1-d)\bar{R}_3 & * & * \\ (S\bar{B}_i^{\mathrm{T}} + \frac{1}{2} Z_{1i}^{\mathrm{T}}) N_a & 0 & 0 & -S & * \\ \hat{N}_{aijl} Y N_a & \hat{N}_{adi} X & \hat{N}_{adi}(X - Y) & N_{bi} & -\varepsilon I \end{bmatrix}$$

$$\Delta_{2ijl}=\begin{bmatrix}\hat{\Pi}_{1ijl}+\bar{R} & * & * & * \\ Y\bar{A}_{di}^{\mathrm{T}} & -(1-d)R_1 & * & * \\ (X-Y)\bar{A}_{di}^{\mathrm{T}} & -(1-d)\bar{R}_2 & -(1-d)\bar{R}_3 & * \\ \hat{N}_{aijl}X & \hat{N}_{adi}Y & \hat{N}_{adi}(X-Y) & -\varepsilon I\end{bmatrix}$$

$$\hat{\Pi}_{1ijl}=A_{ijl}Y+YA_{ijl}^{\mathrm{T}}+\varepsilon\hat{M}_i\hat{M}_i^{\mathrm{T}},\quad N_a=\begin{bmatrix}I_n\\0_{n_c\times n}\end{bmatrix},\quad \hat{R}=R_1+\bar{R}_2+\bar{R}_2^{\mathrm{T}}+\bar{R}_3$$

$$K_{ij}=[D_{ci}C_j\quad C_{ci}],\quad \hat{N}_{aijl}=[N_{ai}+N_{bi}D_{cj}C_l\quad N_{bi}C_{cj}]$$

$$\hat{N}_{adi}=[N_{adi}\quad 0],\quad \hat{M}_i=\begin{bmatrix}M_i\\0\end{bmatrix}$$

证明　式(10.20)表明集合 $\varepsilon(P)=\{\xi(t)\in\mathbb{R}^{n+n_c};\xi(t)^{\mathrm{T}}P\xi(t)\leqslant 1\}$ 包含在多面体 $D(u_0)$ 中，其中，$D(u_0)$ 在式(10.16)中定义。

首先定义如下形式的 Lyapunov 候选函数：

$$V(t)=V_1(t)+V_2(t)$$

式中

$$V_1(t)=\xi(t)^{\mathrm{T}}P\xi(t)$$

$$V_2(t)=\int_{t-h(t)}^{t}\xi(\theta)^{\mathrm{T}}R\xi(\theta)\mathrm{d}\theta$$

$V(t)$沿式(10.14)的轨迹对时间求导有

$$\begin{aligned}\dot{V}(t)=&\,2\xi(t)^{\mathrm{T}}P\dot{\xi}(t)+\xi(t)^{\mathrm{T}}R\xi(t)-(1-\dot{h}(t))\xi(t-h(t))^{\mathrm{T}}R\xi(t-h(t))\\=&\sum_{i=1}^{r}\sum_{j=1}^{r}\sum_{l=1}^{r}h_i(s(t))h_j(s(t))h_l(s(t))\{2\xi(t)^{\mathrm{T}}P[(\hat{A}_{ijl}+\Delta\hat{A}_{ijl}(t))\xi(t)\\&+(\hat{A}_{di}+\Delta\hat{A}_{di}(t))\xi(t-h(t))+(\hat{B}_i+\Delta\hat{B}_i(t))\psi(u(t))]\\&+\xi(t)^{\mathrm{T}}R\xi(t)-(1-\dot{h}(t))\xi(t-h(t))^{\mathrm{T}}R\xi(t-h(t))\}\end{aligned}\tag{10.21}$$

注意到

$$[\Delta\hat{A}_{ijl}(t)\quad \Delta\hat{A}_{di}(t)\quad \Delta\hat{B}_i(t)]=\bar{M}_iF_i(t)[N_{aijl}\quad \bar{N}_{adi}\quad N_{bi}]\tag{10.22}$$

式中

$$\bar{M}_i=\begin{bmatrix}\hat{M}_i\\0\end{bmatrix},\quad N_{aijl}=[\hat{N}_{aijl}\quad 0],\quad \bar{N}_{adi}=[\hat{N}_{adi}\quad 0]$$

利用引理 2.9，可得

$$\begin{aligned}&2\xi(t)^{\mathrm{T}}P[\Delta\hat{A}_{ijl}(t)\xi(t)+\Delta\hat{A}_{di}(t)\xi(t-h(t))+\Delta\hat{B}_i(t)\psi(u(t))]\\&\leqslant\varepsilon\,\xi(t)^{\mathrm{T}}P\bar{M}_i\bar{M}_i^{\mathrm{T}}P\xi(t)+\varepsilon^{-1}\beta(t)^{\mathrm{T}}N_{ijl}^{\mathrm{T}}N_{ijl}\beta(t)\end{aligned}\tag{10.23}$$

式中

$$\beta(t)=[\xi(t)^{\mathrm{T}} \quad \xi(t-h(t))^{\mathrm{T}} \quad \psi(u(t))^{\mathrm{T}}]^{\mathrm{T}}, \quad N=[N_{aijl} \quad \bar{N}_{adi} \quad N_{bi}] \tag{10.24}$$

根据引理 10.1,由式(10.21)和式(10.23)可得

$$\begin{aligned}
\dot{V}(t)\leqslant & \sum_{i=1}^{r}\sum_{j=1}^{r}\sum_{l=1}^{r}h_i(s(t))h_j(s(t))h_l(s(t))[\xi(t)^{\mathrm{T}}P(\hat{A}_{ijl}+\hat{A}_{ijl}^{\mathrm{T}}P \\
& +\varepsilon P\bar{M}_i\bar{M}_i^{\mathrm{T}}P+R)\xi(t)+2\xi(t)^{\mathrm{T}}P\hat{A}_{di}\xi(t-h(t)) \\
& +2\xi(t)^{\mathrm{T}}P\hat{B}_i\psi(u(t))+\psi(u(t))^{\mathrm{T}}\Gamma(\psi(u(t)))-L_i\xi(t)) \\
& -(1-d)\xi(t-h(t))^{\mathrm{T}}R\xi(t-h(t))+\varepsilon^{-1}\beta(t)^{\mathrm{T}}N_{ijl}^{\mathrm{T}}N_{ijl}\beta(t)] \\
= & \sum_{i=1}^{r}\sum_{l=1}^{r}h_i\,(s(t))^2h_l(s(t))\beta(t)^{\mathrm{T}}\Sigma_{iil}\beta(t) \\
& +2\sum_{i,j=1,i<j}^{r}\sum_{l=1}^{r}h_i(s(t))h_j(s(t))h_l(s(t))\beta(t)^{\mathrm{T}}\frac{\Sigma_{ijl}+\Sigma_{jil}}{2}\beta(t)
\end{aligned} \tag{10.25}$$

式中

$$\Sigma_{ijl}=\begin{bmatrix} \Pi_{ijl} & * & * & * \\ \hat{A}_{di}^{\mathrm{T}}P & -(1-d)R & * & * \\ \hat{B}_i^{\mathrm{T}}P+\frac{1}{2}\Gamma L_i & 0 & -\Gamma & * \\ N_{aijl} & \bar{N}_{adi} & N_{bi} & -\varepsilon I \end{bmatrix}$$

$$\Pi_{ijl}=P\hat{A}_{ijl}+\hat{A}_{ijl}^{\mathrm{T}}P+\varepsilon P\bar{M}_i\bar{M}_i^{\mathrm{T}}P+R$$

根据式(10.25),如果下面的矩阵不等式满足

$$\Sigma_{iil}<0 \tag{10.26}$$

$$\Sigma_{ijl}+\Sigma_{jil}<0 \tag{10.27}$$

则 $\dot{V}(t)<0$。

接着,在式(10.26)和式(10.27)的两侧分别左乘 $\mathrm{diag}\{Q,Q,\Gamma^{-1},I\}$ 和右乘其转置,可得

$$\hat{\Sigma}_{iil}<0 \tag{10.28}$$

$$\hat{\Sigma}_{ijl}+\Sigma_{jil}<0 \tag{10.29}$$

式中

$$\hat{\Sigma}_{ijl}=\begin{bmatrix}\hat{\Pi}_{ijl} & * & * & * \\ Q\hat{A}_{di}^{\mathrm{T}} & -(1-d)\bar{R} & * & * \\ S\hat{B}_i^{\mathrm{T}}+\frac{1}{2}Z_i & 0 & -S & * \\ N_{aijl}Q & \bar{N}_{adi}Q & N_{bi} & -\varepsilon I\end{bmatrix}$$

$$\hat{\Pi}_{ijl}=\hat{A}_{ijl}Q+Q\hat{A}_{ijl}^{\mathrm{T}}+\varepsilon\bar{M}_i\bar{M}_i^{\mathrm{T}}+\bar{R},\quad Q=P^{-1}$$

$$\bar{R}=Q^{\mathrm{T}}RQ=\begin{bmatrix}R_1 & * \\ R_2 & R_3\end{bmatrix},\quad S=\Gamma^{-1},\quad L_iQ=Z_i=[Z_{1i}\quad Z_{2i}]$$

令 $P=\begin{bmatrix}X^{-1} & * \\ M & E\end{bmatrix}$,$Q=P^{-1}=\begin{bmatrix}Y & * \\ N & F\end{bmatrix}$,则式(10.28)可改写为

$$\Theta_{iil}+u^{\mathrm{T}}\Lambda_l v+v^{\mathrm{T}}\Lambda_l^{\mathrm{T}}u<0 \tag{10.30}$$

式中

$$u=\begin{bmatrix}0 & I & 0 & 0 & 0 & 0 \\ \bar{I} & 0 & 0 & 0 & 0 & 0\end{bmatrix},\quad \Lambda_l=\begin{bmatrix}A_{al} & B_{al} \\ C_{al} & D_{al}\end{bmatrix}$$

$$v=\begin{bmatrix}N & F & 0 & 0 & 0 & 0 \\ 0 & 0 & 0 & 0 & I & 0\end{bmatrix}$$

$$\Theta_{iil}=\begin{bmatrix}\hat{\Pi}_{1iil}+R_1 & * & * & * & * & * \\ NA_{iil}^{\mathrm{T}}+R_2 & R_3 & * & * & * & * \\ Y\bar{A}_{di}^{\mathrm{T}} & 0 & -(1-d)R_1 & * & * & * \\ N\bar{A}_{di}^{\mathrm{T}} & 0 & -(1-d)R_2 & -(1-d)R_3 & * & * \\ S\bar{B}_i^{\mathrm{T}}+\frac{1}{2}Z_{1i}^{\mathrm{T}} & \frac{1}{2}Z_{2i}^{\mathrm{T}} & 0 & 0 & -S & * \\ \hat{N}_{aiil}Y & \hat{N}_{aiil}N^{\mathrm{T}} & \hat{N}_{adi}Y & \hat{N}_{adi}N^{\mathrm{T}} & N_{bi} & -\varepsilon I\end{bmatrix}$$

矩阵 u 和 v 的零空间的基分别为

$$N_u=\begin{bmatrix}N_a & 0 & 0 \\ 0 & 0 & 0 \\ 0 & I_{2(n+n_c)} & 0 \\ 0 & 0 & I_{m+n}\end{bmatrix},\quad N_v=\begin{bmatrix}X^{-1} & 0 & 0 \\ M & 0 & 0 \\ 0 & I_{2(n+n_c)} & 0 \\ 0 & 0 & 0 \\ 0 & 0 & I_n\end{bmatrix}$$

根据投影引理,式(10.30)等价于 $N_u^{\mathrm{T}}\Omega_{iil}N_u<0$ 和 $N_v^{\mathrm{T}}\Omega_{iil}N_v<0$,即等价于如下不等式:

$$\begin{bmatrix} N_a^{\mathrm{T}}(\hat{\Pi}_{1iil}+R_1)N_a & * & * & * & * \\ Y\bar{A}_{di}^{\mathrm{T}}N_a & -(1-d)R_1 & * & * & * \\ N\bar{A}_{di}^{\mathrm{T}}N_a & -(1-d)R_2 & -(1-d)R_3 & * & * \\ (S\bar{B}_i^{\mathrm{T}}+\frac{1}{2}Z_{1i}^{\mathrm{T}})N_a & 0 & 0 & -S & * \\ \hat{N}_{aiil}YN_a & \hat{N}_{adi}Y & \hat{N}_{adi}N^{\mathrm{T}} & N_{bi} & -\varepsilon I \end{bmatrix}<0 \tag{10.31}$$

$$\begin{bmatrix} X^{-1}(\hat{\Pi}_{1iil}+R_1)X^{-1} & * & * & * \\ Y\bar{A}_{di}^{\mathrm{T}}X^{-1} & -(1-d)R_1 & * & * \\ (X-Y)\bar{A}_{di}^{\mathrm{T}}X^{-1} & -(1-d)R_2 & -(1-d)R_3 & * \\ \hat{N}_{aiil} & \hat{N}_{adi}Y & \hat{N}_{adi}N^{\mathrm{T}} & -\varepsilon I \end{bmatrix}<0 \tag{10.32}$$

首先,在式(10.31)的左边分别左乘 $\begin{bmatrix} I_{n+n_c} & 0 & 0 & 0 \\ 0 & I & XM^{\mathrm{T}} & 0 \\ 0 & 0 & XM^{\mathrm{T}} & 0 \\ 0 & 0 & 0 & I_{m+n} \end{bmatrix}$ 和右乘其转置。由 Q 和 P 的分割,可得 $I=N^{\mathrm{T}}M+YX^{-1}$。考虑上式,可得式(10.31)等价于如下矩阵不等式:

$$\Delta_{1iil}=\begin{bmatrix} N_a^{\mathrm{T}}(\hat{\Pi}_{1iil}+R_1)N_a & * & * & * & * \\ Y\bar{A}_{di}^{\mathrm{T}}N_a & -(1-d)\hat{R} & * & * & * \\ (X-Y)\bar{A}_{di}^{\mathrm{T}}N_a & -(1-d)(\bar{R}_2+\bar{R}_3) & -(1-d)\bar{R}_3 & * & * \\ (S\bar{B}_i^{\mathrm{T}}+\frac{1}{2}Z_{1i}^{\mathrm{T}})N_a & 0 & 0 & -S & * \\ \hat{N}_{aiil}YN_a & \hat{N}_{adi}X & \hat{N}_{adi}(X-Y) & N_{bi} & -\varepsilon I \end{bmatrix}<0 \tag{10.33}$$

式中

$$\bar{R}_2=XM^{\mathrm{T}}R_2,\quad \bar{R}_3=XM^{\mathrm{T}}R_3MX$$

然后,在式(10.32)两侧分别左乘 diag$\{X,I,XM^{\mathrm{T}},I\}$ 和右乘其转置,可得式(10.32)等价于如下矩阵不等式:

$$\Delta_{2iil}=\begin{bmatrix}\hat{\Pi}_{1iil}+\hat{R} & * & * & * \\ Y\bar{A}_{di}^{\mathrm{T}} & -(1-d)R_1 & * & * \\ (X-Y)\bar{A}_{di}^{\mathrm{T}} & -(1-d)\bar{R}_2 & -(1-d)\bar{R}_3 & * \\ \hat{N}_{aiil}X & \hat{N}_{adi}Y & \hat{N}_{adi}(X-Y) & -\varepsilon I\end{bmatrix}<0 \quad (10.34)$$

结合式(10.33)和式(10.34),可得线性矩阵不等式(10.18)。

采用同上相似的步骤,由式(10.29)可以得到

$$\Theta_{ijl}+\Theta_{jil}+2u^{\mathrm{T}}\Lambda_l v+2v^{\mathrm{T}}\Lambda_l^{\mathrm{T}}u<0 \quad (10.35)$$

更进一步,可得

$$\Delta_{1ijl}+\Delta_{1jil}<0$$

$$\Delta_{2ijl}+\Delta_{2jil}<0$$

则线性矩阵不等式(10.19)可得。

另外,由 $\varepsilon(P,1)\subset S(u_0)$ 可得

$$\begin{bmatrix}Q & * \\ K_{ij(k)}Q & u_{0(k)}^2\end{bmatrix}>0,\quad i,j=1,\cdots,r;k=1,\cdots,m \quad (10.36)$$

在式(10.36)两侧分别左乘 $\begin{bmatrix}I & XM^{\mathrm{T}} & 0 \\ 0 & XM^{\mathrm{T}} & 0 \\ 0 & 0 & 1\end{bmatrix}$ 和右乘其转置,考虑到 $NX^{-1}+FM=0$,$\tilde{Z}_{2i}=Z_{2i}MX$,可得式(10.20)。因此式(10.20)保证了 $\varepsilon(P,1)\subset D(u_0)$。

至此,如果式(10.18)~式(10.20)满足,可得 $\dot{V}(t)<0$,吸引域为 $\varepsilon(P,1)$。所有始于椭圆 $\varepsilon(P,1)$ 的初始状态都会随着时间的变化趋于原点。因此,闭环系统是渐近稳定的。证毕。

根据定理 10.1,抗饱和补偿器矩阵 A_{al}、B_{al}、C_{al} 和 $D_{al}(l=1,\cdots,r)$ 可以通过下面的算法得到。

算法 10.1

(1) 解式(10.18)~式(10.20),计算得到满足 $N^{\mathrm{T}}M=I-YX^{-1}$,$F=(XM^{\mathrm{T}})^{-1}(Y-X)(MX)^{-1}$ 的矩阵 M 和 N;

(2) 利用步骤(1)得到的矩阵,计算矩阵 $\Theta_{ijl}(1\leqslant i\leqslant j\leqslant r,l=1,\cdots,r)$、$u$ 和 v,然后解式(10.30)和式(10.35),则动态抗饱和补偿器参数 A_{al}、B_{al}、C_{al} 和 $D_{al}(l=1,\cdots,r)$ 可得。

2. 时滞相关条件下动态抗饱和控制研究

定理 10.2 给定矩阵 $Q_i(i=1,2,3)$,标量 d 和控制输入的上下界 u_0,如果存在正定的对称矩阵 X、Y、S、$X_i(i=1,2,3)$,任意矩阵 Z_{1i}、$\tilde{Z}_{2i}$ 和标量 $\varepsilon<0$,使得如

下线性矩阵不等式成立：

$$\Upsilon_{1iil}<0,\quad \Upsilon_{2iil}<0,\quad 1\leqslant i\leqslant r \tag{10.37}$$

$$\Upsilon_{1ijl}+\Upsilon_{1jil}<0,\quad \Upsilon_{2ijl}+\Upsilon_{2jil}<0,\quad 1\leqslant i<j\leqslant r \tag{10.38}$$

$$\begin{bmatrix} X & * & * \\ 0 & Y-X & * \\ K_{ij(k)}X+Z_{1i(k)}+\tilde{Z}_{2i(k)} & K_{ij(k)}(X-Y)+\tilde{Z}_{2i(k)} & u_{0(k)}^2 \end{bmatrix}>0 \tag{10.39}$$

$$i,j=1,\cdots,r;k=1,\cdots,m$$

$$Q_1-X_1>0 \tag{10.40}$$

$$(1-d)Q_2-X_2>0 \tag{10.41}$$

$$Q_3-X_3>0 \tag{10.42}$$

则对于初始状态始于椭圆 $\varepsilon(P,1)$的闭环系统(Σ_{10}')是渐近稳定的。式中

$$\Upsilon_{1ijl}=\begin{bmatrix} \Pi_{1ij} & * \\ \Pi_{2ij} & -T_1 \end{bmatrix},\quad \Upsilon_{2ijl}=\begin{bmatrix} \Pi_{3ij} & * \\ \Pi_{4ij} & -T \end{bmatrix}$$

$$\Pi_{1ij}=\begin{bmatrix} N_a^{\mathrm{T}}\Sigma_{ijl}N_a & * & * & * \\ (S\bar{B}_i^{\mathrm{T}}+Z_{1i})N_a & -2S & * & * \\ \tau\vec{A}_{diT}^{\mathrm{T}}N_a & 0 & -\tau\hat{X} & * \\ \tau\vec{A}_{di}YN_a & 0 & 0 & -Q_2^{-1}+\bar{M}_i\bar{M}_i^{\mathrm{T}} \end{bmatrix}$$

$$\Pi_{2ij}=\begin{bmatrix} (\hat{N}_{aijl}+\hat{N}_{adi})YN_a & N_{bi}S & \tau\bar{N}_{adi} & 0 \\ \tau\hat{N}_{aijl}YN_a & 0 & 0 & 0 \\ \tau\hat{N}_{adi}YN_a & 0 & 0 & 0 \\ 0 & \tau N_{bi}S & 0 & 0 \end{bmatrix}$$

$$\Sigma_{ijl}=A_{ijl}Y+YA_{ijl}^{\mathrm{T}}+\bar{A}_{di}Y+Y\bar{A}_{di}^{\mathrm{T}}+\varepsilon\hat{M}_i\hat{M}_i^{\mathrm{T}}$$

$$\vec{A}_{di}=\begin{bmatrix} \bar{A}_{di} \\ 0 \end{bmatrix},\quad \vec{A}_{diT}=\begin{bmatrix} \bar{A}_{di} & 0 \end{bmatrix},\quad \vec{A}_{ijl}=\begin{bmatrix} A_{ijl} \\ 0 \end{bmatrix}$$

$$\Pi_{3ij}=\begin{bmatrix} \Sigma_{1ijl} & * & * & * \\ \tau\vec{A}_{diT}^{\mathrm{T}} & -\tau\hat{X} & * & * \\ \tau\vec{A}_{ijl}X & 0 & -Q_1^{-1}+\bar{M}_i\bar{M}_i^{\mathrm{T}} & * \\ \tau\vec{A}_{di}X & 0 & 0 & -Q_2^{-1}+\bar{M}_i\bar{M}_i^{\mathrm{T}} \end{bmatrix}$$

$$\Pi_{4ij} = \begin{bmatrix} (\hat{N}_{aijl} + \hat{N}_{adi})X & \tau\bar{N}_{adi} & 0 & 0 \\ \tau\hat{N}_{aijl}X & 0 & 0 & 0 \\ \tau\hat{N}_{adi}X & 0 & 0 & 0 \end{bmatrix}$$

$$\Sigma_{1ijl} = A_{ijl}X + XA_{ijl}^{\mathrm{T}} + \bar{A}_{di}X + X\bar{A}_{di}^{\mathrm{T}} + \varepsilon\hat{M}_i\hat{M}_i^{\mathrm{T}}$$

$$T = \mathrm{diag}\{\varepsilon I, \varepsilon I, \varepsilon I\}, \quad T_1 = \mathrm{diag}\{\varepsilon I, \varepsilon I, \varepsilon I, \varepsilon I\}$$

证明　式(10.39)表明集合 $\varepsilon(P)=\{\xi\in\mathbb{R}^{n+n_c};\xi^{\mathrm{T}}P\xi\leqslant 1\}$包含在多面体 $D(u_0)$中,其中,$D(u_0)$在式(10.16)中定义。因为当 $t\geqslant 0$ 时,闭环系统:

$$\begin{aligned} \dot{\xi}(t) = &\sum_{i=1}^{r}\sum_{j=1}^{r}\sum_{l=1}^{r}h_i(s(t))h_j(s(t))h_l(s(t))[\widetilde{A}_{ijl}(t)\xi(t) \\ &+ \widetilde{A}_{di}(t)\xi(t-h(t)) + \widetilde{B}_i(t)\psi(u(t))] \end{aligned} \tag{10.43}$$

式中

$$\widetilde{A}_{ijl}(t)=\widetilde{A}_{ijl}+\Delta\widetilde{A}_{ijl}(t), \quad \widetilde{A}_{di}(t)=\widetilde{A}_{di}+\Delta\widetilde{A}_{di}(t), \quad \widetilde{B}_i(t)=\widetilde{B}_i+\Delta\widetilde{B}_i(t)$$

是连续可微的。由牛顿-莱布尼茨公式可得

$$\xi(t-h(t)) = \xi(t) - \int_{-h(t)}^{0}\dot{\xi}(t+\beta)\mathrm{d}\beta$$

为简记,本节中将 $h(t)$、$h_i(s(t))$、$h_j(s(t))$、$h_l(s(t))$分别用 h、h_i、h_j、h_l 来代替,而 $\psi(u(t))$用 $\psi(t)$来代替。因此,根据文献[28]中 101 页内容,保证闭环系统式(10.43)的稳定性等价于保证如下系统的稳定性:

$$\begin{aligned} \dot{\xi}(t)= &\sum_{i=1}^{r}\sum_{j=1}^{r}\sum_{l=1}^{r}h_ih_jh_l\Big\{[\widetilde{A}_{ijl}(t)+\widetilde{A}_{di}(t)]\xi(t)+\widetilde{B}_i(t)\psi(t) \\ &-\int_{-h}^{0}[\widetilde{A}_{di}(t)\widetilde{A}_{ijl}(t)\xi(t+\beta)+\widetilde{A}_{di}(t)\widetilde{A}_{di}(t)\xi(t-h+\beta) \\ &+\widetilde{A}_{di}(t)\widetilde{B}_i(t)\psi(t+\beta)]\mathrm{d}\beta\Big\} \end{aligned}$$

初始条件为

$$\xi(t_0+\theta)=\phi_\xi(\theta), \quad \forall\,\theta\in[-\tau,0]$$

为了得到结果,首先定义如下形式的 Lyapunov-Krasovskii 函数:

$$V(\xi_t) = \xi(t)^{\mathrm{T}}P\xi(t) + \sum_{i=1}^{3}E_i(\xi_t) \tag{10.44}$$

式中

$$E_1(\xi_t) = \int_{-\tau}^{0}\int_{t+\beta}^{t}\xi(\theta)^{\mathrm{T}}\widetilde{A}_{ijl}(t)^{\mathrm{T}}Q_1\widetilde{A}_{ijl}(t)\xi(\theta)\mathrm{d}\theta\mathrm{d}\beta$$

$$E_2(\xi_t) = \int_{-\tau}^{0}\int_{t-h+\beta}^{t}\xi(\theta)^{\mathrm{T}}\widetilde{A}_{di}(t)^{\mathrm{T}}Q_2\widetilde{A}_{di}(t)\xi(\theta)\mathrm{d}\theta\mathrm{d}\beta$$

$$E_3(\xi_t)=\int_{-\tau}^{0}\int_{t+\beta}^{t}\psi(\theta)^{\mathrm{T}}\widetilde{B}_i(t)^{\mathrm{T}}Q_1\widetilde{B}_i(t)\psi(\theta)\mathrm{d}\theta\mathrm{d}\beta$$

式(10.44)沿闭环系统式(10.43)的轨线对时间求导有

$$\begin{aligned}\dot{V}(\xi_t)&=\dot{\xi}(t)^{\mathrm{T}}P\xi(t)+\xi(t)^{\mathrm{T}}P\dot{\xi}(t)+\sum_{i=1}^{3}\dot{E}_i(\xi_t)\\&=\sum_{i=1}^{r}\sum_{j=1}^{r}\sum_{l=1}^{r}h_ih_jh_l\Big\{\xi(t)^{\mathrm{T}}P[\widetilde{A}_{ijl}(t)+\widetilde{A}_{di}(t)]\xi(t)\\&\quad+\xi(t)^{\mathrm{T}}[\widetilde{A}_{ijl}(t)+\widetilde{A}_{di}(t)]^{\mathrm{T}}P\xi(t)+2\xi(t)^{\mathrm{T}}P\widetilde{B}_i(t)\psi(t)\\&\quad+\sum_{i=1}^{3}\mu_i(\xi_t)+\sum_{i=1}^{3}\dot{E}_i(\xi_t)\Big\}\end{aligned}$$

式中

$$\mu_1(\xi_t)=-2\int_{-h}^{0}\xi(t)^{\mathrm{T}}P\widetilde{A}_{di}(t)\widetilde{A}_{ijl}(t)\xi(t+\beta)\mathrm{d}\beta$$

$$\mu_2(\xi_t)=-2\int_{-h}^{0}\xi(t)^{\mathrm{T}}P\widetilde{A}_{di}(t)\widetilde{A}_{di}(t)\xi(t-h+\beta)\mathrm{d}\beta$$

$$\mu_3(\xi_t)=-2\int_{-h}^{0}\xi(t)^{\mathrm{T}}P\widetilde{A}_{di}(t)\widetilde{B}_i(t)\psi(t+\beta)\mathrm{d}\beta$$

此外

$$\begin{aligned}\mu_1(\xi_t)\leqslant{}&\tau\xi(t)^{\mathrm{T}}P\widetilde{A}_{di}(t)X_1^{-1}\widetilde{A}_{di}(t)^{\mathrm{T}}P\xi(t)\\&+\int_{-\tau}^{0}\xi(t+\beta)^{\mathrm{T}}\widetilde{A}_{ijl}(t)^{\mathrm{T}}X_1\widetilde{A}_{ijl}(t)\xi(t+\beta)\mathrm{d}\beta\end{aligned}$$

$$\begin{aligned}\mu_2(\xi_t)\leqslant{}&\tau\xi(t)^{\mathrm{T}}P\widetilde{A}_{di}(t)X_2^{-1}\widetilde{A}_{di}(t)^{\mathrm{T}}P\xi(t)\\&+\int_{-\tau}^{0}\xi(t-h+\beta)^{\mathrm{T}}\widetilde{A}_{di}(t)^{\mathrm{T}}X_2\widetilde{A}_{di}(t)\xi(t-h+\beta)\mathrm{d}\beta\end{aligned}$$

$$\begin{aligned}\mu_3(\xi_t)\leqslant{}&\tau\xi(t)^{\mathrm{T}}P\widetilde{A}_{di}(t)X_3^{-1}\widetilde{A}_{di}(t)^{\mathrm{T}}P\xi(t)\\&+\int_{-\tau}^{0}\psi(t+\beta)^{\mathrm{T}}\widetilde{B}_i(t)^{\mathrm{T}}X_3\widetilde{B}_i(t)\psi(t+\beta)\mathrm{d}\beta\end{aligned}$$

考虑到

$$\begin{aligned}\dot{E}_1(\xi_t)={}&\tau\xi(t)^{\mathrm{T}}\widetilde{A}_{ijl}(t)^{\mathrm{T}}Q_1\widetilde{A}_{ijl}(t)\xi(t)\\&-\int_{-\tau}^{0}\xi(t+\beta)^{\mathrm{T}}\widetilde{A}_{ijl}(t)^{\mathrm{T}}Q_1\widetilde{A}_{ijl}(t)\xi(t+\beta)\mathrm{d}\beta\end{aligned}$$

$$\begin{aligned}\dot{E}_2(\xi_t)={}&\tau\xi(t)^{\mathrm{T}}\widetilde{A}_{di}(t)^{\mathrm{T}}Q_2\widetilde{A}_{di}(t)\xi(t)\\&-\int_{-\tau}^{0}\xi(t-h+\beta)^{\mathrm{T}}\widetilde{A}_{di}(t)^{\mathrm{T}}(1-d)Q_2\widetilde{A}_{di}(t)\xi(t-h+\beta)\mathrm{d}\beta\end{aligned}$$

$$\dot{E}_3(\xi_t)=\tau\psi(t)^{\mathrm{T}}\widetilde{B}_i(t)^{\mathrm{T}}Q_3\widetilde{B}_i(t)\psi(t)$$

$$-\int_{-\tau}^{0}\psi(t+\beta)^{\mathrm{T}}\widetilde{B}_i(t)^{\mathrm{T}}Q_3\widetilde{B}_i(t)\psi(t+\beta)\mathrm{d}\beta$$

及$\forall\,\xi(t)\in D(u_0)$,可得

$$\begin{aligned}\dot{V}(\xi_t)\leqslant&\sum_{i=1}^{r}\sum_{j=1}^{r}\sum_{l=1}^{r}h_ih_jh_l\Big\{\xi(t)^{\mathrm{T}}\{P[\widetilde{A}_{ijl}(t)+\widetilde{A}_{di}(t)]\xi(t)+[\widetilde{A}_{ijl}(t)+\widetilde{A}_{di}(t)]^{\mathrm{T}}P\\&+\tau P\widetilde{A}_{di}(t)(X_1^{-1}+X_2^{-1}+X_3^{-1})\widetilde{A}_{di}(t)^{\mathrm{T}}P+\tau\widetilde{A}_{ijl}(t)^{\mathrm{T}}Q_1\widetilde{A}_{ijl}(t)\\&+\tau\widetilde{A}_{di}(t)^{\mathrm{T}}Q_2\widetilde{A}_{di}(t)\}\xi(t)+\tau\psi(t)^{\mathrm{T}}\widetilde{B}_i(t)^{\mathrm{T}}Q_3\widetilde{B}_i(t)\psi(t)\\&+2\xi(t)P\widetilde{B}_i(t)\psi(t)-2\psi(t)^{\mathrm{T}}\Gamma\big(\psi(t)-\sum_{i=1}^{r}h_iL_i\xi(t)\big)\\&-\int_{-\tau}^{0}\xi(t+\beta)^{\mathrm{T}}\widetilde{A}_{ijl}(t)^{\mathrm{T}}(Q_1-X_1)\widetilde{A}_{ijl}(t)\xi(t+\beta)\mathrm{d}\beta\\&-\int_{-\tau}^{0}\xi(t-h+\beta)^{\mathrm{T}}\widetilde{A}_{di}(t)^{\mathrm{T}}[(1-d)Q_2-X_2]\widetilde{A}_{di}(t)\xi(t-h+\beta)\mathrm{d}\beta\\&-\int_{-\tau}^{0}\psi(t+\beta)^{\mathrm{T}}\widetilde{B}_i(t)^{\mathrm{T}}(Q_3-X_3)\widetilde{B}_i(t)\psi(t+\beta)\mathrm{d}\beta\Big\}\end{aligned}$$

如果式(10.40)~式(10.42)都满足,则可得

$$\begin{aligned}\dot{V}(\xi_t)\leqslant&\sum_{i=1}^{r}\sum_{j=1}^{r}\sum_{l=1}^{r}h_ih_jh_l\eta(t)^{\mathrm{T}}\Xi_{ijl}(t)\eta(t)\\=&\sum_{i=1}^{r}\sum_{l=1}^{r}h_i^2h_l\eta(t)^{\mathrm{T}}\Xi_{iil}(t)\eta(t)\\&+2\sum_{i,j=1;i<j}^{r}\sum_{l=1}^{r}h_ih_jh_l\eta(t)^{\mathrm{T}}\frac{\Xi_{ijl}(t)+\Xi_{jil}(t)}{2}\eta(t)\end{aligned}\tag{10.45}$$

式中

$$\eta(t)=\begin{bmatrix}\xi(t)\\ \psi(t)\end{bmatrix},\quad \Xi_{ijl}(t)=\begin{bmatrix}\pi_{ijl} & *\\ \widetilde{B}_i(t)^{\mathrm{T}}P+\Gamma L_i & -2\Gamma+\tau\widetilde{B}_i(t)^{\mathrm{T}}Q_3\widetilde{B}_i(t)\end{bmatrix}$$

$$\begin{aligned}\pi_{ijl}=&P[\widetilde{A}_{ijl}(t)+\widetilde{A}_{di}(t)]+[\widetilde{A}_{ijl}(t)+\widetilde{A}_{di}(t)]^{\mathrm{T}}P\\&+\tau P\widetilde{A}_{di}(t)(X_1^{-1}+X_2^{-1}+X_3^{-1})\widetilde{A}_{di}(t)^{\mathrm{T}}P\\&+\tau\widetilde{A}_{ijl}(t)^{\mathrm{T}}Q_1\widetilde{A}_{ijl}(t)+\widetilde{A}_{di}(t)^{\mathrm{T}}Q_2\widetilde{A}_{di}(t)\end{aligned}$$

根据式(10.45),如果如下矩阵不等式满足:

$$\Xi_{iil}(t)<0\tag{10.46}$$

$$\Xi_{ijl}(t)+\Xi_{jil}(t)<0\tag{10.47}$$

式中

$$\Xi_{ijl}(t)=\begin{bmatrix}\pi_{1ijl} & * & * & * & * & * \\ \hat{B}_i^{\mathrm{T}}P+\Gamma L_i & -2\Gamma & * & * & * & * \\ \tau\hat{A}_{di}^{\mathrm{T}}P & 0 & -\tau\hat{X} & * & * & * \\ \tau\hat{A}_{ijl} & 0 & 0 & -Q_1^{-1} & * & * \\ \tau\hat{A}_{di} & 0 & 0 & 0 & -Q_2^{-1} & * \\ 0 & \tau\hat{B}_i & 0 & 0 & 0 & -Q_3^{-1}\end{bmatrix}$$

$$+P_{M_i}\hat{F}_i(t)N_{abijl}+[P_{M_i}\hat{F}_i(t)N_{abijl}]^{\mathrm{T}}$$

$$\pi_{1ijl}=P(\hat{A}_{ijl}+\hat{A}_{di})+(\hat{A}_{ijl}+\hat{A}_{di})^{\mathrm{T}}P,\quad \hat{X}=X_1+X_2+X_3$$

$$P_{M_i}=\begin{bmatrix}P\bar{M}_i & 0 & 0 & 0 \\ 0 & 0 & 0 & 0 \\ 0 & 0 & 0 & 0 \\ 0 & \bar{M}_i & 0 & 0 \\ 0 & 0 & \bar{M}_i & 0 \\ 0 & 0 & 0 & \bar{M}_i\end{bmatrix},\quad \hat{F}_i(t)=\begin{bmatrix}F_i(t) & 0 & 0 & 0 \\ 0 & F_i(t) & 0 & 0 \\ 0 & 0 & F_i(t) & 0 \\ 0 & 0 & 0 & F_i(t)\end{bmatrix}$$

$$N_{adijl}=\begin{bmatrix}N_{aijl}+\bar{N}_{adi} & N_{bi} & \tau\bar{N}_{adi} & 0 & 0 & 0 \\ \tau N_{aijl} & 0 & 0 & 0 & 0 & 0 \\ \tau\bar{N}_{adi} & 0 & 0 & 0 & 0 & 0 \\ 0 & \tau N_{bi} & 0 & 0 & 0 & 0\end{bmatrix}$$

则 $\dot{V}(\xi_t)<0$。对于式(10.46),使用引理 2.11,然后在所得矩阵不等式的两侧分别左乘 $\mathrm{diag}\{Q,S,I,\cdots,I\}$ 和右乘其转置,可得

$$\begin{bmatrix}\Xi_{1iil} & * & * \\ \Xi_{2iil} & -\bar{Q}_i & * \\ \Xi_{3iil} & 0 & -T_1\end{bmatrix}<0 \tag{10.48}$$

式中

$$\Xi_{1iil}=\begin{bmatrix}\pi_{2iil} & * & * \\ S\hat{B}_i^{\mathrm{T}}+Z_i & -2S & * \\ \tau\hat{A}_{di}^{\mathrm{T}} & 0 & -\tau\hat{X}\end{bmatrix},\quad \Xi_{2iil}=\begin{bmatrix}\tau\hat{A}_{iil}Q & 0 & 0 \\ \tau\hat{A}_{di}Q & 0 & 0 \\ 0 & \tau\hat{B}_iS & 0\end{bmatrix}$$

$$\bar{Q}_i=\mathrm{diag}\{Q_1^{-1}-\bar{M}_i\bar{M}_i^{\mathrm{T}},Q_2^{-1}-\bar{M}_i\bar{M}_i^{\mathrm{T}},Q_3^{-1}-\bar{M}_i\bar{M}_i^{\mathrm{T}}\}$$

$$\Xi_{3iil}=\begin{bmatrix}(N_{aijl}+\bar{N}_{adi})Q & N_{bi}S & \tau\bar{N}_{adi} & 0 & 0 & 0\\ \tau N_{aijl}Q & 0 & 0 & 0 & 0 & 0\\ \tau\bar{N}_{adi}Q & 0 & 0 & 0 & 0 & 0\\ 0 & \tau N_{bi}S & 0 & 0 & 0 & 0\end{bmatrix}$$

$$\pi_{2iil}=(\hat{A}_{iil}+\hat{A}_{di})Q+Q(\hat{A}_{iil}+\hat{A}_{di})^{\mathrm{T}}+\varepsilon\bar{M}_i\bar{M}_i^{\mathrm{T}}$$

令 $P=\begin{bmatrix}X^{-1} & *\\ M & E\end{bmatrix}$,$Q=P^{-1}=\begin{bmatrix}Y & *\\ N & F\end{bmatrix}$,则式(10.48)可改写为

$$\Omega_{iil}+u_1^{\mathrm{T}}\bar{\Lambda}_l v_1+v_1^{\mathrm{T}}\bar{\Lambda}_l^{\mathrm{T}}u_1<0 \tag{10.49}$$

式中

$$u_1=\begin{bmatrix}u & 0 & 0 & 0 & 0 & 0 & 0 & 0 & 0 & 0\\ 0 & 0 & 0 & \tau u & 0 & 0 & 0 & 0 & 0 & 0\\ 0 & 0 & 0 & 0 & 0 & \tau u & 0 & 0 & 0 & 0\end{bmatrix}$$

$$v_1=\begin{bmatrix}v_1 & v_2 & 0 & 0 & 0 & 0 & 0 & 0 & 0 & 0\\ v_1 & 0 & 0 & 0 & 0 & 0 & 0 & 0 & 0 & 0\\ 0 & v_2 & 0 & 0 & 0 & 0 & 0 & 0 & 0 & 0\end{bmatrix}$$

$$\bar{\Lambda}_{il}=\mathrm{diag}\{\Lambda_l,\Lambda_l,\Lambda_l\},\quad u=\begin{bmatrix}0 & I\\ \bar{I}^{\mathrm{T}} & 0\end{bmatrix},\quad \Lambda_l=\begin{bmatrix}A_{al} & B_{al}\\ C_{al} & D_{al}\end{bmatrix}$$

$$v_1=\begin{bmatrix}N & F\\ 0 & 0\end{bmatrix},\quad v_2=\begin{bmatrix}0\\ S\end{bmatrix},\quad \Omega_{iil}=\begin{bmatrix}\hat{\Xi}_{1iil} & * & *\\ \hat{\Xi}_{2iil} & -\bar{Q}_i & *\\ \hat{\Xi}_{3iil} & 0 & -T_1\end{bmatrix}$$

$$\hat{\Xi}_{1iil}=\begin{bmatrix}\pi_{3iil} & * & *\\ S\hat{B}_i^{\mathrm{T}}+Z_i & -2S & *\\ \tau\hat{A}_{di}^{\mathrm{T}} & 0 & -\tau\hat{X}\end{bmatrix},\quad \hat{\Xi}_{2iil}=\begin{bmatrix}\pi_{4iil} & 0 & 0\\ \pi_{5i} & 0 & 0\\ 0 & \tau\hat{B}_iS & 0\end{bmatrix}$$

$$\hat{\Xi}_{3iil}=\begin{bmatrix}\pi_{6iil} & N_{bi}S & \tau\bar{N}_{adi} & 0 & 0 & 0\\ \pi_{7iil} & 0 & 0 & 0 & 0 & 0\\ \pi_{8i} & 0 & 0 & 0 & 0 & 0\\ 0 & \tau N_{bi}S & 0 & 0 & 0 & 0\end{bmatrix},\quad \pi_{4iil}=\begin{bmatrix}\tau A_{iil}Y & \tau A_{iil}N^{\mathrm{T}}\\ 0 & 0\end{bmatrix}$$

$$\pi_{3iil}=\begin{bmatrix}A_{iil}Y+YA_{iil}^{\mathrm{T}}+\bar{A}_{di}Y+Y\bar{A}_{di}^{\mathrm{T}}+\varepsilon\bar{M}_i\bar{M}_i^{\mathrm{T}} & *\\ NA_{iil}^{\mathrm{T}}+N\bar{A}_{di}^{\mathrm{T}} & 0\end{bmatrix}$$

$$\pi_{5i}=\begin{bmatrix}\tau\bar{A}_{di}Y & \tau\bar{A}_{di}N^{\mathrm{T}}\\ 0 & 0\end{bmatrix},\quad \pi_{6iil}=\begin{bmatrix}(\hat{N}_{aiil}+\hat{N}_{adi})Y & (\hat{N}_{aiil}+\hat{N}_{adi})N^{\mathrm{T}}\end{bmatrix}$$

$$\pi_{7iil}=\begin{bmatrix}\tau\hat{N}_{aiil}Y & \tau\hat{N}_{aiil}N^{\mathrm{T}}\end{bmatrix},\quad \pi_{8i}=\begin{bmatrix}\tau\hat{N}_{adi}Y & \tau\hat{N}_{adi}N^{\mathrm{T}}\end{bmatrix}$$

矩阵 u_1 和 v_1 的零空间的基分别为

$$N_u=\begin{bmatrix}\bar{N}_a & 0 & 0 & 0\\ 0 & I_{m+n+n_c} & 0 & 0\\ 0 & 0 & 0 & 0\\ 0 & 0 & I_{n+n_c} & 0\\ 0 & 0 & 0 & 0\\ 0 & 0 & 0 & I_{3n+m}\end{bmatrix},\quad N_v=\begin{bmatrix}X_m & 0\\ 0 & 0\\ 0 & I_{3(n+n_c)+3n+2m}\end{bmatrix}$$

根据投影引理,式(10.49)等价于 $N_u^{\mathrm{T}}\Omega_{iil}N_u<0$ 和 $N_v^{\mathrm{T}}\Omega_{iil}N_v<0$,即等价于如下矩阵不等式:

$$\begin{bmatrix}\Pi_{1ii} & *\\ \Pi_{2ii} & -T_1\end{bmatrix}<0 \tag{10.50}$$

$$\begin{bmatrix}\hat{\Pi}_{3ii} & * & * & *\\ 0 & -Q_3^{-1}+\bar{M}_i\bar{M}_i^{\mathrm{T}} & * & *\\ \hat{\Pi}_{4ii} & 0 & -T & *\\ 0 & 0 & 0 & -\varepsilon I\end{bmatrix}<0 \tag{10.51}$$

式中

$$\hat{\Pi}_{3ii}=\begin{bmatrix}X^{-1}\Sigma_{1iil}X^{-1} & * & * & *\\ \tau\vec{A}_{di\mathrm{T}}^{\mathrm{T}}X^{-1} & -\tau\hat{X} & * & *\\ \tau\vec{A}_{ijl} & 0 & -Q_1^{-1}+\bar{M}_i\bar{M}_i^{\mathrm{T}} & *\\ \tau\vec{A}_{di} & 0 & 0 & -Q_2^{-1}+\bar{M}_i\bar{M}_i^{\mathrm{T}}\end{bmatrix}$$

$$\hat{\Pi}_{4ii}=\begin{bmatrix}\hat{N}_{adi}+\hat{N}_{aiil} & \tau\bar{N}_{adi} & 0 & 0\\ \tau\hat{N}_{aiil} & 0 & 0 & 0\\ \tau\hat{N}_{adi} & 0 & 0 & 0\end{bmatrix}$$

在式(10.51)的左右两侧分别左乘$\begin{bmatrix}I & 0 & 0 & 0\\ 0 & 0 & I & 0\end{bmatrix}\times\mathrm{diag}\{X,I,\cdots,I\}$和右乘其转置,可得

$$\begin{bmatrix}\Pi_{3ii} & *\\ \Pi_{4ii} & -T\end{bmatrix}<0 \tag{10.52}$$

结合式(10.50)和式(10.52),式(10.37)可得。

采用同上相似的步骤,由式(10.47)可得

$$\Theta_{ijl}+\Theta_{jil}+2u_1^{\mathrm{T}}\overline{\Lambda}_l v_1+2v_1^{\mathrm{T}}\overline{\Lambda}_l^{\mathrm{T}}u_1<0 \tag{10.53}$$

进一步,可得

$$\begin{bmatrix}\Pi_{1ij}+\Pi_{1ji} & * \\ \Pi_{2ij}+\Pi_{2ji} & -2T_1\end{bmatrix}<0$$

$$\begin{bmatrix}\Pi_{3ij}+\Pi_{3ji} & * \\ \Pi_{4ij}+\Pi_{4ji} & -2T\end{bmatrix}<0$$

则式(10.38)可得。另外,式(10.39)确保 $\varepsilon(P,1)\subset D(u_0)$。

至此,如果式(10.37)～式(10.42)都满足,则 $\dot{V}(t)<0$,吸引域为 $\varepsilon(P,1)$。所有始于椭圆 $\varepsilon(P,1)$的初始状态都会随着时间的变化趋于原点。因此,闭环系统是渐近稳定的。证毕。

根据定理 10.2,抗饱和补偿器矩阵 A_{al}、B_{al}、C_{al}和 D_{al}($l=1,\cdots,r$)可以通过如下算法得到。

算法 10.2

(1) 解式(10.37)～式(10.42),计算得到满足 $N^{\mathrm{T}}M=I-YX^{-1}$,$F=(XM^{\mathrm{T}})^{-1}(Y-X)(MX)^{-1}$的矩阵 M 和 N;

(2) 利用步骤(1)得到的矩阵,计算矩阵 Ω_{ijl}($1\leqslant i\leqslant j\leqslant r,l=1,\cdots,r$)、$u_1$ 和 v_1,然后解式(10.49)和式(10.53),则动态抗饱和补偿器参数 A_{al}、B_{al}、C_{al}和 D_{al}($l=1,\cdots,r$)可得。

10.2 离散时间系统控制器设计

10.2.1 问题描述

考虑如下带有时变时滞和输入饱和的离散 T-S 模型。

规则 i:IF $s_1(k)$ is u_{i1} and … and $s_p(k)$ is u_{ip} THEN

$$\begin{aligned}x(k+1)=&[A_i+\Delta A_i(k)]x(k)+[A_{di}+\Delta A_{di}(k)]x(k-h(k))\\&+[B_i+\Delta B_i(k)]v(k)\end{aligned} \tag{10.54}$$

$$y(k)=C_i x(k) \tag{10.55}$$

$$x(k)=\phi(k),\quad \forall k\in[-\tau,0];i=1,2,\cdots,r \tag{10.56}$$

式中,u_{ij}是模糊集合;r 是 IF-THEN 模糊规则数目;$s_1(k)$,…,$s_p(k)$为前件变量;$x(k)\in\mathbb{R}^n$表示系统状态;$v(k)\in\mathbb{R}^m$为控制输入;$y(k)\in\mathbb{R}^p$表示测量输出;时变时滞 $h(k)$满足 $h_1\leqslant h(k)\leqslant h_2$,其中,$h_1$ 和 h_2 都是正的常数,代表时变时滞的下界和

上界；A_i、A_{di}、B_i 和 C_i 为已知的常数矩阵；$\Delta A_i(k)$、$\Delta A_{di}(k)$和 $\Delta B_i(k)$是实值的未知矩阵，代表时变的参数不确定性，并且具有如下形式：

$$[\Delta A_i(k) \quad \Delta A_{di}(k) \quad \Delta B_i(k)] = M_i F_i(k)[N_{ai} \quad N_{adi} \quad N_{bi}], \quad i=1,2,\cdots,r \tag{10.57}$$

其中，M_i、N_{ai}、N_{adi} 和 N_{bi} 是已知的常数矩阵；$F_i:\mathbb{N}\rightarrow\mathbb{R}^{l_1\times l_2}$ 是未知的矩阵函数，满足

$$F_i(k)^{\mathrm{T}} F_i(k) \leqslant I, \quad \forall k \tag{10.58}$$

如果式(10.57)和式(10.58)都满足，则不确定矩阵 $\Delta A_i(k)$、$\Delta A_{di}(k)$和 $\Delta B_i(k)$称为是允许的。

饱和输入 $v(k)$由 $v(k)=\sigma(u(k))$表达，其中，$u(k)$是所要设计的控制器，代表如下形式的饱和函数：

$$\sigma(u) = [\sigma(u_1) \quad \sigma(u_2) \quad \cdots \quad \sigma(u_m)]^{\mathrm{T}}$$
$$\sigma(u_i) = \mathrm{sign}(u_i)\min(u_0, |u_i|)$$

则模糊系统可以表示为

$$\begin{aligned} x(k+1) = \sum_{i=1}^{r} h_i(s(k))\{&[A_i + \Delta A_i(k)]x(k) + [A_{di} + \Delta A_{di}(k)]x(k-h(k)) \\ &+ [B_i + \Delta B_i(k)]v(k)\} \end{aligned} \tag{10.59}$$

$$y(k) = \sum_{i=1}^{r} h_i(s(k)) C_i x(k) \tag{10.60}$$

式中，对于所有 k 有

$$h_i(s(k)) \geqslant 0, \quad i = 1,\cdots,r$$
$$\sum_{i=1}^{r} h_i(s(k)) = 1, \quad \forall k$$

10.2.2　静态抗饱和设计

利用并行分布补偿机制，设计如下包含抗饱和项的模糊动态输出反馈控制器：

$$x_c(k+1) = \sum_{i=1}^{r} h_i(s(k))[A_{ci}x_c(k) + B_{ci}y(k) + E_{ci}(\sigma(u) - u(k))] \tag{10.61}$$

$$u(k) = \sum_{i=1}^{r} h_i(s(k))[C_{ci}x_c(k) + D_{ci}y(k)] \tag{10.62}$$

式中，$x_c(k)\in\mathbb{R}^{n_c}$、$y(k)\in\mathbb{R}^{p}$、$u(k)\in\mathbb{R}^{m}$分别代表控制器状态、输入和输出；$A_{ci}$、$B_{ci}$、$C_{ci}$和 D_{ci}是适当维数的常矩阵；E_{ci}为抗饱和增益。

定义增广状态向量为

$$\xi(k)=\begin{bmatrix} x(k) \\ x_c(k) \end{bmatrix}\in\mathbb{R}^{n+n_c}$$

由式(10.59)～式(10.62),可得如下闭环动态系统:

$$\xi(k+1)=\sum_{i=1}^{r}\sum_{j=1}^{r}\sum_{l=1}^{r}h_i(s(t))h_j(s(t))h_l(s(t))\{[A_{ijl}+\Delta A_{ijl}(k)]\xi(k) \\ +[\bar{A}_{di}+\Delta\bar{A}_{di}(k)]\xi(k-h(k))-[\bar{B}_i+\Delta\bar{B}_i(k)]\Psi(u(k))\} \tag{10.63}$$

式中

$$A_{ijl}=\begin{bmatrix} A_i+B_iD_{cj}C_l & B_iC_{cj} \\ B_{ci}C_j & A_{ci} \end{bmatrix},\quad \Delta A_{ijl}(k)=\begin{bmatrix} \Delta A_i(k)+\Delta B_i(k)D_{cj}C_l & \Delta B_i(k)C_{cj} \\ 0 & 0 \end{bmatrix}$$

$$\bar{A}_{di}=\begin{bmatrix} A_{di} & 0 \\ 0 & 0 \end{bmatrix},\quad \Delta\bar{A}_{di}(k)=\begin{bmatrix} \Delta A_{di}(k) & 0 \\ 0 & 0 \end{bmatrix},\quad \bar{B}_i=\hat{B}_i+RE_{ci}$$

$$\Delta\bar{B}_i(k)=\begin{bmatrix} \Delta B_i(k) \\ 0 \end{bmatrix},\quad \hat{B}_i=\begin{bmatrix} B_i \\ 0 \end{bmatrix},\quad R=\begin{bmatrix} 0 \\ I_{nc} \end{bmatrix},\quad \psi(u(t))\overset{\text{def}}{=}u(t)-\text{sat}(u(t))\in\mathbb{R}^m$$

控制器输出可表示为

$$u(t)=\sum_{i=1}^{r}\sum_{j=1}^{r}h_i(s(t))h_j(s(t))K_{ij}\xi(t) \tag{10.64}$$

式中

$$K_{ij}=[D_{ci}C_j \quad C_{ci}]$$

为了方便定理的证明,首先给出如下引理。

引理 10.2[11]　对于式(10.64)中的矩阵 $K_{ij}(i,j=1,\cdots,r)$,给定相应的矩阵 $L_i\in\mathbb{R}^{m\times 2(n+n_c)}$,如果向量 $\xi(k)$ 属于多面体集 $D(u_0)$,其中,$D(u_0)$ 定义如下:

$$D(u_0)\overset{\text{def}}{=}\{\xi(k)\in\mathbb{R}^{2(n+n_c)};-u_{0(z)}\leqslant(K_{ij(z)}-L_{i(z)})\xi(k)\leqslant u_{0(z)}, \\ u_{0(z)}>0,i,j=1,\cdots,r,z=1,\cdots,m\} \tag{10.65}$$

则对于任意的正定对角矩阵 $\Gamma\in\mathbb{R}^{m\times m}$ 下面的关系成立:

$$\psi(u(k))^{\mathrm{T}}\Gamma\Big(\psi(u(k))-\sum_{i=1}^{r}h_i(s(k))L_i\xi(k)\Big)\leqslant 0 \tag{10.66}$$

定理 10.3　给定 h_2 和 h_1,如果存在正定的对称矩阵 W、Q、S 和矩阵 Y、$Z_i(i=1,\cdots,r)$,使得如下线性矩阵不等式成立:

$$\Omega_{1iil}<0,\quad 1\leqslant i\leqslant r \tag{10.67}$$

$$\Omega_{1ijl}+\Omega_{1jil}<0,\quad 1\leqslant i<j\leqslant r \tag{10.68}$$

$$\begin{bmatrix} W & * \\ K_{ij(z)}W-Y_{(z)} & u_{0(z)}^2 \end{bmatrix}\geqslant 0,\quad i,j=1,\cdots,r;z=1,\cdots,m \tag{10.69}$$

式中

$$\Omega_{1ijl}=\begin{bmatrix} -W & 0 & Y^{\mathrm{T}} & -WA_{ijl}^{\mathrm{T}} & 0 & WN_{aijl}^{\mathrm{T}} & W \\ * & -Q & 0 & -\bar{A}_{di}^{\mathrm{T}} & 0 & \bar{N}_{adi}^{\mathrm{T}} & 0 \\ * & * & -2S & S\hat{B}_i^{\mathrm{T}}+Z_i^{\mathrm{T}}R^{\mathrm{T}} & 0 & -SN_{bi}^{\mathrm{T}} & 0 \\ * & * & * & -W & -\bar{M}_i & 0 & 0 \\ * & * & * & * & -I & 0 & 0 \\ * & * & * & * & * & -I & 0 \\ * & * & * & * & * & * & -h_1 \end{bmatrix}$$

$$\bar{M}_i=\begin{bmatrix} M_i \\ 0 \end{bmatrix},\quad N_{aijl}=[N_{ai}+N_{bi}D_{cj}C_l\quad N_{bi}C_{cj}]$$

$$\bar{N}_{adi}=[N_{adi}\quad 0],\quad h_1=\bar{h}^{-1},\quad \bar{h}=h_2-h_1+1$$

则对于初始状态始于椭圆 $\varepsilon(P,1)$ 的闭环系统式(10.63)是渐近稳定的。

更进一步，可得抗饱和控制器增益 $E_{ci}=Z_iS^{-1}$。

证明　式(10.69)表明集合 $\varepsilon(P)=\{\xi(t)\in\mathbb{R}^{n+n_c};\xi(t)^{\mathrm{T}}P\xi(t)\leqslant 1\}$ 包含在多面体 D 中，其中，D 在式(10.65)中定义，$G=YP$。

首先，定义如下形式的 Lyapunov 函数：

$$V(k)=\xi(k)^{\mathrm{T}}P\xi(k)+\sum_{i=k-h(k)}^{k-1}\xi(k)^{\mathrm{T}}Q\xi(k)+\sum_{j=-h_2+2}^{-h_1+1}\sum_{l=k+j-1}^{k-1}\xi(l)^{\mathrm{T}}Q\xi(l)$$

则

$$\begin{aligned}\Delta V(k)=&\ \xi(k+1)^{\mathrm{T}}P\xi(k+1)-\xi(k)^{\mathrm{T}}P\xi(k)+\xi(k)^{\mathrm{T}}\bar{h}\xi(k)\\&-\xi(k-h(k))^{\mathrm{T}}Q\xi(k-h(k))\\=&\sum_{i=1}^{r}\sum_{j=1}^{r}\sum_{l=1}^{r}h_i(s(t))h_j(s(t))h_l(s(t))\{\xi(k)^{\mathrm{T}}[(A_{ijl}+\Delta A_{ijl}(k))^{\mathrm{T}}\\&\cdot P(A_{ijl}+\Delta A_{ijl}(k))-P+\bar{h}]\xi(k)-\xi(k-h(k))^{\mathrm{T}}Q\xi(k-h(k))\\&+\xi(k-h(k))^{\mathrm{T}}(\bar{A}_{di}+\Delta\bar{A}_{di}(k))^{\mathrm{T}}P(\bar{A}_{di}+\Delta\bar{A}_{di}(k))\xi(k-h(k))\\&+\Psi(u(k))^{\mathrm{T}}(\bar{B}_i+\Delta\bar{B}_i(k))^{\mathrm{T}}P(\bar{B}_i+\Delta\bar{B}_i(k))\Psi(u(k))\\&+2\xi(k)[(A_{ijl}+\Delta A_{ijl}(k))^{\mathrm{T}}P(\bar{A}_{di}+\Delta\bar{A}_{di}(k))]\xi(k-h(k))\\&-2\xi(k)[(A_{ijl}+\Delta A_{ijl}(k))^{\mathrm{T}}P(\bar{B}_i+\Delta\bar{B}_i(k))]\Psi(u(k))\\&-2\xi(k-h(k))^{\mathrm{T}}(\bar{A}_{di}+\Delta\bar{A}_{di}(k))P(\bar{B}_i+\Delta\bar{B}_i(k))\Psi(u(k))\}\end{aligned}$$

根据引理 10.2，$\Delta V(k)<\Delta V(k)-2\Psi(u(k))^{\mathrm{T}}T(\Psi(u(k))-G\xi(k))$，则 $\Delta V(k)<0$，如果下面的不等式成立：

$$\Omega_{2iil}<0,\quad 1\leqslant i\leqslant r \tag{10.70}$$

$$\Omega_{2ijl}+\Omega_{2jil}<0,\quad 1\leqslant i<j\leqslant r \tag{10.71}$$

式中

$$\Omega_{2ijl}=\begin{bmatrix}-P+\bar{h} & 0 & G^{\mathrm{T}}T & -A_{ijl}^{\mathrm{T}}-\Delta A_{ijl}(k)^{\mathrm{T}}\\ * & -Q & 0 & -\bar{A}_{di}^{\mathrm{T}}-\Delta\bar{A}_{di}(k)^{\mathrm{T}}\\ * & * & -2T & \bar{B}_{i}^{\mathrm{T}}+\Delta\bar{B}_{i}(k)^{\mathrm{T}}\\ * & * & * & -P^{-1}\end{bmatrix}$$

根据引理 2.7，在所得不等式的两侧分别左乘 $\mathrm{diag}\{W,I,S,I,I,I\}$ 和右乘其转置，由 Schur 补引理，可得式(10.67)。

利用类似的方法，同样由式(10.71)可得式(10.68)。

因此，如果式(10.67)～式(10.69)满足，则可得 $\dot{V}(t)<0$，吸引域为 $\varepsilon(P,1)$。所有始于椭圆 $\varepsilon(P,1)$ 的初始状态都会随着时间的变化趋于原点。因此，闭环系统是渐近稳定的。证毕。

10.2.3 动态抗饱和设计

假设在没有输入饱和的情况下，式(10.72)和式(10.73)可以镇定式(10.59)和式(10.60)：

$$x_c(k+1)=\sum_{i=1}^{r}h_i(s(k))[A_{ci}x_c(k)+B_{ci}y(k)] \tag{10.72}$$

$$u(k)=\sum_{i=1}^{r}h_i(s(k))[C_{ci}x_c(k)+D_{ci}y(k)] \tag{10.73}$$

为了处理饱和现象，根据并行分布补偿机制设计如下形式的抗饱和补偿器以减小饱和对于闭环系统性能的影响：

$$x_a(k+1)=\sum_{i=1}^{r}h_i(s(k))[A_{ai}x_a(k)+B_{ai}\psi(u(k))] \tag{10.74}$$

$$u_a(k)=\sum_{i=1}^{r}h_i(s(k))[C_{ai}x_a(k)+D_{ai}\psi(u(k))] \tag{10.75}$$

式中，$x_a(k)\in\mathbb{R}^{n+n_c}$ 和 $\psi(u(k))\overset{\mathrm{def}}{=}\mathrm{sat}(u(k))-u(k)\in\mathbb{R}^{m}$ 分别为抗饱和补偿器的状态和输入向量；A_{ai}、B_{ai}、C_{ai} 和 D_{ai} 是适当维数的实常矩阵；向量 $u_a(k)\in\mathbb{R}^{n_c}$ 是动态控制器的修正信号。

因此，补偿后的控制器式(10.72)和式(10.73)具有如下形式：

$$x_c(k+1)=\sum_{i=1}^{r}h_i(s(k))[A_{ci}x_c(k)+B_{ci}y(k)+u_a(k)] \tag{10.76}$$

$$u(k)=\sum_{i=1}^{r}h_i(s(k))[C_{ci}x_c(k)+D_{ci}y(k)] \tag{10.77}$$

定义向量 $\eta(k)=[x(k)^{\mathrm{T}}\quad x_c(k)^{\mathrm{T}}\quad x_a(k)^{\mathrm{T}}]^{\mathrm{T}}$，则闭环系统为

$$\eta(k+1)=\sum_{i=1}^{r}\sum_{j=1}^{r}\sum_{l=1}^{r}h_i(s(t))h_j(s(t))h_l(s(t))\{[\mathcal{A}_{ijl}+\Delta\mathcal{A}_{ijl}(k)+\mathcal{B}_1K_{1l}V]\eta(k)$$
$$+[\mathcal{A}_{di}+\Delta\mathcal{A}_{di}(k)]\eta(k-h(k))+[\mathcal{B}_i+\Delta\mathcal{B}_i(k)+\mathcal{B}_1K_{2l}]\psi(u(k))\}\tag{10.78}$$

式中

$$\mathcal{A}_{ijl}=\begin{bmatrix}\hat{A}_{ijl} & 0\\ 0 & 0\end{bmatrix},\quad \Delta\mathcal{A}_{ijl}(k)=\begin{bmatrix}\Delta A_{ijl}(k) & 0\\ 0 & 0\end{bmatrix},\quad \mathcal{B}_1=\begin{bmatrix}0 & B_1\\ I_{n_a} & 0\end{bmatrix}$$

$$K_{1l}=\begin{bmatrix}A_{al}\\ C_{al}\end{bmatrix},\quad K_{2l}=\begin{bmatrix}B_{al}\\ D_{al}\end{bmatrix},\quad V=[0\quad 0\quad I_{n_a}],\quad \mathcal{A}_{di}=\begin{bmatrix}\hat{A}_{di} & 0\\ 0 & 0\end{bmatrix}$$

$$\Delta\mathcal{A}_{di}(t)=\begin{bmatrix}\Delta\hat{A}_{di}(k) & 0\\ 0 & 0\end{bmatrix},\quad \mathcal{B}_i=\begin{bmatrix}\hat{\mathcal{B}}_i\\ 0\end{bmatrix},\quad \Delta\mathcal{B}_i(k)=\begin{bmatrix}\Delta\hat{\mathcal{B}}_i(k)\\ 0\end{bmatrix}$$

和

$$\hat{A}_{ijl}=\begin{bmatrix}A_i+B_iD_{cj}C_l & B_iC_{cj}\\ B_{ci}C_j & A_{ci}\end{bmatrix}$$

$$\Delta\hat{A}_{ijl}(k)=\begin{bmatrix}\Delta A_i(k)+\Delta B_i(k)D_{cj}C_l & \Delta B_i(k)C_{cj}\\ 0 & 0\end{bmatrix}$$

$$B_1=\begin{bmatrix}0\\ I_{n_c}\end{bmatrix},\quad \hat{A}_{di}=\begin{bmatrix}A_{di} & 0\\ 0 & 0\end{bmatrix},\quad \Delta\hat{A}_{di}(k)=\begin{bmatrix}\Delta A_{di}(k) & 0\\ 0 & 0\end{bmatrix}$$

$$\hat{\mathcal{B}}_i=\begin{bmatrix}-B_i\\ 0\end{bmatrix},\quad \Delta\hat{\mathcal{B}}_i(k)=\begin{bmatrix}-\Delta B_i(k)\\ 0\end{bmatrix}$$

控制器输出表示为

$$u(t)=\sum_{i=1}^{r}\sum_{j=1}^{r}h_i(s(t))h_j(s(t))\hat{K}_{ij}\xi(t)$$

式中

$$\hat{K}_{ij}=[D_{ci}C_j\quad C_{ci}\quad 0]$$

定理 10.4　如果存在正定的对称矩阵 X、Y、S_1、H 和矩阵 F、G_{11}、A_{awl}、B_{awl}、C_{awl}、$D_{awl}(l=1,\cdots,r)$，使得下面的矩阵不等式成立：

$$\Upsilon_{iil}<0,\quad 1\leqslant i\leqslant r\tag{10.79}$$

$$\Upsilon_{ijl}+\Upsilon_{jil}<0,\quad 1\leqslant i<j\leqslant r\tag{10.80}$$

$$\begin{bmatrix}X & * & *\\ I_{n+n_c} & Y & *\\ K_{ij(z)}X-F_{(z)} & K_{ij(z)}-G_{11(z)} & u_{0(z)}^2\end{bmatrix}>0,\quad i,j=1,\cdots,r;z=1,\cdots,m\tag{10.81}$$

则不确定模糊时滞系统式(10.78)的所有始于椭圆 $\varepsilon(P,1)$ 的初始状态都会随着时间的变化趋于原点。式中

$$\Upsilon_{ijl}=\begin{bmatrix}\Delta_1 & * & * & * \\ \Delta_{2ijl} & -\Delta_{3i} & * & * \\ \Delta_4 & 0 & -h_1 & * \\ \Delta_{6ijl} & \Delta_7 & 0 & -I\end{bmatrix},\quad \Delta_1=\begin{bmatrix}-\hat{R} & * & * \\ 0 & -H & * \\ \hat{G}_1 & 0 & -2S_1\end{bmatrix}$$

$$\Delta_{2ijl}=\begin{bmatrix}\hat{\Sigma}_{1ijl} & \hat{R}_{Adi} & \hat{\Sigma}_{2il} \\ 0 & 0 & 0 \\ \tilde{N}_{aijl} & \bar{N}_{adi} & -N_{bi}S_1\end{bmatrix},\quad \Delta_{3i}=\begin{bmatrix}\hat{R} & * & * \\ -\hat{M}_i^{\mathrm{T}} & I & * \\ 0 & 0 & I\end{bmatrix}$$

$$\Delta_4=\begin{bmatrix}\Pi & 0 & 0\end{bmatrix},\quad \Delta_{6ijl}=\begin{bmatrix}0 & 0 & 0 \\ A_{Xijl} & 0 & 0 \\ 0 & 0 & 0 \\ 0 & 0 & \hat{\mathcal{B}}_iS_1\end{bmatrix},\quad \Delta_7=\begin{bmatrix}\hat{Y} & 0 & 0 \\ 0 & 0 & 0 \\ \hat{Y} & 0 & 0 \\ 0 & 0 & 0\end{bmatrix}$$

和

$$\hat{R}=\begin{bmatrix}X & I_{n+n_c} \\ I_{n+n_c} & Y\end{bmatrix},\quad \hat{G}_1=\begin{bmatrix}F & G_{11}\end{bmatrix},\quad \hat{\Sigma}_{1ijl}=\begin{bmatrix}\hat{A}_{ijl}X+B_1C_{awl} & \hat{A}_{ijl} \\ A_{awl} & Y\hat{A}_{ijl}\end{bmatrix}$$

$$\hat{M}_i=\begin{bmatrix}\bar{M}_i \\ 0\end{bmatrix},\quad \hat{R}_{Adi}=\begin{bmatrix}\hat{A}_{di} & 0 \\ Y\hat{A}_{di} & 0\end{bmatrix},\quad \hat{\Sigma}_{2il}=\begin{bmatrix}\hat{\mathcal{B}}_iS_1+B_1D_{awl} \\ B_{awl}\end{bmatrix}$$

$$\tilde{N}_{aijl}=\begin{bmatrix}N_{aijl}X & N_{aijl}\end{bmatrix},\quad \hat{Y}=\begin{bmatrix}0 & Y\end{bmatrix},\quad A_{Xijl}=\begin{bmatrix}\hat{A}_{ijl}X & 0\end{bmatrix}$$

更进一步,抗饱和模糊控制器式(10.76)和式(10.77)具有如下参数:

$$C_{al}=C_{awl}M^{-\mathrm{T}} \tag{10.82}$$

$$D_{al}=D_{awl}S_1^{-1} \tag{10.83}$$

$$A_{al}=N^{-1}(A_{awl}-YB_1C_{awl})M^{-\mathrm{T}} \tag{10.84}$$

$$B_{al}=N^{-1}(B_{awl}-YB_1D_{awl})S_1^{-1} \tag{10.85}$$

非奇异矩阵 M 和 N 满足 $NM^{\mathrm{T}}=I_{n+n_c}-YX$,以保证 $\varepsilon(R)$ 的参数满足如下要求:

$$R=\begin{bmatrix}Y & N \\ N^{\mathrm{T}} & \bullet\end{bmatrix},\quad R^{-1}=\begin{bmatrix}X & M \\ M^{\mathrm{T}} & \bullet\end{bmatrix}$$

证明 式(10.81)表明集合 $\varepsilon(R)=\{\xi(t)\in\mathbb{R}^{n+n_c};\xi(t)^{\mathrm{T}}R\xi(t)\leqslant 1\}$ 包含在多面体 D 中,其中,D 在式(10.65)中定义。为了得到式(10.78)的鲁棒稳定条件,首先定义如下 Lyapunov 函数:

$$V(\eta(k)) = \eta(k)^{\mathrm{T}}R\eta(k) + \sum_{i=k-h(k)}^{k-1}\eta(k)^{\mathrm{T}}H\eta(k) + \sum_{j=-h_2+2}^{-h_1+1}\sum_{l=k+j-1}^{k-1}\eta(l)^{\mathrm{T}}H\eta(l)$$

则

$$\begin{aligned}\Delta V(\eta(k)) &= \eta(k+1)^{\mathrm{T}}R\eta(k+1) - \eta(k)^{\mathrm{T}}R\eta(k) + \eta(k)^{\mathrm{T}}\bar{h}\eta(k)\\ &\quad - \eta(k-h(k))^{\mathrm{T}}H\eta(k-h(k))\\ &= \sum_{i=1}^{r}\sum_{j=1}^{r}\sum_{l=1}^{r}h_i(s(t))h_j(s(t))h_l(s(t))\{\eta(k)^{\mathrm{T}}[(\mathcal{A}_{ijl}+\Delta\mathcal{A}_{ijl}(k)\\ &\quad + \mathcal{B}_1K_{1l}V)^{\mathrm{T}}R(\mathcal{A}_{ijl}+\Delta\mathcal{A}_{ijl}(k)+\mathcal{B}_1K_{1l}V) - R + \bar{h}]\eta(k)\\ &\quad - \eta(k-h(k))^{\mathrm{T}}H\eta(k-h(k)) + \eta(k-h(k))^{\mathrm{T}}(\mathcal{A}_{di}+\Delta\mathcal{A}_{di}(k))^{\mathrm{T}}\\ &\quad \cdot R(\mathcal{A}_{di}+\Delta\mathcal{A}_{di}(k))\eta(k-h(k)) + \Psi(u(k))^{\mathrm{T}}(\mathcal{B}_i+\Delta\mathcal{B}_i(k)+\mathcal{B}_1K_{2l})^{\mathrm{T}}\\ &\quad \cdot R(\mathcal{B}_i+\Delta\mathcal{B}_i(k)+\mathcal{B}_1K_{2l})\Psi(u(k))\\ &\quad + 2\eta(k)[(\mathcal{A}_{ijl}+\Delta\mathcal{A}_{ijl}(k)+\mathcal{B}_1K_{1l}V)^{\mathrm{T}}R(\mathcal{A}_{di}+\Delta\mathcal{A}_{di}(k))]\eta(k-h(k))\\ &\quad - 2\eta(k)[(\mathcal{A}_{ijl}+\Delta\mathcal{A}_{ijl}(k)+\mathcal{B}_1K_{1l}V)^{\mathrm{T}}R(\mathcal{B}_i+\Delta\mathcal{B}_i(k)\\ &\quad + \mathcal{B}_1K_{2l})]\Psi(u(k)) - 2\eta(k-h(k))^{\mathrm{T}}(\mathcal{A}_{di}+\Delta\mathcal{A}_{di}(k))R(\mathcal{B}_i+\Delta\mathcal{B}_i(k)\\ &\quad + \mathcal{B}_1K_{2l})\Psi(u(k))\}\end{aligned}$$

基于引理 10.2，$\Delta V(k) < \Delta V(k) - 2\Psi(u(k))^{\mathrm{T}}T_1(\Psi(u(k)) - G_1\eta(k))$，则 $\Delta V(k)<0$，如果下面的不等式成立：

$$\begin{bmatrix} -R+\bar{h} & * & * & * \\ 0 & -H & * & * \\ T_1G_1 & 0 & -2T_1 & * \\ A_{ijl}+\Delta A_{ijl}(k)+B_1K_{1l}V & A_{di}+\Delta A_{di}(k) & \bar{B}_i+\Delta\bar{B}_i(k)+B_1K_{2l} & -R^{-1}\end{bmatrix}<0 \tag{10.86}$$

式中

$$[\Delta\mathcal{A}_{ijl}(k)\quad \Delta\mathcal{A}_{di}(k)\quad \Delta\mathcal{B}_i(k)] = \hat{M}_iF_i(k)\left[\hat{N}_{aijl}\quad \hat{N}_{adi}\quad -N_{bi}\right]$$

$$\hat{M}_i = \begin{bmatrix}\bar{M}_i\\ 0\end{bmatrix},\quad \hat{N}_{aijl} = [N_{aijl}\quad 0],\quad \hat{N}_{adi} = \left[\bar{N}_{adi}\quad 0\right]$$

利用引理 2.7，可得新的不等式。

定义矩阵如下：

$$\Pi = \begin{bmatrix} X & I_{n+n_c} \\ M^{\mathrm{T}} & 0\end{bmatrix}$$

在所得新矩阵两侧分别左乘 $\mathrm{diag}\{\Pi^{\mathrm{T}}, I, S_1, \Pi^{\mathrm{T}}R, I, I\}$ 和右乘其转置，由 $S_1 = T_1^{-1}$ 和式(10.82)～式(10.85)，可得

$$\Sigma_{ijl}=\begin{bmatrix} -\hat{R}+\Pi^{\mathrm{T}}h\Pi & * & * & * & * & * \\ 0 & -H & * & * & * & * \\ \hat{G}_1 & 0 & -2S_1 & * & * & * \\ \Sigma_{1ijl} & \hat{R}_{Adi} & \Sigma_{2il} & -\hat{R} & * & * \\ 0 & 0 & 0 & \hat{M}_i^{\mathrm{T}} & -I & * \\ \tilde{N}_{aijl} & \hat{N}_{adi} & -N_{bi}S_1 & 0 & 0 & -I \end{bmatrix}<0 \quad (10.87)$$

式中

$$\Sigma_{1ijl}=\begin{bmatrix} \hat{A}_{ijl}X+B_1C_{awl} & \hat{A}_{ijl} \\ Y\hat{A}_{ijl}X+A_{awl} & Y\hat{A}_{ijl} \end{bmatrix},\quad \Sigma_{2il}=\begin{bmatrix} \hat{\mathcal{B}}_iS_1+B_1D_{awl} \\ Y\hat{\mathcal{B}}_iS+B_{awl} \end{bmatrix}$$

对式(10.79)利用引理 2.7 和 Schur 补引理可得

$$\Sigma_{ijl}<0 \quad (10.88)$$

另外,在式(10.81)的左右两侧分别乘以$\begin{bmatrix} \Pi^{-\mathrm{T}} & 0 \\ 0 & 1 \end{bmatrix}$及其转置,容易得到使$\varepsilon(P,1)\subset D(u_0)$满足的线性矩阵不等式(10.81)。

因此,如果线性矩阵不等式(10.79)~式(10.81)满足,则$\dot{V}(t)<0$,其中,$\varepsilon(P,1)$为吸引域。所有始于椭圆$\varepsilon(P,1)$的初始状态都会随着时间的变化趋于原点。因此,闭环系统是渐近稳定的。证毕。

10.3 仿真算例

10.3.1 连续时间控制仿真算例

本节使用两个仿真算例来说明所设计的动态抗饱和控制器的有效性。

例 10.1 时滞无关情况。

考虑一类带有输入饱和的不稳定非线性系统,由如下等式描述[27,29]:

$$\ddot{s}(t)+f(s(t),\dot{s}(t))-0.1s(t)=v(t)$$

$$f(s(t),\dot{s}(t))=0.5\dot{s}(t)+0.75\sin(2\dot{s}(t))$$

式中,$v(t)$代表前节所述的饱和输入。

定义状态向量$x(t)=[s(t)\quad \dot{s}(t)]^{\mathrm{T}}$用来逼近上述非线性系统的 T-S 模型,可以由下面的带有两个模糊规则的模糊模型来描述。

规则 1:IF $\frac{x_2(t)}{0.5}$ is about 0 THEN

$$\dot{x}(t) = A_1 x(t) + A_{d1} x(t-\tau) + B_1 v(t)$$
$$y(t) = C_1 x(t)$$

规则 2：IF $\frac{x_2(t)}{0.5}$ is about π or $-\pi$ THEN

$$\dot{x}(t) = A_2 x(t) + A_{d2} x(t-\tau) + B_2 v(t)$$
$$y(t) = C_2 x(t)$$

式中

$$A_1 = \begin{bmatrix} 0 & 1 \\ 0.1 & -2 \end{bmatrix},\quad A_2 = \begin{bmatrix} 0 & 1 \\ 0.1 & -0.5-0.5\kappa \end{bmatrix},\quad B_1 = B_2 = \begin{bmatrix} 0 \\ 1 \end{bmatrix}$$

$$A_{d1} = A_{d2} = \begin{bmatrix} 0.1 & 0 \\ 0.1 & -0.2 \end{bmatrix},\quad C_1 = C_2 = [-0.1 \quad -0.2],\quad \kappa = 0.01/\pi$$

其中，κ 用来避免系统矩阵为奇异矩阵。

隶属度函数设为

$$h_1(t) = \left[1 - \frac{1}{1+\exp\left(-3\left(\frac{x_2}{0.5} - \frac{\pi}{2}\right)\right)}\right]\left[\frac{1}{1+\exp\left(-3\left(\frac{x_2}{0.5} + \frac{\pi}{2}\right)\right)}\right]$$

$$h_2(t) = 1 - h_1(t)$$

基于文献[27]附录中时滞无关的分析结果，动态输出反馈控制器式(10.8)和式(10.9)有如下参数：

$$A_{c1} = \begin{bmatrix} -1.1529 & -3.2758 \\ -4.4239 & -13.3903 \end{bmatrix},\quad A_{c2} = \begin{bmatrix} -0.6831 & -3.4832 \\ -1.1915 & -15.0621 \end{bmatrix}$$

$$B_{c1} = \begin{bmatrix} -13.1146 \\ -23.459 \end{bmatrix},\quad B_{c2} = \begin{bmatrix} -16.0372 \\ -43.5286 \end{bmatrix},\quad C_{c1} = [-3.0903 \quad -2.2401]$$

$$C_{c2} = [-1.0017 \quad -3.171],\quad D_{c1} = D_{c2} = 0$$

本例中，设控制输入的界 $u_0 = 0.05$，$M = I$，$d = 0.4$，$\tau = 0.1$。则由算法 10.1，可得动态抗饱和补偿器参数如下：

$$A_{a1} = \begin{bmatrix} 78.9868 & 13.5957 & 134.5669 & 93.1676 \\ 31.3886 & 0.9193 & 36.7980 & 38.5336 \\ -180.3974 & -11.3257 & -271.3909 & -166.1598 \\ -180.3552 & -33.1028 & -239.4920 & -202.7059 \end{bmatrix}$$

$$A_{a2} = \begin{bmatrix} 66.7620 & 17.1054 & 124.5782 & 90.9398 \\ 8.9338 & 14.9898 & 21.7643 & 43.7209 \\ -141.9219 & 1.0632 & -220.5116 & -122.0699 \\ -56.2075 & -58.3214 & -113.3423 & -151.9293 \end{bmatrix}$$

$$B_{a1}=\begin{bmatrix}-0.1597\\-0.8644\\-0.0128\\0.5725\end{bmatrix},\quad B_{a2}=\begin{bmatrix}0.0686\\-0.6853\\-0.4571\\-0.6907\end{bmatrix}$$

$$C_{a1}=[91.1764\quad -2.2053\quad 143.3448\quad 74.8078]$$

$$C_{a2}=[91.1764\quad -2.2053\quad 143.3448\quad 74.8078]$$

$$D_{a1}=0.2365,\quad D_{a2}=0.2365$$

初始状态设为 $x(0)=[0.1\quad -0.1]^{\mathrm{T}}$。考虑动态抗饱和控制及动态输出反馈控制(即不带有动态抗饱和补偿器的控制)两种情况,状态响应 $x_1(t)$ 和 $x_2(t)$ 分别在图 10.1 和图 10.2 中给出,而图 10.3 所示为相应的控制输入。

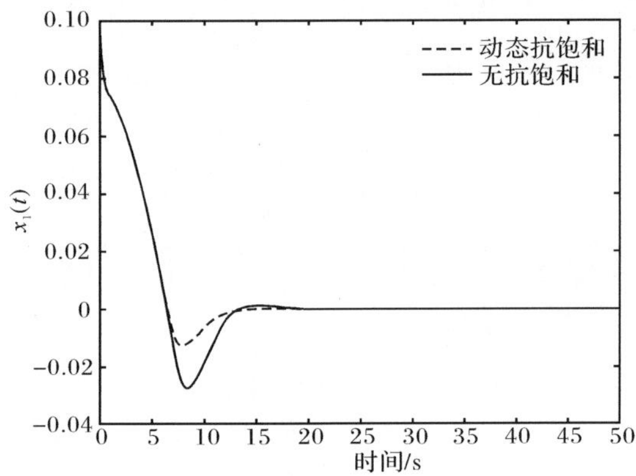

图 10.1　系统状态响应 $x_1(t)$

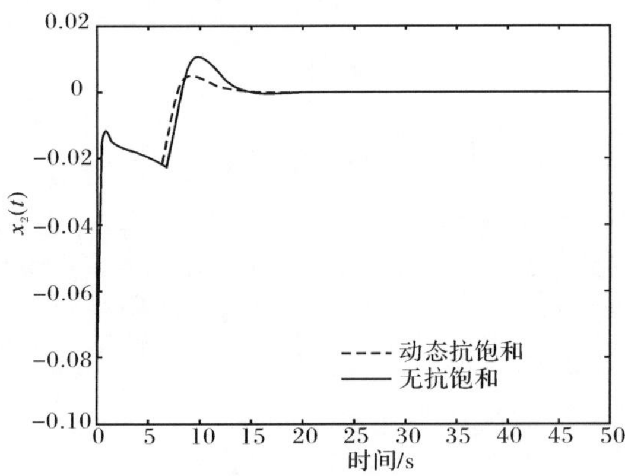

图 10.2　系统状态响应 $x_2(t)$

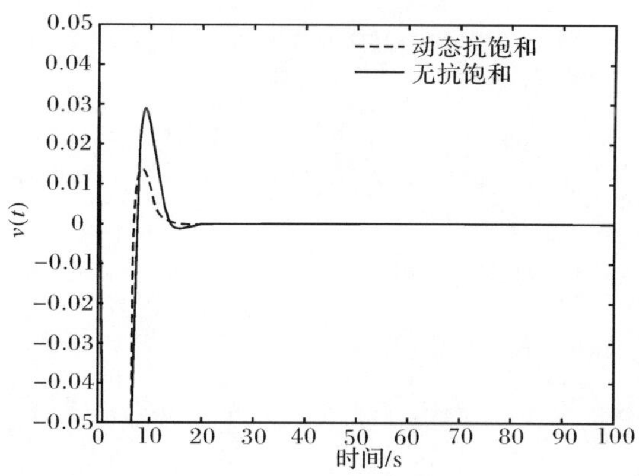

图 10.3　控制输入 $v(t)$

正如我们所期望的，在考虑带有动态抗饱和补偿器的情况下，系统状态响应具有更小的阻尼和更快的调节时间。

例 10.2　时滞相关情况。

本例采用并行分布补偿机制，使用一个仿真算例来证明所设计的时滞相关动态抗饱和补偿器的有效性。本例中的模糊规则如下。

规则 1：IF $x_1(t)$ is u_1 THEN

$$\begin{aligned}\dot{x}(t) &= [A_1 + \Delta A_1(t)]x(t) + [A_{d1} + \Delta A_{d1}(t)]x(t-h(t))\\&\quad + [B_1 + \Delta B_1(t)]v(t)\\y(t) &= C_1 x(t)\end{aligned}$$

规则 2：IF $x_1(t)$ is u_2 THEN

$$\begin{aligned}\dot{x}(t) &= [A_2 + \Delta A_2(t)]x(t) + [A_{d2} + \Delta A_{d2}(t)]x(t-h(t))\\&\quad + [B_2 + \Delta B_2(t)]v(t)\\y(t) &= C_2 x(t)\end{aligned}$$

式中

$$A_1 = \begin{bmatrix} -1.5 & 1 \\ 1 & 0 \end{bmatrix},\quad A_2 = \begin{bmatrix} -1.4 & 0.8 \\ 1 & 0 \end{bmatrix},\quad B_1 = \begin{bmatrix} 1 \\ 0 \end{bmatrix},\quad C_1 = \begin{bmatrix} 0 & 1 \end{bmatrix}$$

$$A_{d1} = \begin{bmatrix} 0.01 & 0.01 \\ 0.01 & 0 \end{bmatrix},\quad A_{d2} = \begin{bmatrix} 0.01 & 0.02 \\ 0.01 & 0.01 \end{bmatrix},\quad B_2 = \begin{bmatrix} 0.8 \\ 0 \end{bmatrix},\quad C_2 = \begin{bmatrix} 0 & 1.2 \end{bmatrix}$$

不确定矩阵 $\Delta A_1(t)$、$\Delta A_{d1}(t)$、$\Delta B_1(t)$ 和 $\Delta A_2(t)$、$\Delta A_{d2}(t)$、$\Delta B_2(t)$ 满足式(10.5)和式(10.6)。式中

$$M_1 = \begin{bmatrix} -0.01 \\ 0 \end{bmatrix},\quad N_{a1} = \begin{bmatrix} -0.01 & 0.01 \end{bmatrix},\quad N_{ad1} = 0,\quad N_{b1} = 0.01$$

$$M_2=\begin{bmatrix}-0.05\\0\end{bmatrix},\quad N_{a2}=[0.01\quad 0.01],\quad N_{ad2}=N_{ad1},\quad N_{b2}=N_{b1}$$

则最终的模糊系统为

$$\begin{aligned}\dot{x}(t)=&\sum_{i=1}^{2}h_i(s(t))\{[A_i+\Delta A_i(t)]x(t)+[A_{di}+\Delta A_{di}(t)]x(t-h(t))\\&+[B_i+\Delta B_i(t)]v(t)\\y(t)=&\sum_{i=1}^{2}h_i(s(t))C_ix(t)\end{aligned}$$

其中隶属度函数如下：

$$h_1(x_1(t))=\begin{cases}\dfrac{1}{3}, & x_1<-1\\ \dfrac{2}{3}+\dfrac{1}{3}x_1, & |x_1|\leqslant 1,\\ 1, & x_1>1\end{cases}\quad h_1(x_1(t))=\begin{cases}\dfrac{2}{3}, & x_1<-1\\ \dfrac{1}{3}-\dfrac{1}{3}x_1, & |x_1|\leqslant 1\\ 0, & x_1>1\end{cases}$$

本例中，设控制输入的界为 $u_0=0.1$，$M=I$，$d=0.4$，$Q_i=I(i=1,2,3)$。时变时滞设为 $h(t)=0.1\cos t+0.8$。首先，在不考虑输入饱和的情况下，设计 PI 控制器如下：

$$\begin{aligned}&A_{c1}=0,\quad B_{c1}=-1,\quad C_{c1}=0.15,\quad D_{c1}=-2\\&A_{c2}=0,\quad B_{c2}=-1.2,\quad C_{c2}=0.1,\quad D_{c2}=-3\end{aligned}$$

初始条件为 $x(0)=[0.2\quad 0.1]^{\mathrm{T}}$，然后由算法 10.2 可得动态抗饱和补偿器的参数如下：

$$\begin{aligned}A_{a1}&=\begin{bmatrix}-0.8889 & 0.6650 & -0.2205\\0.6739 & -1.4509 & -1.9326\\-0.2150 & -1.8991 & -4.6972\end{bmatrix}\\A_{a2}&=\begin{bmatrix}-0.8902 & 0.6621 & -0.2325\\0.6725 & -1.4540 & -1.9461\\-0.2142 & -1.8979 & -4.6915\end{bmatrix}\\B_{a1}&=\begin{bmatrix}-0.0501\\-0.0574\\0.0257\end{bmatrix},\quad B_{a2}=\begin{bmatrix}-0.0666\\-0.0758\\0.0336\end{bmatrix}\\C_{a1}&=[0.0229\quad 0.2534\quad 0.6113]\\C_{a2}&=[0.0243\quad 0.2553\quad 0.6184]\\D_{a1}&=-0.0037,\quad D_{a2}=-0.0025\end{aligned}$$

特别地，可得时滞的最大值为 3.1s。考虑动态抗饱和控制及动态输控制（即不带有动态抗饱和补偿器的控制）两种情况，状态响应 $x_1(t)$ 和 $x_2(t)$ 分别在

图 10.4和图 10.5 中给出，而图 10.6 所示为相应的控制输入。

仿真结果明确说明，所设计的动态抗饱和补偿器与动态输出反馈控制器(即不考虑补偿器)相比，系统的状态响应具有更好的性能。

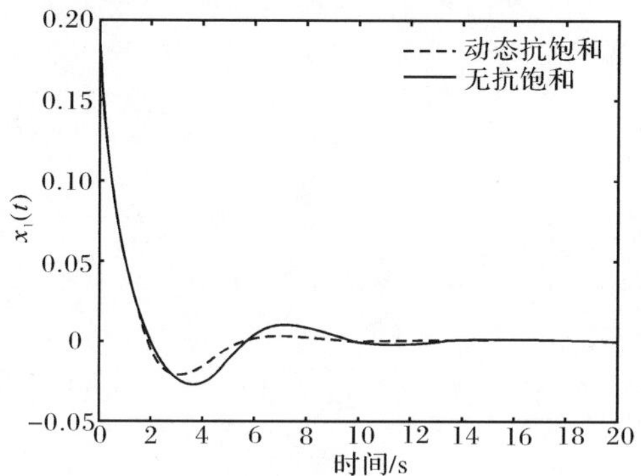

图 10.4　系统状态响应 $x_1(t)$

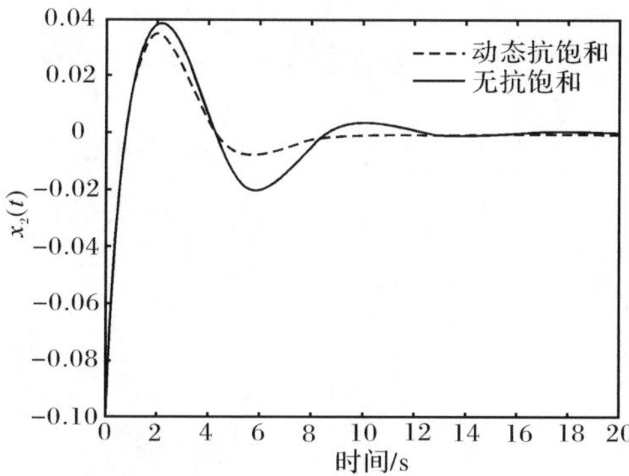

图 10.5　系统状态响应 $x_2(t)$

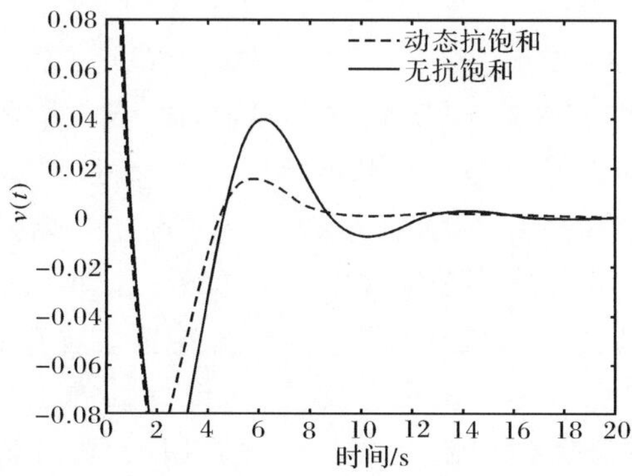

图 10.6　控制输入 $v(t)$

10.3.2　离散时间控制仿真算例

例 10.3　考虑带有时变时滞和输入饱和的不确定模糊系统式(10.59)和式(10.60),参数如下：

$$A_1=\begin{bmatrix}0 & 1\\ 0.1 & -2\end{bmatrix},\quad A_2=\begin{bmatrix}0.2 & 1\\ 0.1 & -0.5-\dfrac{0.015}{\pi}\end{bmatrix},\quad A_{d1}=\begin{bmatrix}0.1 & 0\\ 0.1 & 0.2\end{bmatrix}$$

$$A_{d2}=\begin{bmatrix}-0.1 & 0\\ 0.1 & 0.2\end{bmatrix},\quad B_2=\begin{bmatrix}0\\ 1\end{bmatrix},\quad B_1=\begin{bmatrix}0\\ -0.5\end{bmatrix}$$

$$C_1=[-0.1\quad -0.2],\quad C_2=C_1$$

$\Delta A_1(k)$、$\Delta A_{21}(k)$、$\Delta B_1(k)$和 $\Delta A_2(k)$、$\Delta A_{22}(k)$、$\Delta B_2(k)$由式(10.57)表达,参数如下：

$$M_1=\begin{bmatrix}-1\\ 0\end{bmatrix},\quad N_{a1}=[-0.01\quad 0.01],\quad N_{ad1}=[-0.1\quad 0.1],\quad N_{b1}=0.01$$

$$M_2=\begin{bmatrix}-0.5\\ 0\end{bmatrix},\quad N_{a2}=N_{a1},\quad N_{ad2}=N_{ad1},\quad N_{b2}=N_{b1}$$

假设隶属度函数有如下形式：

$$h_1(x_1(k))=\begin{cases}\dfrac{1}{3}, & x_1<-1\\ \dfrac{2}{3}+\dfrac{1}{3}x_1, & |x_1|\leqslant 1\\ 1, & x_1>1\end{cases}$$

$$h_2(x_1(k))=1-h_1(x_1(k))$$

动态输出反馈控制器选择如下：

$$A_{c1}=\begin{bmatrix}-1 & -3\\ -4 & -10\end{bmatrix},\quad A_{c2}=\begin{bmatrix}-0.5 & -3\\ -1 & -10\end{bmatrix},\quad B_{c1}=\begin{bmatrix}-10\\ -20\end{bmatrix},\quad B_{c2}=\begin{bmatrix}-15\\ -40\end{bmatrix}$$

$$C_{c1}=[-3\quad -2],\quad C_{c2}=[-1\quad -3],\quad D_{c1}=D_{c2}=0$$

本例中,初始条件为 $x(0)=[0.1\quad -0.1]^{\mathrm{T}}$,$u_0=1$.假设时变时滞 $h(k)$如图 10.7 所示,针对此类时滞,选择 $h_2=11$,$h_1=2$。接着解线性矩阵不等式(10.67)～式(10.69),可得静态抗饱和补偿器参数 E_{c1} 和 E_{c2}。然后解线性矩阵不等式(10.79)～式(10.81),可得动态抗饱和补偿器参数 A_{a1}、A_{a2}、B_{a1}、B_{a2}、C_{a1}、C_{a2}。

基于所得抗饱和输出反馈控制器,图 10.8 给出了模糊系统式(10.59)～式(10.60)的状态响应。仿真结果明确地说明,所设计的静态和动态抗饱和补偿器是有效的。而且,与静态抗饱和输出反馈控制器相比,动态抗饱和输出反馈控制器所控制的系统状态响应具有更好的性能。

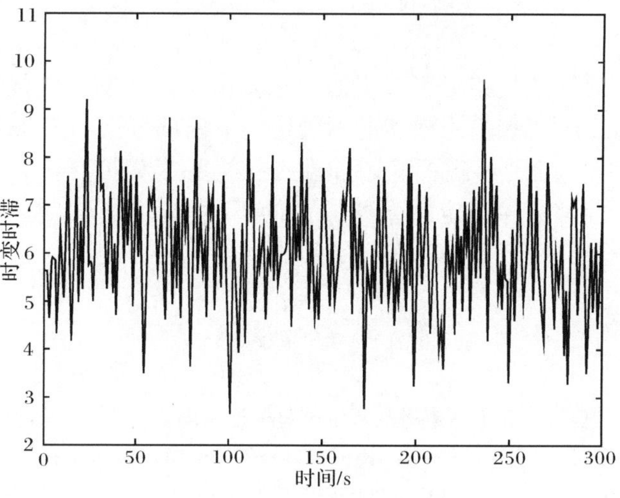

图 10.7　时变时滞

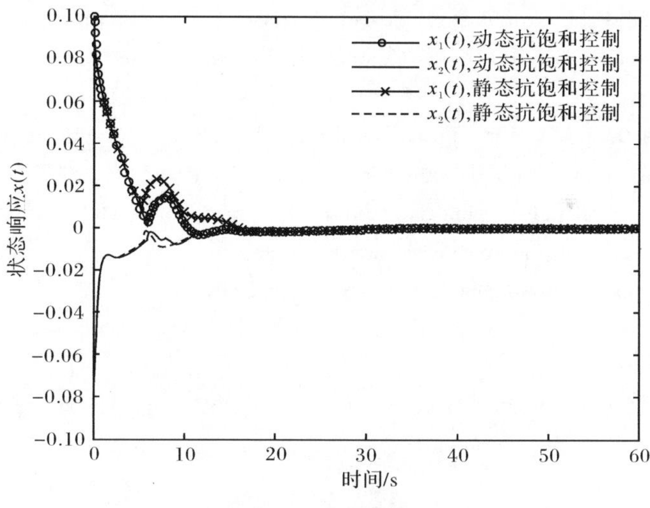

图 10.8　状态响应 $x(t)$

10.4　小　　结

本章主要针对一类带有输入饱和和时变时滞的不确定连续时间 T-S 模糊系统，进行了动态抗饱和输出反馈控制问题的研究。基于 Project 引理及改进的扇形条件，分别得到了能够保证所有始于吸引域的初始状态都会趋于原点的时滞无关和时滞相关条件,同时所设计的动态抗饱和模糊控制器参数的计算也可以归为一类凸问题。最后,用仿真算例将本章的结果进行仿真,验证了所设计的动态抗饱和控制器的有效性及其相对于常规的动态输出反馈控制器的优势。另一方面,针对一类具有时变时滞和输入饱和的不确定离散时间 T-S 模糊系统,进行了抗饱和控制问题的研究,分别得到了静态和动态抗饱和模糊控制器存在的充分条件。所设计的控制器能够鲁棒镇定本章所提到的不确定离散 T-S 模糊时滞系统。最后,用仿真算例将结果进行仿真,验证了所设计的抗饱和控制器的有效性。

参考文献

[1] 苏宏业,褚健,鲁仁全,等. 不确定时滞系统的鲁棒控制理论 [M]. 北京:科学出版社,2007.

[2] Liu H, Boukas E K, Sun F, et al. Controller design for Markov jumping systems subject to actuator saturation [J]. Automatica, 2006, 42(3): 459—465.

[3] Wang L, Liu J. Further studies on Min-Max MPC algorithm for LPV systems subject to input saturation [J]. ICIC Express Letters, 2010, 4: 839—844.

[4] Matsuda Y, Ohse N. Simultaneous design of control systems with input saturation [J]. International Journal of Innovative Computing, Information and Control, 2008, 4 (9): 2205—2219.

[5] Bernstein D S, Michel A N. A chronological bibliography on saturating actuators [J]. International Journal of Robust and Nonlinear Control, 1995, 5(5): 375—380.

[6] Teel A R. Semi-global stabilizability of linear null controllable systems with input saturation [J]. IEEE Transactions on Automatic Control, 1995, 40(1): 96—100.

[7] Lin Z. Low Gain Feedback [M]. London: Springer, 1998.

[8] Hu T, Lin Z. Control Systems with Actuator Saturation: Analysis and Design [M]. Boston: Birkhauser, 2001.

[9] Cao Y Y, Lin Z, Hu T. Stability analysis of linear time-delay systems subject to input saturation [J]. IEEE Transactions on Circuits and Systems-Ⅰ: Fundamental Theory and Applications, 2002, 49(2): 233—240.

[10] Fridman E, Pila A, Shaked U. Regional stabilization and H_∞ control of time-delay systems with saturating actuators [J]. International Journal of Robust and Nonlinear Control, 2003, 13(9): 885—907.

[11] Gomes da Silva Jr. J M, Tarbouriech S. Anti-windup design with guaranteed regions of stability: An LMI-based approach [J]. IEEE Transactions on Automatic Control, 2005, 50(1): 106—111.

[12] Tarbouriech S, Turner M. Anti-windup design: An overview of some recent advances and open problems [J]. IET Control Theory and Applications, 2009, 3(1): 1—19.

[13] Xu Y, Ma Y, Shi J, et al. Robust guaranteed cost H_∞ control for time-delay singular systems

with input saturation [C]. Proceedings of the 21st Annual International Conference on Chinese Control and Decision Conference, NJ, 2009: 1482—1486.

[14] Kim S H, Lee C H, Park P G. State-feedback control for fuzzy systems with input saturation via fuzzy weighting-dependent Lyapunov functions [J]. Computers & Mathematics with Applications, 2009, 57(6): 981—990.

[15] Stoorvogel A A, Saberi A. Special issue: Control problems with constraints [J]. International Journal of Robust and Nonlinear Control, 1999, 9(10): 583—584.

[16] Kapila V, Grigoriadis K M. Actuator Saturation Control [M]. New York: Marcel Dekker Inc., 2002: 1—301.

[17] Tarbouriech S, Garcia G, Glattfelder A H. Advanced Strategies in Control Systems with Input and Output Constraints [M]. New York: Springer Verlag, 2007.

[18] Gomes da Silva Jr. J M, Bender F A, Tarbouriech S, et al. Dynamic anti-windup synthesis for state delayed systems: An LMI approach [C]. Proceedings of 48th IEEE Conference on Decision and Control and 28th Chinese Control Conference, Shanghai, 2009: 6904—6909.

[19] Cao Y Y, Lin Z, Ward D G. An antiwindup approach to enlarging domain of attraction for linear systems subject to actuator saturation [J]. IEEE Transactions on Fuzzy Systems, 2002, 47(1): 140—145.

[20] de Oliveira M, Geromel J. Synthesis of non-rational controllers for linear delay systems [J]. Automatica, 2004, 40(2): 171—188.

[21] Gomes da Silva Jr. J M, Tarbouriech S, Garcia G. Anti-windup design for time-delay systems subject to input saturation: An LMI-based approach [J]. European Journal of Control, 2006, 12(6): 622—634.

[22] Park J K, Choi C H, Choo H. Dynamic anti-windup method for a class of time-delay control systems with input saturation [J]. International Journal of Robust and Nonlinear Control, 2000, 10(6): 457—488.

[23] Tarbouriech S, Gomes da Silva Jr. J M, Garcia G. Delay-dependent anti-windup strategy for linear systems with saturating inputs and delayed outputs [J]. International Journal of Robust and Nonlinear Control, 2004, 14(7): 665—682.

[24] Zaccarian L, Nesic D, Teel A R. Anti-windup for linear dead-time systems [J]. Systems & Control Letters, 2005, 54(12): 1205—1217.

[25] Cao Y Y, Lin Z. Robust stability analysis and fuzzy-scheduling control for nonlinear systems subject to actuator saturation [J]. IEEE Transactions on Automatic Control, 2003, 11(1): 57—67.

[26] Han H. Fuzzy controller design with input saturation [J]. International Journal of Innovative Computing, Information and Control, 2008, 4(10): 2507—2521.

[27] Ting C S, Liu C S. Stabilization of nonlinear time-delay systems with input saturation via anti-windup fuzzy design [J]. Soft Computing, 2011, 15(5): 877—888.

[28] Niculescu S I,Lozano R. On the passivity of linear delay systems [J]. IEEE Transactions on Automatic Control,2001,46(3):460—464.

[29] Guan X,Chen C. Delay-dependent guaranteed cost control for T-S fuzzy systems with time delays [J]. IEEE Transactions on Fuzzy Systems,2004,12(2):236—249.

第 11 章　分数阶模糊系统的动态输出反馈控制

第 3～6 章分别针对分数阶线性系统、分数阶时滞系统和分数阶非线性系统，相应设计了不同性能约束下的动态输出反馈控制器；第 7～10 章针对模糊时滞系统，讨论了 H_∞ 控制与滤波、无源控制与 L_2-L_∞ 滤波、抗饱和控制等问题，分别设计了不同类型的动态输出反馈控制器和滤波器。从以上的研究结果及其参考文献可以看出，尽管对于分数阶系统和模糊系统，各自现有的研究结果已很丰富，但是对于分数阶模糊系统，由于对其进行分析与综合并不是传统分数阶系统或模糊系统分析方法的简单推广，因此以往针对分数阶模糊系统的研究还较少。

近年来，分数阶模糊系统得到了一定的发展，很多学者针对分数阶混沌系统，利用分数阶 T-S 模糊模型，研究了其控制问题[1-3]；针对电动汽车用永磁同步电机，设计了分数阶模糊控制器[4]；针对机器人柔性关节机械臂，讨论了分数阶模糊滑膜控制器的设计问题[5]；针对多变量非线性系统，研究了自适应分数阶模糊滑膜控制器的设计等[6]。但是对于有关分数阶 T-S 模糊系统[7]的一些基础理论，如稳定性分析、控制器设计等仍有许多深层次的问题有待解决。

本章首先针对带有确定参数和不可测前件变量的分数阶 T-S 模糊系统，讨论了分数阶输出反馈控制器设计问题，其中，分数阶系统导数范围为(0,2)。将所研究的分数阶 T-S 模糊系统转换为等价的带有不确定参数的分数阶系统，基于 LMI 方法，给出所设计的分数阶输出反馈控制器的精确表达式，并利用所设计的分数阶动态输出反馈控制器镇定所给出的分数阶 T-S 模糊系统。然后针对带有不确定参数和可测前件变量的分数阶 T-S 模糊系统，其中，分数阶系统导数范围为[1,2]，设计了分数阶动态输出反馈控制器，使得闭环系统渐近稳定。利用 Caputo 定义描述所研究的分数阶 T-S 模糊系统，给出所研究的分数阶 T-S 模糊系统渐近稳定的充分条件，设计能够镇定所提分数阶 T-S 模糊系统的分数阶模糊控制器。

11.1　前件变量不可测情况下的输出反馈控制

11.1.1　问题描述

本节使用的分数阶模糊系统是由 IF-THEN 规则表示的分数阶 T-S 模糊模型，连续时间分数阶 T-S 模糊模型表示如下：

规则 i：IF z_1 is u_{i1} and $\cdots$ and z_p is u_{ip} THEN

$$\mathrm{D}^{\alpha}x(t)=A_ix(t)+B_iu(t) \tag{11.1}$$

$$y(t)=C_ix(t) \tag{11.2}$$

$$x(t)=\phi(t),\quad \forall t\in[-\tau,0],\quad i=1,2,\cdots,r \tag{11.3}$$

式中，对于分数阶微分采用第 3 章中的 Caputo 定义；u_{ij} 是模糊集合；r 是 IF-THEN模糊规则的数目；$z_1,\cdots,z_p$ 表示前件变量，并且假设前件变量是不依赖于输入变量和扰动的；$x(t)\in\mathbb{R}^n$表示状态；$u(t)\in\mathbb{R}^m$为控制输入；$y(t)\in\mathbb{R}^s$表示测量输出；A_i、B_i、C_i 为实常矩阵。

分数阶模糊系统的最终表达式为

$$\mathrm{D}^{\alpha}x(t)=\sum_{i=1}^{r}h_i(x(t))[A_ix(t)+B_iu(t)] \tag{11.4}$$

$$y(t)=Cx(t) \tag{11.5}$$

式中，$h_i(x(t))=\dfrac{w_i(x(t))}{\sum\limits_{i=1}^{r}w_i(x(t))}$；$w_i(x(t))=\prod\limits_{j=1}^{p}u_{ij}(z_j)$；$u_{ij}(\cdot)$ 为模糊集合 u_{ij} 的隶属度函数。

假设

$$w_i(x(t))\geqslant 0,\quad i=1,\cdots,r$$

$$\sum_{i=1}^{r}w_i(x(t))>0,\quad \forall t$$

则 $h_i(x(t))$满足

$$h_i(x(t))>0,\quad i=1,\cdots,r \tag{11.6}$$

$$\sum_{i=1}^{r}h_i(x(t))>0,\quad \forall t \tag{11.7}$$

进而有

$$h_r(x(t))=1-[h_1(x(t))+h_2(x(t))+\cdots+h_{r-1}(x(t))]$$

在此基础上，可得

$$\begin{aligned}\sum_{i=1}^{r}h_i(x(t))A_i&=A_r+h_1(x(t))A_{1r}+\cdots+h_{r-1}(x(t))A_{r-1,r}\\&=A_r+H_1F_1(t)\widetilde{A}\end{aligned}$$

式中

$$A_{ir}=A_i-A_r$$

$$H_1=[I\quad I\quad \cdots\quad I]\in\mathbb{R}^{n\times n(r-1)}$$

$$F_1(t)=\mathrm{diag}\{h_1(x(t))I,\cdots,h_{r-1}(x(t))I\}\in\mathbb{R}^{n(r-1)\times n(r-1)}$$

$$\widetilde{A}=\{A_{1r}^{\mathrm{T}},A_{2r}^{\mathrm{T}},\cdots,A_{r-1,r}^{\mathrm{T}}\}\in\mathbb{R}^{n(r-1)\times n}$$

类似可得

$$\begin{aligned}\sum_{i=1}^{r} h_i(x(t))B_i &= B_r + h_1(x(t))B_{1r} + \cdots + h_{r-1}(x(t))B_{r-1,r} \\ &= B_r + H_1F_1(t)\widetilde{B}\end{aligned}$$

式中

$$B_{ir} = B_i - B_r$$

$$\widetilde{B} = [B_{1r}^{\mathrm{T}} \quad B_{2r}^{\mathrm{T}} \quad \cdots \quad B_{r-1,r}^{\mathrm{T}}] \in \mathbb{R}^{n(r-1)\times n}$$

则式(11.4)和式(11.5)的等价描述为

$$\mathrm{D}^{\alpha}x(t) = (A_r + \Delta A)x(t) + (B_r + \Delta B)u(t) \tag{11.8}$$

$$y(t) = Cx(t) \tag{11.9}$$

式中

$$[\Delta A \quad \Delta B] = H_1F_1(t)[\widetilde{A} \quad \widetilde{B}] \tag{11.10}$$

需要指出的是，由于系统状态 $x(t)$ 是不可测的，则 $h_i(x(t))$ 也是未知的。这意味着 $h_i(x(t))$ 为时变未知函数。然而，由于 $0<h_i(x(t))<1$，容易得到 $h_i(x(t))$ 满足 $h_i(x(t))^{\mathrm{T}}h_i(x(t))\leqslant I(i=1,2,\cdots,r)$。因此式(11.8)和式(11.9)与分数阶模糊系统式(11.4)和式(11.5)是完全一致的。

本章的目的是针对式(11.4)和式(11.5)转换后的不确定系统式(11.8)和式(11.9)，设计如下的动态输出反馈控制器：

$$\mathrm{D}^{\alpha}\hat{x}(t) = A_k\hat{x}(t) + B_ky(t) \tag{11.11}$$

$$u(t) = C_k\hat{x}(t) \tag{11.12}$$

11.1.2　控制器设计

本节将针对式(11.4)和式(11.5)，进行稳定性分析。首先给出如下引理。

引理 11.1[8]　对于对称矩阵 X，一般矩阵 V 和 $\Theta=\begin{bmatrix}\sin\theta & \cos\theta \\ -\cos\theta & \sin\theta\end{bmatrix}$，下面的线性矩阵不等式条件是等价的：

(1) 存在 $X>0$，使得 $\mathrm{Sym}\{\Theta\otimes(AX)\}<0$；

(2) 存在 V 和 $X>0$，使得

$$\begin{bmatrix} -(V+V^{\mathrm{T}}) & * & * \\ (\Theta\otimes A)+I_2\otimes X & -I_2\otimes X & * \\ V & 0 & -I_2\otimes X \end{bmatrix} < 0$$

根据 α 取值的不同，我们分两种情况进行讨论。

1. $1\leqslant\alpha<2$ 的情况

定理 11.1 如果存在矩阵 Ω、Ψ、Φ、G_2 和对称矩阵 $X>0$、$Y>0$、$G_1>0$、$G_3>0$,下面的矩阵不等式条件满足

$$\begin{bmatrix} -(I_2\otimes\Lambda_1+I_2\otimes\Lambda_1^{\mathrm{T}}) & * & * & * & * \\ \bar{\Theta}\otimes\Lambda_2+I_2\otimes G & -I_2\otimes G & * & * & * \\ I_2\otimes\Lambda_1 & 0 & -I_2\otimes G & * & * \\ 0 & I_2\otimes\Lambda_3^{\mathrm{T}} & 0 & -\varepsilon I & * \\ I_2\otimes\Lambda_4 & 0 & 0 & 0 & -\varepsilon I \end{bmatrix}<0 \tag{11.13}$$

$$\begin{bmatrix} -Y & -I \\ -I & -X \end{bmatrix}<0 \tag{11.14}$$

则式(11.8)和式(11.9)是鲁棒渐近稳定的,其中,$1\leqslant\alpha<2$。式中

$$\Lambda_1=\begin{bmatrix} Y & I \\ I & X \end{bmatrix},\quad \Lambda_2=\begin{bmatrix} YA_r+\Phi C & \Omega \\ A_r & A_rX+B_r\Psi \end{bmatrix}$$

$$\Lambda_3=\begin{bmatrix} YH_1 & YH_1 \\ H_1 & H_1 \end{bmatrix},\quad \Lambda_4=\begin{bmatrix} \varepsilon\bar{A} & \varepsilon\bar{A}X \\ 0 & \varepsilon\bar{B}\Psi \end{bmatrix}$$

$$\bar{\Theta}=\begin{bmatrix} \sin\frac{\alpha\pi}{2} & \cos\frac{\alpha\pi}{2} \\ -\cos\frac{\alpha\pi}{2} & \sin\frac{\alpha\pi}{2} \end{bmatrix},\quad G=\begin{bmatrix} G_1 & G_2^{\mathrm{T}} \\ G_2 & G_3 \end{bmatrix}$$

更进一步,所设计的形如式(11.11)和式(11.12)的动态输出反馈控制器的参数如下:

$$A_k=W^{-1}(\Omega-YAX-\Phi CX-YB\Psi)S^{-\mathrm{T}} \tag{11.15}$$

$$B_k=W^{-1}\Phi,\quad C_k=\Psi S^{-\mathrm{T}} \tag{11.16}$$

式中,S 和 W 都是非奇异矩阵,满足

$$SW^{\mathrm{T}}=I-XY \tag{11.17}$$

证明 闭环系统如下:

$$\mathrm{D}^{\alpha}e(t)=\begin{bmatrix} A_r+\Delta A & (B_r+\Delta B)\hat{C} \\ \hat{B}C & \hat{A} \end{bmatrix}e(t)=\hat{A}_re(t) \tag{11.18}$$

式中

$$e(t)=\begin{bmatrix} x(t) \\ \hat{x}(t) \end{bmatrix},\quad \hat{A}_r=\begin{bmatrix} A_r+\Delta A & (B_r+\Delta B)\hat{C} \\ \hat{B}C & \hat{A} \end{bmatrix}$$

由引理 2.3、引理 2.4 和引理 11.1 可得式(11.18)的稳定性性条件如下。

如果存在矩阵存在 V 和 $X>0$ 以及下面的条件：

$$\begin{bmatrix} -(V+V^{\mathrm{T}}) & * & * \\ (\bar{\Theta}\otimes\hat{A}_r)+I_2\otimes X & -I_2\otimes X & * \\ V & 0 & -I_2\otimes X \end{bmatrix}<0 \tag{11.19}$$

则式(11.18)是稳定的。

由式(11.14)可得 $I-XY$ 是非奇异的，因此，存在非奇异矩阵 S 和 W 使得式(11.17)成立。现在，引入如下非奇异矩阵：

$$\Upsilon_1=\begin{bmatrix} Y & I \\ W^{\mathrm{T}} & 0 \end{bmatrix},\quad \Upsilon_2=\begin{bmatrix} I & X \\ 0 & S^{\mathrm{T}} \end{bmatrix} \tag{11.20}$$

令

$$V=I_2\otimes(\Upsilon_2\Upsilon_1^{-1})$$

经简单计算可得

$$V=I_2\otimes\begin{bmatrix} X & S \\ S^{\mathrm{T}} & \Pi \end{bmatrix}$$

式中

$$\Pi=W^{-1}Y(X-Y^{-1}YW^{-\mathrm{T}})>0$$

进一步可得到 $V>0$。

接着，将 V 代入式(11.19)，可得

$$\begin{bmatrix} -[I_2\otimes(\Upsilon_2\Upsilon_1^{-1})+I_2\otimes(\Upsilon_2\Upsilon_1^{-1})^{\mathrm{T}}] & * & * \\ (\bar{\Theta}\otimes\hat{A}_r)[I_2\otimes(\Upsilon_2\Upsilon_1^{-1})+I_2\otimes X] & -I_2\otimes X & * \\ I_2\otimes(\Upsilon_2\Upsilon_1^{-1}) & 0 & -I_2\otimes X \end{bmatrix}<0 \tag{11.21}$$

在式(11.21)的两侧分别左乘 $\mathrm{diag}\{I_2\otimes\Upsilon_1^{\mathrm{T}},I_2\otimes\Upsilon_1^{\mathrm{T}},I_2\otimes\Upsilon_1^{\mathrm{T}}\}$ 和右乘其转置，可得

$$\begin{bmatrix} -[I_2\otimes(\Upsilon_1^{\mathrm{T}}\Upsilon_2)+(\Upsilon_1^{\mathrm{T}}\Upsilon_2)^{\mathrm{T}}] & * & * \\ \bar{\Theta}\otimes(\Upsilon_1^{\mathrm{T}}\hat{A}_r\Upsilon_2)+I_2\otimes(\Upsilon_1^{\mathrm{T}}X\Upsilon_1) & -I_2\otimes(\Upsilon_1^{\mathrm{T}}X\Upsilon_1) & * \\ I_2\otimes(\Upsilon_1^{\mathrm{T}}\Upsilon_2) & 0 & -I_2\otimes(\Upsilon_1^{\mathrm{T}}X\Upsilon_1) \end{bmatrix}<0$$

上式等价于

$$\begin{bmatrix} -[I_2\otimes\Lambda_1+(I_2\otimes\Lambda_1)^{\mathrm{T}}] & * & * \\ \bar{\Theta}\otimes(\Lambda_2+\Lambda_5)+I_2\otimes(\Upsilon_1^{\mathrm{T}}X\Upsilon_1) & -I_2\otimes(\Upsilon_1^{\mathrm{T}}X\Upsilon_1) & * \\ I_2\otimes\Lambda_1 & 0 & -I_2\otimes(\Upsilon_1^{\mathrm{T}}X\Upsilon_1) \end{bmatrix}$$

$$=\begin{bmatrix} -[I_2\otimes\Lambda_1+(I_2\otimes\Lambda_1)^{\mathrm{T}}] & * & * \\ \bar{\Theta}\otimes(\Lambda_2+\Lambda_3F(t)\Lambda_4)+I_2\otimes(\Upsilon_1^{\mathrm{T}}X\Upsilon_1) & -I_2\otimes(\Upsilon_1^{\mathrm{T}}X\Upsilon_1) & * \\ I_2\otimes\Lambda_1 & 0 & -I_2\otimes(\Upsilon_1^{\mathrm{T}}X\Upsilon_1) \end{bmatrix}$$

$$=\begin{bmatrix}-[I_2\otimes\Lambda_1+(I_2\otimes\Lambda_1)^{\mathrm{T}}] & * & * \\ \bar{\Theta}\otimes\Lambda_2+I_2\otimes(\Upsilon_1^{\mathrm{T}}X\Upsilon_1) & -I_2\otimes(\Upsilon_1^{\mathrm{T}}X\Upsilon_1) & * \\ I_2\otimes\Lambda_1 & 0 & -I_2\otimes(\Upsilon_1^{\mathrm{T}}X\Upsilon_1)\end{bmatrix}$$

$$+\Lambda_6\tilde{F}(t)\Lambda_7+(\Lambda_6\tilde{F}(t)\Lambda_7)^{\mathrm{T}}<0$$

式中

$$\Lambda_5=\begin{bmatrix}YH_1F_1(t)\bar{A} & YH_1F_1(t)(\bar{A}X+\bar{B}\Psi) \\ H_1F_1(t)\bar{A} & H_1F_1(t)(\bar{A}X+\bar{B}\Psi)\end{bmatrix},\quad \Lambda_6=\begin{bmatrix}0 \\ I_2\otimes\Lambda_3 \\ 0\end{bmatrix}$$

$$\Lambda_7=[I_2\otimes\Lambda_3\quad 0\quad 0],\quad F(t)=\begin{bmatrix}F_1(t) & 0 \\ 0 & F_1(t)\end{bmatrix}$$

$$\tilde{F}(t)=\begin{bmatrix}\sin\frac{\alpha\pi}{2}F(t) & \cos\frac{\alpha\pi}{2}F(t) \\ -\cos\frac{\alpha\pi}{2}F(t) & \sin\frac{\alpha\pi}{2}F(t)\end{bmatrix}$$

利用引理 2. 11,可得线性矩阵不等式(11. 13),即分数阶模糊系统式(11. 8)和式(11. 9)在 $1\leqslant\alpha<2$ 情况下可以通过分数阶输出反馈控制器式(11. 11)和式(11. 12)镇定。证毕。

2. $0<\alpha<1$ 的情况

定理 11. 2 如果存在矩阵 Ω、Ψ、Φ 和对称矩阵 $X>0$,$Y>0$ 以及常数 ε,下面的矩阵不等式条件满足

$$\begin{bmatrix}\sin\frac{(1-\alpha)\pi}{2}\mathrm{Sym}\Lambda_2 & \Lambda_3 & \Lambda_4^{\mathrm{T}} \\ * & -\varepsilon I & 0 \\ * & * & -\varepsilon I\end{bmatrix}<0 \tag{11.22}$$

$$\begin{bmatrix}-Y & -I \\ -I & -X\end{bmatrix}<0 \tag{11.23}$$

则式(11. 8)和式(11. 9)是鲁棒渐近稳定的,其中,$0<\alpha<1$。

更进一步,所设计的动态输出反馈控制器的形式如式(11. 11)和式(11. 12)所示,控制器参数见式(11. 15)和式(11. 16),其中,S 和 W 都是非奇异矩阵,满足式(11. 17)。

证明 闭环系统如式(11. 18)所示,由引理 2. 5 可得式(11. 18)稳定的充分条件如下。

如果存在正定矩阵 $X_1=X_1^*\in\mathbb{C}^{n\times n}$ 和 $X_2=X_2^*\in\mathbb{C}^{n\times n}$,使得下式成立:

$$\bar{r}X_1\hat{A}_r^{\mathrm{T}}+r\hat{A}_rX_1+\bar{r}X_2\hat{A}_r^{\mathrm{T}}+r\hat{A}_rX_2<0$$

则闭环系统式(11.18)稳定。

由式(11.23)可得 $I-XY$ 是非奇异的。因此,存在非奇异矩阵 S 和 W,使得式(11.17)满足。现在,引入如式(11.20)中的非奇异矩阵 Υ_1、Υ_2,令

$$P=\Upsilon_2\Upsilon_1^{-1}$$

经计算,可得

$$P=\begin{bmatrix} X & S \\ S^{\mathrm{T}} & \Pi \end{bmatrix}$$

与定理 11.1 证明类似,可得 $P>0$。

令 $X_1=X_2=P$,将 P 代入式(11.22)中,则式(11.22)可改写为

$$\sin\frac{(1-\alpha)\pi}{2}\mathrm{Sym}\,\hat{A}_r\Upsilon_2\Upsilon_1^{-1}<0 \tag{11.24}$$

在式(11.24)两侧分别左乘 Υ_1^{T} 和右乘 Υ_1,可得

$$\begin{aligned} &\sin\frac{(1-\alpha)\pi}{2}\mathrm{Sym}(\Lambda_2+\Lambda_5) \\ &=\sin\frac{(1-\alpha)\pi}{2}\mathrm{Sym}\Lambda_2+\mathrm{Sym}\left\{\Lambda_3\sin\frac{(1-\alpha)\pi}{2}F(t)\Lambda_4\right\}<0 \end{aligned}$$

利用引理 2.11,可得式(11.22),即分数阶模糊系统式(11.8)和式(11.9)在 $0<\alpha<1$ 情况下是可以通过分数阶输出反馈控制器式(11.11)和式(11.12)镇定的。证毕。

11.1.3　仿真算例

本节给出仿真算例以说明所设计输出反馈控制器的有效性。

例 11.1　考虑如下具有两条模糊规则的分数阶 T-S 模糊系统。

规则 1:IF $x_1(t)$ is M_1 THEN

$$\begin{aligned} &\mathrm{D}^{\alpha}x(t)=A_1x(t)+B_1u(t) \\ &y(t)=Cx(t) \end{aligned}$$

规则 2:IF $x_1(t)$ is M_2 THEN

$$\begin{aligned} &\mathrm{D}^{\alpha}x(t)=A_2x(t)+B_2u(t) \\ &y(t)=Cx(t) \end{aligned}$$

式中

$$\alpha=0.8,\quad A_1=\begin{bmatrix} -0.6 & 0.1 \\ 0 & 0.3 \end{bmatrix},\quad A_2=\begin{bmatrix} -0.5 & 0 \\ 0.2 & 0.2 \end{bmatrix}$$

$$B_1=\begin{bmatrix} 1 & 0 \\ 0 & 1 \end{bmatrix},\quad B_2=\begin{bmatrix} 1 & 0 \\ 0.1 & 1 \end{bmatrix},\quad C=\begin{bmatrix} -0.3 & 0 \\ 0.1 & -0.1 \end{bmatrix}$$

则分数阶 T-S 模糊系统的最终输出为

$$D^{0.8}x(t) = \sum_{i=1}^{2} h_i(x(t))[A_i x(t) + B_i u(t)]$$
$$y(t) = Cx(t)$$

式中

$$h_1(x_1(t))=\frac{1}{2}(1-x_1(t)), \quad h_2(x_1(t))=\frac{1}{2}(1+x_1(t))$$

显然，当 $u(t)=0$ 时，上述系统是不稳定的，因为 A_1 的特征根为$\{-0.5, 0.2\}$，A_2 的特征根为$\{0.4, -0.3\}$。如前所述，变换上述分数阶 T-S 模糊系统如下面的不确定分数阶系统：

$$D^{0.8}x(t)=[A_2+h_1(x(t))(A_1-A_2)^{\mathrm{T}}]x(t)+[B_2+h_1(x(t))(B_1-B_2)^{\mathrm{T}}]u(t)$$
$$y(t)=Cx(t)$$

为了针对变换后的系统设计输出反馈控制器，首先选取 $\varepsilon=0.01$，初始条件为

$$x(0)=[0.2 \quad -0.3]^{\mathrm{T}}, \quad \hat{x}(0)=[0.01 \quad 0.01]^{\mathrm{T}}$$

接下来，解线性矩阵不等式(11.13)和式(11.14)，可得如下结果：

$$X=\begin{bmatrix} 510.4386 & 76.5042 \\ 76.5042 & 539.3817 \end{bmatrix}, \quad Y=\begin{bmatrix} 2.1805 & -0.0003 \\ -0.0003 & 2.1805 \end{bmatrix}$$

$$\Omega=10^3\begin{bmatrix} -1.0796 & -0.0025 \\ -0.0025 & -1.0807 \end{bmatrix}, \quad \Psi=10^3\begin{bmatrix} -0.9322 & 0.0711 \\ 0.0742 & -1.1282 \end{bmatrix}$$

$$\Phi=10^4\begin{bmatrix} 0.9537 & 0.0001 \\ 0.9541 & 2.8624 \end{bmatrix}$$

选取

$$S=\begin{bmatrix} 1 & 1 \\ 8 & 5 \end{bmatrix}$$

则由式(11.17)计算可得

$$W=10^3\begin{bmatrix} 1.7978 & -2.9098 \\ -0.1139 & -0.0527 \end{bmatrix}$$

根据定理 11.1，所设计的分数阶输出反馈控制器式(11.15)和式(11.16)的参数如下：

$$A_k=10^3\begin{bmatrix} -1.3228 & 0.0124 \\ -0.0049 & -1.3071 \end{bmatrix}, \quad B_k=\begin{bmatrix} -63.9409 & -195.3709 \\ -42.7828 & -120.7086 \end{bmatrix}$$

$$C_k=10^3\begin{bmatrix} 1.5774 & -2.5097 \\ -0.4997 & 0.5739 \end{bmatrix}$$

将所得到的控制器应用于所给系统，考虑初始条件，系统状态响应 $x(t)$ 的仿真结果如图 11.1 所示。

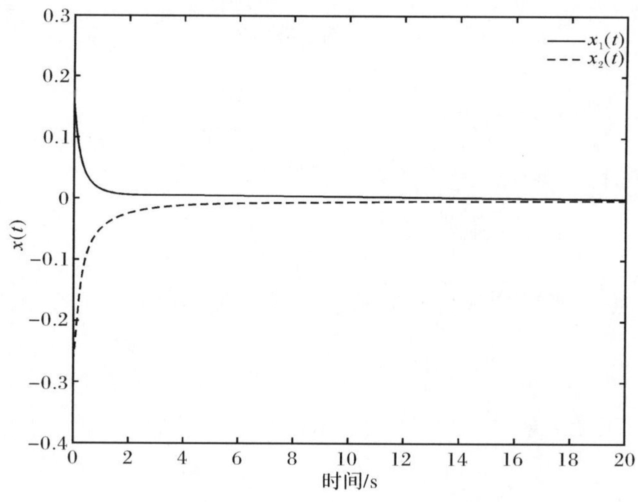

图 11.1　系统状态响应 $x(t)$

例 11.2　对于具有如下系统参数的分数阶系统：

$$\alpha=1.2,\quad A_1=\begin{bmatrix}-0.5 & 0.1\\ 0 & 0.2\end{bmatrix},\quad A_2=\begin{bmatrix}-0.3 & 0\\ 0.1 & 0.4\end{bmatrix}$$

$$B_1=\begin{bmatrix}1 & 0.1\\ 0 & 1\end{bmatrix},\quad B_2=\begin{bmatrix}1.2 & 0\\ 0.1 & 3\end{bmatrix},\quad C=\begin{bmatrix}-0.3 & 0.1\\ 0 & -0.1\end{bmatrix}$$

则分数阶 T-S 模糊系统的最终输出如下：

$$\mathrm{D}^{1.2}x(t)=\sum_{i=1}^{2}h_i(x(t))[A_ix(t)+B_iu(t)]$$

$$y(t)=Cx(t)$$

式中，$h_1(x(t))$、$h_2(x(t))$如例 11.1 所示。

显然，当 $u(t)=0$ 时，上述系统是不稳定的，因为 A_1 的特征根为$\{-0.6, 0.3\}$，A_2 的特征根为$\{0.2, -0.5\}$。如前所述，变换上述分数阶 T-S 模糊系统如下面的不确定分数阶系统：

$$\mathrm{D}^{1.2}x(t)=[A_2+h_1(x(t))(A_1-A_2)^{\mathrm{T}}]x(t)+[B_2+h_1(x(t))(B_1-B_2)^{\mathrm{T}}]u(t)$$

$$y(t)=Cx(t)$$

为了针对变换后的系统设计输出反馈控制器，首先选取 $\varepsilon=0.01$，初始条件为

$$x(0)=[0.1\quad -0.3]^{\mathrm{T}},\quad \hat{x}(0)=[0.1\quad -0.2]^{\mathrm{T}}$$

接着，解线性矩阵不等式(11.22)和式(11.23)，可得

$$X=10^3\begin{bmatrix}1.1993 & 0.0064\\ 0.0064 & 0.5196\end{bmatrix},\quad Y=\begin{bmatrix}0.0182 & 0.0002\\ 0.0002 & 0.0159\end{bmatrix}$$

$$\Omega=\begin{bmatrix}-1.5190 & 0.1350\\ 0.1920 & -1.3177\end{bmatrix},\quad \Psi=\begin{bmatrix}-954.0115 & -117.8397\\ -177.8450 & -547.1905\end{bmatrix}$$

$$\Phi=\begin{bmatrix}0.6257 & 0.6408\\ 0.0106 & 1.7124\end{bmatrix}$$

选取 S 如例 11.1 所示，则可计算得到

$$W=\begin{bmatrix}34.6921 & -55.5538\\ -1.8056 & 1.4382\end{bmatrix}$$

根据定理 11.2，所设计的分数阶输出反馈控制器式(11.15)和式(11.16)的参数如下：

$$A_k=\begin{bmatrix}-9.9192 & -5.1283\\ 1.3082 & -15.2239\end{bmatrix},\quad B_k=\begin{bmatrix}-0.0295 & -1.9054\\ -0.0297 & -1.2014\end{bmatrix}$$

$$C_k=10^3\begin{bmatrix}1.5507 & -2.5048\\ 0.1140 & -0.2919\end{bmatrix}$$

将所得到的控制器应用于所给系统，考虑初始条件，系统状态响应 $x(t)$ 的仿真结果如图 11.2 所示。

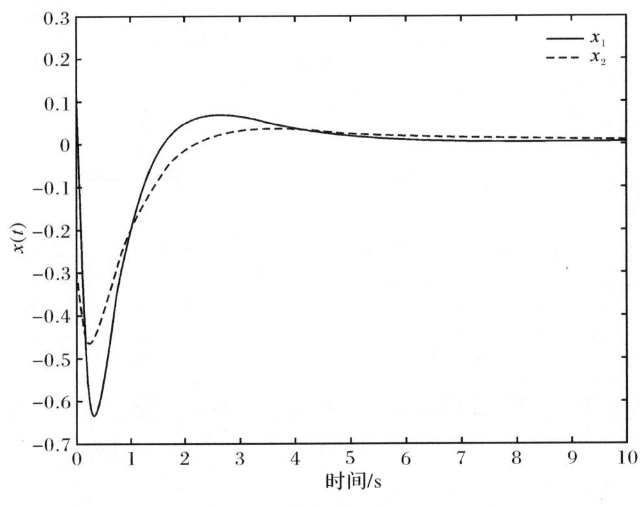

图 11.2　系统状态响应 $x(t)$

11.2　前件变量可测情况下的输出反馈控制

11.2.1　问题描述

本节使用的分数阶模糊系统仍是由 IF-THEN 规则表示的分数阶 T-S 模糊模

型，连续时间分数阶 T-S 模糊模型表示如下：

规则 i：IF z_1 is u_{i1} and … and z_p is u_{ip} THEN

$$\mathrm{D}^{\alpha}x(t)=[A_i+\Delta A_i(t)]x(t)+[B_i+\Delta B_i(t)]u(t) \tag{11.25}$$

$$y(t)=C_i x(t) \tag{11.26}$$

$$x(t)=\phi(t),\quad \forall t\in[-\tau,0],\quad i=1,2,\cdots,r \tag{11.27}$$

式中，对于分数阶微分采用第 3 章中的 Caputo 定义；u_{ij} 是模糊集合；r 是 IF-THEN模糊规则的数目；$z_1,\cdots,z_p$ 表示前件变量，并且假设前件变量是不依赖于输入变量和扰动的；$x(t)\in\mathbb{R}^n$表示状态；$u(t)\in\mathbb{R}^m$为控制输入；$y(t)\in\mathbb{R}^s$表示测量输出；A_i、B_i、C_i 为实常矩阵。

$\Delta A_i(t)$和 $\Delta B_i(t)$是实值的未知矩阵代表时变的参数不确定性，并且具有如下形式：

$$\begin{aligned}\Delta A_i(t)&=E_iF_i(t)H_{Ai}\\ \Delta B_i(t)&=E_iF_i(t)H_{Bi}\end{aligned}\quad i=1,2,\cdots,r \tag{11.28}$$

式中，E_i、H_{Ai}和 H_{Bi} 是已知的常数矩阵；$F_i(\cdot):\mathbb{N}\rightarrow\mathbb{R}^{l_1+l_2}$ 是未知的矩阵函数，满足

$$F_i(t)^{\mathrm{T}}F_i(t)\leqslant I,\quad \forall t \tag{11.29}$$

如果式(11.28)和式(11.29)都满足则不确定矩阵 $\Delta A_i(t)$和 $\Delta B_i(t)$称为是允许的。

采用单点模糊化、乘积推理、中心加权平均解模糊，动态模糊模型式(11.25)～式(11.27)可以表示为(Σ_{12})

$$\mathrm{D}^{\alpha}x(t)=\sum_{i=1}^{r}h_i(s(t))\{[A_i+\Delta A_i(t)]x(t)+[B_i+\Delta B_i(t)]u(t)\} \tag{11.30}$$

$$y(t)=\sum_{i=1}^{r}h_i(s(t))\{C_i x(t)\} \tag{11.31}$$

式中，隶属度函数的表达和式(7.10)、式(7.14)相同，同样也具有式(7.15)和式(7.16)的特征。

现在，利用并行分布补偿机制，设计如下形式的模糊动态输出反馈控制器。

规则 i：IF $s_1(t)$ is u_{i1} and … and $s_p(t)$ is u_{ip} THEN

$$\mathrm{D}^{\alpha}\hat{x}(t)=A_{ki}\hat{x}(t)+B_{ki}\hat{y}(t) \tag{11.32}$$

$$u(t)=C_{ki}\hat{x}(t),\quad i=1,2,\cdots,r \tag{11.33}$$

式中，$\hat{x}(t)\in\mathbb{R}^n$表示控制器状态；$A_{ki}$、$B_{ki}$和 C_{ki} 为待定的控制器矩阵。由此，全局模糊输出反馈控制器可以表示为

$$\mathrm{D}^{\alpha}\hat{x}(t)=\sum_{i=1}^{r}h_i(s(t))\{A_{ki}\hat{x}(t)+B_{ki}y(t)\} \tag{11.34}$$

$$u(t)=\sum_{i=1}^{r}h_i(s(t))\{C_{ki}\hat{x}(t)\} \tag{11.35}$$

根据式(11.30)、式(11.31)和式(11.34)、式(11.35)，闭环系统(Σ_{12}')可以写为

$$\mathrm{D}^{\alpha}e(t)=\sum_{i=1}^{r}\sum_{j=1}^{r}h_i(s(t))h_j(s(t))[A_{ij}+\Delta A_{ij}(t)]e(t) \tag{11.36}$$

式中

$$\mathrm{D}^{\alpha}e(t)=\begin{bmatrix}\mathrm{D}^{\alpha}x(t)\\ \mathrm{D}^{\alpha}\hat{x}(t)\end{bmatrix},\quad A_{ij}=\begin{bmatrix}A_i+B_iC_j & B_iC_{kj}\\ B_{kj}C_i & A_{kj}\end{bmatrix}$$

$$\Delta A_{ij}=\begin{bmatrix}\Delta A_i+\Delta B_iC_j & \Delta B_iC_{kj}\\ 0 & 0\end{bmatrix}=\widetilde{E}_iF_i(t)H_{ij}$$

$$\widetilde{E}_i=\begin{bmatrix}E_i\\ 0\end{bmatrix},\quad H_{ij}=[H_{Ai}+H_{Bi}C_j\quad H_{Bi}C_{kj}]$$

因此，本节的分数阶模糊输出反馈控制问题可以阐述如下：对于带有不确定参数的分数阶系统式(11.30)和式(11.31)，设计分数阶动态输出反馈控制器形式如式(11.34)和式(11.35)所示，使得所得闭环系统鲁棒稳定。

11.2.2　稳定性分析

本节针对闭环系统(Σ_{12}')进行稳定性分析，首先给出如下引理：

引理 11.2[9]　令 $\Upsilon_{ij}(i,j)\in\Omega_r\times\Omega_r$ 为具有适当维数的对称矩阵；$\eta_1,\cdots,\eta_r$ 为一类满足凸求和特性的数。若下式成立：

$$\begin{cases}\Upsilon_{ii}<0, & \forall\, i\in\Omega_r\\ \dfrac{2}{r-1}\Upsilon_{ii}+\Upsilon_{ij}+\Upsilon_{ji}<0, & \forall\,(i,j)\in\Omega_r\times\Omega_r,i\neq j\end{cases}$$

则条件 $\sum_{i=1}^{r}\sum_{j=1}^{r}\eta_i\eta_j\Upsilon_{ij}<0$ 满足。

定理 11.3　考虑不确定分数阶模糊系统(Σ_{12}')，其中，$1\leqslant\alpha<2,\theta=\pi-\dfrac{\pi\alpha}{2}$ 为给定的常数，如果存在矩阵 W、Q，使得下列不等式成立：

$$\Sigma_{ii}<0,\quad 1\leqslant i\leqslant r \tag{11.37}$$

$$\frac{2}{\gamma-1}\Sigma_{ii}+\Sigma_{ij}+\Sigma_{ji}<0,\quad 1\leqslant i<j\leqslant r \tag{11.38}$$

式中

$$\Sigma_{ij}=\begin{bmatrix}-\mathrm{Sym}\{I_2\otimes W\} & M(\theta)\otimes(W^{\mathrm{T}}A_{ij})+\mathcal{Q} & I_2\otimes W^{\mathrm{T}} & M(\theta)\otimes(W^{\mathrm{T}}\widetilde{E}_i) & 0\\ * & -\mathcal{Q} & 0 & 0 & I_2\otimes H_{ij}^{\mathrm{T}}\\ * & * & -\mathcal{Q} & 0 & 0\\ * & * & * & -\varepsilon^{-1}I & 0\\ * & * & * & * & -\varepsilon I\end{bmatrix}$$

$$M(\theta)=\begin{bmatrix} \sin\theta & \cos\theta \\ -\cos\theta & \sin\theta \end{bmatrix},\quad \mathcal{Q}=I_2\otimes Q$$

则对于所有允许的不确定，闭环系统是接近稳定的。

证明　为了推导方便，将 $\sum_{i=1}^{r}\sum_{j=1}^{r}h_i(s(t))h_j(s(t))$ 简记为 $\sum_{i=1}^{r}\sum_{j=1}^{r}h_ih_j$。由引理 2.3 和引理 2.4 可得，如果存在对称的正定矩阵 $P\in\mathbb{R}^{n\times n}$，以及下面的不等式成立，则闭环系统($\Sigma'_{12}$) 是渐近稳定的：

$$\sum_{i=1}^{r}\sum_{j=1}^{r}h_ih_j\begin{bmatrix} (\widetilde{A}_{ij}P+P\widetilde{A}_{ij}^{\mathrm{T}})\sin\theta & (\widetilde{A}_{ij}P-P\widetilde{A}_{ij}^{\mathrm{T}})\cos\theta \\ * & (\widetilde{A}_{ij}P+P\widetilde{A}_{ij}^{\mathrm{T}})\sin\theta \end{bmatrix}<0 \tag{11.39}$$

式(11.39) 等价于

$$\sum_{i=1}^{r}\sum_{j=1}^{r}h_ih_j\mathrm{Sym}\{M(\theta)\otimes[A_{ij}+\Delta A_{ij}(t)]P\}<0 \tag{11.40}$$

基于式(11.40) 和引理 4.3，存在矩阵 Z 和可逆矩阵 $\mathcal{W}$ 使得式(11.41) 成立：

$$\begin{aligned}&\sum_{i=1}^{r}\sum_{j=1}^{r}h_ih_j\begin{bmatrix} Z-\mathcal{W}-\mathcal{W}^{\mathrm{T}} & M(\theta)\otimes(\widetilde{A}_{ij}P)+\mathcal{W}^{\mathrm{T}} \\ * & -Z \end{bmatrix}\\ &=\sum_{i=1}^{r}\sum_{j=1}^{r}h_ih_j\begin{bmatrix} Z-\mathcal{W}-\mathcal{W}^{\mathrm{T}} & (M(\theta)\otimes\widetilde{A}_{ij})(I_2\otimes P)+\mathcal{W}^{\mathrm{T}} \\ * & -Z \end{bmatrix}<0\end{aligned} \tag{11.41}$$

令

$$\Xi=\begin{bmatrix} \mathcal{W}^{\mathrm{T}} & 0 \\ 0 & I_2\otimes P^{-1} \end{bmatrix}$$

容易得到 Ξ 是非奇异的。

在式(11.41)两侧分别左乘 Ξ^{T} 和右乘其转置可得

$$\sum_{i=1}^{r}\sum_{j=1}^{r}h_ih_j\begin{bmatrix} \mathcal{W}^{-\mathrm{T}}Z\mathcal{W}^{-1}-\mathcal{W}^{-\mathrm{T}}-\mathcal{W}^{-1} & \mathcal{W}^{-\mathrm{T}}(M(\theta)\otimes\widetilde{A}_{ij})+I_2\otimes P^{-1} \\ * & -(I_2\otimes P^{-1})^{\mathrm{T}}Z(I_2\otimes P^{-1}) \end{bmatrix}<0 \tag{11.42}$$

令

$$I_2\otimes P=Z,\quad P^{-1}=Q,\quad I_2\otimes W^{-1}=\mathcal{W} \tag{11.43}$$

将式(11.43)代入式(11.42)，可得

$$\sum_{i=1}^{r}\sum_{j=1}^{r}h_ih_j\begin{bmatrix} (I_2\otimes W^{\mathrm{T}})Z(I_2\otimes W)-\mathrm{Sym}\{I_2\otimes W\} & M(\theta)\otimes(W^{\mathrm{T}}\widetilde{A}_{ij})+\mathcal{Q} \\ * & -\mathcal{Q} \end{bmatrix}<0 \tag{11.44}$$

根据 Schur 补引理，由式(11.44)可得

$$\sum_{i=1}^{r}\sum_{j=1}^{r}h_ih_j\begin{bmatrix}-\mathrm{Sym}\{I_2\otimes W\} & M(\theta)\otimes(W^{\mathrm{T}}\widetilde{A}_{ij})+\mathcal{Q} & I_2\otimes W^{\mathrm{T}}\\ * & -\mathcal{Q} & 0\\ * & * & -\mathcal{Q}\end{bmatrix}<0 \tag{11.45}$$

由于

$$\begin{aligned}M(\theta)\otimes(W^{\mathrm{T}}\widetilde{A}_{ij})&=M(\theta)\otimes[W^{\mathrm{T}}(A_{ij}+\Delta A_{ij}(t))]\\&=M(\theta)\otimes[W^{\mathrm{T}}A_{ij}+W^{\mathrm{T}}\widetilde{E}_iF_i(t)H_{ij}]\\&=M(\theta)\otimes(W^{\mathrm{T}}A_{ij})+M(\theta)\otimes[W^{\mathrm{T}}\widetilde{E}_iF_i(t)H_{ij}]\end{aligned}$$

则式(11.45)可改写为

$$\sum_{i=1}^{r}\sum_{j=1}^{r}h_ih_j\left\{\begin{bmatrix}-\mathrm{Sym}\{I_2\otimes W\} & M(\theta)\otimes(W^{\mathrm{T}}A_{ij})+\mathcal{Q} & I_2\otimes W^{\mathrm{T}}\\ * & -\mathcal{Q} & 0\\ * & * & -\mathcal{Q}\end{bmatrix}+\widetilde{M}_{Ei}\widetilde{F}_i(t)\widetilde{H}_{ij}+(\widetilde{M}_{Ei}\widetilde{F}_i(t)\widetilde{H}_{ij})^{\mathrm{T}}\right\}<0 \tag{11.46}$$

式中

$$\widetilde{M}_{Ei}=\begin{bmatrix}M(\theta)\otimes(W^{\mathrm{T}}\widetilde{E}_i)\\0\\0\end{bmatrix},\quad \widetilde{F}_i(t)=[I_2\otimes F_i(t)],\quad \widetilde{H}_{ij}=[0\quad I_2\otimes H_{ij}\quad 0]$$

再由引理 2.11 可得

$$\Sigma_{ij}<0,\quad 1\leqslant i\leqslant j\leqslant r \tag{11.47}$$

由式(11.37)和式(11.38)及引理 11.2 可得式(11.47)成立，即式(11.40)满足条件，即意味着式(11.39)同时满足条件。由引理2.4和$|\arg(\mathrm{spec}(A_1))|>\frac{\pi\alpha}{2}$，可得分数阶模糊系统($\Sigma_{12}'$)是鲁棒渐近稳定的。证毕。

11.2.3 控制器设计

定理 11.4 给定常数 $1\leqslant\alpha<2$，$\theta=\pi-\frac{\pi\alpha}{2}$，如果存在矩阵 $S>0$，$R>0$，X_{Ai}、X_{Bi}、X_{Ci}($i=1,2,\cdots,N$)，$R_2>0$，$Y_1>0$，$Y_3>0$ 和 Y_2，常数 $\varepsilon>0$，使得如下不等式成立：

$$\Omega_{ii}<0,\quad 1\leqslant i\leqslant r \tag{11.48}$$

$$\frac{2}{\gamma-1}\Omega_{ii}+\Omega_{ij}+\Omega_{ji}<0,\quad 1\leqslant i<j\leqslant r \tag{11.49}$$

$$\begin{bmatrix} -S & -I \\ -I & -R \end{bmatrix} < 0 \tag{11.50}$$

式中

$$\Omega_{ii}=\begin{bmatrix} -\mathrm{Sym}\{I_2\otimes\Gamma_1\} & M(\theta)\otimes\widetilde{\Gamma}_{2ii}+\mathcal{Y} & I_2\otimes\Gamma_1^{\mathrm{T}} & M(\theta)\otimes\widetilde{E}_i & 0 \\ * & -\mathcal{Y} & 0 & 0 & I_2\otimes\bar{H}_{ii}^{\mathrm{T}} \\ * & * & -\mathcal{Y} & 0 & 0 \\ * & * & * & I_2\otimes\varepsilon I-2I_2\otimes I & 0 \\ * & * & * & * & -I_2\otimes\varepsilon I \end{bmatrix}$$

$$\Omega_{ij}+\Omega_{ji}=\begin{bmatrix} -2\mathrm{Sym}\{I_2\otimes\Gamma_1\} & M(\theta)\otimes\widetilde{\Gamma}_{3ij}+2\mathcal{Y} & 2I_2\otimes\Gamma_1^{\mathrm{T}} & M(\theta)\otimes(\widetilde{E}_i+\widetilde{E}_j) & 0 & \Gamma_{M45} & 0 \\ * & -2\mathcal{Y} & 0 & 0 & I_2\otimes(\bar{H}_{ij}^{\mathrm{T}}+\bar{H}_{ji}^{\mathrm{T}}) & 0 & \widetilde{\Gamma}_{M45}^{\mathrm{T}} \\ * & * & -2\mathcal{Y} & 0 & 0 & 0 & 0 \\ * & * & * & 2I_2\otimes\varepsilon I-4I_2\otimes I & 0 & 0 & 0 \\ * & * & * & * & -2I_2\otimes\varepsilon I & 0 & 0 \\ * & * & * & * & * & R_2-2I_2\otimes I & 0 \\ * & * & * & * & * & * & -I_2\otimes R_2 \end{bmatrix}$$

其中

$$\widetilde{\Gamma}_{2ii}=\begin{bmatrix} A_iS+B_iX_{Ci} & A_i \\ X_{Ai} & RA_i+X_{Bi}C_i \end{bmatrix}$$

$$\widetilde{\Gamma}_{3ij}=\begin{bmatrix} A_iS+B_iX_{Cj}+A_jS+B_jX_{Ci} & A_i+A_j \\ X_{Ai}+X_{Aj} & RA_i+X_{Bj}C_i+RA_j+X_{Bi}C_j \end{bmatrix}$$

$$\Gamma_1=\begin{bmatrix} S & I \\ I & R \end{bmatrix},\quad Y=I_2\otimes\begin{bmatrix} Y_1 & Y_2 \\ Y_2^{\mathrm{T}} & Y_3 \end{bmatrix}=[I_2\otimes\Pi_1]^{\mathrm{T}}[I_2\otimes\mathcal{Q}][I_2\otimes\Pi_1]$$

$$\Gamma_4=R(B_i-B_j),\quad \widetilde{\Gamma}_4=X_{cj}-X_{ci},\quad \Gamma_5=X_{Bj}-X_{Bi},\quad \widetilde{\Gamma}_5=(C_i-C_j)S$$

$$\Gamma_{M45}=M(\theta)\otimes\begin{bmatrix}0 & 0\\ \Gamma_4 & \Gamma_5\end{bmatrix},\quad \widetilde{\Gamma}_{M45}=I_2\otimes\begin{bmatrix}\widetilde{\Gamma}_4 & 0\\ \widetilde{\Gamma}_5 & 0\end{bmatrix}$$

$$\bar{H}_{ij}^{\mathrm{T}}=\begin{bmatrix}SH_{Ai}^{\mathrm{T}}+SC_j^{\mathrm{T}}H_{Bi}^{\mathrm{T}}+(H_{Bi}X_{Cj}^{\mathrm{T}})\\ H_{Ai}^{\mathrm{T}}+C_j^{\mathrm{T}}H_{Bi}^{\mathrm{T}}\end{bmatrix}$$

则闭环系统(Σ_{12}')是鲁棒稳定的。在这种情况下,分数阶模糊动态输出反馈控制器式(11.34)和式(11.35)中的参数选择如下:

$$\begin{aligned}&A_{ki}=\Psi^{-1}(X_{Ai}-RA_iS-RB_iX_{Ci}-X_{Bi}C_iS)\Phi^{-\mathrm{T}}\\&B_{ki}=\Psi^{-1}X_{Bi},\quad C_{ki}=X_{Ci}\Phi^{-\mathrm{T}}\end{aligned}\tag{11.51}$$

式中,Ψ 和 Φ 为任意非奇异矩阵满足

$$\Psi\Phi^{\mathrm{T}}=I-RS\tag{11.52}$$

证明 从式(11.50)可知 $I-RS$ 是非奇异的。因此,总是存在非奇异矩阵 Ψ 和 Φ,使得式(11.52)成立。现在定义如下矩阵:

$$\Pi_1=\begin{bmatrix}S & I\\ \Phi^{\mathrm{T}} & 0\end{bmatrix},\quad \Pi_2=\begin{bmatrix}I & R\\ 0 & \Psi^{\mathrm{T}}\end{bmatrix}$$

由于矩阵 Ψ 和 Φ 都是非奇异的,可得 Π_1 和 Π_2 也是非奇异的。设

$$W=\Pi_2\Pi_1^{-1}$$

由式(11.52)可得

$$\begin{aligned}W&=\begin{bmatrix}S & I\\ \Phi^{\mathrm{T}} & 0\end{bmatrix}\begin{bmatrix}0 & \Phi^{-\mathrm{T}}\\ I & -S\Phi^{-\mathrm{T}}\end{bmatrix}=\begin{bmatrix}R & \Psi\\ \Psi^{\mathrm{T}} & -\Psi^{\mathrm{T}}S\Phi^{-\mathrm{T}}\end{bmatrix}\\&=\begin{bmatrix}R & \Psi\\ \Psi^{\mathrm{T}} & \Phi^{-1}S(R-S^{-1})S\Phi^{-\mathrm{T}}\end{bmatrix}\end{aligned}$$

进一步,利用 Kronecker 乘的一些性质,可得

$$\begin{aligned}[I_2\otimes\Pi_1]^{\mathrm{T}}[I_2\otimes W][I_2\otimes\Pi_1]&=I_2\otimes\Pi_1^{\mathrm{T}}\Pi_2\Pi_1^{-1}\Pi_1\\&=I_2\otimes\Pi_1^{\mathrm{T}}\Pi_2=I_2\otimes\Gamma_1\end{aligned}\tag{11.53}$$

在式(11.47)的左右两侧分别左乘 $\mathrm{diag}\{I_2\otimes\Pi_1^{\mathrm{T}},I_2\otimes\Pi_1^{\mathrm{T}},I_2\otimes\Pi_1^{\mathrm{T}},I,I\}$ 和右乘其转置,可得

$$\sum_{i=1}^{r}\sum_{j=1}^{r}h_ih_j\left[\begin{matrix}-\mathrm{Sym}\{I_2\otimes\Gamma_1\} & M(\theta)\otimes\widetilde{\Gamma}_{2ij}+\mathcal{Y} & I_2\otimes\Gamma_1^{\mathrm{T}}\\ * & -\mathcal{Y} & 0\\ * & * & -\mathcal{Y}\\ * & * & *\\ * & * & *\end{matrix}\right.$$

$$\begin{matrix} M(\theta)\otimes\widetilde{E}_i & 0 \\ 0 & I_2\otimes\bar{H}_{ij}^{\mathrm{T}} \\ 0 & 0 \\ -\varepsilon^{-1}I & 0 \\ * & -\varepsilon I \end{matrix}\Bigg] < 0 \tag{11.54}$$

由引理 4.2 可得

$$-I_2\otimes\varepsilon^{-1}I\leqslant I_2\otimes\varepsilon I-2I_2\otimes I$$

则由式(11.54)可得，当 $1\leqslant i\leqslant r$ 时，$\Omega_{ii}<0$，即可得式(11.48)。

由于

$$\widetilde{\Gamma}_{2ij}+\widetilde{\Gamma}_{2ji}=\begin{bmatrix} A_iS+B_iX_{Ci}+A_jS+B_jX_{Ci} & A_i+A_j \\ X_{Ai}+X_{Aj}+(RB_i-RB_j)(X_{Cj}-X_{Ci})+(X_{Bj}-X_{Bi})(C_iS-C_jS) & RA_i+X_{Bj}C_i \end{bmatrix}$$

则当 $1\leqslant i<j\leqslant r$ 时，可得

$$\Omega_{ij}+\Omega_{ji}=\sum_{i=1}^{r}\sum_{j=1}^{r}h_ih_j$$

$$\cdot\left\{\begin{bmatrix} -2\mathrm{Sym}\{I_2\otimes\Gamma_1\} & M(\theta)\otimes\widetilde{\Gamma}_{3ij}+2\mathcal{Y} & 2I_2\otimes\Gamma_1^{\mathrm{T}} & M(\theta)\otimes(\widetilde{E}_i+\widetilde{E}_j) & 0 \\ * & -2\mathcal{Y} & 0 & 0 & I_2\otimes(\bar{H}_{ij}^{\mathrm{T}}+\bar{H}_{ji}^{\mathrm{T}}) \\ * & * & -2\mathcal{Y} & 0 & 0 \\ * & * & * & 2I_2\otimes\varepsilon I-4I_2\otimes I & 0 \\ * & * & * & * & -2I_2\otimes\varepsilon I \end{bmatrix}+\Gamma_{45}\widetilde{\Gamma}_{45}+(\Gamma_{45}\widetilde{\Gamma}_{45})^{\mathrm{T}}\right\}<0$$

式中

$$\Gamma_{45}=\begin{bmatrix}\Gamma_{M45}\\0\\\vdots\\0\end{bmatrix},\quad \widetilde{\Gamma}_{45}=\begin{bmatrix}0 & \widetilde{\Gamma}_{M45} & \cdots & 0\end{bmatrix}$$

对上式应用引理 2.6 和 Schur 补引理，可得 $\Omega_{ij}+\Omega_{ji}<0$，进而可得式(11.49)。最后基于定理 11.3，可得闭环系统对于所有允许的不确定都是渐近稳定的。证毕。

11.2.4 仿真算例

例 11.3 对于具有如下系统参数的分数阶系统：

$$\alpha=1.1,\quad A_1=\begin{bmatrix}-0.5 & 0.1\\ 0 & 0.2\end{bmatrix},\quad A_2=\begin{bmatrix}-0.3 & 0\\ 0.1 & 0.4\end{bmatrix},\quad B_1=\begin{bmatrix}1 & 0.1\\ 0 & 1\end{bmatrix}$$

$$B_2=\begin{bmatrix}1.2 & 0\\ 0 & 1.3\end{bmatrix},\quad C_1=\begin{bmatrix}-0.3 & 0.1\\ 0 & -0.1\end{bmatrix},\quad C_2=\begin{bmatrix}0.3 & -0.1\\ 0 & -0.1\end{bmatrix}$$

$$E_1=\begin{bmatrix}-0.2 & 0\\ 0 & -0.1\end{bmatrix},\quad E_2=\begin{bmatrix}0.2 & 0\\ 0 & -0.1\end{bmatrix},\quad H_{a1}=\begin{bmatrix}0.1 & 0\\ 0 & 0.1\end{bmatrix}$$

$$H_{a2}=\begin{bmatrix}-0.1 & 0\\ 0 & 0.1\end{bmatrix},\quad H_{b1}=\begin{bmatrix}-0.2 & 0\\ 0 & -0.3\end{bmatrix},\quad H_{b2}=\begin{bmatrix}0.1 & 0\\ 0 & 0.1\end{bmatrix}$$

则分数阶 T-S 模糊系统的最终输出如下：

$$\mathrm{D}^{1.1}x(t)=\sum_{i=1}^{2}h_i(x(t))[A_ix(t)+B_iu(t)]$$

$$y(t)=Cx(t)$$

式中，$h_1(x(t))$、$h_2(x(t))$如例 11.1 所示。

显然，当 $u(t)=0$ 时，上述系统是不稳定的，因为 A_1 的特征根为$\{-0.5, 0.2\}$，A_2 的特征根为$\{0.4, -0.3\}$。首先选取初始条件为

$$x(0)=[0.1\quad -0.1]^{\mathrm{T}},\quad \hat{x}(0)=[0.1\quad -0.1]^{\mathrm{T}}$$

接下来，解线性矩阵不等式(11.48)～式(11.50)，可得如下结果：

$$S=\begin{bmatrix}1.3393 & 0.0101\\ 0.0101 & 1.3588\end{bmatrix},\quad R=\begin{bmatrix}1.5575 & -0.0061\\ -0.0061 & 1.3774\end{bmatrix}$$

$$X_{A1}=\begin{bmatrix}-0.4691 & -0.0030\\ 0.0092 & -0.0535\end{bmatrix},\quad X_{A2}=\begin{bmatrix}-0.4879 & 0.0206\\ 0.0326 & -0.1343\end{bmatrix}$$

$$X_{B1}=\begin{bmatrix}-0.4487 & 0.4492\\ -0.0682 & 25.0984\end{bmatrix},\quad X_{B2}=\begin{bmatrix}-0.3842 & 0.4473\\ -0.0565 & 25.1089\end{bmatrix}$$

$$X_{C1}=\begin{bmatrix}-1.5020 & 0.0540\\ -0.0424 & -2.2332\end{bmatrix},\quad X_{C2}=\begin{bmatrix}-1.5107 & 0.0236\\ -0.0790 & -2.1173\end{bmatrix}$$

选取 Ψ 如例 11.1 中 S 所示，则可计算得到

$$\Phi=\begin{bmatrix}1.8073 & -2.8931\\ -0.2809 & 0.2751\end{bmatrix}$$

根据定理 11.4，所设计的分数阶输出反馈控制器式(11.34)和式(11.35)的参数如下：

$$A_{k1}=\begin{bmatrix}-12.0515 & -5.9564\\ 8.1438 & 2.5687\end{bmatrix},\quad A_{k2}=\begin{bmatrix}-15.1179 & -7.6509\\ 12.6078 & 5.0059\end{bmatrix}$$

$$B_{k1}=\begin{bmatrix}0.7251 & 7.6175\\ -1.1738 & -7.1683\end{bmatrix},\quad B_{k2}=\begin{bmatrix}0.6216 & 7.6241\\ -1.0058 & -7.1767\end{bmatrix}$$

$$C_{k1}=\begin{bmatrix}0.8151 & 1.0284\\ 20.5203 & 12.8333\end{bmatrix},\quad C_{k2}=\begin{bmatrix}1.1009 & 1.2099\\ 19.4892 & 12.2018\end{bmatrix}$$

将所得到的控制器应用于所给系统，考虑初始条件，系统状态响应 $x(t)$ 的仿真结果如图 11.3 所示。控制输入 $u(t)$ 的仿真结果如图 11.4 所示。系统被控输出 $y(t)$ 的仿真结果如图 11.5 所示。从仿真图中可以看出，所设计的输出反馈控制器能够有效镇定所给系统。

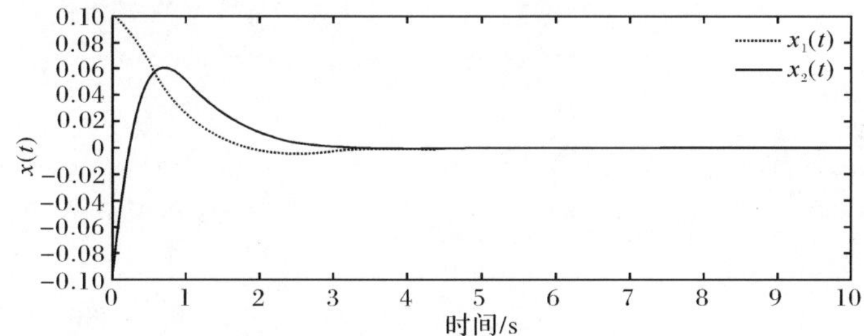

图 11.3　系统状态响应 $x(t)$

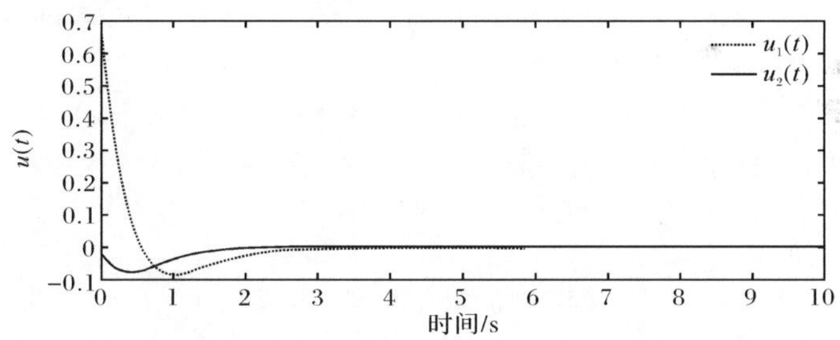

图 11.4　控制输入 $u(t)$

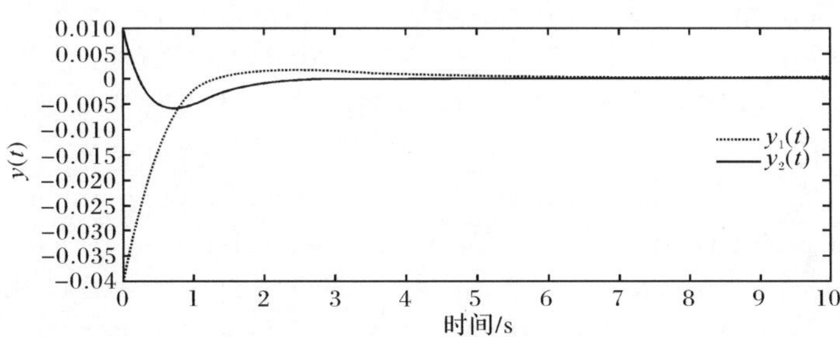

图 11.5　系统被控输出 $y(t)$

11.3 小　　结

本章首先针对带有确定参数和不可测前件变量的分数阶 T-S 模糊系统，讨论了分数阶输出反馈控制器设计问题，给出了所设计的分数阶输出反馈控制器的精确表达式，利用所设计的分数阶输出反馈控制器镇定所提出的分数阶 T-S 模糊系统。然后研究了带有不确定参数和可测前件变量的分数阶 T-S 模糊系统的镇定问题，设计了分数阶输出反馈控制器，使得闭环系统渐近稳定。最后基于 LMI 方法，给出了所研究的分数阶 T-S 模糊系统渐近稳定的充分条件，设计能够镇定所提出分数阶 T-S 模糊系统的分数阶模糊控制器。

参 考 文 献

[1] Zheng Y, Nian Y, Wang D. Controlling fractional order chaotic systems based on Takagi-Sugeno fuzzy model and adaptive adjustment mechanism [J]. Physics Letters A, 2010, 375(2): 125—129.

[2] Lin T C, Kuo C H. H_∞ synchronization of uncertain fractional order chaotic systems: adaptive fuzzy approach [J]. ISA Transactions, 2011, 50(4): 548—556.

[3] Chen D, Zhang R, Sprott J C, et al. Synchronization between integer-order chaotic systems and a class of fractional-order chaotic system based on fuzzy sliding mode control [J]. Nonlinear Dynamics, 2012, 70(2): 1549—1561.

[4] Huang Y, Wen J. Fuzzy fractional order controller optimal design for PMSM of electric vehicle in sports competition [C]. 2012 Third International Conference on Digital Manufacturing & Automation, 2012 Third International Conference on Digital Manufacturing & Automation, Guilin, 2012: 439—441.

[5] Zhang Y, Zhou L, Mao E. Design of fractional order fuzzy controller based on sliding mode control for robotic flexible joint manipulators [J]. Applied Mechanics and Materials, 2011, 109: 323—332.

[6] Luo J, Liu H. Adaptive fractional fuzzy sliding mode control for multivariable nonlinear systems [J]. Discrete Dynamics in Nature and Society, 2014: 541918.

[7] 林荣. 基于 T-S 模糊模型的分数阶系统的鲁棒控制与分析 [D]. 西安：西安电子科技大学，2013.

[8] Lu J, Chen Y Q. Stability and stabilization of fractional-order linear systems with convex polytopic uncertainties [J]. Fractional Calculus and Applied Analysis, 2013, 16(1): 142—157.

[9] Tuan H, Apkarian P, Narikiyo T etc. Parameterized Linear matrix inequality techniques in fuzzy control system design [J]. IEEE Transactions on Fuzzy Systems, 2001, 9(2): 324—332.